生物化学

SHENGWU HUAXUE

主 编 徐 敏 汪妤平
副主编 宋和兰 周建萍 田 忠 赵 静
编 者（以姓氏笔画为序）

王新颖 铜仁职业技术学院

田 忠 贵州健康职业学院

汪妤平 贵阳护理职业学院

宋和兰 黔东南民族职业技术学院

周建萍 六盘水职业技术学院

赵 静 许昌职业技术学院

夏晓培 许昌职业技术学院

徐 敏 安顺职业技术学院

符雪莲 达州职业技术学院

廖晓奇 许昌职业技术学院

谯利军 贵州健康职业学院

华中科技大学出版社
http://press.hust.edu.cn
中国·武汉

内 容 简 介

　　全书共 15 章,内容包括绪论,蛋白质的结构与功能,酶,维生素,核酸的结构与功能,生物氧化,糖代谢,脂类代谢,氨基酸分解代谢,核苷酸代谢,水和电解质代谢,基因信息的传递、表达与调控,血液生物化学,肝脏生物化学,以及酸碱平衡。

　　本书根据最新教学改革的理念,结合我国高等职业教育发展的特点,按照相关教学大纲的要求编写而成,内容系统、全面,详略得当。

　　本书可供护理、助产、医学检验、药学、临床医学等专业使用。

图书在版编目(CIP)数据

　　生物化学/徐敏,汪妤平主编. —武汉:华中科技大学出版社,2019.8(2024.1 重印)
　　ISBN 978-7-5680-5611-3

　　Ⅰ.①生… 　Ⅱ.①徐… 　②汪… 　Ⅲ.①生物化学-高等职业教育-教材 　Ⅳ.①Q5

　　中国版本图书馆 CIP 数据核字(2019)第 176674 号

生物化学
Shengwu Huaxue

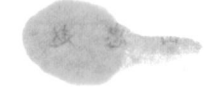

徐　敏　汪妤平　主编

策划编辑:余　雯
责任编辑:李　佩
封面设计:原色设计
责任校对:李　琴
责任监印:周治超
出版发行:华中科技大学出版社(中国·武汉)　　电话:(027)81321913
　　　　　武汉市东湖新技术开发区华工科技园　　邮编:430223
录　　排:华中科技大学惠友文印中心
印　　刷:武汉市籍缘印刷厂
开　　本:787mm×1092mm　1/16
印　　张:17.5
字　　数:460 千字
版　　次:2024 年 1 月第 1 版第 7 次印刷
定　　价:59.00 元

华中出版

　　生物化学是研究生物体的物质组成及在生命活动中的变化规律，在分子水平上探讨生命奥秘的科学。生物化学是医学的一门重要基础课，为更好地促进人类健康和有效地防治疾病提供理论依据。

　　为了更好地促进卫生职业教育改革与发展，认真贯彻落实十九大报告中"完善职业教育和培训体系，深化产教融合、校企合作"和《国务院关于加快发展现代职业教育的决定》精神，使生物化学这门课程更好地与临床接轨，编者对不同出版社、不同版本的生物化学教材进行了认真的研读、学习和论证，并结合高职高专学生的特点进行编写，本着传承与创新的原则，突出实用性，并和行业准入对接，力求体现高职高专医学专业的特色。

　　本教材始终贯彻以实用为主，必需、够用的原则，坚持贴近学生、贴近社会、贴近岗位，由于本学科内容概念多、反应式多、循环过程复杂、化学结构和功能多样、代谢通路长、理论抽象，以及学生难学、难懂、难记忆等，编者力争精选内容，避免教材大而全，做到基本概念清晰明了准确、内容简短精练易懂、重点难点突出、语言文字叙述简练清楚及浅显易懂并具有逻辑性和科学性，突出每章每节的知识点、能力点。编者还力争做到精选插图，设计简明扼要，使本教材能够满足岗位工作需求，突出职业能力培养，强化职业素养训练，降低基本理论知识的理论性与复杂性，增加技能训练的实用性与有效性，注重素质培养的长远性与多维性。

　　本教材主要有以下几个特点。

　　(1) 教材体现职业教育的特色，关注职业，关注教改，遵循"基本知识、基本理论、基本技能"即"三基"，"思想性、科学性、先进性、启发性、适用性"即"五性"原则。

　　(2) 教材的编写立足于行业，立足于岗位，在岗位能力、创新能力、创业能力上进行探索和实践，从对行业岗位实际调研出发，按照岗位能力的要求，对知识和技能进行取舍和强化，把职业教育的能力目标充分体现在教材里面。

（3）在编写中实现从以教师为主体的传统观念到以学生为主体的现代教育观念的转变，从重理论、轻实践到理论与实践并重的转变，从以知识传授为主到以能力培养为主的转变。

（4）在教材编写过程中，始终贯彻实用为主，做到准确定位知识，既要根据"必需、够用"的原则，又要根据生源的实际情况，以学生为主体确定理论知识的深度；另外，本教材加强实践性教学环节，融入足够的实训内容，培养学生的实践能力，体现高等技术应用性人才的培养要求。

本书共分 15 章，包括绪论、蛋白质的结构与功能，酶，维生素，核酸的结构与功能，生物氧化，糖代谢，脂类代谢，氨基酸分解代谢，核苷酸代谢，水和电解质代谢，基因信息的传递、表达与调控，血液生物化学，肝脏生物化学，以及酸碱平衡。

本书的编写，按照高等职业教育的要求，本着以服务为宗旨、以就业为导向、以职业能力和职业素质为核心的卫生职业教育新理念，结合多年的教学实践经验，针对学生的文化程度和心理、生理特点来进行，对教材内容的编排和呈现形式进行革新，对教材内容进行适当的取舍。另外，每章开篇前有学习目标，后有重点小结和自我检测题，并有生物化学前沿知识作为知识链接，以扩展学生的视野和尽可能提高学生的学习兴趣。

各院校医学专业在使用本教材时，可具体根据本专业的人才培养目标和教学大纲，适当地、有针对性地对教材内容进行选择和调换章节顺序。本教材满足高职高专的医学类专业生物化学教学需求。

参加本教材编写的老师都从事了多年生物化学教学工作，具有丰富的教学经验和较高的理论水平。全体参编老师以严谨的作风和团队协作、精益求精的精神，对书稿进行反复修改才最后定稿。但由于编者学识水平有限，书中难免会有不妥之处，敬请同行和使用本书的师生提出宝贵意见。

徐 敏

Contents   目　录

第十五章 酸碱平衡

第一章 绪 论

学习目标

1. 掌握生物化学的概念。
2. 熟悉生物化学的研究对象和主要内容。
3. 了解生物化学与医学的关系。

第一节 生物化学概述

一、生物化学的概念及研究对象

生物化学是研究生物体的化学组成及在生命活动过程中物质变化规律的科学；主要是运用化学、物理、免疫及生物学的原理和方法来阐明组成生物体的基本物质的化学组成、理化性质、结构与功能的关系以及其在生物体内进行化学变化规律本质的科学，即从分子水平阐明生命现象与规律，探讨生命奥秘的科学，所以生物化学又称生命的化学，简称生化。生物化学研究蛋白质、核酸等生物大分子结构、功能及其代谢调控等的内容，称为分子生物学。分子生物学是生物化学的重要组成部分，是生物化学的发展和延续。

> **知识链接**
>
> ### 生物化学
>
> 生物化学是从分子水平探讨人的生、老、病、死等生命现象奥秘的一门学科。它是一门古老而又年轻的学科。由于它有悠久的历史，近年又有许多重大的进展和突破。近20年来，几乎每年的诺贝尔生理学或医学奖都是授予从事生物化学和分子生物学的科学家。由此可知，该学科在生命科学中的重要地位和作用。

生物化学的研究对象是生物体，而研究范围涉及整个生物界。按照研究对象可将生物化学分为动物生物化学、植物生物化学、微生物生物化学和人体生物化学。由于生物化学与医学有着密切的联系,因此形成了医学生物化学。而对于医学专业的学生来说,学习生物化学是以人体为主要的研究对象,即人体生物化学。同时,也把微生物生物化学、动物生物化学等的研究成果加以运用,从而为在分子水平上揭示生命奥秘奠定了基础和积累了宝贵资料。

二、生物化学的主要研究内容

(一) 人体的化学物质组成

细胞是人体结构和功能的单位,而细胞又是由成千上万种化学物质组成的。人体的化学物质组成主要有水(55%~67%)、无机盐(3%~4%)、糖类(1%~2%)、脂类(10%~15%)、蛋白质(15%~18%)等。这些化学物质可分为无机物和有机物(小分子有机物和生物大分子)。无机物主要是水和无机盐;小分子有机物主要包括各种有机酸、有机胺、维生素、单糖、氨基酸、核苷酸等;生物大分子主要是指蛋白质、核酸、多糖、脂类等,它们是生物体内存在的复杂大分子,它们与生命活动有着十分密切的关系,由于具有信息功能,故又称为生物信息分子。蛋白质是生命活动的体现者,核酸是遗传信息的传递者,这些生物大分子在体内有序地运转,执行其特定的功能,从而构成特定的生命现象。

(二) 生物大分子的结构与功能

生物大分子是由许许多多结构简单的小分子有机物聚合而成的,相对分子质量一般大于 10^4。生物大分子的种类繁多,结构复杂,功能各异。生物大分子是各种生命现象的物质基础,如核酸是遗传的物质基础;蛋白质是生命活动的物质基础。结构决定功能,而功能是结构的体现。因此,想探索生命的奥秘就得学习和研究生物大分子的结构与功能,这也是当今生物化学研究的热点之一。除此之外,生物大分子还可通过分子之间的相互识别和相互作用来实现其功能,在细胞信号转导和基因表达调控中起着重要的作用。

(三) 物质代谢及调控

生命现象的基本特征是新陈代谢,它是生物体进行一切生命活动的基础,是生物最根本的特征,也是生物区别于非生物的最重要特征。新陈代谢包括物质代谢和能量代谢,物质代谢又包括合成代谢和分解代谢。合成代谢是指由小分子物质合成大分子物质的过程,往往需要消耗能量,也是生物体储存能量的过程。通过合成代谢,生物体将摄取的外界环境中的营养物质转化为自身的组成成分。分解代谢是由复杂的大分子分解为简单分子和不断将代谢终产物排出体外,并伴随能量的释放和转移的过程。在物质代谢中伴随着能量代谢,物质代谢与能量代谢密切相关,相互依存。

知识链接

你知道吗?

人体内的新陈代谢时时刻刻都在进行。据估计,一个人在一生(以 60 岁计算)中,与外界环境交换的物质,约相当于 60000 kg 水、10000 kg 糖类、1600 kg 蛋白质,以及 1000 kg 脂类。这些物质的代谢一方面保证了生物体的繁殖、生长、发育、修复等一系列生命活动进行生物合成所需要的原材料;另一方面也为生物体的各种生命活动提供了巨大的能源物质。正是巨大的营养物质的供给,才维持了人的生命。除此之外,其他小分子物质和无机盐类也在不断交换中,但数量要少得多。

组成生物体的这些物质在生命活动过程中不停地进行着新陈代谢,这些代谢之间既相互联系又相互制约,既复杂多样又具有规律。代谢正常时生物体就正常地生长、发育和繁殖;代谢异常时则表现为疾病;代谢一旦停止,生命即宣告结束。由此可见,研究和学习人体的物质代谢,对于提高人类的生活质量、健康水平和延年益寿具有十分重要的理论意义和现实意义。因此,物质代谢是生物化学学习的重要内容之一。

（四）遗传信息的传递、表达及调控

生物体细胞内遗传信息的传递、表达和调控是遗传的过程,也是现代生物化学研究的重要内容。遗传的物质基础是核酸,主要是脱氧核糖核酸(DNA)。DNA 分子上携带着生物体的遗传信息。遗传信息以基因为单位储存在 DNA 分子中,DNA 可进行复制,复制出和亲代完全相同的子代 DNA,从而完成遗传信息的传递;DNA 可转录生成核糖核酸,即 RNA,从而指导蛋白质的生物合成,完成遗传信息的表达。逆转录现象的发现又对遗传信息的传递方向和过程进行了补充和完善,也就是对中心法则的补充和完善。生物体的代谢反应、功能的体现等生命特征都是遗传信息最终表达的结果。现代研究表明,遗传信息的储存、传递、表达与调控也与许多疾病的发生、发展相关,如各种遗传病、恶性肿瘤、代谢性疾病、心血管疾病等等。随着医学的发展,分子生物学技术的不断深入,从基因水平深入理解疾病的发病机制,将为上述疾病的诊断、治疗及预后提供新的技术手段,也将为医学与生命科学的发展带来革命性的推动。

第二节　生物化学的发展简史

生物化学是一门古老而又年轻的学科。古老是因为其发展历史非常悠久,始于 18 世纪;年轻是因为其在 19 世纪末 20 世纪初才作为一门独立的学科发展起来,由德国学者纽伯格(C. Neuberg)于 1903 年提出"生物化学"这一概念,才从化学(特别是有机化学)及生理学中分离出来,逐渐进入蓬勃发展时期,近些年来又有许多重大的进展和突破。尤其是近年来,几乎每年的诺贝尔生理学或医学奖及一些诺贝尔化学奖都授予从事生物化学和分子生物学的科学家,可见其重要性。

（一）古代生物化学的应用

早在古代,我国劳动人民由于生活的需要,就已经开始在发酵、营养和医疗方面的实践中积累了许多关于生物化学的丰富经验,并有发明创造,对生物化学的发展做出了贡献。

1. 酶学方面　早在公元前 21 世纪,我国劳动人民就掌握了酿酒技术,用曲造酒,也就是今天的用"曲"为"酶"催化谷物淀粉发酵;公元前 12 世纪,人们掌握了利用豆、麦、谷等制酱、饴、醋等技术。

2. 营养学方面　公元前 2 世纪,《黄帝内经·素问》中就记载了不同食物对人体的作用,即"五谷为养,五果为助,五畜为益,五菜为充",分别以"养""助""益""充"表明了这些食物的营养价值。

3. 医药方面 在春秋战国时期(公元前 6 世纪),人们已经知道用曲治疗消化道疾病,而且沿用至今;在晋朝(公元 4 世纪)时已经知道用海藻(含碘)治疗瘿病(甲状腺肿)的方法,比欧洲国家早了 700 多年;唐朝初年(公元 7 世纪),著名医药学家孙思邈知道"脚气病"为一种食米地区的疾病,并用含丰富维生素 B_1 的中草药治疗。另外,他还首先用含丰富维生素 A 的猪肝治疗雀目(夜盲症)。从公元 10 世纪起,我国就用动物脏器治疗疾病,尤其是明朝伟大的科学家李时珍(公元 16 世纪)编著的《本草纲目》一书,共载有药物 1800 余种,其中有关动物药包括代谢产物和分泌物的记载很多。

由此可见,我国古代劳动人民对于生物化学的发展做出了很大的贡献,我国对生物化学的认识与应用早于西方国家。到了近代,由于长期的封建统治和保守落后思想束缚了我国生产力和科学技术的发展,生物化学的发展在西方处于领先地位。

(二) 近代生物化学的发展

近代生物化学的发展历程可分为三个阶段。

1. 初期阶段 生物化学的研究开始于 18 世纪中叶至 19 世纪末,这是生物化学发展的初期阶段,主要研究生物体的化学组成,包括对脂类、糖类及氨基酸的性质进行了较为系统的研究,并取得了一些进展,如发现了核酸和酶等,并了解了酶的基本特征。这一阶段的工作为生物化学从有机化学、生理学中分离出来成为一门独立的学科奠定了坚实的基础。由于此时期主要是对生物体的化学物质组成、性质及含量等的研究,所以这一时期又称为"叙述生物化学"阶段。

2. 蓬勃发展阶段 生物化学成为一门独立的学科以来,硕果累累,为此进入蓬勃发展时期。此时期的研究是以物质代谢变化及其动态平衡为主,如研究糖代谢、脂类代谢、蛋白质代谢等,所以这一时期又称为"动态生物化学"阶段。尤其是我国的生物化学家吴宪在此时期做出了重大贡献,他在蛋白质研究中第一个提出了蛋白质变性理论,并创立了血滤液的制备及血糖定量的测定方法,他是我国生物化学的开拓者。

3. 分子生物学阶段 20 世纪中期以来,由于其他生物学科的进展,生物化学的研究在动态生物化学的基础上,进而结合生理机制研究生物体内的化学变化,主要研究器官、组织、细胞、亚细胞以及生物大分子的结构与功能的关系,阐明生长、发育、分化、遗传、变异、衰老和死亡等生命活动的规律,这一时期称为"机能生物化学"阶段。该阶段以 1953 年,美国科学家沃森(J. D. Waston)和英国科学家克里克(F. Crick)创立的 DNA 双螺旋结构模型为标志,从而奠定了分子生物学的基础,开创了分子生物学的新纪元。此后,克里克又提出遗传信息传递的中心法则,对 DNA 复制、RNA 转录及各种 RNA 在蛋白质合成过程中的作用进行了深入研究,破译了遗传密码。20 世纪 60 年代,我国生物化学工作者在世界上首次人工合成了有生物学活性的结晶牛胰岛素,这是生物化学研究上出色的成果之一,也是得到世界公认的第一个具有全部生物活性、人工合成的蛋白质,它是一项划时代的贡献,为人工合成蛋白质开辟了道路;70年代,重组 DNA 技术的建立、多种基因产品问世,促进了对基因表达调控的研究;80 年代,发现了核酶的化学本质不是蛋白质是核酸,拓宽了人们对生物催化剂的认识;90 年代开始实施人类基因组计划,目标是进行人类基因组 DNA 全部 30 亿碱基对的测序工作,这是生命科学领域有史以来最庞大的全球性研究计划,这一计划经过近 10 年的努力,终于在 2001 年 2 月公布了人类基因组草图,2003 年 4 月,人类基因组计划完成。这些研究成果必将进一步深化人们对生命本质的认识,也将为人类的健康和疾病的研究起着推动作用。近年来,我国在基因工程、蛋白质工程、人类基因组计划以及新基因克隆与功能研究等方面均取得了丰硕成果,正朝着国际水平迈进。医学的发展更加证明了在提高人类健康水平、征服疾病的道路上离不开生物化学的发展。

第三节　生物化学与医学的关系

生物化学与医学的发展紧密相连,生物化学是医学的重要基础课程,生物化学的理论与技术已经渗透到医学的各个领域,使人们对危害人类健康与生命的许多重大疾病,如遗传性疾病、恶性肿瘤、免疫缺陷性疾病、心血管疾病、代谢异常性疾病的认识提高到分子水平,奠定了包括疾病的发生、发展、预防等方面的分子基础。掌握生物化学的基础理论、基本知识和基本技能必将为进一步学习其他基础医学、临床医学、护理学、药学和检验医学等课程奠定坚实的基础。

一、生物化学与基础医学的关系

生物化学是从有机化学及生理学基础上发展起来的,许多生理现象运用生物化学的知识和方法来解释,两者有着密切的联系。所有生物学科都不是孤立的,而是相互联系、相互补充、相互渗透,其基础就是“生命的化学语言”。生物化学的学习和研究建立在对人体的形态、结构和功能全面认识的基础上。因此,解剖学、组织学、生物学是学习生物化学的前提。生物化学是联系各生物学科之间的桥梁和纽带,是一门重要的医学课程,它的发展已渗透到医药卫生的各个领域中,与其他基础医学学科的关系密不可分。

二、生物化学与临床医学的关系

生物化学与临床医学之间密切相关、相互促进。随着医学的不断发展,临床医学的诊断、治疗和预防疾病正在借助生物化学的理论和技术,生物化学知识不仅从理论上为认识疾病的发生、发展打下坚实的基础,而且从技术上为临床医学提供了大量的现代化诊断手段。将来,生物化学和分子生物学的迅速发展,也必将加深人们对恶性肿瘤、遗传性疾病、代谢异常疾病、心血管疾病、神经系统疾病、免疫缺陷性疾病等重大疾病本质的认识,并不断涌现出新的诊断方法。可见,临床医学的发展离不开生物化学。

三、生物化学与护理学的关系

护理学和生物化学研究的对象都是人。护理专业服务的对象是由生理、心理、社会经济和文化等到诸多因素综合组成和影响的整体的人。因此,护理工作者必须具备生理—心理—社会医学模式所需要的综合知识结构。生物化学从分子水平探讨生命活动的规律以及与疾病的关系。因此,掌握生物化学的基础理论和基本知识,有利于护理工作者履行并完成护理职责。如体液疗法是临床各科中常用的治疗护理措施。只有在掌握了正常人体的水、电解质代谢和酸碱平衡的相应知识的基础上,才有可能加以正确应用。在整体护理过程中,对服务对象实施护理评估、护理诊断、护理计划、护理措施和护理评价时,也需要以生物化学知识为基础。

四、生物化学与药学的关系

生物化学是药学学科的基础,生物化学的理论、原理和技术应用在药物研究、药品生产和质量控制方面,生物化学与药学密切联系、相互影响,为人类认识自然、改造自然、维护自身健康做出了应有的贡献。

无论是从自然界中寻找新药或人为地合理设计新药,还是研究药物或是阐明药物在体内的代谢过程及作用机制都需要生物化学的理论知识和实验手段。生物化学和分子生物学已渗透到药学领域的药物化学、药理学、药剂学、中药学等许多学科之中,并成为当代药学学科发展的先导,由此而衍生出生化药理学、生物药剂学等新的学科,促进了药学理论和研究方法的发展。可见,生物化学无论是在药学学科的基础上,还是在药学发展中都处于中心地位。

五、生物化学与检验医学的关系

生物化学阐述正常机体或疾病的生物化学基础,疾病发展的生物化学过程,以及药物对此过程的影响,从分子水平阐明了健康和维持健康的基本含义,因此生物化学是检验医学发展的重要基础。

检验医学是运用生命科学和医学中的相关技术,对患者进行疾病诊断、病情监测、疗效观察、判断预后及健康评估等的一门临床学科。检验医学的一个重要分支就是生物化学检验,它是在研究人体健康和疾病的生化过程变化的基础上,利用物理、化学、生物等技术检测人体内某些物质含量或质量的变化,为临床对话提供技术支撑,可见,生物化学在检验医学中十分重要。

六、生物化学与预防、康复、保健的关系

生物化学的研究成果,是从分子水平阐明健康和维持健康的基本知识。健康是指不仅没有躯体的疾病,还要有完整的生理心理状态及良好的社会适应能力以及高尚的道德品质。从生物化学的角度来讲,健康是指人体内代谢的全部化学反应都以与最佳生理功能活动相适应的速率进行着的状态。人类的一切生命过程都是极其复杂的物质变化过程。维持健康的前提是合理膳食,从适宜的食物中摄取适量的营养物质。营养物质主要有蛋白质、糖类、脂类、维生素、水、无机盐等。运用营养生化的知识,指导人们合理膳食,甚至食疗,对抵御疾病、延缓衰老、保证身体健康,有着重要作用。

综上所述,学习生物化学的基本知识,对理解人体的功能、维持机体的健康、认识疾病的本质,以及探讨疾病的预防、诊断及治疗具有重要而深远的意义。

思维导图

生物化学的概念 { 1.生物体的化学物质组成 / 2.化学物质变化规律

生物化学的研究对象——生物体

生物化学的研究内容 { 人体的化学物质组成 / 生物大分子的结构与功能 / 物质代谢及调控 / 遗传信息的传递、表达及调控

绪论 {

生物化学的发展简史 { 古代生物化学的应用 / 近代生物化学的发展 { 初期阶段 / 蓬勃发展阶段 / 分子生物学阶段

生物化学与医学的关系 { 生物化学与基础医学的关系 / 生物化学与临床医学的关系 / 生物化学与药学的关系 / 生物化学与护理学的关系 / 生物化学与预防、康复、保健的关系

目标检测

A 型题(即单句型最佳选择题)。每一道试题下面有 A、B、C、D、E 五个备选答案,请从中选择一个最佳答案。

1. 生物化学成为一门独立学科的时间是(　　)。

A.19 世纪初　　　　　B.20 世纪初　　　　　C.20 世纪 60 年代

D.20 世纪 70 年代　　　E.20 世纪 80 年代

2. 在人体中含量最多的物质是(　　)。

A.糖类　　　B.脂类　　　C.蛋白质　　　D.核酸　　　E.水

3. 生物体进行一切生命活动的基础是(　　)。

A.新陈代谢　　　B.生长现象　　　C.生殖和发育　　　D.遗传和变异　　　E.应激性

4. 分子生物学阶段的标志是(　　)。

A.提出中心法则　　　　　　　　　　B.血滤液的制备

C.提出 DNA 双螺旋结构模型　　　　D.提出蛋白质变性理论

E.人工合成有生物学活性的结晶牛胰岛素

思考题

1. 简述生物化学的概念及研究对象。

2. 简述生物化学的研究内容。

3. 简述生物化学与医学的关系。

【第一章　目标检测参考答案】

1.B　2.E　3.A　4.C

实验一　生物化学实验常用仪器的使用

【实验目的】
1. 掌握生化实验常用仪器的使用方法。
2. 熟悉分光光度计、半自动生化分析仪、微量加样器、离心机、恒温水浴箱的操作方法。
3. 学会书写实验报告。
4. 了解生化实验室的一般规则。

【实验器材】
分光光度计、半自动生化分析仪、微量加样器、离心机、恒温水浴箱。

【实验内容】

一、分光光度计的使用

【实验原理】

分光光度法的基本原理是 Lambert-Beer（朗伯-比尔）定律，即当一束平行单色光通过均匀的非散射样品时，吸光度与溶液层厚度和溶液浓度成正比。

$$A = KLc$$
$$A = -\lg T = -\lg I/I_0 = \lg I_0/I = KLc$$

式中：A 为吸光度；K 为比例常数，称为吸光系数；L 为溶液层厚度，称为光径；c 为溶液浓度；T 为透光度；I_0 为入射光强度；I 为透射光强度。测定时，当吸光系数和溶液层厚度不变时，A 与 c 成正比。

【操作方法】

以 722S 型分光光度计为例。

1. 开机预热　接通电源，打开开关指示钮，打开比色箱盖，使仪器预热 20 min。

2. 波长调整　转动波长旋钮，并观察波长显示窗，调整至需要的测试波长。

3. 放置参比样品和待测样品　选择测试用的比色皿；把盛好参比样品和待测样品的比色皿放到比色池的样品架内，注意各个比色皿放置的位置。

4. 调零　按动"功能"键，切换测试模式为透射比模式。打开比色皿暗箱盖，然后按"0%"键，即能自动调整 $T = 0$；关上比色皿暗箱盖，按下"100%"键，即能自动调整 $T = 100\%$，重复 2 次。

5. 测试　按动"功能"键，切换测试模式为吸光度模式。轻轻拉动比色皿拉杆，使待测溶液依次进入光路，此时仪器自动显示待测溶液的吸光度 A。读数后，打开比色皿暗箱盖。

6. 关机　实验完毕，取出比色皿，切断电源，将比色皿取出洗净，并将比色皿座架及暗箱用软纸擦净。把硅胶包放入比色皿，合上暗箱盖。

二、半自动生化分析仪的使用

【实验原理】

半自动生化分析仪在分析过程中的部分操作需手工完成(如加样、加试剂、混匀、保温、显色等步骤),而另一部分操作则可由仪器自动完成(如比色测定、结果计算、打印等)。半自动生化分析仪由恒温流动比色池装置、光电检测系统、电脑控制系统、专用软件以及打印机组成。半自动生化分析仪是利用光电比色法,配合生化试剂进行检验的仪器。仪器工作时先检测出标准液及待测样本液的吸光度,然后经过分析计算,测定出样本液中待测物质的含量。

【操作方法】

1. 开机　接好电源线,打开电源开关,启动仪器,系统自动进行自检,自检正常后进入主菜单。

2. 设定参数　根据要求设定相应的参数。

(1) 项目名称:一般输入为字母。

(2) 编号:用三位数字 001~100 来表示程序编号。

(3) 波长:按要求选择需要的波长。

(4) 温度:仪器提供 25 ℃、30 ℃、37 ℃ 三种检测温度。

(5) 分析方式:仪器提供吸光度法、终点法、动力学法、两点法、标准曲线法及因数法六种检测方法。根据试剂说明书确定检测方法,较常见的方法是终点法。

(6) 打印方式:仪器提供自动、手动、联机三种打印方式。

(7) 吸液量:根据需要输入,推荐吸液量一般为 600~800 μL。

(8) 延迟时间:待测液吸入比色池后经延迟时间后才开始实际检测,具体时间应根据试剂说明书设定,当检测方法是终点法和吸光度法时,一般应大于 5 秒,使待测液温度达到设定值。

(9) 单位、标准液浓度、参考范围及线性范围:根据试剂盒说明书具体确定。

3. 设定校准参数与质控参数　必须使用配套的校准品,该校准品应具有溯源性,每次样品测试前均应测试标准,保存 K 值。正确开启、复溶质控品,至少做低值、高值两个质控,检查质控液批号是否与仪器软件中批号相同,若不同则点击"增添",根据新质控液说明书添加新批号,修改均值和标准差。

4. 检测项目　在主菜单屏幕上,找到相应的项目编号及项目名称,仪器自动调出该项目,进入检测主界面,依次进行检测,每个项目检测完毕后必须进行清洗。

5. 综合报告　检测的结果可以在综合报告中查询到,并完善相关信息,最后打印结果。

6. 关机　本仪器用完应当按规定进行清洗,清洗后切断电源,关闭主机。当拔下电源线时,必须抓住插头本身,而不要直接拽拉电源线,最后盖好防尘罩。

三、微量加样器的使用

【实验原理】

当按压微量加样器手柄时,加样器内活塞在活塞腔内运动,排出活塞腔内一定体积的空气,松开按压后,利用活塞在弹簧压缩力作用下复位时产生的负压,吸入一定量体积的液体。

【操作方法】

1. 吸液

(1) 连接恰当的吸头,轻轻旋动,以保证密封,如为可调式微量加样器,应将其调节到所需吸取体积标示处,在正式吸液前,应将微量加样器吸排空气几次,以保证活塞腔内外气压一致。

(2)将微量加样器手柄按压到第一停止点。

(3)将微量加样器吸头垂直进入液面下 1～6 mm,视微量加样器容量大小而定(一般为 0.1～10 μL 容量的微量加样器进入液面下 1～2 mm;2～200 μL 容量的微量加样器进入液面下 2～3 mm;1～5 mL 容量的微量加样器进入液面下 3～6 mm)。

(4)缓慢地松开手柄,使之复位,微量加样器移出液面前略停顿 1～3 秒(1000 μL 以下停顿 1 秒;5～10 mL 停顿 2～3 秒)。

(5)缓慢取出吸头,确保吸头外壁无液体。

2. 排液

(1)将微量加样器移至容器或试管底部,缓慢按压手柄至第一停止点,停顿 1～3 秒。

(2)再将手柄按压至第二停止点,以排尽吸液嘴内全部液体。

(3)取出微量加样器,放松手柄,使之复位,此即为一次操作全过程。

四、离心机的使用

【实验原理】

离心机是专用于离心的仪器,是利用离心力分离液体与固体颗粒或液体与液体混合物中各组分的仪器。离心就是利用混合溶液中不同颗粒的密度的差异,用旋转所产生的离心力使这些颗粒发生沉降而将其分离、浓缩、提纯和鉴定的过程。

【操作方法】

1. 准备 把离心机安放在平稳、坚固的台面上,插上电源,按下电源开关。

2. 装液 将待离心的液体装入离心管中。

3. 配平 将两只装有待离心液体的离心管分别放入离心管套中,配平质量,同时检查离心机有无异物,盖上盖子。

4. 设置 设置转速和时间(或者慢慢旋动转速调节钮,增加离心转速,当离心机转速达到所需要求后,记录时间)。

5. 离心 按下启动键即开始离心(或者手动旋到所需要的转速即开始)。

6. 停止 离心完毕,离心时间倒计时为"0",转速为"0 r/min"(或者逐渐拨回转速调节钮到"0 r/min"),切断电源,等离心机停止转动后,打开盖子,取出离心管,将离心机内部擦干净,关闭电源开关。

五、恒温水浴箱的使用

【实验原理】

恒温水浴箱用于间接恒温加热,常用于生化反应中控制反应所需的温度,其恒温调节范围从室温到 100 ℃。

【操作方法】

(1)恒温水浴箱应置于坚固的水平台上,电源电压须匹配。

(2)在恒温水浴箱内注入清洁温水至总高度的 1/3～1/2 处。

(3)打开电源开关,把温度控制器的温度调节旋钮调至设定温度(温度波动范围控制在设定温度±1 ℃,在每次使用恒温水浴箱前,放入标准温度计监测实际水温,以校正温度)。

(4)当水槽内测定温度达到设定温度时,恒温水浴箱自动恒温控制温度并保持温度稳定。

注意:恒温水浴箱内外应保持清洁,外壳忌用腐蚀性溶液擦拭,仪器不用时,需套好防尘罩,以免温度控制器受潮而影响使用。

【思考题】

1. 分光光度计比色时,设置一个"0"号管的意义是什么?

2. 使用分光光度计及比色皿时有哪些注意事项?

3. 如何操作微量加样器及其注意事项有哪些?

4. 使用离心机有哪些注意事项?

5. 使用比色皿时有哪些注意事项?

第二章　蛋白质的结构与功能

学习目标

1. 掌握蛋白质的元素组成和基本组成单位、蛋白质的结构及主要的化学键、蛋白质的理化性质。
2. 熟悉氨基酸的分类、蛋白质的功能及蛋白质结构与功能的关系。
3. 了解蛋白质的分类及蛋白质与医学的关系。

蛋白质(protein)是生物体内重要的生物大分子之一,是由许多氨基酸(amino acid)通过肽键(peptide bond)相连形成的高分子含氮化合物。蛋白质普遍存在于生物界中,不仅是生命活动的主要载体,更是生命活动的功能执行者。生物体结构越复杂,其蛋白质的种类和功能就越繁多。一个真核细胞中可有数万种蛋白质,各自有着特殊的结构与功能。蛋白质分布广泛,几乎所有的器官组织都含有蛋白质。蛋白质也是生物体内含量最丰富的生物大分子,约占人体干重的45%。具有复杂空间结构的蛋白质,在体内具有多方面的重要功能:①蛋白质是生物体的基本组成成分之一,参与构成各种组织细胞,这是蛋白质最重要的功能;②蛋白质是生命活动的物质基础,承担着各种生物学功能,如催化作用、运输及储存作用、协调运动作用、机械支撑作用、免疫保护作用、血液凝固作用、代谢调控作用等;③蛋白质可作为能源物质氧化供能,成人每天所消耗的能量有18%左右来自蛋白质的分解。

第一节　蛋白质的分子组成

一、蛋白质的组成元素

尽管蛋白质的种类繁多,结构各异,但元素组成相似,主要含有碳(50%～55%)、氢(6%～7%)、氧(19%～24%)、氮(13%～19%)及硫(≤4%),有些蛋白质还含有磷、铁、铜、锌、锰、钴、钼等元素,个别蛋白质还含有碘。各种蛋白质的含氮量很接近,平均为16%。由于蛋白质是生物体内的主要含氮物,因此只要测定生物样品的含氮量就可按下式推算出蛋白质的含量:

$$100\ g\ 样品中蛋白质的含量(g)＝每克样品含氮克数×6.25×100$$

二、氨基酸——蛋白质的基本组成单位

将蛋白质彻底水解所得到的最终产物经测定为氨基酸,故氨基酸是蛋白质的基本单位。自然界存在 300 余种氨基酸,但被生物体作为原料直接用于合成蛋白质的氨基酸仅有 20 种,且均为 L-α-氨基酸(甘氨酸、脯氨酸除外)。氨基酸的结构通式如下(图 2-1)。

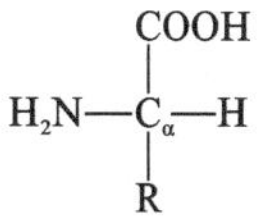

由氨基酸的结构通式可见,连接羧基(—COOH)的 α-碳原子,分别连接 4 个不同原子或基团,为不对称碳原子(甘氨酸除外),不同的氨基酸其侧链(R)各异,体内也存在若干不参与蛋白质合成的 L-α-氨基酸,如鸟氨酸、瓜氨酸等,具有其他重要生理功能。体内作为蛋白质合成原料的 20 种氨基酸,根据其侧链的结构和理化性质的差异可分成五类:①非极性脂肪族氨基酸;②极性中性氨基酸;③芳香族氨基酸;④酸性氨基酸;⑤碱性氨基酸(表 2-1)。

图 2-1　L-α-氨基酸

表 2-1　氨基酸的分类

结构式	中文名	英文名	三字符号	一字符号	等电点(pI)
1.非极性脂肪族氨基酸					
甘氨酸	甘氨酸	glycine	Gly	G	5.97
丙氨酸	丙氨酸	alanine	Ala	A	6.00
缬氨酸	缬氨酸	valine	Val	V	5.96
亮氨酸	亮氨酸	leucine	Leu	L	5.98
异亮氨酸	异亮氨酸	isoleucine	Ile	I	6.02
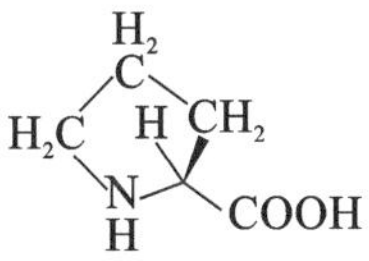 脯氨酸	脯氨酸	proline	Pro	P	6.30
2.极性中性氨基酸					
丝氨酸	丝氨酸	serine	Ser	S	5.68
半胱氨酸	半胱氨酸	cysteine	Cys	C	5.07

续表

结构式	中文名	英文名	三字符号	一字符号	等电点(pI)
$CH_3-S-CH_2-CH_2-\underset{\underset{NH_2}{\vert}}{CH}COOH$	蛋氨酸 （甲硫氨酸）	methionine	Met	M	5.74
$\underset{H_2N}{\overset{\overset{O}{\parallel}}{C}}-CH_2-\underset{\underset{NH_2}{\vert}}{CH}COOH$	天冬酰胺	asparagine	Asn	N	5.41
$\underset{H_2N}{\overset{\overset{O}{\parallel}}{C}}CH_2CH_2-\underset{\underset{NH_2}{\vert}}{CH}COOH$	谷氨酰胺	glutamine	Gln	Q	5.65
$HO-\underset{\underset{\vert}{\overset{\overset{CH_3}{\vert}}{CH_2}}}{}-\underset{\underset{NH_2}{\vert}}{CH}COOH$	苏氨酸	threonine	Thr	T	6.16

3.芳香族氨基酸

结构式	中文名	英文名	三字符号	一字符号	等电点(pI)
$C_6H_5-CH_2-\underset{\underset{NH_2}{\vert}}{CH}COOH$	苯丙氨酸	phenylalanine	Phe	F	5.48
吲哚环$-CH_2-\underset{\underset{NH_2}{\vert}}{CH}COOH$	色氨酸	tryptophan	TrP	W	5.89
$HO-C_6H_4-CH_2-\underset{\underset{NH_2}{\vert}}{CH}COOH$	酪氨酸	tyrosine	Tyr	Y	5.66

4.酸性氨基酸

结构式	中文名	英文名	三字符号	一字符号	等电点(pI)
$HOOCCH_2-\underset{\underset{NH_2}{\vert}}{CH}COOH$	天冬氨酸	aspartic acid	Asp	D	2.77
$HOOCCH_2CH_2-\underset{\underset{NH_2}{\vert}}{CH}COOH$	谷氨酸	glutamic acid	Glu	E	3.22

5.碱性氨基酸

结构式	中文名	英文名	三字符号	一字符号	等电点(pI)
$NH_2CH_2CH_2CH_2CH_2-\underset{\underset{NH_2}{\vert}}{CH}COOH$	赖氨酸	lysine	Lys	K	9.74

续表

结构式	中文名	英文名	三字符号	一字符号	等电点(pI)
NH₂CNHCH₂CH₂CH₂—CHCOOH	精氨酸	arginine	Arg	R	10.76
HC=C—CH₂—CHCOOH	组氨酸	histidine	His	H	7.59

三、氨基酸在蛋白质分子中的连接方式

蛋白质分子是氨基酸通过肽键连接形成的大分子化合物,氨基酸以肽键连接的化合物称为肽(peptide)。肽中连接两个氨基酸的酰胺键(—CO—NH—)称为肽键。由 2 个氨基酸残基组成的肽称为二肽,由 3 个氨基酸残基组成的肽称为三肽,以此类推。通常将 10 个以内氨基酸残基相连而成的肽称为寡肽。更多的氨基酸相连而成的肽称为多肽或者多肽链。肽链中的氨基酸分子因脱水缩合形成肽键,氨基和羧基不完整,被称为氨基酸残基。肽链具有方向性,含有 2 个游离末端。一端是未参与形成肽键的 α-氨基,称为氨基末端或 N-端。另一端是未参与形成肽键的 α-羧基,称为羧基末端或 C-端(图 2-2)。书写肽链时,人们习惯上将 N-端写于左侧,用 H₂N—表示;C-端写于右侧,用—COOH表示。

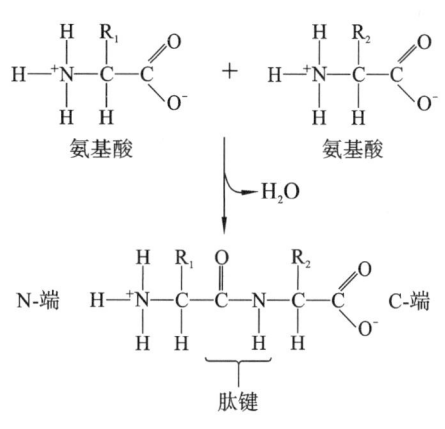

图 2-2　成肽反应

通常蛋白质的氨基酸残基数在 50 个以上,50 个氨基酸残基以下则称为多肽。这些小分子的肽在神经传导、代谢调节等方面起着重要的作用,故称为生物活性肽。人体内含有一些具有重要生物活性的小分子肽类。

1. 谷胱甘肽(glutathione,GSH)　由谷氨酸、半胱氨酸和甘氨酸组成的三肽,简称为谷胱甘肽(GSH)。其中谷氨酸的 γ-羧基与半胱氨酸的 α-氨基形成肽键,GSH 分子中的巯基是主要功能团(图 2-3)。GSH 的巯基具有还原性,可保护其他蛋白质或酶分子中的巯基不被氧化,防止蛋白质或酶失去生物学活性。在 GSH 过氧化物酶的催化下,GSH 作为抗氧化剂可还原细胞内代谢产生的 H_2O_2,使其转变成 H_2O,此反应生成的氧化型谷胱甘肽(GSSG)需重新转化为还原型的 GSH,才能维持其抗氧化作用。

2. 多肽类激素　体内有许多激素的本质是寡肽或多肽,主要是下丘脑和垂体分泌的激素。如缩宫素(9 肽)、加压素(9 肽)、促肾上腺皮质激素(39 肽)、促甲状腺素释放激素(3 肽)等。

3. 神经肽　由中枢神经末梢释放的多肽类神经递质称为神经肽类。在神经细胞中起转导信号作用。如脑啡肽(5 肽)、β-内啡肽(31 肽)、强啡肽(17 肽)、孤啡肽(17 肽)等。它们与中

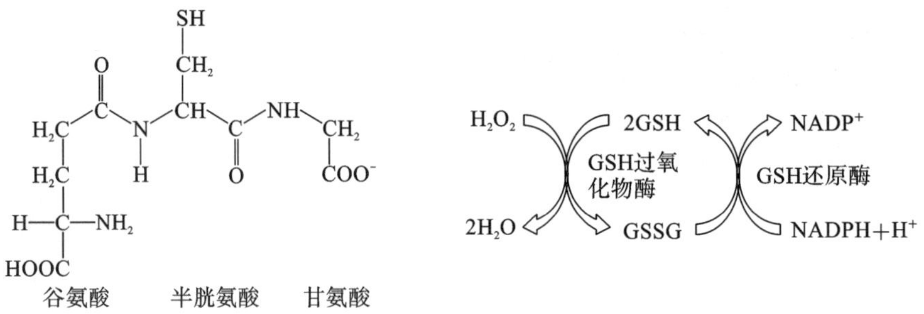

图 2-3 谷胱甘肽

枢神经系统的痛觉抑制有关,很早就被用于临床的镇痛治疗。

近年来,肽类药物的研究进展迅猛,许多化学合成或重组 DNA 技术制备的肽类药物和疫苗在一些疾病的预防和治疗方面取得显著成效。

第二节 蛋白质的分子结构

蛋白质分子是生物大分子,相对分子质量大且结构复杂,每种蛋白质都有一定的氨基酸组成、排列及肽链的空间排布,此结构是每种蛋白质具有独特生理功能的基础。蛋白质复杂的分子结构通常分为一级结构和空间结构(或高级结构)。空间结构包括蛋白质的二级、三级、四级结构。蛋白质的空间结构是蛋白质具有特定性质和功能的结构基础。并非所有的蛋白质都有四级结构,由 1 条多肽链形成的蛋白质只有三级结构。由 2 条或 2 条以上多肽链形成的蛋白质才有可能具有四级结构。

一、蛋白质的一级结构

蛋白质分子中,从 N-端至 C-端的氨基酸排列顺序称为蛋白质的一级结构(primary structure)。一级结构是蛋白质分子的基本结构,各种蛋白质中氨基酸的排列顺序是由该生物遗传信息决定的。一级结构中主要的化学键是肽键。蛋白质一级结构对于了解蛋白质完整结构、作用机制、生理功能及其与有类似功能蛋白质的相互关系显得十分重要。1953 年英国化学家 F. Sanger 首次测定了牛胰岛素的氨基酸序列(图 2-4),这对阐明胰岛素的生物合成和发挥生理功能很重要,随后利用这一方法原理,数以千万计的不同种系蛋白质氨基酸序列被揭晓,目前已知一级结构的蛋白质数量已相当可观,并且还以更快的速度在增加。

体内不同种类的蛋白质,其一级结构各不相同,一级结构是蛋白质空间结构的基础,但并不是决定蛋白质空间结构的唯一因素。蛋白质的空间结构是实现其生物学功能的基础。

二、蛋白质的空间结构

蛋白质在一级结构的基础上通过分子中若干单键的旋转而盘曲、折叠形成特定的空间三维结构,称为蛋白质的空间结构。蛋白质的空间结构包括蛋白质的二级结构、三级结构和四级

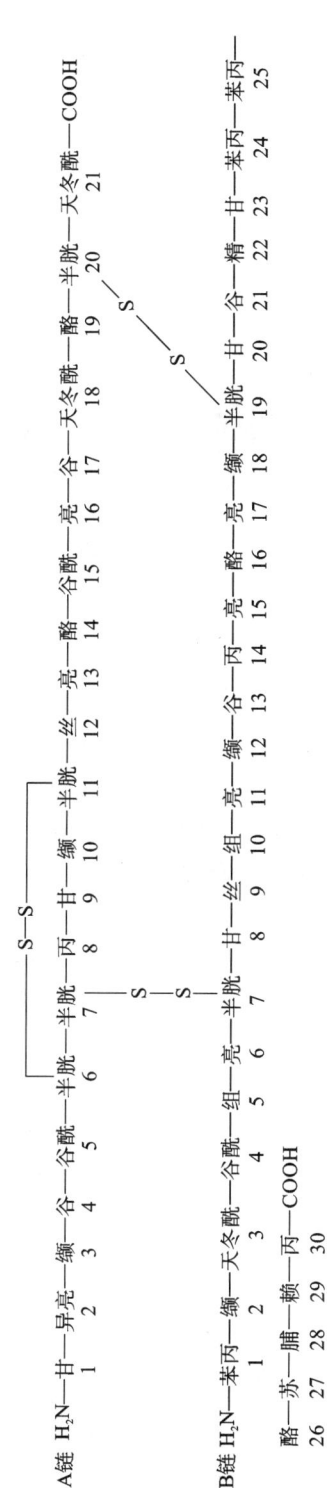

图 2-4 牛胰岛素一级结构

结构。

（一）蛋白质的二级结构

蛋白质的二级结构（secondary structure）是指蛋白质分子中某一段肽链的主链骨架原子的相对空间排列分布。此局部空间结构不涉及氨基酸残基侧链的空间排布。所谓肽链主链骨架原子即 N（氨基氮）、C_α（α-碳原子）和 C_O（羧基碳）3 个原子依次重复排列—N—C_α—C_O—N—C_α—C_O—N—C_α—C_O—N—C_α—C_O—。

蛋白质的二级结构包括 α-螺旋（α-helix）、β-折叠（β-pleated sheet）、β-转角（β-turn）和无规卷曲（random coil）。一条多肽链中可含有多种二级结构或多个同种二级结构。

1. 肽平面的概念 20 世纪 30 年代末 L. Pauling 和 R. B. Corey 在研究氨基酸和肽的晶体结构时发现，涉及肽键的 6 个原子共处于同一平面，称为肽平面，又称肽单元（图 2-5）。

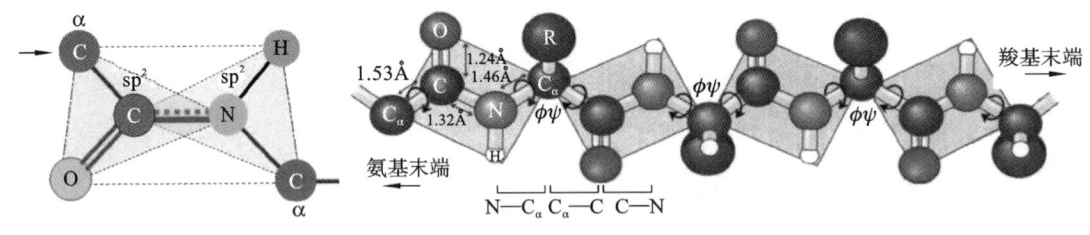

图 2-5 肽平面

每个 C_α 与两侧肽平面中的 N 和羧基 C 原子间以单键连接，可以自由旋转，使每相邻的肽平面间形成双面角，此种以肽单元为基本单位的旋转就是肽链折叠、盘旋的基础。

2. 蛋白质二级结构的主要形式 α-螺旋和 β-折叠是蛋白质二级结构的主要形式。除 α-螺旋和 β-折叠外，蛋白质二级结构还包括 β-转角和无规卷曲等。

（1）α-螺旋：多肽链中主链围绕中心轴有规律地螺旋式上升，螺旋走向为顺时针方向，称为右手螺旋。其特点如下：①每 3.6 个氨基酸残基螺旋上升一圈，螺距为 0.54 nm；②氨基酸侧链伸向螺旋外侧，其形状、大小及电荷量的多少均影响 α-螺旋的形成；③α-螺旋的每个肽键的 N—H 与相邻第四个肽键的羧基氧（O）形成氢键，以稳固 α-螺旋结构，氢键的方向与螺旋长轴基本平行，氢键是维持 α-螺旋结构稳定的主要化学键（图 2-6）。

（2）β-折叠：β-折叠呈折纸状（图 2-7）。其特点如下：①多肽链充分伸展，各个肽单元以 C_α 为旋转点，依次折叠成锯齿状结构，氨基酸残基侧链交替位于锯齿状结构的上下方；②所涉及肽段一般比较短，只含 5~8 个氨基酸残基；③两条以上肽链或一条肽链内的若干肽段可平行排列，肽链的走向可相同，也可相反，肽链间肽键的羧基氧和氨基氢形成氢键，从而稳固 β-折叠结构。

（3）β-转角：β-转角常出现于肽链进行 180°回折时的转角部位。β-转角通常由 4 个氨基酸残基组成，由第一个残基的羧基氧与第四个残基的氨基氢形成氢键，以维持转折结构的稳定（图 2-8）。β-转角的第二个氨基酸残基多为脯氨酸和甘氨酸，脯氨酸为亚氨基酸，形成肽键使肽链反折，甘氨酸侧链最小，易变形。

（4）无规卷曲：除上述结构外，肽链其余部分表现为环或卷曲结构，虽相对没有规律性排布，但是同样表现重要生物学功能，习惯统称为"无规则卷曲"。

（二）蛋白质的三级结构

蛋白质多肽链在二级结构基础上可以进一步盘曲、折叠，蛋白质的三级结构（tertiary

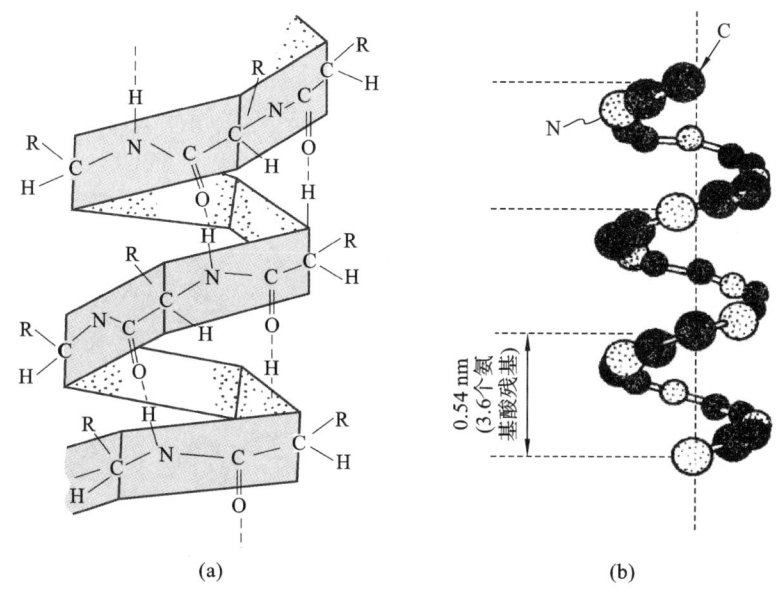

(a)　　　　　　　　(b)

图 2-6　α-螺旋

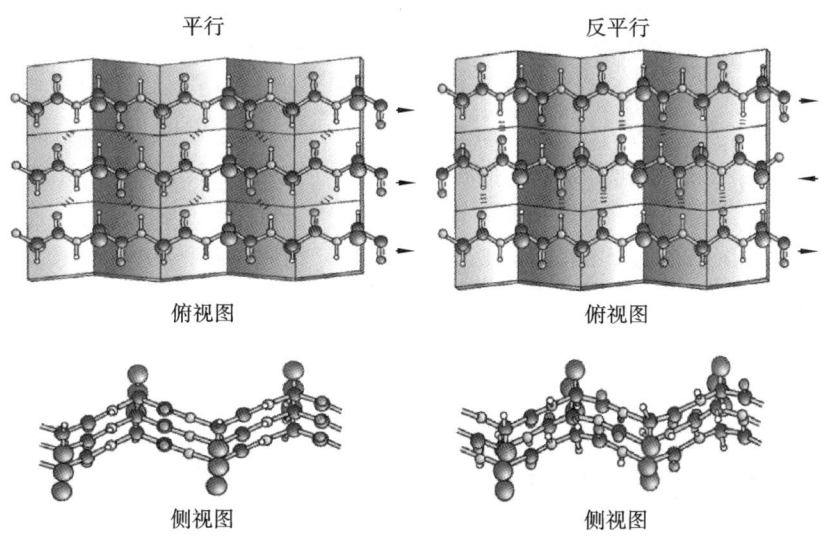

图 2-7　β-折叠

structure)是指整条肽链中全部氨基酸残基的相对空间排布,即整条肽链所有原子在三维空间的排布位置。蛋白质三级结构的形成和稳定主要靠次级键,包括氢键、离子键(盐键)、疏水作用、范德华力(Van der Waals force)等,在三级结构中形成了所谓的结构域。结构域是介于二级和三级结构之间的一种结构层次,是蛋白质三级结构的基本结构单位。对于较小的蛋白质分子或亚基,结构域和三级结构是一个意思,即这些蛋白质是单结构域的;对于较大的蛋白质分子或亚基,多肽链往往由两个或两个以上相对独立的结构域缔合成三级结构(图 2-9)。一条多肽链所构成的蛋白质至少需要有三级结构才具有生物学功能。

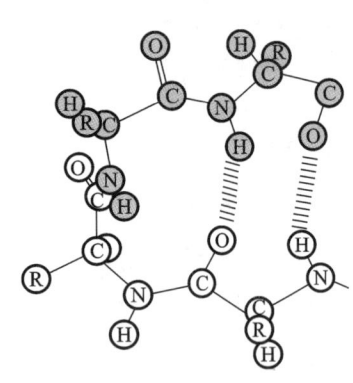

图 2-8　β-转角

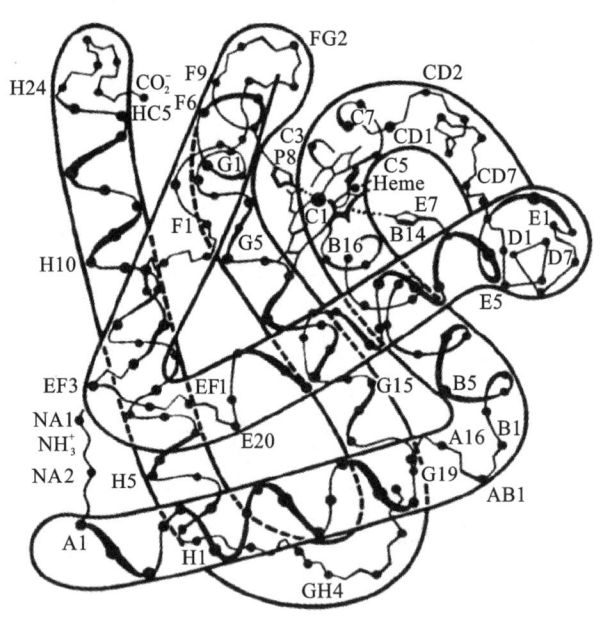

图 2-9　肌红蛋白的三级结构

（三）蛋白质的四级结构

蛋白质分子的二、三级结构只涉及由一条多肽链组成的蛋白质。体内有许多蛋白质的分子含有两条或多条多肽链。由 2 条或 2 条以上具有独立三级结构的多肽链通过非共价键相互结合而成，称为蛋白质的四级结构（quaternary structure）。每一条具有完整三级结构的多肽链，称为亚基（subunit）。单独的亚基一般没有生物学功能，只有四级结构完整时才具有生物学活性。维持四级结构的作用力主要是氢键、离子键等非共价键。四级结构中的亚基可以相同也可以不同。如血红蛋白（hemoglobin，Hb）是由两个 α-亚基和两个 β-亚基形成的四聚体（$\alpha_2\beta_2$）。

三、蛋白质的结构与功能的关系

（一）一级结构与功能的关系

蛋白质的一级结构是空间结构和生物学功能的基础。一级结构决定空间结构。蛋白质一级结构与其功能密切相关，某些蛋白质在多肽链结构松散后活性丧失，但在一定条件下，有完整一级结构的多肽链可自发恢复原有的空间结构和生物活性。如核糖核酸酶含 124 个氨基酸残基，含 4 对二硫键，在尿素和还原剂 β-巯基乙醇存在下松解为非折叠状态，失去活性，但去除尿素和 β-巯基乙醇后，松散的多肽链可卷曲折叠成原有的天然构象，4 对二硫键也正确配对，并恢复生物学功能（图 2-10），这充分说明核糖核酸酶只要其一级结构未被破坏，就可能恢复原有的空间结构和功能。

一级结构相似的多肽或蛋白质具有相似的高级结构及功能。例如，不同哺乳类动物的胰岛素分子都是由 A 和 B 两条链组成的，且二硫键的配对和空间构象也很相似，一级结构仅有个别氨基酸差异，因而它们都有调节血糖水平等生理功能（表 2-2）。

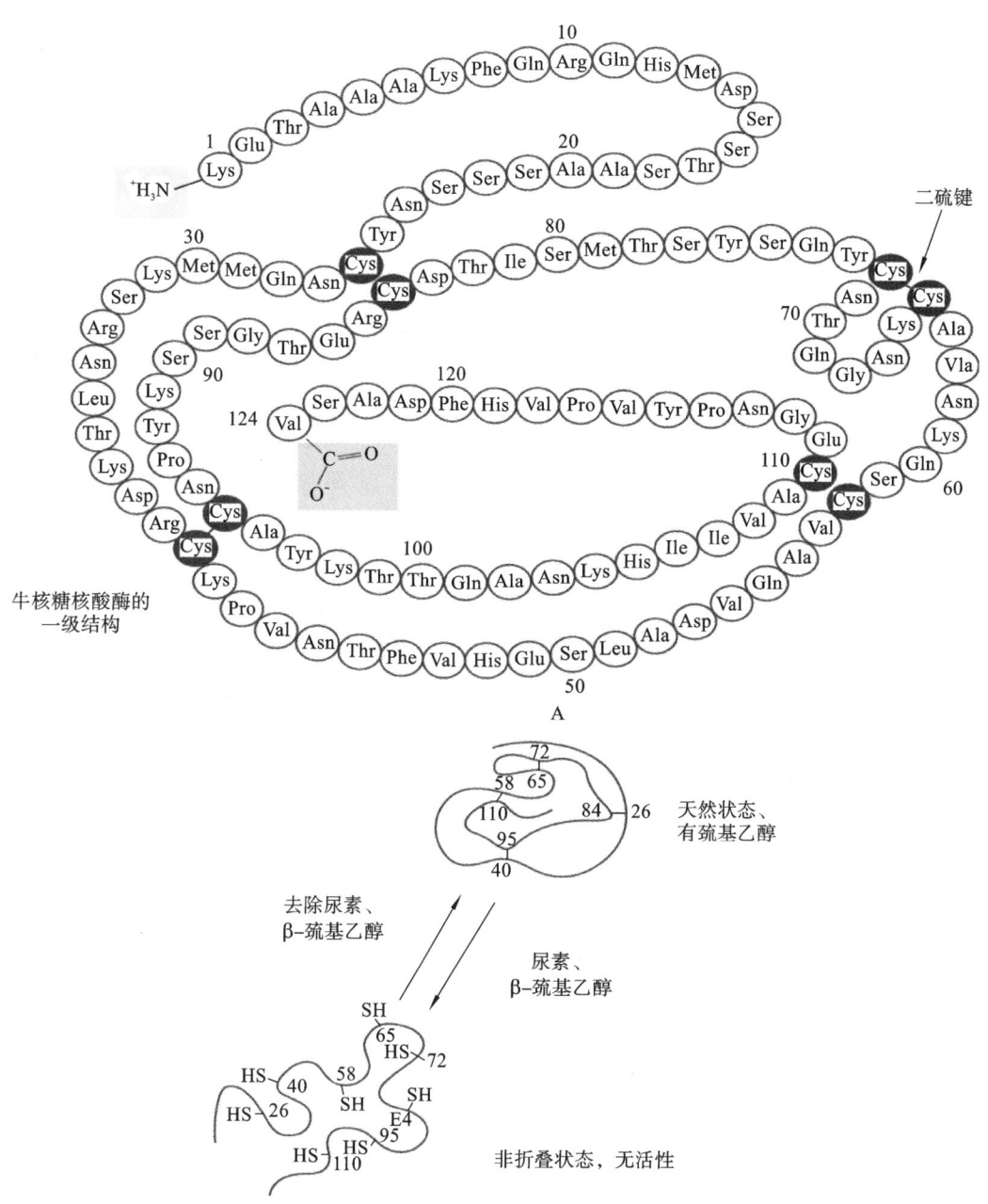

牛核糖核酸酶的
一级结构

二硫键

A

天然状态、
有巯基乙醇

去除尿素、
β-巯基乙醇

尿素、
β-巯基乙醇

非折叠状态，无活性

图 2-10 核糖核酸酶

表 2-2　哺乳类动物胰岛素氨基酸序列差异

胰岛素	氨基酸残基序号			
	A8	A9	A10	B30
人	Thr	Ser	Ile	Thr
猪	Thr	Ser	Ile	Ala
狗	Thr	Ser	Ile	Ala
兔	Thr	Gly	Ile	Ser
牛	Ala	Gly	Val	Ala
羊	Ala	Ser	Val	Ala
马	Thr	Ser	Ile	Ala

注:A8 表示 A 链第 8 位氨基酸,其余类推。

一级结构中重要氨基酸序列改变可引起疾病。蛋白质一级结构中起关键作用的氨基酸残基缺失或被替代,可通过影响空间构象而影响其生理功能,甚至导致疾病产生,例如,正常人血红蛋白 β 亚基的第 6 位氨基酸是谷氨酸,而镰刀形红细胞贫血患者的血红蛋白中谷氨酸变成了缬氨酸,即酸性氨基酸被中性氨基酸替代。仅 1 个氨基酸残基改变,就会使红细胞中水溶性的血红蛋白易聚集黏着、带氧功能降低、红细胞变成镰刀状且极易破碎而发生贫血。当然,并非一级结构中的每一个氨基酸都很重要,如胰岛素分子中某些位点氨基酸残基发生改变,其功能依然不变。蛋白质分子发生变异而导致的疾病,被称为"分子病"。

（二）空间结构与功能的关系

蛋白质的功能依赖其特定的空间结构,蛋白质的空间构象决定其生物活性。下面以肌红蛋白和血红蛋白为例,说明蛋白质空间结构和功能关系。

1. 肌红蛋白和血红蛋白的结构　肌红蛋白与血红蛋白都是含有血红素辅基的蛋白质。血红素是铁卟啉化合物,它由 4 个吡咯环通过 4 个甲炔基相连成一个环形,Fe^{2+} 居于环中。Fe^{2+} 可有 6 个配位键,其中 4 个与吡咯环的 N 配位键结合,1 个配位键和蛋白的组氨酸残基结合,氧则与 Fe^{2+} 形成第 6 个配位键。肌红蛋白(Mb)是一相对简单的、存在于几乎所有哺乳动物(主要是肌肉中)的氧结合蛋白,由一条多肽链(153 个氨基酸残基)构成,含有一个血红素辅基,能与 O_2 结合与解离,主要发挥储氧功能。血红蛋白(Hb)是一个四聚体蛋白,具有多个氧结合位点,其主要功能是在循环中运送氧,Hb 有 4 个亚基,每个亚基都结合 1 个血红素辅基并可携带 1 分子氧,成人红细胞中的 Hb 由两个 α-亚基和两个 β-亚基($\alpha_2\beta_2$)组成。α-亚基含 141 个氨基酸残基,β-亚基含 146 个氨基酸残基。Hb 各亚基的三级结构与 Mb 极为相似,Hb 亚基间通过 8 对盐键紧密结合而形成亲水的球状蛋白。

2. 血红蛋白的构象变化与运氧功能　随着氧分压的改变,氧合 Hb 占总 Hb 的百分数随之变化,这一变化关系称为氧解离曲线。从图 2-11 中可见(Hb 的氧解离曲线为 S 形曲线,Mb 为直角双曲线),Mb 易与 O_2 结合,但对溶解氧浓度的微小变化相对不太敏感,所以作为储氧蛋白,而 Hb 具有多个亚基和多个氧结合位点,对氧浓度变化极为敏感,更适合于氧的运输。

根据 S 形曲线的特征可知,Hb 中各亚基间的相互作用会使其构象发生变化,进而使 Hb

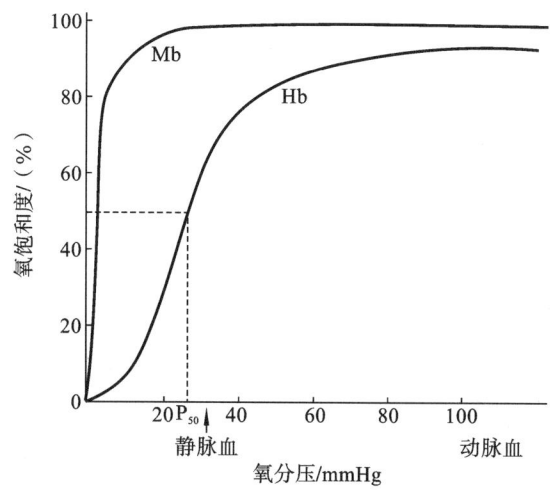

图 2-11 Hb 和 Mb 的氧解离曲线

与氧的亲和力发生改变。X 射线分析表明,Hb 主要有两种构象:R 态(松弛态)和 T 态(紧张态)。虽然每一种构象都可以与氧结合,但 R 态对氧具有较高的亲和力,氧与处于 T 态的血红蛋白结合,会引发其构象向 R 态转变。Hb 的第一个亚基与 O_2 结合以后,促进第二个亚基和第三个亚基与 O_2 的结合,当前三个亚基与 O_2 结合后,又可大大促进第四个亚基与 O_2 结合,这种效应称为正协同效应(positive cooperativity)(图 2-12)。血红蛋白特定空间构象及亚基间的正协同效应,有利于 Hb 在氧分压高的肺部迅速地与 O_2 充分结合,而在氧分压低的组织中,又迅速地最大限度地释放出转运的 O_2,完成 Hb 的生理功能,从肺经心脏到达外周组织的动脉血,大约 96% 的血红蛋白是氧饱和的,回流到心脏的静脉血仅仅 64% 的血红蛋白是氧饱和的。氧分子与 Hb 亚基结合后引起其他亚基构象变化,这种现象称为别构效应(allosteric effect)。

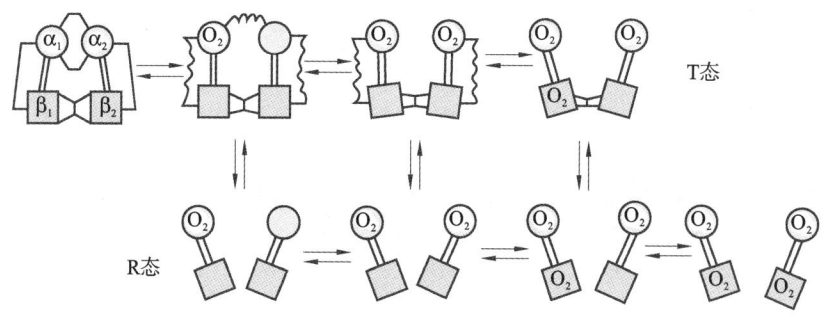

Hb氧合与脱氧构象转换

图 2-12 Hb 协同效应示意图

生物体内蛋白质的合成是一个复杂的过程,其中多肽链正确构象的形成是其功能发挥的基础。若蛋白质的折叠发生错误,即使其一级结构不变,但空间构象发生改变,也可影响其功能,严重时可导致疾病的发生,此类疾病称为“构象病”。如阿尔茨海默病、牛海绵状脑病等,蛋白质错误折叠后相互聚集,常形成抗蛋白水解酶的淀粉样纤维沉淀,从而产生毒性而致病。

第三节　蛋白质的理化性质

蛋白质是由氨基酸组成的高分子化合物,其理化性质一部分与氨基酸相似,如两性电离、等电点、紫外吸收、呈色反应等,也有一部分又不同于氨基酸,如胶体性质、变性等。

一、蛋白质的两性解离性质

蛋白质和氨基酸一样属于两性电解质,除两端的氨基和羧基可解离外,氨基酸残基侧链中某些基团,如谷氨酸、天冬氨酸残基中的 γ- 和 β- 羧基、赖氨酸残基中的 ε- 氨基、精氨酸残基的胍基和组氨酸残基的咪唑基等,在一定的溶液 pH 值条件下都可解离成带负电荷或正电荷的基团。其电离过程与带电状态取决于溶液的 pH 值。

当蛋白质溶液处于某一 pH 值时,蛋白质解离成正、负离子的趋势相等,净电荷为零,即成为兼性离子,此时溶液的 pH 值称为蛋白质的等电点。蛋白质溶液的 pH 值大于等电点时,该蛋白质颗粒带负电荷,反之则相反。

$$\mathrm{P}\begin{array}{c}\mathrm{NH_3^+}\\ \mathrm{COOH}\end{array} \underset{\mathrm{H^+}}{\overset{\mathrm{OH^-}}{\rightleftharpoons}} \mathrm{P}\begin{array}{c}\mathrm{NH_3^+}\\ \mathrm{COO^-}\end{array} \underset{\mathrm{H^+}}{\overset{\mathrm{OH^-}}{\rightleftharpoons}} \mathrm{P}\begin{array}{c}\mathrm{NH_2}\\ \mathrm{COO^-}\end{array}$$

$$\text{阳离子} \qquad\qquad \text{兼性离子} \qquad\qquad \text{阴离子}$$
$$(\mathrm{pH<pI}) \qquad\qquad (\mathrm{pH=pI}) \qquad\qquad (\mathrm{pH>pI})$$

体内大多数蛋白质的等电点接近 5.0,在体液 pH 7.4 环境下可解离成阴离子。少数蛋白质含有碱性氨基酸较多,其 pI 偏于碱性,称为碱性蛋白质,如鱼精蛋白、组蛋白等。也有少量蛋白质为酸性蛋白质,如胃蛋白和丝蛋白等。

由于蛋白质能电离形成带电颗粒,带电颗粒在电场中向电荷相反方向移动的现象称为电泳。在同一 pH 值溶液中,由于各种蛋白质所带电荷性质和数量不同,相对分子质量大小不同,它们在同一电场中移动的速度不同,利用这一性质将不同蛋白质分离的技术称为蛋白质电泳技术。

二、蛋白质的胶体性质

蛋白质是高分子化合物,分子直径大小为 1～100 nm,属于胶体颗粒的范围。蛋白质在溶液中不易沉淀析出,维持其胶体溶液稳定的重要因素有两个:一是蛋白质颗粒表面大多为亲水基团,可吸引水分子形成颗粒表面水化膜;二是蛋白质分子表面带有电荷。水化膜和同种电荷的相互排斥作用可以阻碍蛋白质颗粒的相互聚集,防止溶液中蛋白质的沉淀析出,起到稳定的作用。若除去蛋白质胶体颗粒上述两个稳定因素,可使蛋白质溶解度下降,使其从溶液中析出。

与小分子物质相比,蛋白质分子颗粒大,溶液黏度大,分子扩散速度慢,不能透过半透膜,在分离纯化蛋白质过程中,可利用蛋白质的这一性质,将混有小分子杂质的蛋白质溶液放于半透膜制成的囊内,置于流动水或适宜的缓冲液中,小分子杂质皆易从囊中透出,保留了纯化的囊内蛋白质,这种方法称为透析(dialysis)(图 2-13)。

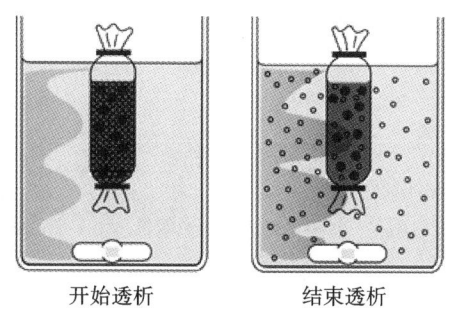

开始透析　　　　　结束透析

图 2-13　透析图

三、蛋白质的变性、复性

蛋白质在某些理化因素的作用下空间构象被破坏,从而引起其理化性质改变,并失去其生物活性的现象,称为蛋白质的变性(denaturation)。变性的实质是蛋白质的空间构象受到破坏,一级结构完整,肽键不断裂,氨基酸序列不发生改变。变性后由于结构松散,发生易被蛋白酶水解、黏度增加、溶解度降低、结晶能力消失等理化性质的改变。引起蛋白质变性的因素有多种,常见的有高温、高压、紫外线、乙醇等有机溶剂、重金属离子及生物碱试剂等。

在医学上,上述变性因素可导致病原微生物蛋白的变性失活,常被用来消毒灭菌。如乙醇消毒、紫外线消毒、高温高压蒸汽消毒等。在蛋白质分离纯化过程中或有效保存蛋白质制剂时,应防止蛋白质变性,如疫苗的低温保存等。

当蛋白质变性程度较轻时,可在消除变性因素条件下使蛋白质恢复或部分恢复其原有的构象和功能,称为蛋白质的复性(renaturation)。但是许多蛋白质由于结构复杂或变性后空间构象严重破坏,不能发生复性,称为不可逆性变性。

四、蛋白质的沉淀、凝固

蛋白质从溶液中析出的现象称为蛋白质的沉淀(precipitation)。如图 2-14 所示,用物理或化学方法除去使蛋白质稳定的两个因素,如将蛋白质溶液的 pH 值调到等电点,再加入脱水剂除去蛋白质水化膜,即可使蛋白质沉淀;或先使其脱水,再调节 pH 值到等电点,同样可使蛋白质沉淀。常用的蛋白质沉淀方法有以下几种。

(一)盐析

高浓度的中性盐可以破坏蛋白质的水化膜,中和其所带电荷,引起蛋白质沉淀,该过程称为盐析。常用的中性盐有硫酸铵、硫酸钠、亚硫酸钠等。不同的蛋白质亲水程度和带电量不同,盐析时所需要中性盐的浓度也不同,故调节盐的浓度,可将蛋白质分段沉淀。盐析一般不引起蛋白质变性,是分离纯化蛋白质的常用方法之一。

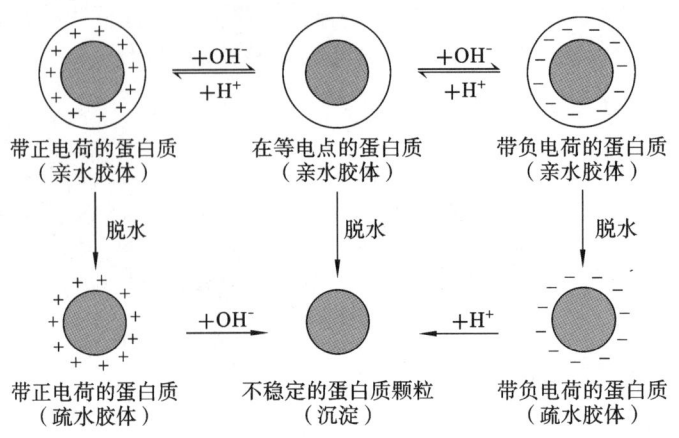

图 2-14　蛋白质的沉淀

（二）有机溶剂沉淀

能与水任意混溶的有机溶剂,如乙醇、甲醇、丙酮等,对水的亲和力很大,能破坏蛋白质的水化膜,同时改变溶液的介电常数,减小蛋白质的电离程度,使蛋白质沉淀。在等电点加入这类溶剂更易使蛋白质沉淀析出。如在低温下缓慢加入有机溶剂沉淀,可保持蛋白质变性速度减慢。

（三）生物碱沉淀

有些生物碱可与蛋白质的阳离子结合生成不溶性的蛋白质盐沉淀。沉淀的条件为 pH<pI。这些沉淀剂常引起蛋白质发生变性。临床上常用这种方法沉淀蛋白质,如血液样品分析中无蛋白质血滤液的制备。

（四）重金属盐沉淀

重金属离子如 Pb^{2+}、Hg^{2+}、Ag^+、Cu^{2+} 等,可与蛋白质的阴离子结合,形成不溶性的蛋白质盐沉淀。临床上利用蛋白质与重金属盐结合形成不溶性沉淀这一性质,及时抢救误服重金属盐中毒的患者。

蛋白质变性沉淀以后,沉淀物仍能溶于强酸、强碱溶液中,若加热则絮状沉淀变成凝块,这一过程称为蛋白质的凝固。蛋白质的凝固是一个不可逆的过程,凝块将不再溶于强酸强碱。

五、蛋白质的紫外吸收性质

由于蛋白质在紫外光波长 280 nm 处有特征性吸收峰,利用吸光度与浓度的线性关系,可对其进行定量检测。

六、蛋白质的呈色反应

蛋白质某个或某些基团与某种试剂可发生特殊的呈色反应,且产生的有色物质与蛋白质浓度相关,可用于蛋白质定性、定量检测,如双缩脲反应、茚三酮反应、酚试剂反应等。

（一）茚三酮反应

在 pH 5～7 的溶液中,蛋白质分子中游离的氨基可与茚三酮反应生成蓝紫色化合物。

（二）双缩脲反应

分子中含有两个或两个以上氨基甲酰基（—CONH$_2$）的化合物能与碱性硫酸铜溶液作用，形成紫红色的化合物，这一反应称为双缩脲反应。蛋白质和多肽分子中的肽键能发生此呈色反应，其颜色的深浅与蛋白质的含量成正比。

（三）酚试剂反应

蛋白质分子中的酪氨酸残基在碱性条件下，与酚试剂反应生成蓝色化合物。此反应的灵敏度比双缩脲反应高 100 倍，比紫外分光光度法高 10～20 倍。

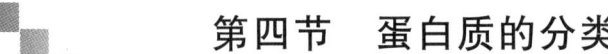

第四节 蛋白质的分类

蛋白质的种类繁多、功能各异，通常按其组成、形状和功能进行分类。

一、按组成分类

根据蛋白质分子组成的不同，可将其分为单纯蛋白质和结合蛋白质。

1. 单纯蛋白质 单纯蛋白质是指彻底水解后生成的产物全部为氨基酸的蛋白质。单纯蛋白质又可根据溶解性及来源分为清蛋白、球蛋白、谷蛋白、醇溶谷蛋白、鱼精蛋白、组蛋白、硬蛋白等。

2. 结合蛋白质 由蛋白质与其他非蛋白质部分组成的一类蛋白质，非蛋白质部分称为辅基，结合蛋白质只有与辅基结合后才有生物活性。根据辅基不同可分为糖蛋白、脂蛋白、色蛋白、核蛋白、金属蛋白、磷蛋白等。

二、按形状分类

根据蛋白质形状的不同，可将其分为球状蛋白质和纤维状蛋白质。

1. 球状蛋白质 蛋白质分子形状基本呈球形或椭圆形，分子长短轴之比小于 10，多属于有特定功能的蛋白质，如酶、清蛋白、球蛋白、血红蛋白、肌红蛋白等。

2. 纤维状蛋白质 纤维状蛋白质的分子长短轴之比大于 10，一般呈纤维状，多为生物体组织结构材料，如毛发中的角蛋白，皮肤和结缔组织中的胶原蛋白，肌腱、韧带中的弹性蛋白等。

三、按功能分类

在生物体内，有些蛋白质只参与生物细胞或组织器官的构成，起支持与保护作用，即非活性蛋白质，如胶原蛋白、角蛋白、弹性蛋白等。而大多数蛋白质在代谢过程中主要发挥调控作用，即活性蛋白质，如有催化功能的酶，有调节功能的激素，有运动、防御功能的蛋白质等。

思维导图

- 蛋白质
  - 分子结构
    - 结构
      - 一级结构
      - 空间结构
        - 二级结构
        - 三级结构
        - 四级结构
    - 结构与功能关系
      - 与一级结构的关系
        - 一级结构是生物学功能的基础
        - 一级结构相似，生物学功能相同
        - 保守序列氨基酸改变，生物学功能改变
      - 与空间结构的关系
        - 空间结构是生物学功能的决定因素
        - 空间结构改变或破坏，生物学功能随之改变或消失
  - 理化性质
    - 两性解离
    - 胶体性质
    - 蛋白质的变性
    - 蛋白质的沉淀
    - 蛋白质的呈色反应
    - 蛋白质的紫外吸收
  - 分子组成
    - 元素组成——C、H、O、N、S
    - 结构单位——氨基酸
      - 连接方式：肽键
      - 组成人体蛋白质的氨基酸种类有20种
      - 结构特色：除甘氨酸外都是L型，α-氨基酸
  - 生理功能
    - 生物体内的重要组成成分
    - 多种重要生理功能——催化作用、凝血作用、运输作用等
    - 氧化分解

目标检测

A 型题（即单句型最佳选择题）。每一道试题下面有 A、B、C、D、E 五个备选答案，请从中选择一个最佳答案。

1. 测得某一蛋白质样品的氮的含量为 0.40 g，此样品约含蛋白质（　　）。

A.2.00 g　　　　B.2.50 g　　　　C.6.40 g　　　　D.3.00 g　　　　E.6.25 g

2. 下列含有两个羧基的氨基酸是（　　）。

A.精氨酸　　　　B.赖氨酸　　　　C.甘氨酸　　　　D.色氨酸　　　　E.谷氨酸

3. 维持蛋白质二级结构的主要化学键是（　　）。

A.盐键　　　　B.疏水键　　　　C.肽键　　　　D.氢键　　　　E.二硫键

4. 关于蛋白质分子三级结构的描述，其中错误的是（　　）。

A.天然蛋白质分子均有这种结构　　　　B.具有三级结构的多肽链都具有生物学活性

C.三级结构的稳定性主要是次级键维系　　D.亲水基团聚集在三级结构的表面

E.决定盘曲折叠的因素是氨基酸残基

5. 具有四级结构的蛋白质特征是（　　）。

A.分子中必定含有辅基

B.在两条或两条以上具有三级结构多肽链的基础上,肽链进一步折叠、盘曲形成

C.每条多肽链都具有独立的生物学活性

D.依赖肽键维系四级结构的稳定性

E.由两条或两条以上具有三级结构的多肽链组成

6. 蛋白质所形成的胶体颗粒,在下列哪种条件下不稳定?(   )

A.溶液 pH 值大于 pI   B.溶液 pH 值小于 pI   C.溶液 pH 值等于 pI

D.溶液 pH 值等于 7.4   E.在水溶液中

思考题

1. 什么是蛋白质变性? 举例说明蛋白质变性在实际中的应用。怎样避免蛋白质变性?

2. 简述蛋白质的生物学功能。

3. 某蛋白质样品 120 g,用凯氏定氮法测得其中含氮元素的量为 10 g,请问该蛋白质样品中蛋白质的百分含量是多少?

【第二章   目标检测参考答案】

1.B   2.E   3.D   4.B   5.E   6.C

第三章 酶

学 习 目 标

1. 掌握酶的概念、化学本质及生物学功能;酶的活性中心和必需基团;酶促反应的特点及其应用;各种因素对酶促反应速度的影响。

2. 熟悉酶的组成、结构;酶调节的方式;酶的变构调节和共价修饰调节的概念。

3. 了解酶的命名与分类;酶与医学的关系。

第一节 酶 的 概 述

一、酶的概念

生物体内各种各样的化学反应之所以能够在温和的内环境条件下高效、有序进行,是因为生物体内存在着一类极为重要的生物催化剂——酶(enzyme,E)。酶是一类由活细胞产生、对其特异底物具有高效催化作用的物质。酶作用的物质称为底物(substrate,S)。反应生成的物质称为产物(product,P)。酶催化的化学反应称为酶促反应。酶具有的催化能力称为酶的活性,酶失去催化能力称为酶的失活。酶的化学本质是蛋白质或者核酸。本章只讨论化学本质为蛋白质的酶。

二、酶促反应的特点

酶是由活细胞产生的、对其底物具有高度特异性和高度催化效率的生物大分子。酶既有与一般催化剂相同的催化性质,又具有生物大分子的特征。

1. 高效性 酶具有极高的催化效率,比非催化反应高 $10^8 \sim 10^{20}$ 倍,比一般催化剂高 $10^7 \sim 10^{13}$ 倍。

知识链接

核酶的发现与意义

　　1981 年,美国生物化学家 T.Cech 研究四膜虫时,发现四膜虫 rRNA 的前体在没有蛋白质的情况下能专一地催化寡聚核苷酸底物的切割与连接,具有分子内催化的活性。1983 年,美籍加裔生物化学家 S.Altman 发现大肠埃希菌 RNase P 的蛋白质部分除去后,在体外高浓度镁离子存在下,与留下的 RNA 部分具有与全酶相同的催化活性。1986 年,T.Cech 又证实 rRNA 前体的内含子能催化分子间反应。核酶的发现对所有酶都是蛋白质的传统观念提出了挑战,为生命起源和分子进化提供了新的依据,揭示了内含子自我剪接的奥秘,促进了对 RNA 的研究。1989 年,核酶的发现者 T.Cech 和 S.Altman 被授予诺贝尔化学奖。

　　在化学反应中,反应物分子所含有的能量高低不一。化学反应之所以能发生,是因为反应体系中有一部分反应物分子获得足够的能量达到活化状态,成为活化分子。活化分子所具有的从初始态转变为活化态所需要的能量称为活化能。

　　酶是通过酶-底物复合物的形成,降低反应的活化能,提高反应速度。所以酶的高催化效率主要是能有效地降低反应所需的活化能(图 3-1)。

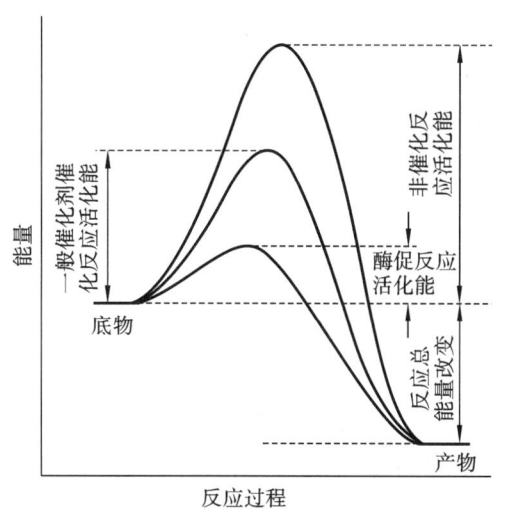

图 3-1　酶促反应活化能的改变

　　2. 高度特异性　酶与一般催化剂不同,酶对其所催化的底物具有较严格的选择性,即一种酶仅作用于一种或一类化合物,或特定的化学键,催化一定的化学反应并产生一定的产物,酶的这种特性称为酶的特异性或专一性。根据酶对其底物化学结构或空间结构选择的严格程度不同,酶的特异性可分为三种类型。

　　(1) 绝对特异性:一种酶只能作用于一种特定结构的底物分子,进行一种专一的反应,生成一定的产物,这种特异性称为酶的绝对特异性。例如:脲酶只催化尿素水解为 CO_2 和 NH_3,对其他尿素的衍生物不起催化作用。

　　(2) 相对特异性:有些酶可以作用于含有相同化学键或化学基团的一类化合物,这种不太严格的选择性称为相对特异性。例如,磷酸酶对含有磷酸酯键的化合物都有水解作用,可水解甘油或酚与磷酸形成的酯键。

（3）**立体异构特异性**：当底物具有立体异构体时，酶仅作用于底物的一种立体异构体，而对另一种立体异构体无催化作用。如乳酸脱氢酶仅催化 L-乳酸脱氢生成丙酮酸，而不作用于 D-乳酸；延胡索酸酶仅催化反-丁烯二酸（延胡索酸）加水反应生成苹果酸，对顺-丁烯二酸则无此催化作用。

3. 高度不稳定性   酶的化学本质是蛋白质，一些理化因素（如高温、强酸、强碱等）会导致酶发生变性失活，因此，酶促反应往往是在常温、常压和中性的条件下进行的。

4. 高度可调节性   酶促反应速度的快慢，取决于酶活性的高低。酶活性受机体内多种因素的调节。如酶生物合成的诱导和阻遏调节、酶的化学修饰调节、抑制剂和激活剂的调节、代谢物的反馈调节以及神经体液因素的调节等。通过对酶的活性和含量的调节，使生命活动中各种物质代谢有条不紊地进行，以适应机体不断变化的内外环境和生命活动的需要。

三、酶的命名与分类

酶是生物催化剂，种类繁多且催化反应各异，目前已经得到鉴定的酶有十万多种，为了研究、学习及应用中不出现混乱，需要对其进行系统的命名和分类。

（一）酶的命名

酶的命名有习惯命名法和系统命名法。在酶学研究早期，酶的名称多由发现者根据酶所催化的底物、反应的性质以及酶的来源所定且长期沿用，称为习惯命名法。如乳酸脱氢酶、脂肪酶等。但这种命名方法有时会出现一个酶有数个不同名称而常出现混乱，且有的名称不能说明酶促反应的本质，为了克服习惯命名法的弊端，1961 年国际酶学委员会提出系统命名法，每一个酶都有一个系统名称，是按酶的所有底物与反应类型来进行命名的，底物名称之间以"："分隔。如谷氨酸脱氢酶按照系统命名法命名为 L-谷氨酸：NAD^+ 氧化还原酶，另外，还有分类编号。因根据系统命名法得到的酶名称过于复杂，为了应用方便，国际酶学委员会又从每种酶的数个习惯名称中选定一个简便实用的推荐名称，例如，乳酸：NAD^+ 氧化还原酶推荐名称为乳酸脱氢酶。

（二）酶的分类

国际酶学委员会按照酶促反应的性质，将酶分为六大类。

1. 氧化还原酶（oxidordeuctases）   催化氧化还原反应的一类酶，例如，琥珀酸脱氢酶、异柠檬酸脱氢酶、细胞色素氧化酶、过氧化氢酶、过氧化物酶等。

2. 转移酶（transferases）   催化底物之间的某些化学基团转移或交换的一类酶，例如氨基转移酶、甲基转移酶、磷酸化酶等。

3. 水解酶（hydrolases）   催化底物发生水解反应的一类酶，例如，淀粉酶、糖苷酶、蛋白酶、脂肪酶、磷酸酶等。

4. 裂解酶（lyases）   催化从底物移去一个基团并留下双键的反应或其逆反应的一类酶。例如，碳酸酐酶、脱羧酶、柠檬酸合酶等。

5. 异构酶（isomerases）   催化各种同分异构体之间相互转化的一类酶。例如，磷酸丙糖异构酶、磷酸甘油酸变位酶、消旋酶、差向异构酶、顺反异构酶等。

6. 合成酶（synthetases）   催化两分子底物合成为一分子化合物，同时伴有 ATP 的磷酸键断裂释能的一类酶。例如，谷氨酰胺合成酶、腺苷酸代琥珀酸合成酶等。

四、酶的催化作用机制

酶促反应高效率的重要原因,常是多种催化机制的综合作用,主要有中间产物学说和诱导契合学说。

(一)中间产物学说

酶催化底物反应时,必须首先与底物结合形成中间产物,进而才能发生反应,生成产物。酶与底物结合过程释放的能量是降低活化能的主要能量来源,因此酶活性中心的结合基团能否有效地和底物结合,是酶能否发挥催化作用的关键。反应如下:

$$E + S \xrightleftharpoons{\qquad} ES \xrightarrow{\qquad} E + P$$

酶　底物　　　中间产物　　　酶　产物

(二)诱导契合学说

酶与底物结合方式的学说,首先是 Emil Fischer 提出"锁-匙"结合的机械模式,20 世纪中期,D. K. Koshland 等继而提出"诱导契合学说",酶和底物接近时,其结构相互诱导、变形并彼此适应,即发生构象改变有利于与底物结合,使底物变形和扭曲进而引起键的断裂,并使底物转变为不稳定的过渡状态,易受酶的催化攻击而转化为产物,酶与底物结合时有显著构象变化,已为 X 衍射所证实,在酶促反应中,已获得大量底物过渡态,并由此推导出许多过渡态类似物作为设计药物、抗体酶等的依据(图 3-2)。

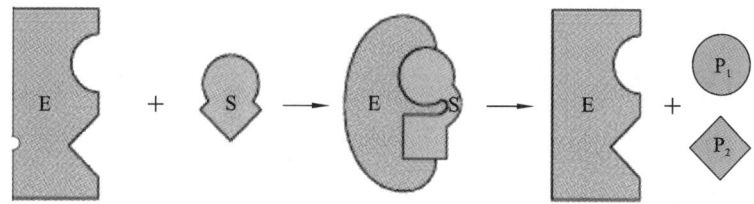

图 3-2　诱导契合图

五、酶的调节

机体根据内外环境的变化而调整细胞内代谢时,是通过对代谢途径中一些关键酶的调节来实现的,这种调节主要通过酶活性的调节和酶含量的调节来完成。细胞内,许多酶的活性是可以调节的,可在有活性和无活性,或者高活性和低活性之间转变。此外,某些酶在细胞内的量可以发生改变,进而调节相应代谢过程。

(一)酶活性的调节

1. 酶的变构调节　酶的催化功能是由其空间构象决定的,生物体内许多酶具有变构现象,体内一些代谢物可以与某些酶分子活性中心以外的部位可逆地结合,引起酶的构象改变,从而改变酶的催化活性,这种调节方式称为变构调节(allosteric regulation),能进行变构调节的酶称变构酶。导致变构效应的代谢物称变构效应剂,酶与效应剂的结合部位称为变构部位或调节部位。变构酶多为寡聚酶,酶分子的催化部位(活性中心)和调节部位有的在同一亚基内,也有的不在同一亚基,含催化部位的亚基称为催化亚基,含调节部位的亚基称为调节亚基,如果某效应剂引起酶对底物的亲和力增加,从而加快反应速度,此效应称为变构激活效应,效应剂称为变构激活剂(allosteric activator)。反之,降低反应速度的效应为变构抑制效应,相应的效应剂为变构抑制剂(allosteric inhibitor)。效应剂可以是代谢途径的终产物、中间产物、底物或其他物质,细胞内效应剂浓度的变化,通过变构调节方式,可及时有效地调节相应代谢。

2. 共价修饰调节 酶蛋白上的一些基团在其他酶的催化下与某种化学基团发生可逆的共价结合,从而改变酶构象,调节酶的活性,这种调节方式称为酶的共价修饰(covalent modification)或化学修饰(chemical modification)。在共价修饰过程中,酶发生无活性(或低活性)与有活性(或高活性)两种形式的互变。酶的共价修饰包括磷酸化与脱磷酸化、乙酰化与脱乙酰化、甲基化与脱甲基化、腺苷化与脱腺苷化以及—SH 与—S—S—的互变等多种形式,其中以磷酸化修饰最为常见。酶的共价修饰是体内快速调节的一种重要方式。

(二)酶含量的调节

酶的含量是影响酶促反应的重要因素之一。体内各种酶处于不断合成与分解的动态平衡过程中,因此,细胞可通过改变酶蛋白的合成与分解来调节酶的含量,进而调节相应的代谢。与酶活性的快速调节相比,酶合成的调节是一种缓慢而长效的调节。

第二节 酶的结构与功能

一、酶的分子组成

(一)根据酶蛋白分子结构和分子大小分类

1. 单体酶 只含有一条多肽链的酶。其相对分子质量较小,为 13000~35000,这类酶大多数是催化水解反应的酶,如溶菌酶、胰蛋白酶等。

2. 寡聚酶 以非共价键相连的多亚基酶。其相对分子质量从 35000 到几百万,如苹果酸脱氢酶、琥珀酸脱氢酶等。

3. 多酶体系 由几种催化功能不同的酶彼此嵌合形成的复合体。它有利于一系列反应的连续进行。其相对分子质量较大,一般都在几百万以上,如丙酮酸脱氢酶复合体由三种酶组成等。

(二)根据酶分子的化学组成分类

根据酶分子的化学组成不同,可将其分为单纯酶(simple enzyme)和结合酶(conjugated enzyme)两类。

1. 单纯酶 仅由蛋白质构成,水解后的产物只有氨基酸。如脲酶、淀粉酶、溶菌酶等水解酶类。

2. 结合酶 生物体内大多数酶是结合酶。结合酶由蛋白质和非蛋白质两部分组成,前者称为酶蛋白(apoenzyme),后者则被称为辅助因子(cofactor),酶蛋白与辅助因子结合形成的复合物称为全酶(holoenzyme)。结合酶的催化活性有赖于全酶的完整性,如果酶蛋白与辅助因子分离,单独存在的酶蛋白和辅助因子均无催化活性。

$$全酶 = 酶蛋白 + 辅助因子$$

根据与酶蛋白结合的牢固程度的不同,辅助因子分为辅酶和辅基两类。与酶蛋白结合比较疏松,可以用透析或超滤等方法除去的辅助因子称为辅酶;与酶蛋白结合牢固,不能用透析或超滤等方法除去的辅助因子称为辅基。辅酶和辅基的本质都是金属离子或小分子有机化合物,两者并无严格区别,一般统称为辅酶。

金属离子是最常见的辅助因子。最常见的金属离子有 K^+、Na^+、Mg^{2+}、Ca^{2+}、Mn^{2+}、Zn^{2+}、Fe^{2+}、Fe^{3+} 等(表 3-1)。

表 3-1　金属离子类辅酶

全酶	辅酶	全酶	辅酶
己糖激酶	Mg^{2+}	丙酮酸激酶	K^+
细胞色素氧化酶	Fe^{3+}/Fe^{2+}	质膜 ATP 酶	Na^+
过氧化酶	Fe^{3+}/Fe^{2+}	黄嘌呤氧化酶	Mo^{3+}
酪氨酸酶	Cu^{2+}/Cu^+	α-淀粉酶	Ca^{2+}
精氨酸酶	Mn^{2+}	羟基肽酶	Zn^{2+}

金属离子的作用:①参与电子的传递;②在酶与底物之间起桥梁作用;③稳定酶的特定空间构象;④中和阴离子,降低反应中的静电斥力等。

小分子有机化合物是一些化学稳定的物质,这类辅酶在酶促反应中主要起传递氢原子、电子或转移化学基团等作用,如 B 族维生素或其衍生物类的辅酶(表 3-2)。

表 3-2　B 族维生素类辅酶

维生素	辅酶	全酶	辅酶作用
维生素 B_1	TPP(焦磷酸硫胺素)	α-酮酸脱氢酶	脱羧基
维生素 B_2	FMN(黄素单核苷酸),FMN(黄素腺嘌呤二核苷酸)	黄酶(黄素蛋白)	传递氢原子
维生素 B_6	磷酸吡哆醛	氨基酸转移酶	转移氨基
维生素 B_{12}	5-甲基钴胺素,5-脱氧腺苷钴胺素	甲基转移酶	转移甲基
维生素 PP	NAD^+(烟酰胺腺嘌呤二核苷酸),$NADP^+$(烟酰胺腺嘌呤二核苷酸磷酸)	脱氢酶	传递氢原子
泛酸	CoA(辅酶 A)	酰基转移酶	转移酰基
叶酸	FH_4(四氢叶酸)	一碳基团转移酶	转移一碳基团
生物素	生物素	羧化酶	传递 CO_2

在大多数情况下,一种酶蛋白只能与一种辅助因子结合,组成一种全酶,而一种辅助因子可与不同的酶蛋白结合,组成多种全酶。因此,在酶促反应中,酶蛋白决定酶促反应的特异性,而辅助因子决定酶促反应中电子、原子或某些基团的转移,即决定催化反应的类型。

二、酶的活性中心

各种研究证明,酶分子中只有少数氨基酸残基侧链上的基团参与底物结合及催化作用。这些与酶活性密切相关的基团称为酶的必需基团(essential group)。常见的必需基团有丝氨酸残基的羟基、半胱氨酸残基的巯基、组氨酸残基的咪唑基、酸性氨基酸残基的非 α-羧基等。酶分子中必需基团比较集中,具有特定的空间构象,能与底物特异地结合并催化底物转变为产

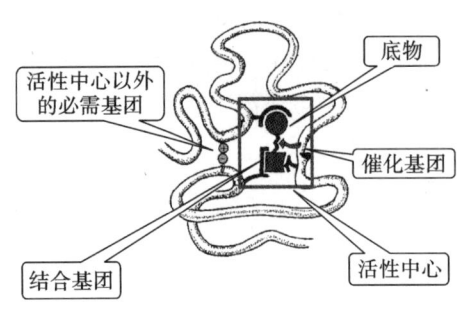

图 3-3　酶活性中心

物的区域称为酶的活性中心（active center）（图 3-3）。

酶活性中心内的必需基团有两类：一类是结合基团（binding group），其作用是与底物相结合；另一类是催化基团（catalytic group），其作用是催化底物发生化学反应并将其转变成产物。还有一些必需基团虽然不直接参加活性中心的组成，却为维持酶活性中心应有的空间构象所必需，这些基团称为酶活性中心外必需基团。

三、酶原与酶原激活

一部分酶在细胞内刚合成或初分泌时只是酶的无活性前体，在一定的条件下，酶的无活性前体水解去除一个或几个特定的肽段，致使酶构象发生改变，形成并暴露酶的活性中心，才能表现出酶的催化活性，这种无活性酶的前体称为酶原（zymogen）。酶原向有活性酶的转变过程称为酶原的激活，酶原激活的实质是酶的活性中心形成或暴露的过程。例如，胰蛋白酶原进入小肠后，在 Ca^{2+} 存在时受肠激酶的激活，第 6 位赖氨酸残基与第 7 位异亮氨基酸残基之间的肽键被切断，水解去除一个六肽后，酶分子的空间构象发生改变，形成酶的活性中心，从而成为有催化活性的胰蛋白酶（图 3-4）。

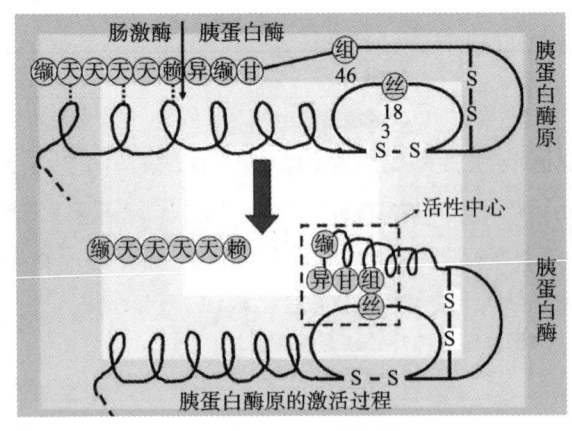

图 3-4　胰蛋白酶原的激活

酶原的激活具有重要的生理意义，消化道内蛋白酶初期是以酶原形式分泌的，这不仅保护消化器官本身不受酶的水解破坏，而且保证了酶在特定的部位与环境中才能发挥其催化作用。若酶原在不合适的时间和部位被激活，即可造成疾病，如急性胰腺炎，就是因为生成的胰蛋白酶原由于某种病因作用而在胰腺中被异常激活成为胰蛋白酶，使胰腺组织本身被消化损害造成的。凝血和纤溶系统酶类均以酶原形式存在于血液中，可保证生理血流的畅通，一旦出血，即可转化为有活性的酶促进止血，发挥其对机体的保护作用，但若它们被异常激活，则可造成血栓。

四、同工酶

同工酶（isoenzyme）是指催化的化学反应相同，酶蛋白的分子结构、理化性质乃至免疫学性质不同的一组酶,同工酶是长期进化过程中基因分化的产物。现已发现百余种同工酶,如6-磷酸葡萄糖脱氢酶、乳酸脱氢酶(LDH)、酸性磷酸酶(ACP)和碱性磷酸酶(ALP)、丙氨酸转氨酶(ALT)和天冬氨酸转氨酶(AST)、肌酸激酶(CK)等。其中,乳酸脱氢酶是最先发现的同工酶,是由两种亚基组成的四聚体酶,两种亚基分别为骨骼肌型(M 型)和心肌型(H 型),这两种亚基以不同的比例组成五种同工酶:LDH_1(H_4)、LDH_2(H_3M)、LDH_3(H_2M_2)、LDH_4(HM_3)、LDH_5(M_4)(图 3-5)。

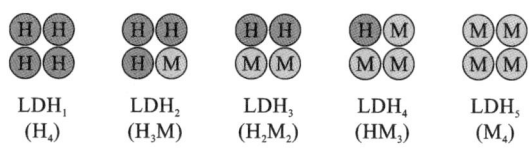

LDH_1　　　LDH_2　　　LDH_3　　　LDH_4　　　LDH_5
(H_4)　　　(H_3M)　　　(H_2M_2)　　　(HM_3)　　　(M_4)

图 3-5　乳酸脱氢酶的同工酶

LDH 的同工酶在不同组织器官中的含量与分布比例不同,使得不同的组织与细胞具有不同的代谢特点,正常情况下血清中 LDH 活性很低,当某一器官或组织发生病变时,组织中的同工酶释放到血液中,血清的 LDH 同工酶谱会发生一定的变化,可依据同工酶谱的改变对疾病进行诊断,例如冠心病及冠状动脉血栓引起的心肌受损患者血清中 LDH_1、LDH_2 含量增高,而肝细胞受损患者血清中 LDH_5 含量升高。

肌酸激酶(creatine kinase,CK)是二聚体酶,其亚基有 M 型(肌型)和 B 型(脑型)两种。脑中含 CK_1(BB 型),骨骼肌中含 CK_3(MM 型),CK_2(MB 型)仅见于心肌,血清 CK_2 活性的测定对于早期诊断心肌梗死有一定意义。

同工酶的测定已应用于临床实践,当某组织发生病变时,可能有某种特殊的同工酶释放出来,同工酶谱的改变有助于对疾病的诊断。如各种同工酶的同工酶谱在胎儿发育过程中有其规律性的变化,可作为发育过程中各组织分化的一项重要特征。同时,了解胎儿发育不同时间一些同工酶的出现或消失,还可用于解释发育过程中这些阶段特有的代谢特征。

第三节　影响酶促反应速度的因素

酶促反应动力学是研究各种因素对酶促反应速度的影响并加以定量阐述的科学。酶促反应动力学的研究可以帮助我们了解酶的结构与功能的关系、酶的作用机制、酶在代谢中的作用及药物的作用机制等。因此具有重要的理论和实践意义。

酶促反应的速度受多种因素影响,如底物浓度、酶浓度、温度、pH 值、抑制剂、激活剂等。酶促反应速度一般在规定的反应条件下,用单位时间内底物的消耗量或产物的生成量来表示。为了准确表示酶活力,常以初速度来衡量,即底物的消耗量很小(一般在 5% 以内)时的反应速度,因为在这种假设情况下,反应体系中底物浓度(≥95%)总量远超过产物浓度(≤5%),酶促反应两侧的物质浓度相差悬殊,逆反应可不予考虑。

一、底物浓度对酶促反应速度的影响

确定底物浓度与酶促反应速度之间的关系,是酶促反应动力学的核心内容,在酶浓度、温度、pH 值不变的情况下,以底物浓度为横坐标,酶促反应速度为纵坐标作图,如图 3-6 所示。

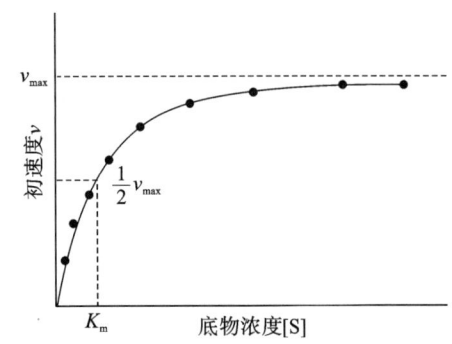

图 3-6 底物浓度与酶促反应速度

当底物浓度较低时,酶促反应速度随底物浓度的增高而增加,反应速度与浓度几乎成正比关系,呈一级反应;随着底物浓度的增高,反应速度增加的幅度逐渐下降,反应速度与底物浓度不再成正比关系,呈混合级反应;当酶促反应达到一定阶段,继续加大底物浓度,反应速率不再增加,达最大速率,呈零级反应。

(一)米-曼方程

1931 年 Micheaelis 和 Menten 根据酶-底物中间产物学说,将 v 对 [S] 的矩形双曲线加以数学处理,提出了单底物的酶促反应 v 与 [S] 的定量关系,即米-曼方程,简称米氏方程。

$$v = \frac{v_{max}[S]}{K_m + [S]}$$

式中 v_{max} 为最大反应速度,K_m 为米氏常数。当底物浓度很低($K_m + [S] \approx K_m$)时,$v = v_{max}[S]/K_m$,反应速度与底物浓度成正比,反应为一级反应;当底物浓度很高($K_m + [S] \approx [S]$)时,$v = v_{max}$,反应速度达最大速度,反应为零级反应。

(二)K_m 值的意义

(1)当反应速度为最大反应速度的一半时,米氏方程可以整理为 $K_m = [S]$,即 K_m 等于反应速度为最大反应速度一半时的底物浓度,各种酶的 K_m 值范围大致在 $10^{-6} \sim 10^{-2}$ mol/L 之间。

(2)K_m 值可用来表示酶对底物的亲和力。K_m 值越大,酶与底物的亲和力越小;K_m 值越小,酶与底物亲和力越大。酶与底物亲和力大,表示不需要很高的底物浓度,便可容易地达到最大反应速度。

(3)K_m 值是酶的特征性常数之一,只与酶的结构、酶所催化的底物、反应环境的温度、pH 值、离子强度有关,而与酶的浓度无关。对于同一底物,不同的酶有不同的 K_m 值,同一酶对于不同底物,其 K_m 值也各不相同。

二、酶浓度对酶促反应速度的影响

酶作为一种高效的生物催化剂,一般情况下在生物体内含量很少,当底物浓度远远大于酶浓度时,足以使酶饱和(所有酶分子和底物结合生成中间产物,[ES] = [E]),则反应速度与酶浓度成正比关系(图 3-7)。

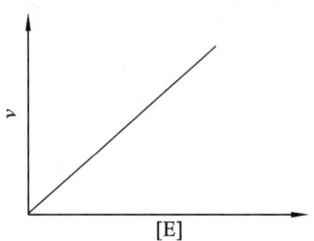

图 3-7 酶浓度对酶促反应速度的影响

三、温度对酶促反应速度的影响

一般化学反应随着温度的升高,反应速度加快,因为温度升高将增加反应分子的能量。酶和底物间的碰撞概率增大,化学反应的速度加快,但酶是蛋白质,其催化活性可随温度的改变而变化,酶的活性会随着温度的下降而降低,但低温一般不破坏酶的结构,温度回升后,酶又恢复活性,温度升高到 60 ℃ 以上时,大多数酶开始变性,活性下降,80 ℃ 时,多数酶的变性已不可逆,因此,温度对酶促反应速度具有双重影响:一方面,在温度较低时,反应速度随温度升高而加快;另一方面,温度升高会使酶的活性改变,超过一定温度后,因变性失活反应速度下降,所以温度对反应速度的影响形成倒 U 形曲线(图 3-8),在此曲线顶点所对应的温度,反应速度最大,称为酶的最适温度。酶的最适温度不是酶的特征性常数,它与反应进行的时间有关,酶可以在短时间内耐受较高的温度。相反,延长反应时间,最适温度便降低。哺乳动物组织中酶的最适温度多为 35~40 ℃,环境温度低于最适温度时,温度每升高 10 ℃,反应速度可加快 1~2 倍。温度高于最适温度时,反应速度则因酶变性而降低,临床上低温麻醉就是利用酶的这一性质以减慢组织细胞代谢速度,提高机体对氧和营养物质缺乏的耐受,有利于进行手术治疗,这也是低温保存生物制品、菌种等的原理。

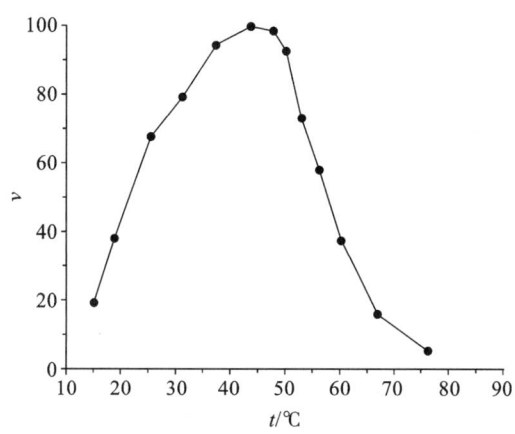

图 3-8　温度对酶促反应速度的影响

四、pH 值对酶促反应速度的影响

在不同的 pH 值条件下,酶蛋白质分子中许多必需基团、底物以及辅酶等的解离状态会发生改变,可影响酶和底物的亲和力及其催化活性,而酶往往仅在某一解离状态时才最容易同底物结合或具有催化作用。因此,pH 值的改变可以影响酶的活性,只有在特定的 pH 值条件下,酶、底物和辅酶的解离情况,最适宜于它们互相结合,并发挥催化作用,使酶促反应速度达最大值,此时环境中的 pH 值称为酶的最适 pH 值,虽然不同酶的最适 pH 值不同,但除少数外,如胃蛋白酶最适 pH 值为 1.8,肝精氨酸酶最适 pH 值为 9.8,哺乳动物体内多数酶的最适 pH 值接近中性。最适 pH 值不是酶的特征性常数,它受环境因素(底物浓度、缓冲液种类、酶的纯度等)的影响很大,溶液的 pH 值高于或低于最适 pH 值时,酶的活性都会降低,远离最

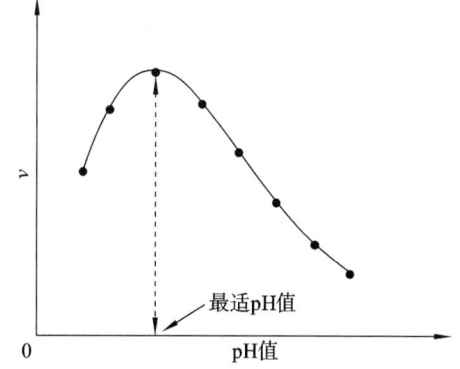

图 3-9　pH 值对酶促反应速度的影响

适 pH 值时还会导致酶的变性失活。因此在测定酶的活性时,必须选用适宜的缓冲液以保持酶活性的相对恒定,一般制作 v-pH 值变化曲线时,采用使酶全部饱和的底物浓度,在此条件下测定不同 pH 值时的酶促反应速度,曲线常为较典型的钟罩形(图 3-9)。

五、激活剂对酶促反应速度的影响

能使酶活性提高的物质,称为酶的激活剂(activator)。如 Mg^{2+} 是多种激酶和合成酶的激活剂,动物唾液中的淀粉酶则受 Cl^- 的激活。有些金属离子激活剂对于酶促反应是必需的,这类激活剂称必需激活剂,例如 Mg^{2+} 为己糖激酶的必需激活剂,反应中,底物 ATP 必须与 Mg^{2+} 结合生成 Mg^{2+}-ATP 后才能参加反应。有些激活剂对酶促反应是非必需的,激活剂缺失时酶仍有一定的催化活性,这类激活剂称为非必需激活剂,例如,Cl^- 是唾液淀粉酶的非必需激活剂,非必需激活剂通过与酶或底物或酶-底物复合物结合,提高酶的催化活性。通常,酶对激活剂有一定的选择性,一种酶的激活剂对另一种酶来说可能则是抑制剂。

六、抑制剂对酶促反应速度的影响

能使酶的催化活性下降而不引起酶蛋白变性的物质统称为酶的抑制剂(inhibitor)。抑制剂降低酶的活性,但几乎不破坏酶的空间结构。抑制剂多与酶的活性中心内、外必需基团相结合,直接或间接地对酶分子的活性中心发挥作用,从而抑制酶的催化活性。抑制作用不同于蛋白质变性,抑制剂通常对酶有一定的选择性,一种抑制剂只能引起某一种或某些酶的抑制,而酶的变性因素对酶没有选择性。抑制剂对酶促反应速度的影响,与医学关系非常密切,很多药物就是酶的抑制剂,了解酶的抑制作用是阐明药物作用机制和设计研究新药的重要途径。根据抑制剂与酶结合的紧密程度不同,可将抑制作用分为可逆性抑制与不可逆性抑制两大类。

(一) 不可逆性抑制作用

抑制剂与酶分子活性中心的某些必需基团以共价键相结合而引起酶活性的丧失,这种结合不能用简单的透析、超滤等物理方法去除而恢复酶活性,这种抑制作用称为不可逆抑制作用。抑制作用随着抑制剂浓度的增高而逐渐增加,当抑制剂的量大到足以和所有的酶结合,则酶的活性就完全被抑制,如马拉硫磷、敌敌畏等有机磷农药能专一地与胆碱酯酶(胆碱酯酶的作用是使乙酰胆碱水解)活性中心丝氨酸残基的羟基共价结合,使酶失去催化活性。当有机磷农药中毒时,胆碱酯酶受到抑制,造成胆碱能神经末梢分泌的乙酰胆碱的蓄积,造成迷走神经的兴奋而呈现毒性状态,患者可出现恶心、呕吐、多汗、瞳孔缩小、惊厥等症状。当发生有机磷农药中毒时,临床上可用解磷定来急救,因为虽然有机磷制剂与酶结合后不解离,但可用解磷定等化合物(含—CH═NOH)把酶上的磷酸根去除使酶复活。低浓度的重金属离子(如 Pb^{2+}、Cu^{2+}、Hg^{2+} 等)可与巯基酶分子中的巯基(—SH)结合,从而使酶失活。化学毒气路易士气是一种含砷的化合物,它能抑制体内的巯基酶而使人畜中毒,引起神经系统、皮肤、黏膜、毛细血管等病变和代谢紊乱。重金属盐引起的巯基酶中毒可用二巯基丁二酸钠解毒,二巯基丁二酸钠含有两个巯基,在体内达到一定浓度后,可与毒剂结合,恢复酶的活性。

失活的酶　　　　PAM（解磷定）　　　　磷酰化PAM　　　　活性酶

（二）可逆性抑制作用

可逆性抑制作用是指抑制剂通过非共价键与酶可逆性结合,使酶活性降低或消失,抑制剂可用透析或超滤的方法去除。根据抑制作用特点的不同,可逆性抑制作用通常分为三种类型。

1. 竞争性抑制作用　抑制剂（I）与底物分子（S）的结构非常相似,可与底物竞争结合酶的活性中心,阻碍酶与底物的结合,从而抑制酶的活性,故称为竞争性抑制作用（competitive inhibition）。

此类抑制剂竞争性结合酶的活性中心,生成酶-抑制剂复合物（EI）,从而使酶与底物结合生成中间产物（ES）相对减少,酶活性因此降低,由于抑制剂并没有破坏酶分子的特定构象,也没有破坏酶分子的活性中心,且竞争性抑制剂与酶的结合是可逆的,因此可用加入大量底物,提高底物竞争力的办法,削弱甚至完全消除竞争性抑制剂对酶活性的抑制作用。竞争抑制剂对酶的抑制程度取决于抑制剂与酶的相对亲和力、抑制剂浓度与底物浓度的相对比例。实验表明,在竞争性抑制反应中增加底物浓度,反应可以达到原来的最大速度,v_{max} 不变,但是,需要较高的底物浓度才能达到,酶对底物的亲和力下降,K_m 值增大。竞争性抑制作用可以用下列反应式表示:

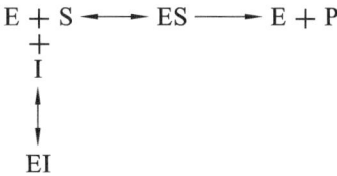

竞争性抑制作用

竞争性抑制原理已用于药物的开发。如磺胺类药物、磺胺增效剂（TMP）、阿糖包苷、氟尿嘧啶等都是利用竞争性抑制原理研制出来的。

磺胺类药物能抑制细菌的生长繁殖,而不伤害人和畜禽,这是因为细菌不能利用外源性叶酸,必须自己合成,细菌体内的二氢叶酸合成酶能够催化对氨基苯甲酸、二氢生物蝶呤、谷氨酸等为原料合成二氢叶酸,再还原成四氢叶酸（FH4 参与核酸合成）,磺胺类药物与对氨基苯甲酸的结构非常相似,是二氢叶酸合成酶的竞争性抑制剂,抑制二氢叶酸的合成,从而使细菌的 DNA 合成受阻,人和畜禽能够利用食物中的叶酸,因此其核酸的合成不受磺胺类药物的干扰,根据竞争性抑制的特点,必须保持血液中足够高的药物浓度,才能发挥其有效的抑菌作用。

$$H_2N-\bigcirc-COOH \qquad H_2N-\bigcirc-SO_2NHR$$

对氨基苯甲酸　　　　　　　　　磺胺类药物

2. 非竞争性抑制作用　抑制剂与酶活性中心外的必需基团结合,抑制剂与酶结合和底物与酶结合之间无竞争关系（抑制剂与酶结合不影响酶与底物的结合,酶和底物的结合也不影响酶与抑制剂的结合）,但是酶-底物-抑制剂复合物（ESI）不能进行反应,呈现抑制作用,故称为非竞争性抑制作用（non-competitive inhibition）。此类抑制剂在化学结构上与底物分子（S）的结构并不相似,不能与酶的活性中心结合,但它可以与酶活性中心以外的部位结合,即可与底物（S）同时结合在酶分子（E）的不同部位上,形成 ESI 三元复合物,换句话说,就是抑制剂与酶分子结合之后,不妨碍该酶分子再与底物分子结合,但是,在 ESI 三元复合物中,酶分子不能催化底物反应,即酶活性丧失,非竞争性抑制作用可以用下列反应式表示:

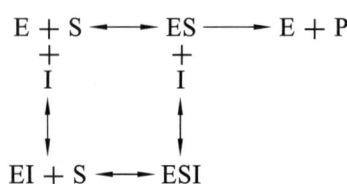

非竞争性抑制作用

非竞争性抑制作用的强弱取决于抑制剂的浓度,与底物浓度无关,不能通过增加底物浓度来消除抑制。由于非竞争性抑制作用不影响酶对底物的亲和力,故 K_m 值不变;但它与酶的结合,抑制了酶的活性,使 v_{max} 降低。如哇巴因对细胞膜 Na^+-K^+ ATP 酶的抑制。

3. 反竞争性抑制作用 抑制剂不能直接与酶结合抑制酶活性,而是结合 ES 形成 ESI,从而减少产物的生成,这种结合不仅使 ES 量下降,还有增强底物与酶的亲和力、促进 E 与 S 形成中间复合物的作用,故称之为反竞争性抑制作用,其抑制作用的反应过程如下:

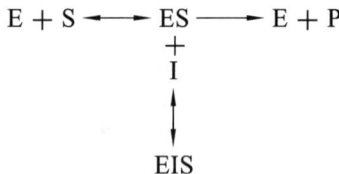

反竞争性抑制作用

反竞争性抑制作用的强弱既与抑制剂浓度成正比,也和底物浓度成正比。反竞争性抑制剂与 ES 结合后,酶活性被抑制,v_{max} 降低;此时 ES 除转变为产物外,又多了一条生成 ESI 的去路,使 E 与 S 的亲和力增加,故 K_m 值降低。

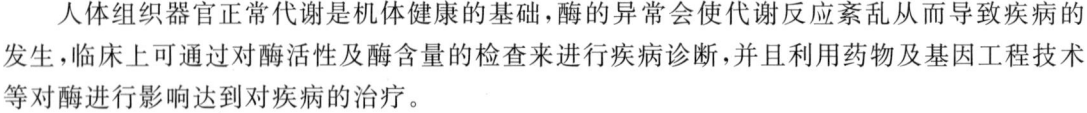

第四节　酶与医学的关系

人体组织器官正常代谢是机体健康的基础,酶的异常会使代谢反应紊乱从而导致疾病的发生,临床上可通过对酶活性及酶含量的检查来进行疾病诊断,并且利用药物及基因工程技术等对酶进行影响达到对疾病的治疗。

一、酶与疾病的发生

体内的新陈代谢过程都是由相应的酶催化进行的,酶的质、量与活性的异常均可引起某代谢障碍而致病。有些疾病的发病机制直接或间接和酶的异常相关,酶的先天性缺陷是先天性疾病的重要病因之一,已发现的 140 多种先天性代谢缺陷病,都是由于酶的先天性或遗传性缺损所致。由于先天性缺乏某种酶而阻碍代谢的正常进行,其结果造成代谢产物不能生成,如白化病是由于体内缺乏酪氨酸酶,致黑色素细胞内不能将酪氨酸生成黑色素。因此,眼、毛发、皮不能正常着色。苯丙酮尿症是由于苯丙氨酸羟化酶的先天性缺陷,体内苯丙氨酸不能羟化转变成酪氨酸,以致血中呈现高浓度的苯丙氨酸,形成高苯丙氨酸血症,高浓度苯丙氨酸转入次要代谢途径生成大量苯丙酮酸,由尿液排出形成苯丙酮尿症。此外,苯丙氨酸经转氨基等反应生成苯醋酸和苯乳酸,能抑制大脑中 L-谷氨酸脱羧酶和色氨酸羟化酶等活性,它们是生成神经递质 γ-氨基丁酸和 5-羟色胺的重要酶,可导致患儿智力障碍。

许多疾病也可引起酶的异常,这种异常又使病情加重,如长期肝病而导致肝功能衰竭的患者易出血不止,这是因为患者肝脏不能正常合成与凝血有关的酶,造成患者凝血功能障碍。另外,中毒性疾病多由于酶活性受到抑制而发生,例如有机磷农药中毒就是由于有机磷化合物能特异性地与酶活性中心的丝氨酸羟基结合而抑制乙酰胆碱酯酶活性,从而影响神经递质的正常作用而致病。急性胰腺炎时,胰蛋白酶原在胰腺中被激活,造成胰腺组织被水解破坏,许多炎症都可以导致弹性蛋白酶从浸润的白细胞或巨噬细胞中释放,对组织产生破坏作用。激素代谢障碍或维生素缺乏可引起某些酶的异常。

二、酶与疾病的诊断

酶的测定有助于对许多疾病的诊断。酶的先天性或遗传性缺陷导致的疾病,可通过直接检测酶的基因、酶的活性或酶含量来进行诊断,也可通过检测酶所催化的底物或产物的量来间接诊断,因为酶缺陷会导致特定的代谢底物在血液或尿液中堆积,或代谢产物缺失,所以认识在体液中堆积的中间代谢底物或缺失的代谢产物有助于发现可能的酶缺陷,体液中酶活性的改变可作为疾病的诊断指标。

一般来说在健康人体内,许多酶特异性地分布于某些细胞、组织或器官,体液中该酶的含量或活性恒定在一定范围,组织损伤可使其组织特异性的酶释放入血。如果检测到酶的分布异常,酶活性或含量超出了正常的范围,就可初步诊断某些器官组织发生了病变,其主要原因:①某些组织器官受到损伤造成细胞破坏或细胞膜通透性增强时,细胞内的某些酶可大量释放入血,例如,急性胰腺炎时血清和尿中淀粉酶活性升高,急性肝炎或心肌炎时血清转氨酶活性升高等;②细胞的转换率增高或细胞的增殖增快,其特异的标志酶可释放入血,例如,前列腺癌患者可有大量酸性磷酸酶释放入血;③酶的合成或诱导增强,例如,胆管堵塞时,胆汁的反流可诱导肝合成大量的碱性磷酸酶;④酶的清除受阻也可引起血清酶的活性增高,肝硬化时血清碱性磷酸酶不能被及时清除,胆管阻塞可影响血清碱性磷酸酶的排泄,均可造成血清中此酶浓度的明显升高;⑤由于许多酶在肝内合成,肝功能严重障碍时,某些酶合成减少,如血中凝血酶原等含量下降,根据血清酶活性水平与疾病变化的关系,进行疾病的诊断。

三、酶与疾病的治疗

许多药物可通过抑制生物体内的某些酶活性来达到治疗目的,凡能抑制细菌中重要代谢途径中的酶活性,便可达到抑菌目的。磺胺类药物是细菌二氢叶酸合成酶的竞争性抑制剂,氯霉素可抑制某些细菌转肽酶的活性从而抑制其蛋白质的合成,肿瘤细胞有其独特的代谢方式,人们试图阻断相应的酶活性,以达到遏制肿瘤生长的目的,氨甲蝶呤、氟尿嘧啶、巯嘌呤等都是核苷酸代谢途径中相关酶的竞争性抑制剂。

少数情况下酶可以直接用作治疗剂,有些酶可作为助消化的药物,例如消化腺分泌功能下降导致的消化不良,可服用胃蛋白酶予以纠正;有些酶可用于清洁伤口和抗炎,例如溶菌酶可加强伤口的净化、抗炎等;有些酶具有溶解血栓的疗效,例如链激酶是一种从链球菌属获得的混合酶,能活化血浆中的纤溶酶原,对发生心肌梗死后在肢端形成的凝血块清除很有效。

思维导图

- 酶
  - 影响酶促反应速度的因素
    - 底物浓度
      - 饱和现象
      - K_m值的意义
        - 酶的特征性常数
        - 反映酶与底物的亲和力
        - 不受酶浓度高低影响
    - 酶浓度
    - 温度——双重影响,医学上用于低温保存疫苗、低温麻醉、人工冬眠
    - pH值
    - 抑制剂
      - 不可逆性抑制作用——不可逆性抑制剂通常都是致毒作用,不用于医学
      - 可逆性抑制作用
        - 竞争性抑制——医学制药中许多药物作用的机制
        - 非竞争性抑制
        - 反竞争性抑制
    - 激活剂
  - 酶与医学的关系
    - 疾病的发生
    - 疾病的诊断
    - 疾病的治疗
  - 概述
    - 概念——由活细胞分泌的具有催化作用的物质,化学本质是蛋白质或核酸
    - 酶促反应的特点——四高:高效性、高度特异性、高度不稳定性、高度调节性
    - 酶催化作用机制——中间产物学说、诱导契合学说
    - 酶活性及调节——变构调节、化学修饰调节
  - 结构与功能
    - 分子组成
      - 单纯酶
      - 结合酶
        - 酶蛋白——由氨基酸组成,决定酶分子特异性
        - 辅助因子
          - 成分:金属离子、小分子有机化合物
          - 分类:辅酶、辅基
          - 功能:决定反应类型和反应性质
    - 酶活性中心
      - 发挥催化活性的结构基础,活性中心结构改变或破坏,催化活性改变或丧失
      - 必需基团
        - 中心内基团
          - 结合基团——结合底物
          - 催化基团——催化底物生成产物
        - 中心外基团——维持活性中心结构
    - 酶原和酶原激活
      - 酶原:活细胞分泌的没有活性的酶的前体
      - 酶原激活
        - 本质:活性中心暴露或形成的过程
        - 生理意义:保护机体,使酶原到特定部位、特定环境再发挥催化作用
    - 同工酶
      - 概念
      - 生理意义:通过对血浆中同工酶活性的测定在临床上辅助诊断疾病

目标检测

A 型题(即单句型最佳选择题)。每一道试题下面有 A、B、C、D、E 五个备选答案,请从中选择一个最佳答案。

1. 关于酶的叙述哪一项是正确的?(　　　)

A. 所有的酶都含有辅基或辅酶　　B. 只能在体内起催化作用

C. 大多数酶的化学本质是蛋白质　D. 能改变化学反应的平衡点,加速反应的进行

E. 都具有立体异构专一性(特异性)

2. 酶原之所以没有活性是因为(　　)。

A. 酶蛋白肽链合成不完全　　　　　　　　B. 活性中心未形成或未暴露

C. 酶原是普通的蛋白质　　　　　　　　　D. 缺乏辅酶或辅基

E. 酶原是已经变性的蛋白质

3. 磺胺类药物的类似物是(　　)。

A. 四氢叶酸　　　　　　　B. 二氢叶酸　　　　　　　　　C. 对氨基苯甲酸

D. 叶酸　　　　　　　　　E. 嘧啶

4. 关于酶活性中心的叙述,哪一项不正确?(　　)

A. 酶与底物接触只限于酶分子上与酶活性密切相关的较小区域

B. 必需基团可位于活性中心之内,也可位于活性中心之外

C. 一般来说,总是多肽链的一级结构上相邻的几个氨基酸的残基相对集中,形成酶的活性中心

D. 酶原激活实际上就是完整的活性中心形成的过程

E. 当底物分子与酶分子相接触时,可引起酶活性中心的构象改变

5. 下列关于酶蛋白和辅助因子的叙述,哪一点不正确?(　　)

A. 酶蛋白或辅助因子单独存在时均无催化作用

B. 一种酶蛋白只与一种辅助因子结合成一种全酶

C. 一种辅助因子只能与一种酶蛋白结合成一种全酶

D. 酶蛋白决定结合酶蛋白反应的专一性

E. 辅助因子直接参加反应

6. 一酶促反应,其$[S] = 1/2K_m$,则 v 值应等于多少 v_{max}?(　　)

A. 0.25　　　　B. 0.33　　　　C. 0.50　　　　D. 0.67　　　　E. 0.75

7. 有机磷杀虫剂对胆碱酯酶的抑制作用属于(　　)。

A. 可逆性抑制作用　　　　　　B. 竞争性抑制作用　　　　　　C. 非竞争性抑制作用

D. 反竞争性抑制作用　　　　　E. 不可逆性抑制作用

8. 关于 pH 值对酶活性的影响,以下哪一项不对?(　　)

A. 影响必需基团解离状态　　　　　　　　B. 也能影响底物的解离状态

C. 酶在一定的 pH 值范围内发挥最高活性　D. 破坏酶蛋白的一级结构

E. pH 值改变能影响酶的 K_m 值

思考题

1. 酶原与酶原激活的生理意义是什么?

2. 磺胺类药物的抗菌作用机制是什么?

3. 同工酶在医学中有何应用?

4. 何谓竞争性抑制和非竞争性抑制? 二者有何异同?

【第三章　目标检测参考答案】

1. C　2. B　3. C　4. C　5. C　6. B　7. E　8. D

实验二　酶的专一性

【实验目的】

1. 掌握酶的性质。
2. 熟悉酶特异性的类型。

【实验原理】

酶比一般催化剂特异性强,因酶的化学本质是蛋白质,结构复杂,在其精细的空间构象中,存在一个结构区域——活性中心,能专一地与对应的底物结合,体现酶的特异性。

本实验以蛋白酶和淀粉酶对相应底物蛋白质及淀粉的作用为例,来观察酶的特异性,实验结果的检查根据酪蛋白水解产生酪氨酸,酪氨酸与福林试剂呈蓝色反应,淀粉能与碘起蓝色或蓝紫色反应来确定。

【实验器材】

试管、试管架、恒温水浴箱、烧杯。

【实验试剂】

1％淀粉溶液、1％酪蛋白溶液、1/2000 碱性蛋白酶溶液、pH 值为 10 的硼砂氢氧化钠缓冲液、0.4 mol/L 碳酸钠溶液、0.4 mol/L 三氯醋酸溶液、福林试剂、1/2000 淀粉酶溶液、碘-碘化钾溶液。

【实验操作】

(1) 取 5 支试管,编号,按下表加入试剂。

试剂	对照	1	2	3	4
1％酪蛋白溶液/mL	1.0	1.0	1.0		
pH 值为 10 的缓冲液/mL		1.0			
蒸馏水/mL	2.0		1.0	1.0	1.0
1％淀粉溶液/mL				1.0	1.0
1/2000 碱性蛋白酶溶液/mL		1.0			
1/2000 淀粉酶溶液/mL			1.0	1.0	

(2) 将各试管充分摇匀后,于 40 ℃水浴中保温 15 min。

(3) 于 3、4 号试管中各加入碘溶液 2 滴,观察实验现象,做好记录。

(4) 于对照试管及 1、2 号试管中各加入 3.0 mL 0.4 mol/L 三氯醋酸溶液,摇匀,分别过滤,各吸取滤液 1.0 mL,加入 0.4 mol/L 碳酸钠溶液 5.0 mL、福林试剂 1.0 mL,摇匀,于 40 ℃水浴保温 15 min。观察 3 支试管的现象,并记录。

【思考题】

1. 试管为什么要置于恒温水浴箱中?
2. 试述各试管反应结果出现的原因。

第四章 维 生 素

1. 掌握脂溶性维生素和水溶性维生素的生理功能及缺乏症。
2. 熟悉每种维生素的名称、性质、来源及与疾病的关系。
3. 了解维生素的概念、分类、命名及维生素的结构特点。

第一节 维生素概述

一、维生素的概念

维生素(vitamin)是一类维持机体正常生命活动不可缺少的微量的有机化合物。人体或动物体一般不能合成或合成量太少,不能满足需求,必须从食物中摄取。维生素既不是构成组织的成分,也不能提供能量,但对有机体内的新陈代谢、能量转变和维持许多生理功能等方面有重要作用。

二、维生素的命名与分类

(一) 命名

维生素的命名通常按照维生素被发现的顺序,依字母排列顺序命名,例如维生素 A、维生素 B、维生素 D、维生素 E 等。也可根据它们的化学结构特点或生理功能来命名,如硫胺素、抗癞皮病维生素等。有些维生素,特别是 B 族维生素,开始发现时认为是一种,后经证明是多种维生素混合物,命名时在其字母的右下角标注 1、2、3 等数字加以区别,如维生素 B_1、维生素 B_2 等。

(二) 分类

维生素一般按其溶解性质分为水溶性和脂溶性两大类。水溶性维生素主要包括维生素

B_1、维生素 B_2、维生素 PP、维生素 B_6、泛酸、生物素、叶酸、维生素 B_{12} 和维生素 C。脂溶性维生素主要有维生素 A、维生素 D、维生素 E、维生素 K 和硫辛酸。

三、维生素的需求量

维生素的需求量是指能满足人体需要、维持人体健康所需要的维生素的必需量。维生素的需求量很小，但不能缺乏，否则物质代谢就会出现障碍，引起维生素缺乏症，严重时可导致死亡。但是维生素摄取过多或在临床上使用过量时也会引起中毒现象，称为维生素过多症。

四、维生素的缺乏与中毒

引起维生素缺乏症发生的原因很多，但如今非常典型的维生素缺乏症，如夜盲症、坏血病（又称维生素 C 缺乏症）等已不多见。现今最常见的维生素缺乏原因有以下几点。

（一）摄入量不足

食物构成及膳食调配不合理或严重偏食，或因食物储存及烹调方法不当造成维生素大量的破坏与丢失。如维生素 B_1 可因粮食加工过于精细，淘米过度，烹调加碱等造成大量破坏和丢失；蔬菜先切后洗或加热时间过长而导致大量维生素 C 的破坏等，均可引起维生素 C 的摄入不足。

（二）吸收障碍

消化系统疾病，如长期慢性腹泻、消化道梗阻或有瘘管及胆道疾病等，导致维生素吸收障碍。

（三）需求量增加

某些生理和病理情况下，如儿童生长发育期、妇女妊娠和哺乳期、重体力劳动者、长期高热和慢性消耗性疾病的患者都对维生素的需求量相对增加，如仍按常量供给则可引起维生素不足而导致维生素缺乏症。

（四）某些药物和食物以外的因素

长期服用抗生素等药物，使肠道细菌的生长受抑制，可引起某些维生素的缺乏，如维生素 K、维生素 B_6、叶酸等的不足；也可由于特异性缺陷，如缺乏内因子影响维生素 B_{12} 的吸收；另外，日照不足，可使皮肤内的维生素 D_3 的生成不足，从而导致小儿佝偻病和成人软骨病。

水溶性维生素摄入过多时，多以原形从尿中排出体外，不容易引起机体中毒，但非生理性大剂量摄入，有可能干扰其他营养素的代谢。由于脂溶性维生素均为非极性、疏水的异戊二烯衍生物，吸收后主要储存于肝中，当长期摄入过量时，可导致它们在肝中蓄积，从而引起维生素过多症，出现中毒症状。

第二节　脂溶性维生素

脂溶性维生素不溶于水而溶于脂溶剂，在天然食物中它们常与脂类共存，因此吸收也常与脂类的吸收密切相关。当脂类吸收障碍时脂溶性维生素吸收也相应减少，严重时可引起缺乏症。由于脂溶性维生素不能从肾排出，长期大量摄入时，可导致体内积存过多而引起中毒。重要的脂溶性维生素有维生素 A、维生素 D、维生素 E、维生素 K 等。

一、维生素 A

（一）结构与性质

维生素 A(vitamin A)化学名称为视黄醇，又称抗眼干燥症维生素。天然维生素 A 有维生素 A_1、A_2 两种，维生素 A_1 在海水鱼的肝脏中含量丰富，维生素 A_2 在淡水鱼的肝脏中含量丰富。两者都是由异戊二烯单位构成的环状不饱和一元醇。彼此的差异是维生素 A_2 在环中第 3 位上多一个双键。维生素 A_2 的活性约为维生素 A_1 的 40%(图 4-1)。维生素 A 分子的侧链上含有四个双键，因此它有许多顺反异构体，如全反维生素 A、9-顺维生素 A、11-顺维生素 A、9,13-二顺维生素 A 等。维生素 A 易氧化，遇热和光更易氧化。加热或日光暴晒食品，维生素 A 被大量破坏。

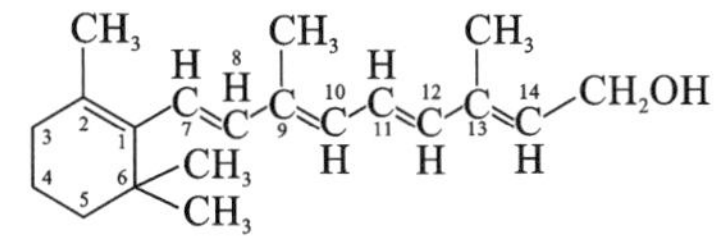

视黄醇（维生素A_1）

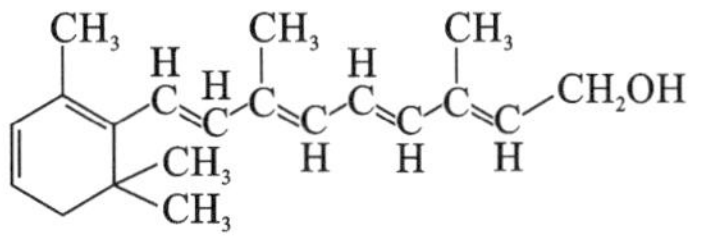

3-脱氢视黄醇（维生素A_2）

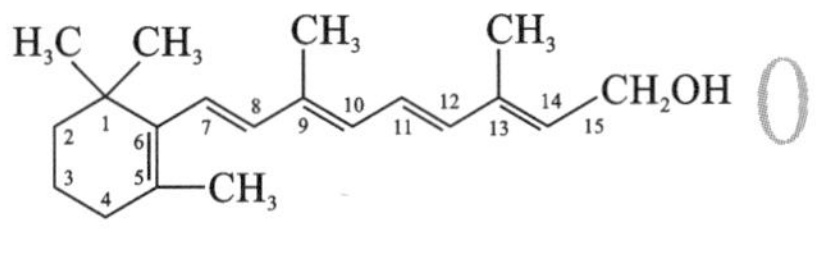

全反维生素A

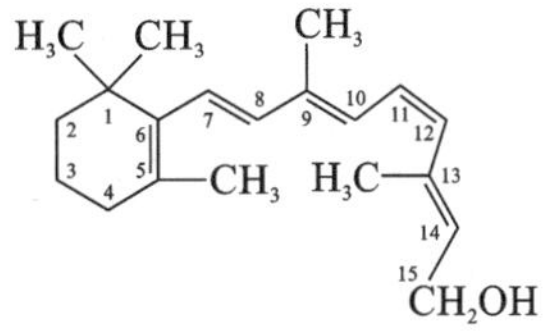

11-顺维生素A

图 4-1　维生素 A 的分子结构

（二）维生素 A 原

绿色植物所含的类胡萝卜素，在人和动物体内可转化为维生素 A，因此，把这些类胡萝卜素称为维生素 A 原。其中，β-胡萝卜素是最重要的维生素 A 原，在体内经过氧化还原可生成两分子视黄醇(图 4-2)。α-胡萝卜素也可转化为维生素 A，但转化率比 β-胡萝卜素低。胡萝卜素吸收后主要在肠壁细胞内转变为维生素 A，此外还可在肝脏内转变。转变过程是先氧化断裂成醛，然后还原成醇。

$$C_{19}H_{27}—CH═CH—C_{19}H_{27} \xrightarrow{2[O]} 2C_{19}H_{27}CHO \xrightarrow[\text{视黄醛还原酶}]{2NADH+H^+} 2C_{19}H_{27}CH_2OH$$

β-胡萝卜素　　视黄醛　　视黄醇

图 4-2　视黄醇的生成

（三）生理功能

1. 维持正常的视觉　维生素 A 与人及动物的视觉关系极为密切。眼睛感受暗光的视色素为视紫红质，它是由维生素 A_1 转变成的 11-顺视黄醛与视蛋白组成的结合蛋白，视黄醛与视蛋白在弱光中结合，在强光中分解。眼睛对弱光的感光能力取决于视紫红质浓度，只有维生素 A 供应正常，视紫红质浓度才能正常。

知识链接

夜盲症

缺乏维生素 A,视紫红质不能合成,则导致夜盲症,表现为暗适应能力丧失或缓慢。如当人由强光下进入暗处时,起初看不清物体,稍等片刻视力才恢复。这是由于强光下视紫红质分解多于合成,其含量下降,突然转入暗处,合成视紫红质需要一定的时间。从进入暗处开始到再能见物的时间称为暗适应时间。维生素 A 缺乏时,11-顺视黄醛得不到足够的补充,视紫红质减少,对弱光敏感度降低,使暗适应时间延长甚至造成夜盲症。医学上称之为"雀目""鸡宿眼"。

2. 维持上皮组织的完整　视黄醇的磷酸酯是糖蛋白合成中所需的寡糖基的载体,它有利于糖蛋白的合成。因此维生素 A 是维持上皮组织健全所必需的物质。缺乏维生素 A 时,上皮干燥、增生及角质化,其中对眼、呼吸道、消化道、尿道及生殖系统等的上皮细胞影响最为显著。由于上皮组织不健全,机体抵抗微生物侵袭的能力降低,容易感染疾病;泪腺上皮不健全,分泌停止,易产生眼干燥症,所以维生素 A 又称抗眼干燥症维生素。眼干燥症的症状为角膜及结膜干燥,发炎,甚至角膜软化而穿孔。皮脂腺及汗腺角化时,皮肤干燥,毛囊周围角化过度,发生毛囊丘疹与毛发脱落。

3. 维持正常的生长发育　维生素 A 能促进肾上腺皮质类固醇的生物合成,促进黏多糖的生物合成,对核酸代谢和电子传递都有促进作用。缺乏维生素 A 时,生长迟缓。

4. 具有抗肿瘤作用　维生素 A 可控制细胞的增殖和分化,抑制肿瘤细胞的生长。另外,维生素 A 也可减轻致癌物质对机体的影响。

5. 具有抗衰老作用　维生素 A 是有效的抗氧化剂,在氧分压较低的情况下,能直接消除自由基,有助于控制细胞膜和富含脂质组织的脂类过氧化。

(四) 来源与需求量

维生素 A 仅存在于动物界,它最丰富的来源是鱼肝油,动物的肝、乳中含量也丰富。高等植物一般不含维生素 A,但普遍能够合成类胡萝卜素,如胡萝卜、菠菜、红辣椒、番茄、枸杞子等都有丰富的类胡萝卜素。某些微生物也能大量合成类胡萝卜素。正常成人每天摄入 1000 μg 的维生素 A 就可满足需求,儿童摄入量为 $400\sim800~\mu g$。长期摄入每日超过 500000 国际单位 (IU),可以引起中毒症状,严重者危害健康(1 IU 维生素 A=0.3 μg 维生素 A)。

二、维生素 D

(一) 结构与性质

维生素 D(vitamin D)因具有抗佝偻病的作用,故又称抗佝偻病维生素。维生素 D 有多种,都是类固醇衍生物,含有环戊烷多氢菲结构,以维生素 D_2(麦角钙化醇)及维生素 D_3(胆钙化醇)最为重要。两者结构十分相似,维生素 D_2 仅比维生素 D_3 多一个甲基及一个双键。维生素 D 性质稳定,不易受酸、碱和氧的影响。

(二) 维生素 D 原

生物体内都含有可以转化为维生素 D 的固醇类物质,称为维生素 D 原。自然界中的维生素 D 原有 10 余种,以人及动物皮肤中的 7-脱氢胆固醇和植物、酵母及其他真菌中的麦角固醇最为重要,经紫外光照射,它们可分别转化为维生素 D_3 和维生素 D_2(图 4-3)。

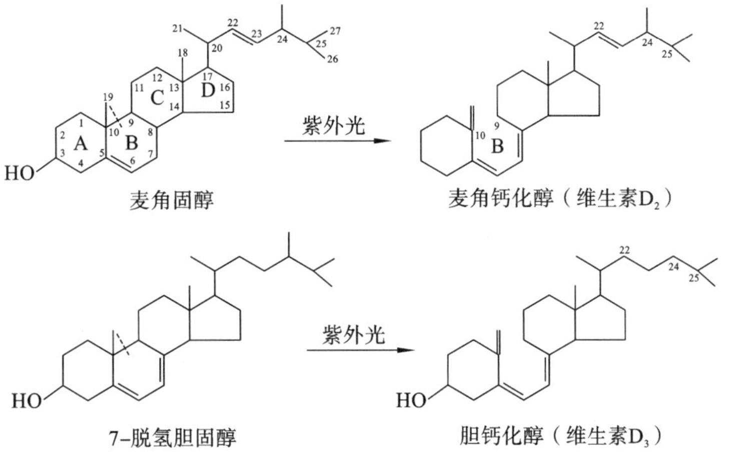

图 4-3 维生素 D 分子结构及转化生成

(三)生理功能

维生素 D 的主要生理功能是促进钙、磷吸收和成骨作用。它的活性分子形式是 1,25-二羟胆钙化醇,可简化写为 $1,25\text{-}(OH)_2D_3$。其转化过程是:先在肝中经羟化反应,生成 25-羟胆钙化醇,然后在肾脏发生羟化,变成 1,25-二羟胆钙化醇。羟化完成后才成为生理有效物质,从肾脏转运到小肠及骨中,在这两个组织中调节钙和磷的代谢。研究证明,维生素 D 是通过对 RNA 的影响,诱导钙的载体蛋白的生物合成,从而促进钙、磷吸收的。

知识链接

维生素 D 缺乏症

维生素 D 缺乏时,血中钙、磷浓度低于正常,成骨作用发生障碍,儿童可发生佝偻病,孕妇和乳母易发生骨质软化症。对于动物亦如此,如幼小动物缺乏,骨质变软,四肢因受体重的压力而弯曲成畸形,椎骨、胸骨、肋骨等也因软骨层增厚而变形。同时,动物全身代谢率降低,神经肌肉组织因缺钙而兴奋性升高,出现抽搐病症;心脏因缺钙而心脏活动减弱。

(四)来源及需求量

鱼肝油、蛋黄、牛奶、猪肝、肾、脑、皮肤等动物组织都含有丰富的维生素 D。植物体内不含维生素 D,但是含有维生素 D 原。成人每日约需 $2.5\ \mu g$ 维生素 D_3;儿童、老年人、妊娠及哺乳期妇女每日需摄入 $10\ \mu g$ 维生素 D_3。

三、维生素 E

(一)结构与性质

维生素 E(vitamin E)又称生育酚,为苯骈二氢吡喃的衍生物。天然存在的维生素 E 有多种分子形式,主要是苯环上取代基的数目和位置不同,据此,可将维生生素 E 分为 α、β、γ、δ 等数种(图 4-4)。各种维生素 E 中,以 α-生育酚生理活性最高。

维生素 E 为微带黏性的黄色油状物,在无氧条件下稳定,甚至加热至 200 ℃ 以上也不被破坏,但在空气中极易被氧化而颜色变深。由于维生素 E 易氧化,所以对其他易被氧化的物质,如维生素 A、脂肪和磷脂中的不饱和脂肪酸等有保护作用,常作为食品添加剂。

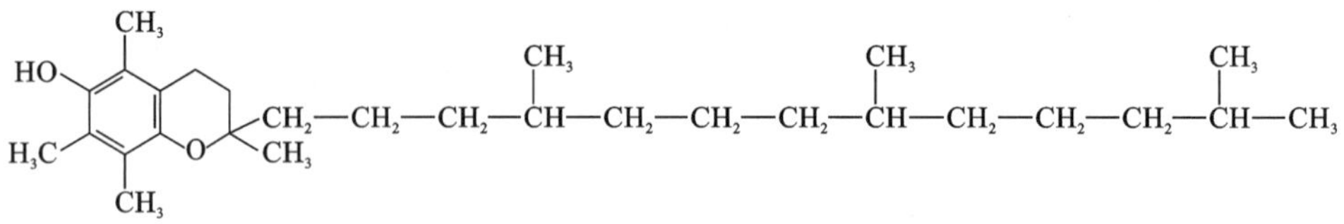

图 4-4　生育酚的基本结构

（二）生理功能

1. 与动物生殖有关　维生素 E 对于动物生育是必需的,维生素 E 缺乏时,会造成不育。但对人类生殖机能的重要性尚缺乏确凿证据,但是现在临床上常用维生素 E 治疗先兆流产和习惯性流产。

2. 抗氧化作用　维生素 E 能避免脂质过氧化物的产生,保护生物膜的结构与功能。机体内的自由基具有强氧化性,如超氧阴离子、过氧化物等。维生素 E 的功能就在于能捕捉到自由基,起到保护作用。

3. 促进血红素形成　维生素 E 能提高血红素合成过程中的关键酶 ALA 合酶及 ALA 脱水酶的活性,促进血红素的合成。新生儿缺乏维生素 E 可引起贫血,这可能与血红蛋白合成减少及红细胞寿命缩短有关。所以,孕妇、哺乳期的妇女及新生儿应注意补充维生素 E。

目前维生素 E 在临床上使用范围很广,对贫血、动脉粥样硬化、肌营养不良、脑水肿等病症都有一定的防治作用,近年来又发现其有抗衰老作用。

（三）来源

麦胚油、棉籽油、大豆油、玉米油中含量丰富,豆类及绿叶蔬菜中含量也较高,所以人体及动物体一般不易缺乏。

四、维生素 K

（一）结构与性质

维生素 K(vitamin K)具有促进凝血的功能,又称为凝血维生素。维生素 K 是具有异戊二烯类侧链的萘醌类化合物,常见的天然维生素有维生素 K_1 和维生素 K_2,二者均是二甲基-1,4萘醌的衍生物,区别仅在于侧链不同(图 4-5)。现在用于临床的是维生素 K_3,是人工合成的,其活性比同量的维生素 K_1 和维生素 K_2 高。维生素 K 对热稳定,但容易受光和碱的影响而被破坏。

（二）生理功能

1. 促进凝血作用　维生素 K 促进凝血因子的合成,并使凝血酶原转变为凝血酶,从而加速血液凝固。其生化机制是肝细胞内质网中以维生素 K 为辅酶的维生素 K 依赖性 γ-羧化酶能催化前凝血酶原的氨基末端肽链中某些谷氨酸残基进行羧化,生成 γ-羧基谷氨酸残基而转变为凝血酶原。γ-羧基谷氨酸残基具有很强的螯合 Ca^{2+} 的能力,这种结合使凝血酶原被体内蛋白酶水解而激活,转变成有活性的凝血酶。其他凝血因子也同样需要维生素 K 依赖性 γ-羧化酶来促进其谷氨酸残基的羧化。缺乏维生素 K 时,各种凝血因子均缺少,致使凝血时间延长,易发生皮下、肌肉及胃肠出血。

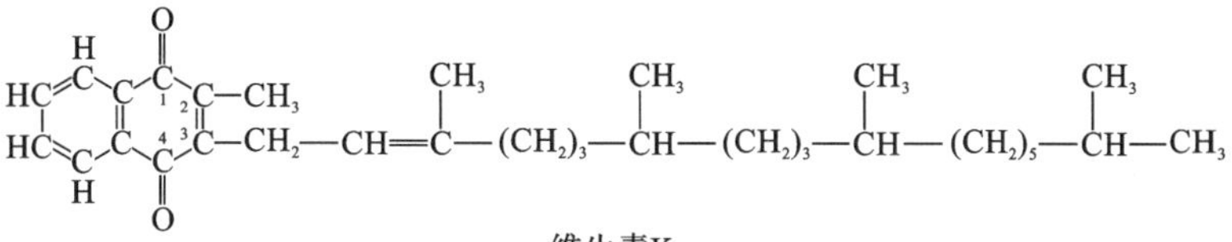

维生素K_1

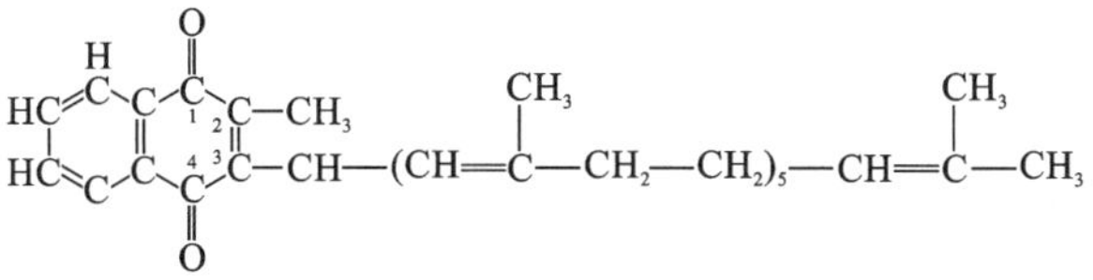

维生素K_2

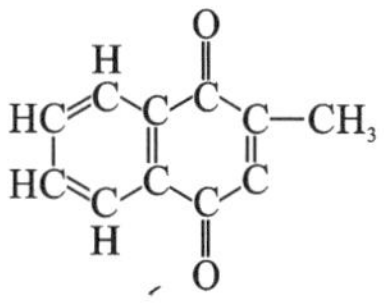

维生素K_3

图 4-5 维生素 K 的结构

2. 促进骨代谢 骨及其他骨化组织中也存在维生素 K 依赖性蛋白质，被称为骨钙蛋白，其分子中含有 3 个依赖性 γ-羧基谷氨酸残基，它与 Ca^{2+} 结合而参与调节钙盐沉积、骨中无机盐的转换等，而且与钙代谢密切相关。

（三）来源

维生素 K 的来源有两种：一种是食物的补充，另一种是肠道微生物的合成。食物中的绿色蔬菜、动物的肝脏和鱼类均含有较多的维生素 K，其次是牛奶、小麦、大豆等食物。人体及动物体一般不缺少维生素 K。若食物中缺少绿色蔬菜或长期服用抗生素影响肠道维生素的生长，可造成维生素 K 的缺乏，表现为出血时间和凝血时间延长，可用维生素 K 防治。

五、硫辛酸

（一）结构与性质

硫辛酸是含硫的八碳酸，在第 6、8 位上有巯基，可脱氢氧化成二硫键，称为 6,8-二硫辛酸。在细胞中以氧化型和还原型两种形式存在（图 4-6）。

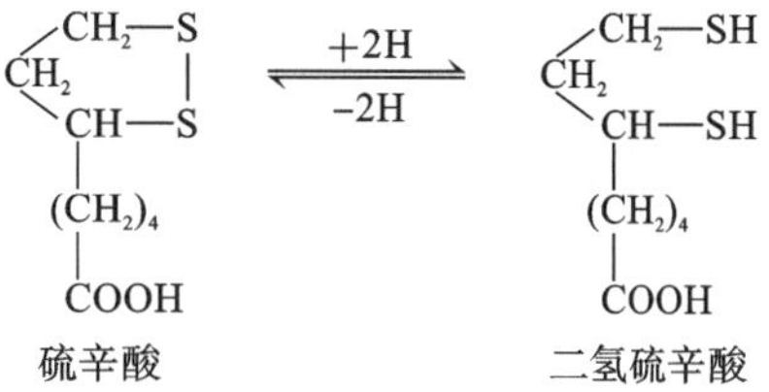

图 4-6 硫辛酸

（二）功能及来源

硫辛酸是 α-酮酸氧化脱氢酶复合体的辅酶，起转移酰基和氢的作用，与糖代谢关系密切。硫辛酸是微生物和原生动物的生长限制因子，人体能自行合成，在肝脏及酵母细胞中含量较多。

第三节 水溶性维生素

水溶性维生素包括 B 族维生素和维生素 C。水溶性维生素的化学结构彼此间差异很大，除钴胺素（维生素 B_{12}）之外，均可在植物中合成；它们在人体内基本不能储存，浓度超过其阈值时,即随尿排出,很少有中毒现象的发生;机体基本不能合成,必须经常由膳食补充。目前已知绝大多数水溶性维生素都是辅酶或辅基的组成成分,参与物质代谢。

一、维生素 B_1

(一)化学结构与性质

维生素 B_1 又称硫胺素,因其缺乏时易导致脚气病,所以亦称抗脚气病维生素。其分子结构是由含硫的噻唑环和含氨基的嘧啶环组成的,故称硫胺素。在体内维生素 B_1 可转变成焦磷酸硫胺素(TPP)(图 4-7)。TPP 是维生素 B_1 在体内的活性形式,又称羧化辅酶。维生素 B_1 对热稳定,干热 100 ℃ 不分解,在酸性溶液中稳定,中性及碱性条件下极易分解破坏。

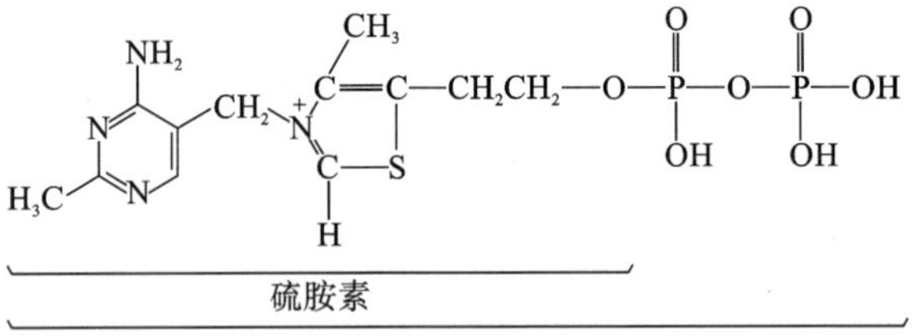

图 4-7 维生素 B_1 和 TPP 的结构式

(二)生理功能

(1)维生素 B_1 是 α-酮酸脱氢酶复合体中的辅酶-TPP 的成分,参与糖代谢。有机体内如缺乏硫胺素则丙酮酸氧化分解不易进行,糖的分解停滞在丙酮酸阶段,使糖不能彻底氧化。正常情况下,神经组织所需能量几乎全部来自糖的分解。当糖代谢受阻时,首先影响到神经活动,并且伴随有丙酮酸、乳酸堆积产生的毒害作用,特别是对人与动物周围神经末梢影响最大。

维生素 B_1 缺乏表现为皮肤麻木、四肢乏力和神经系统损伤等症状,临床上称为脚气病或多发性神经炎。

(2)维生素 B_1 能降低胆碱酯酶的活性,使乙酰胆碱的分解保持适当的速度,因而能保证胆碱能神经的传导。消化腺的分泌和胃肠道的运动均受胆碱能神经的支配。

维生素 B_1 缺乏时,消化液分泌减少,胃肠蠕动减慢,出现食欲不振、消化不良等症状。给予维生素 B_1 能增进食欲,促进消化。

(三)来源与需求量

维生素 B_1 在植物中分布广泛,谷类、豆类的种皮如米糠中含量丰富,酵母、瘦肉、黄豆等食品中含量尤多。人对维生素 B_1 的平均需求量大约是每天 1.5 mg,且与糖类食物的消耗量有关,糖消耗量越大,对维生素 B_1 的需求量也越多。

二、维生素 B_2

(一)化学结构与性质

维生素 B_2 是核醇与 6,7-二甲基异咯嗪缩合成的糖苷化合物,因呈黄色,故又名核黄素。在体内维生素 B_2 与磷酸结合转变成黄素单核苷酸(FMN),FMN 再和腺苷酸结合转变成黄素腺嘌呤二核苷酸(FAD)。FMN 和 FAD 是维生素 B_2 的活性形式。FAD、FMN 结构如图 4-8 所示。

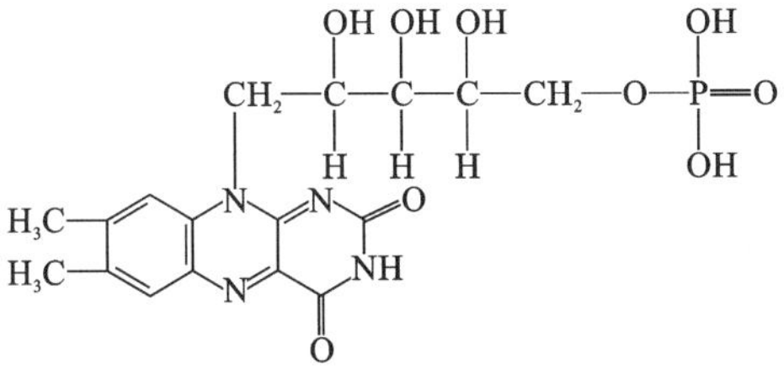

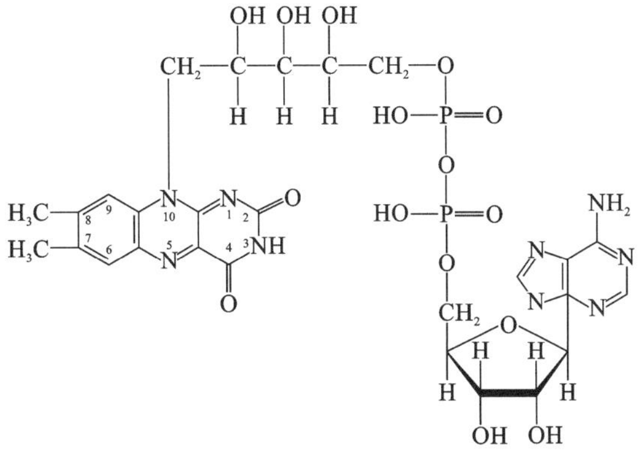

黄素单核苷酸（FMN）　　黄素腺嘌呤二核苷酸（FAD）

图 4-8　FMN、FAD 的结构

维生素 B_2 耐热，酸性环境中较稳定，遇光易破坏，在碱性溶液中不耐热，而且对光更为敏感。维生素 B_2 的水溶液具有黄绿色荧光，此性质可用于维生素 B_2 的定量分析。

（二）生理功能

FMN 和 FAD 分别作为各种黄素酶(一类氧化还原酶)的辅基，在异咯嗪环的 N_1 和 N_{10} 之间有 1 对活泼的共轭双键，很容易发生可逆的加氢或脱氢反应，因此，在氧化反应中，FMN 和 FAD 起递氢体的作用(图 4-9)。以 FAD 为辅酶的酶有琥珀酸脱氢酶、脂酰 CoA 脱氢酶等，以 FMN 为辅基的酶有 L-氨基酸氧化酶、NADH-CoQ 还原酶等。维生素 B_2 广泛参与体内多种氧化还原反应，能促进糖、脂肪和蛋白质的代谢，它对维持皮肤、黏膜和视觉的正常机能均有一定作用。

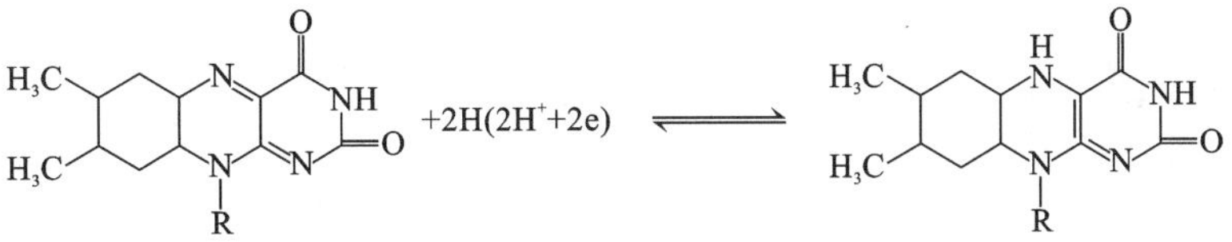

FAD(或FMN)　　FAD・H_2(或FMN・H_2)

图 4-9　FMN(或 FAD)的递氢作用

缺乏维生素 B_2 时，人的主要症状为组织呼吸减弱、代谢强度降低，可引起口角炎、唇炎、眼睑炎、畏光等。

（三）来源与需求量

维生素 B_2 广泛存在于动物、植物中，米糠、酵母、豆类、肝、蛋黄中含量丰富。微生物核黄菌有合成维生素 B_2 的能力，我国医用维生素 B_2 除了化学合成和从酵母中提取以外，也利用豆腐渣水、废水等进行微生物发酵生产。成人每日需维生素 B_2 量为 1.2～2.1 mg。

三、维生素 PP

（一）结构与性质

维生素 PP 又称维生素 B_3 或抗癞皮病因子，是吡啶的衍生物，包括烟酸和烟酰胺，两者在体内可相互转化。在体内维生素 PP 转变成烟酰胺腺嘌呤二核苷酸（NAD^+，又称辅酶Ⅰ）和

烟酰胺腺嘌呤二核苷酸磷酸（NADP⁺，又称辅酶Ⅱ）（图 4-10），NAD⁺ 和 NADP⁺ 是维生素 PP 在体内的活性形式。两者基本结构相同，差别仅在 NADP⁺ 核糖的 2 位多一个磷酸。这种维生素是维生素中性质最稳定的一种，对酸、碱、热、光和氧比较稳定。

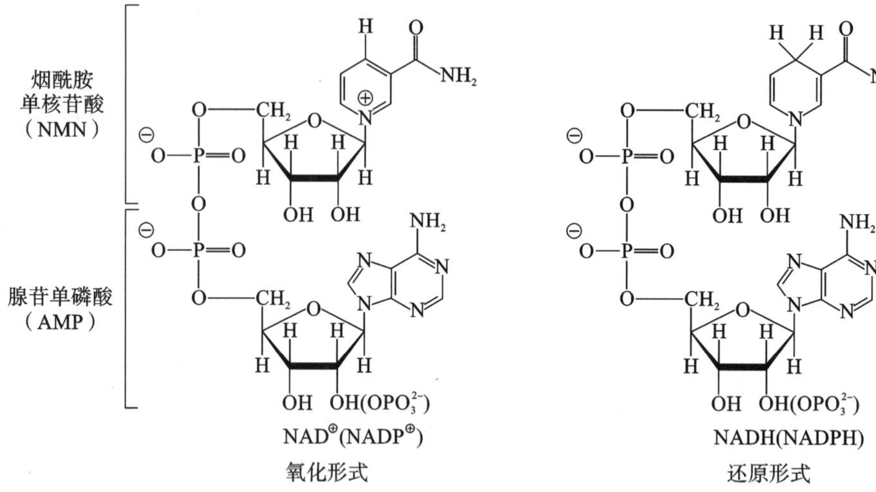

图 4-10　NAD⁺ 和 NADP⁺ 的结构

（二）生理功能

1. 递氢和递电子作用　NAD⁺ 和 NADP⁺ 是多种脱氢酶的辅酶，分子中的烟酰胺部分具有可逆的加氢、加电子和脱氢、脱电子的特性（图 4-11），在酶促反应过程中起递氢、递电子的作用。

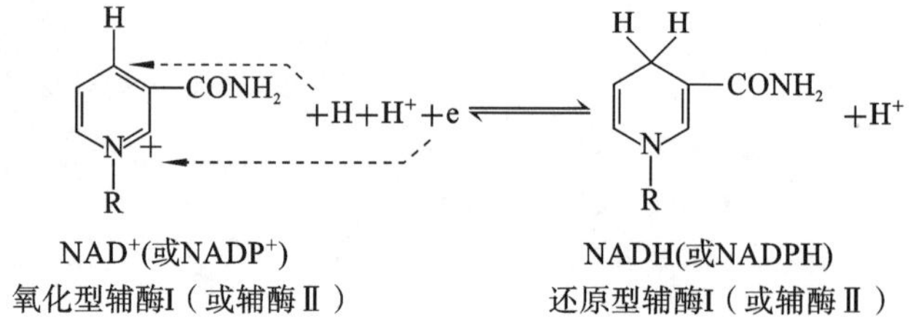

图 4-11　NAD⁺（NADP⁺）的作用机制

2. NAD⁺ 是 DNA 连接酶的辅酶　对 DNA 复制有重要作用。

在体内色氨酸能转变成烟酸。玉米中既缺乏色氨酸也缺乏烟酸，所以长期主食玉米会造成维生素 PP 缺乏症。缺乏维生素 PP 时，会引起生物氧化等机能的紊乱，主要症状是发生糙皮病或癞皮病。患者主要表现为对称性皮炎、口舌发炎、胃肠道功能失常、腹泻及痴呆。

（三）来源与需求量

植物、动物性食品中维生素 PP 含量丰富，尤其以动物肝脏、酵母、花生、豆类及肉类等含量丰富，所以一般不易缺乏。成人日摄取量大约为 18 mg。

四、泛酸

（一）结构与性质

泛酸（维生素 B₅）是二甲基丁酸与 β-丙氨酸的氨基以酰胺键结合而成的一种酸性化合物。

因为在生物界中分布广泛,取名泛酸,又叫遍多酸。泛酸在体内转变成辅酶 A(HSCoA 或 CoA)和酰基载体蛋白(ACP),所以 CoA 和 ACP 是泛酸在体内的活性形式。辅酶 A 分子由泛酸、巯基乙胺和 3′-磷酸腺苷酸三部分组成(图 4-12)。

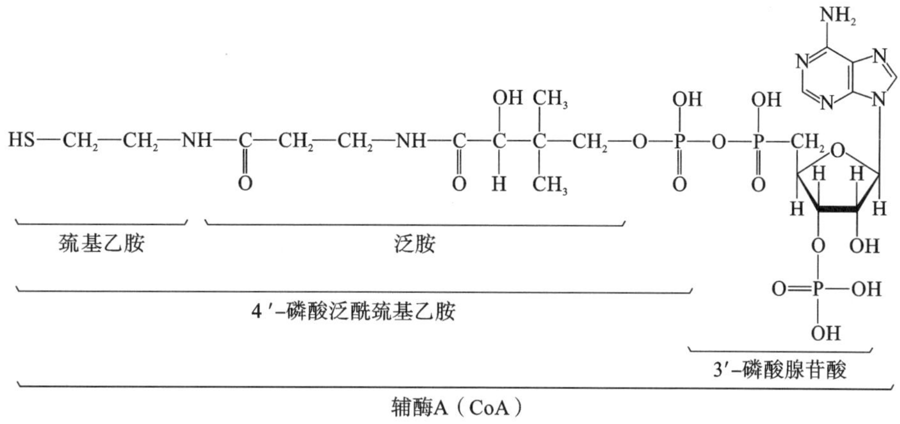

图 4-12 辅酶 A 的结构式及其组成

泛酸在中性溶液中耐热,对氧化还原剂稳定,在酸性及碱性溶液中易被热破坏发生水解。

(二)生理功能

1. 辅酶 A 是酰基转移酶的辅酶,辅酶 A 分子中巯基乙胺的—SH 为结合酰基部位,使辅酶 A 作为酰基载体,可充当多种酶的辅酶参加酰化反应及氧化脱羧等反应。

2. 辅酶 A 是可作为酰基载体蛋白(ACP)的辅基 参与脂肪酸合成代谢。

3. 辅酶 A 还参与体内一些重要物质的合成 如参与乙酰胆碱、胆固醇、卟啉等的合成,并能调节血浆脂蛋白和胆固醇的含量。

知识链接

辅酶 A 对厌食、乏力等症状有明显的疗效,故被广泛用作多种疾病的重要辅助药物,如白细胞减少症、原发性血小板减少性紫癜、功能性低热、脂肪肝、各种肝炎、冠心病等。由于泛酸广泛存在于动、植物组织中,人的食物中泛酸含量相当充分,同时肠内细菌亦能合成,泛酸很少出现缺乏症。若动物缺乏时,如鸡表现为生长停滞,羽毛生长不良,脊髓退化,皮肤发炎;狗表现为血糖下降,心跳及呼吸加快,肝、肾出现变质;猪缺乏的典型症状为后腿呈"鹅步",并出现皮肤炎、肾上腺出血和萎缩,生长停滞及神经系统病变等。

(三)来源与需求量

泛酸在酵母、肝、肾、蛋、小麦、米糠、花生、豌豆中含量丰富,在蜂王浆中含量最多。人体合理的需求量每日 5~10 mg,一般不缺乏。

五、维生素 B_6

(一)结构与性质

维生素 B_6 包括三种结构类似的物质,即吡哆醇、吡哆醛及吡哆胺,化学结构上都是吡啶的衍生物。在生物体内,吡哆醇经磷酸化后可以转变成磷酸吡哆醛。磷酸吡哆醛与磷酸吡哆胺之间又可相互转变(图 4-13),磷酸吡哆醛和磷酸吡哆胺为维生素 B_6 活性形式。维生素 B_6 在酸性溶液中稳定,在碱性溶液中容易失去活性,光或紫外线均能使其破坏。

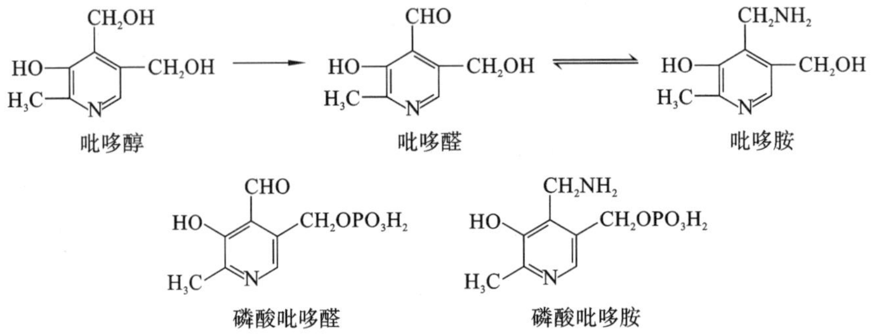

图 4-13　维生素 B_6 及其磷酸酯

(二) 生理功能

1. 磷酸吡哆醛和磷酸吡哆胺是转氨酶的辅酶　两者通过互变转移氨基。

2. 磷酸吡哆醛是某些脱羧酶的辅酶　如磷酸吡多醛是谷氨酸脱羧酶的辅酶,能促进谷氨酸脱羧,形成 γ-氨基丁酸,后者是一种抑制性神经递质,临床上常用维生素 B_6 治疗小儿惊厥及妊娠呕吐。

3. 作为丝氨酸转羟基甲基酶的辅酶　参与一碳基团的转移反应。

4. 磷酸吡哆醛是 δ-氨基 γ-酮戊酸(ALA)合成酶的辅酶　ALA 合成酶是血红素合成的限速酶。所以,缺乏维生素 B_6 有可能造成低血色素小细胞性贫血和血清铁偏高。

(三) 来源与需求量

维生素 B_6 在动、植物中分布很广,蜂王浆、麦胚芽、禾本科植物、酵母、蛋黄、肝、肾、肉、乳、鱼中含量丰富,一般也不会缺乏。人类未发现维生素 B_6 缺乏的典型病例。长期用异烟肼进行抗结核治疗时,因其能与磷酸吡哆醛结合,使其失去辅酶的作用,所以在长期使用异烟肼时,应补充维生素 B_6。

六、生物素

(一) 结构与性质

生物素(biotion)又称维生素 H 或维生素 B_7。自然界中存在的生物素至少有 α-生物素(存在于蛋黄中)和 β-生物素(存在于肝脏中)两种。它们的基本化学结构相同,都是噻吩环与尿素相结合而成的骈环化合物。不同之处在于 α-生物素带有异戊酸侧链,β-生物素带有戊酸侧链(图 4-14)。生物素易溶于水,而不溶于有机溶剂,常温下相当稳定,高温及氧化剂可使其丧失生理活性。

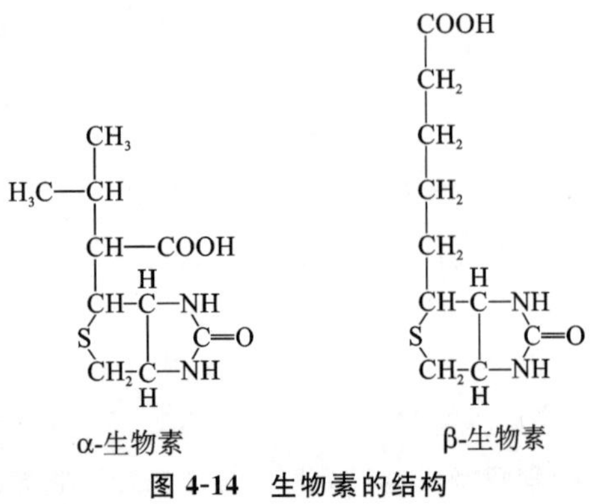

图 4-14　生物素的结构

(二) 生理功能

生物素在高等动物组织内作为羧化酶的辅基,参与细胞内固定 CO_2 的反应,起到 CO_2 载体作用,与糖、蛋白质、脂肪等的代谢有关。

（三）来源与需求量

生物素在动、植物组织中广泛分布,如肝、肾、蛋黄、酵母、奶、蔬菜、谷类等中含量丰富,肠道中有些微生物也能合成生物素,人体各种来源的生物素总摄入量,每日可能高达 $150\sim300$ μg,故一般不缺乏。人体缺乏生物素时,毛发脱落,皮肤发炎。未熟的鸡蛋清中有一种抗生物素的蛋白,能与生物素结合而使生物素不能被肠壁吸收。吃生鸡蛋清过多或长期口服抗生素易患生物素缺乏症。

七、叶酸

（一）结构与性质

叶酸(folic acid)又称维生素 B_9,因其普遍存在于植物叶中而得名,是由 2-氨基-4-羟基-6-甲基蝶啶、对氨基苯甲酸(PABA)和 L-谷氨酸三部分组成的。叶酸被小肠吸收后,分布在体内肠壁、肝、骨髓等组织中,在维生素 C 和 NADPH 参与下,叶酸可由叶酸还原酶催化转变成具有生理活性的 5,6,7,8-四氢叶酸(FH_4,THFA)(图 4-15),FH_4 是叶酸在体内的活性形式。叶酸为黄色晶体,微溶于水,易溶于稀乙醇,易被光破坏,在酸性溶液中不稳定。

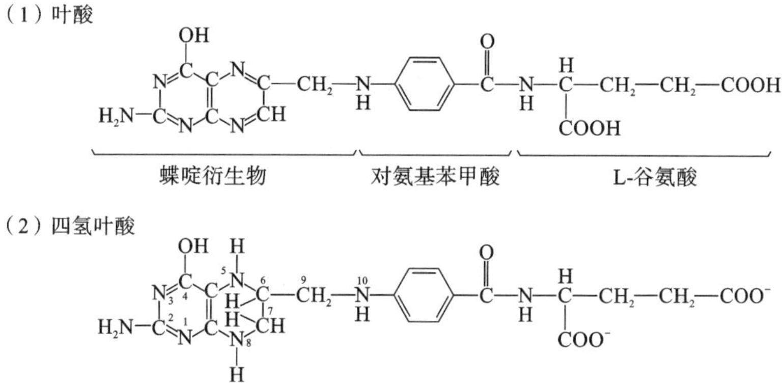

图 4-15　叶酸及其辅酶形式

（二）生理功能

FH_4 是一碳基团转移酶的辅酶,具有传递一碳基团的作用,是许多生物合成反应所必需的辅酶,其分子中的 N_5 和 N_{10} 是结合一碳基团的部位。因一碳基团是生物体内合成嘌呤核苷酸和胸腺嘧啶核苷酸的原料之一,所以叶酸在核酸的生成过程中起着重要作用,并对蛋白质的合成和细胞的生长产生影响。

若机体内缺乏 FH_4,则多种生物合成反应受阻;高等动物最典型的表现为血红细胞的发育和成熟受到影响,易发生巨幼红细胞性贫血症;人在怀孕期,由于需求量增加可导致缺乏 FH_4,严重者可使胎儿发生神经管畸形。

（三）来源与需求量

植物和大多数微生物都能合成叶酸,人体和哺乳动物则不能合成。绿叶蔬菜、肝、酵母等食品中叶酸含量丰富,故人体或动物一般不会发生叶酸缺乏症,成人每日摄入 0.4 mg 就能维持机体的最佳状态。

八、维生素 B_{12}

（一）结构与性质

维生素 B_{12} 结构复杂，是唯一一种含金属元素的维生素，由于分子中含有钴，故又称钴胺素。维生素 B_{12} 在体内有多种形式，有氰钴胺素、羟钴胺素、甲钴胺素和 5-脱氧腺苷钴胺素等（图 4-16）。

图 4-16　维生素 B_{12} 的一般结构

维生素 B_{12} 作为辅酶的主要结构形式是 5-脱氧腺苷钴胺素，由于它以辅酶形式参加多种代谢反应，故又称辅酶 B_{12}（CoB_{12}）；甲钴胺素也是一种辅酶，是维生素 B_{12} 转运甲基的形式；羟钴胺素比较稳定，是药用 B_{12} 的常见形式。维生素 B_{12} 在室温下稳定，其水溶液在弱酸条件下相当稳定，强酸、强碱条件下极易分解，日光及氧化剂和还原剂均能将其破坏。

（二）生理功能

1. 维生素 B_{12} 参与体内一碳基团的代谢　维生素 B_{12} 是传递甲基的辅酶。它与叶酸的作用相互联系，如蛋氨酸的合成（图 4-17）。

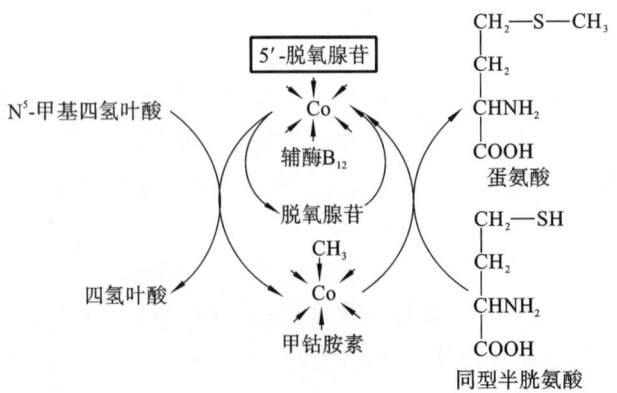

图 4-17　辅酶 B_{12} 参与体内一碳基团的代谢

体内叶酸约 80% 以 N^5-甲基四氢叶酸状态存在，它由 N^5，N^{10}-亚甲基四氢叶酸还原而成。此反应在体内条件下是不可逆的，所以必须通过维生素 B_{12} 在转甲基的过程中，使 N^5-甲基四氢叶酸恢复为四氢叶酸,使它能再用于携带一碳基团以合成嘌呤、胆碱等化合物。胆碱是乙酰胆碱和磷脂酰胆碱的组成成分,后两者分别是神经传递介质和生物膜的基本结构物质。因此,维生素 B_{12} 对神经功能有特殊的重要性。

2. 辅酶 B_{12} 作为变位酶的辅酶 参与一些异构化反应,如作为甲基天冬氨酸变位酶的辅酶,参加催化谷氨酸与 β-甲基天冬氨酸转化反应;作为甲基丙二酸单酰 CoA 变位酶的辅酶,参加催化 L-甲基丙二酸单酰 CoA 与琥珀酸 CoA 互变。

3. 维生素 B_{12} 对红细胞的成熟起重要作用 可能和维生素 B_{12} 参与 DNA 和蛋白质的合成有关。缺少维生素 B_{12} 时,红细胞的 DNA 合成受到抑制,不能进行细胞分裂,因而,不能分化为成熟的红细胞,也可发生巨幼红细胞性贫血。临床上可以用维生素 B_{12} 治疗恶性贫血、神经炎、神经萎缩、脂肪肝等病症。

（三）来源及需求量

动植物不能合成维生素 B_{12},人和动物主要靠肠道细菌合成。成人每日补给量为 3 μg。动物肝、肾、鱼、肉、蛋类等食品富含维生素 B_{12},所以人体一般不会产生缺乏症。

九、维生素 C

（一）结构与性质

维生素 C 是一种己糖酸内酯,其分子中第 2、3 位碳原子上的两个烯醇式羟基极易解离出质子(H^+)而显酸性,又因能防治坏血病(又称维生素 C 缺乏症),故得名抗坏血酸。分子中的两个烯醇式羟基易脱氢氧化成氧化型抗坏血酸。在生物体内,维生素 C 以还原型和氧化型两种形式存在,两者能可逆转化,在氧化还原反应中起递氢体作用(图 4-18)。氧化型和还原型维生素 C 具有同样生理功能。若氧化型抗坏血酸继续氧化或加水分解,变成二酮古洛糖酸或其他氧化物,维生素 C 活性丧失。

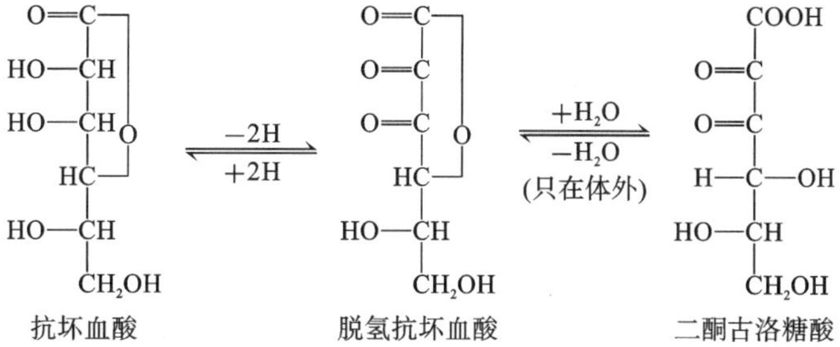

图 4-18 维生素 C 的分子结构及其化学变化

维生素 C 性质极不稳定,在酸性环境下有较强的还原性,遇热或中性和碱性条件下极易破坏。光、氧、微量金属离子(Ca^{2+}、Fe^{2+})或荧光物质能促进其被破坏。

（二）生理功能

1. 羟化作用

（1）促进胶原蛋白的合成:维生素 C 可促进氢化酶的活性,参与一些重要羟化反应,如前胶原分子中赖氨酸及脯氨酸残基经羟化后,前胶原分子才能成为胶原蛋白分子。

维生素 C 缺乏时,由于细胞间质的胶原蛋白合成减少而使伤口不能愈合;血管基膜细胞间隙加大而造成毛细血管出血,易引起皮下、肌肉、胃肠道黏膜出血,则出现坏血病;软骨、骨骼、牙齿、肌肉及其他组织的细胞间质减少,使骨骼、牙齿容易折断或脱落,创口溃疡不易愈合等。

（2）参与羟化反应：参与体内类固醇激素、胆酸、儿茶酚及 5-羟色胺等合成过程中的羟化反应以及生物转化过程中芳香环的羟化反应。

2. 氧化还原作用

（1）参与体内氧化还原反应：维生素 C 可脱氢生成氧化型抗坏血酸,此反应是可逆的,它在体内可参加多种生物氧化反应。如参与生物体内的抗体合成,抗体中所含的二硫键是由两个半胱氨酸分子连接而成,而半胱氨酸是由胱氨酸还原生成的,其还原反应需要维生素 C 的参与。

（2）对重金属的解毒作用：重金属离子能与体内含巯基酶结合而使其失去活性,发生中毒。维生素 C 能使氧化型谷胱甘肽转化为还原型,后者可与重金属配合而排出体外,从而发挥其解毒作用。

（3）促进造血作用：维生素 C 能将 Fe^{3+} 还原成 Fe^{2+},促进 Fe^{2+} 的吸收,有利于血红蛋白的形成。

（三）来源与需求量

维生素 C 广泛存在于新鲜的水果和蔬菜中,柑橘、红枣、番茄、猕猴桃、辣椒和新生幼苗中含量丰富。植物、微生物能够合成维生素 C,而人和灵长类动物体内缺乏合成维生素 C 的酶,不能合成维生素 C,肠道微生物可以合成。成人日需求量为 $20\sim30$ mg。维生素的缺乏症及营养生理作用见表 4-1。

表 4-1 维生素的缺乏症及营养生理作用一览表

	名称	别名	生理功能	缺乏症状	富含食物
脂溶性维生素	维生素 A	视黄醇抗眼干燥症维生素	对视觉的作用；上皮组织细胞的生长与分化；促进生长发育	眼病（夜盲症、眼干燥症）；上皮组织角化疾病；肿瘤（肺癌、子宫癌等）	肝脏、牛油、牛奶、禽蛋、胡萝卜、菠菜、豌豆苗、青椒、韭菜
	维生素 D	VD₂（麦角钙化醇）VD₃（胆钙化醇）	促进钙的吸收；防止化学致癌作用	佝偻病；骨软化症；血钙过低-手足抽搐	海水鱼的肝脏中含量最为丰富,禽畜肝脏及蛋黄、奶油中含量相对较多
	维生素 E	生育酚	抗氧化作用；保持红细胞的完整并促进其生物合成；调节体内某些物质合成	一种自由基清除剂对肌体衰老产生重要影响；抗肿瘤作用；防治心血管疾病	油料种子、某些谷物、各种坚果食物（核桃、葵花籽、松子）
	维生素 K		参与凝血酶原和凝血因子的形成	出血:皮下、胃出血等	肝、蔬菜

续表

名称		别名	生理功能	缺乏症状	富含食物
水溶性维生素	维生素B₁	硫胺素	在体内胰 TPP 形式构成重要辅酶参与机体代谢；促进胃肠蠕动，增强消化功能	干性脚气病（以多发性神经炎为主）；湿性脚气病（以心脏水肿症为主）；婴儿脚气病（消化泌尿循环和神经系统）	肝脏、牛油、牛奶、菠菜、豌豆苗、胡萝卜、青椒、韭菜
	维生素B₂	核黄素	机体许多重要辅酶的组成成分；在氨基酸、脂肪酸碳水化合物的代谢过程中逐步释放能量供给细胞利用起着重要作用	眼睛（模糊怕光流泪视力下降白内障）；皮肤（脂溢性皮炎）；口腔（咽炎舌炎唇炎）；其他（干扰铁的吸收缺铁性贫血胎儿骨畸形、阴囊炎等）	肝、蛋黄、牛奶、蔬菜
	维生素PP	烟酸、抗癫皮病因子	参与形成辅酶	癫皮病：典型症状为皮炎（皮肤）、腹泻（消化系统）、痴呆（神经系统）"三D症"	在酵母、谷类、花生红衣、肝、肉类中含量丰富
	维生素B₆	吡哆辛，抗皮炎素	参与氨基酸的代谢	缺乏可引起兴奋不安、失眠、甚至惊厥等	酵母、小麦、豆类、卷心菜；蛋黄、肝、鱼、肉等
	维生素B₉	叶酸	作为体内生化反应中一碳单位转移酶系的辅酶，起一碳单位传递体作用；参与嘌呤和胸腺嘧啶的合成；参与氨基酸代谢；参与血红蛋白及甲基化合物如肾上腺素、胆碱、肌酸等的合成	胎儿神经管畸形（如脊柱裂、无脑畸形等）	莴苣、菠菜、柑橘、草莓，动物的肝脏、肾脏、禽肉及蛋类，坚果类食品，黄豆，米糠，小麦胚芽，糙米

续表

名称	别名	生理功能	缺乏症状	富含食物
水溶性维生素 维生素 B_{12}	钴胺素	参与机体多种代谢过程;参与红细胞的增殖和成熟;维持有鞘神经纤维的正常功能	导致巨幼红细胞贫血	动物食品中多含,如肝、肉、鱼、牛奶等
维生素 C	抗坏血酸	常作为还原剂抗氧化;也可增加胶原蛋白的合成	缺乏时引起坏血病	新鲜的水果、蔬菜(刺梨、猕猴桃等)

思维导图

维生素化学
- 维生素的概述 —— 定义、分类、命名、缺乏症及中毒
- 维生素的结构 —— 各类维生素的结构特点
- 维生素
  - 脂溶性维生素 —— 名称、来源及分布、需求量、生理功能及缺乏症
  - 水溶性维生素 —— 名称、来源及分布、需求量、生理功能及缺乏症

目标检测

A 型题(即单句型最佳选择题)。每一道试题下面有 A、B、C、D、E 五个备选答案,请从中选择一个最佳答案。

1. 维生素是一类(　　)。
A.无机物　　　　　　　　B.蛋白质　　　　　　　　C.小分子糖类
D.低分子有机物　　　　　E.高分子有机化合物

2. 某男,自诉近期眼睛干涩,夜间外出看不清物体,该患者可能是缺乏(　　)。
A.维生素 A　　B.维生素 B_2　　C.维生素 K　　D.维生素 D　　E.维生素 B_6

3. 维生素 D 的生化作用是(　　)。
A.促进钙和磷的吸收　　　　B.促进钙和磷的排泄　　　　C.降低钙和磷的吸收
D.降低钙和磷的排泄　　　　E.促进胃对钙和磷的吸收

4. 缺乏维生素 K 时可引起(　　)。
A.凝血时间缩短　　　　　　B.凝血时间延长　　　　　　C.凝血时间正常
D.凝血因子合成增加　　　　E.凝血因子合成正常

5. 脚气病是由下列哪种维生素缺乏引起的?(　　)
A.叶酸　　B.维生素 B_6　　C.维生素 B_1　　D.维生素 B_2　　E.维生素 B_{12}

6. 淘米过度可大量丢失的维生素是(　　)。
A.维生素 B_6　　B.维生素 B_1　　C.维生素 B_2　　D.维生素 B_{12}　　E.维生素 A

7. 维生素 B_2 是下列哪种辅酶或辅基的组成成分?(　　)

A. NAD$^+$　　　　B. CoA-SH　　　C. TPP　　　　　D. FMN　　　　　E. NADP$^+$

8. 维生素 PP 缺乏可发生下列哪种疾病?（　　　）

A. 夜盲症　　　　B. 坏血病　　　　C. 脚气病　　　　D. 恶性贫血　　　E. 癞皮病

9. 长期服用异烟肼时,应注意补充下列哪种维生素?（　　　）

A. 维生素 C　　　B. 维生素 B$_1$　　C. 维生素 B$_2$　　D. 维生素 B$_6$　　E. 维生素 D

10. 临床上常用于治疗婴儿惊厥和妊娠呕吐的维生素是（　　　）。

A. 维生素 PP　　B. 维生素 B$_{12}$　　C. 维生素 B$_2$　　D. 维生素 B$_1$　　E. 维生素 B$_6$

11. 叶酸缺乏可导致哪种疾病?（　　　）

A. 夜盲症　　　　　　　　　B. 巨幼红细胞贫血　　　　　C. 脚气病

D. 癞皮病　　　　　　　　　E. 佝偻病

12. 含有金属元素的维生素是（　　　）。

A. 维生素 B$_1$　　B. 维生素 B$_2$　　C. 维生素 B$_{12}$　　D. 泛酸　　　　E. 叶酸

13. 坏血病是由下列哪种维生素缺乏引起的?（　　　）

A. 维生素 B$_1$　　B. 维生素 B$_2$　　C. 硫辛酸　　　　D. 维生素 C　　　E. 叶酸

思考题

1. 什么是维生素? 有何特点? 如何分类?

2. 维生素 A 的分布及其和视觉的关系如何?

3. 简述各种 B 族维生素与辅酶的关系。

4. 简述维生素 C 的化学特性和生理功能?

【第四章　目标检测参考答案】

1. D　2. A　3. A　4. B　5. C　6. B　7. D　8. E　9. D　10. E

11. B　12. C　13. D

第五章 核酸的结构与功能

1. 掌握 RNA 和 DNA 的分子组成特点；DNA 一级结构的概念和 DNA 二级结构的特点；核酸的变性、复性、杂交、增色效应和 T_m 的概念。

2. 熟悉 RNA 的分子结构特点和功能。

3. 了解 DNA 高级结构的特点、引起核酸变性的理化因素、熔解曲线、T_m 的影响因素、复性的影响因素。

核酸(nucleic acid)是以核苷酸为基本组成单位合成的生物大分子,具有复杂的空间结构和重要的生物学功能。天然的核酸可以分为脱氧核糖核酸(DNA)和核糖核酸(RNA)两类。一切生物的细胞中均含有核酸,没有细胞结构的病毒也不例外。病毒可根据其含核酸的类型不同分为 RNA 病毒和 DNA 病毒。真核细胞 DNA 主要存在于细胞核的染色质中,只有少量存在于细胞器中,如线粒体 DNA 和叶绿体 DNA 是遗传信息的携带者,决定细胞和个体的基因型,是生物遗传的物质基础。而 RNA 主要存在于细胞质中,只有约 10% 存在细胞核中。RNA 是 DNA 的转录产物,参与遗传信息的传递和表达,直接参与生物体蛋白质的合成。

核酸与细胞的生长、繁殖、遗传变异等正常生命活动密切相关,具有非常重要的生物学意义。生命活动过程中的一些异常现象,如肿瘤的发生、病毒的感染等均与核酸的变化相关。对核酸的研究已经进入到新的阶段,有很多新技术和新理论形成,如蛋白质组学、基因组学、基因芯片技术、基因工程技术和克隆技术等。因此,对核酸的研究已成为生物化学和医学发展的重要领域。

第一节 核酸的分子组成

一、核酸的组成元素

组成核酸的主要化学元素有 C、H、O、N、P 等,其中磷元素(9%~10%)含量相对恒定,可用于核酸的定量分析。

　　真核细胞内核酸通常以核蛋白聚合物形式存在,核蛋白可分解成核酸和蛋白质。核苷酸是核酸在核酸酶水解作用下生成的产物,是组成核酸的基本单位。人体的核苷酸主要来源于自身细胞的合成,外源性核苷酸(如食物中含有的核苷酸)很少为人体所用,故食物中核苷酸不属于营养必需物质。核苷酸通过各种酶进一步水解后生成物质的量相等的碱基、戊糖和磷酸。这表明核苷酸是由相同数量碱基、戊糖和磷酸构成的。DNA 和 RNA 的基本组成单位分别是脱氧核糖核苷酸和核糖核苷酸。

　　核酸在各种水解酶的作用下,最终被分解成碱基、戊糖和磷酸三种基本成分。

　　1. 碱基　碱基是构成核苷酸的基本组分之一,是一种含氮的杂环化合物,根据杂环化合物母核结构不同分为嘌呤碱基和嘧啶碱基两类。常见的嘌呤碱基包括腺嘌呤(A)和鸟嘌呤(G),常见的嘧啶碱基包括胞嘧啶(C)、胸腺嘧啶(T)和尿嘧啶(U)(图 5-1)。其中构成 DNA分子和 RNA 分子的四种碱基分别为 A、G、C、T 和 A、G、C、U。

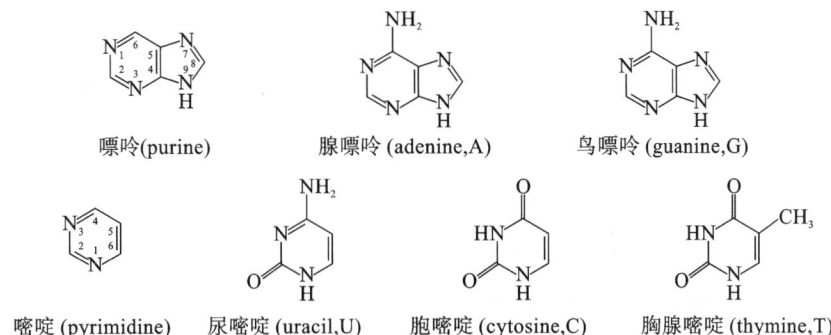

嘌呤(purine)　　腺嘌呤(adenine,A)　　鸟嘌呤(guanine,G)

嘧啶(pyrimidine)　　尿嘧啶(uracil,U)　　胞嘧啶(cytosine,C)　　胸腺嘧啶(thymine,T)

图 5-1　核酸分子中两类主要的碱基

　　2. 戊糖　戊糖是核苷酸的另一个基本组分。其母核均为呋喃环型结构(图 5-2)。为了不与碱基中的碳原子编号混淆,通常将戊糖分子中的碳原子编号用"1′、2′…5′"的形式标注。根据戊糖分子 C-2′上是否连接有羟基,可将戊糖分成 β-D-核糖和 β-D-2′脱氧核糖两种,后者的结构稳定性更大。β-D-核糖存在于 RNA 中,β-D-2′脱氧核糖存在于 DNA 中。戊糖是三种基本成分聚合的中心,戊糖分子中 C-1′上的羟基可与碱基反应生成苷,为苷羟基;其他 C 原子上的羟基可与磷酸反应生成酯。

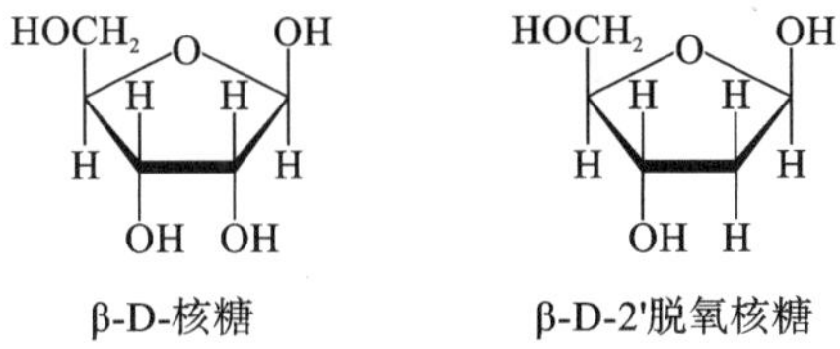

β-D-核糖　　　　β-D-2′脱氧核糖

图 5-2　戊糖的结构

　　3. 磷酸　核酸分子中的无机磷酸以磷酸根形式通过酯键与戊糖连接,最终通过连接两个核苷酸的戊糖,使多个核苷酸聚合成长链分子,连接部位分别是两个核苷酸的戊糖部分的 C-3′和 C-5′。

二、核苷酸——核酸的基本组成单位

　　1. 核苷　核苷是碱基与戊糖通过缩合反应形成的糖苷类产物,根据连接的戊糖分子 C-2′

上是否连接有羟基,可分为核糖核苷和脱氧核糖核苷两种。戊糖的 C-1′ 上的羟基和碱基的 N-9 原子(嘌呤碱)或 N-1 原子(嘧啶碱)通过脱水缩合反应形成糖苷键。RNA 和 DNA 分子中的核苷分别为腺苷(腺嘌呤核苷)、鸟苷(鸟嘌呤核苷)、胞苷(胞嘧啶核苷)、尿苷(尿嘧啶核苷)和脱氧腺苷(腺嘌呤脱氧核苷)、脱氧鸟苷(鸟嘌呤脱氧核苷)、脱氧胞苷(胞嘧啶脱氧核苷)、脱氧胸苷(胸腺嘧啶脱氧核苷)(图 5-3)。

2. 核苷酸　核糖核苷或脱氧核糖核苷 C-5′ 上的羟基均可与磷酸反应,脱水缩合形成磷酸酯键,生成核苷酸或脱氧核苷酸。天然游离的核苷酸以 C-5′ 脱水缩合形成的核苷酸为主。根据与核苷连接的磷酸基团的数目的多少,可将核苷酸分为一磷酸核苷(NMP)、二磷酸核苷(NDP)和三磷酸核苷(NTP)或一磷酸脱氧核苷(dNMP)、二磷酸脱氧核苷(dNDP)和三磷酸脱氧核苷(dNTP),其中 N 和 dN 分别代表四种核糖核苷和四种脱氧核糖核苷。如 AMP 代表的是腺嘌呤核苷 C-5′ 上的羟基与磷酸脱水缩合生成的核苷酸,命名为腺嘌呤一磷酸核苷,简称腺苷酸;dAMP 代表的则是腺嘌呤脱氧核苷 C-5′ 上的羟基与磷酸脱水缩合生成的脱氧核苷酸,命名为腺嘌呤脱氧一磷酸核苷,简称脱氧腺苷酸。

在生物体细胞内,核苷酸的生物学功能很广泛,除了用于合成生物信息的遗传物质核酸外,机体中还有很多核苷酸衍生物的存在,并参与各种物质代谢和调控。

核苷酸是生物体细胞内能量的载体。多磷酸核苷酸(图 5-4)是核苷 C-5′ 上连接两个或三个磷酸基团形成的核苷酸,也可通过一磷酸核苷进一步磷酸化得到。核苷 C-5′ 上连接两个磷酸形成二磷酸核苷(NDP 或 dNDP),连接三个磷酸形成三磷酸核苷(NTP 或 dNTP)。如一磷酸腺苷(AMP)磷酸化生成二磷酸腺苷(ADP),二磷酸腺苷进一步磷酸化生成三磷酸腺苷(ATP)。ATP 是机体细胞最重要的能量载体,其分子结构中含有两个高能磷酸键(~P),水解时一个高能磷酸键释放的能量可达 30 kJ/mol,是能量产生、储存和利用的中心物质。因此,二磷酸核苷和三磷酸核苷均属于高能有机磷酸化合物。

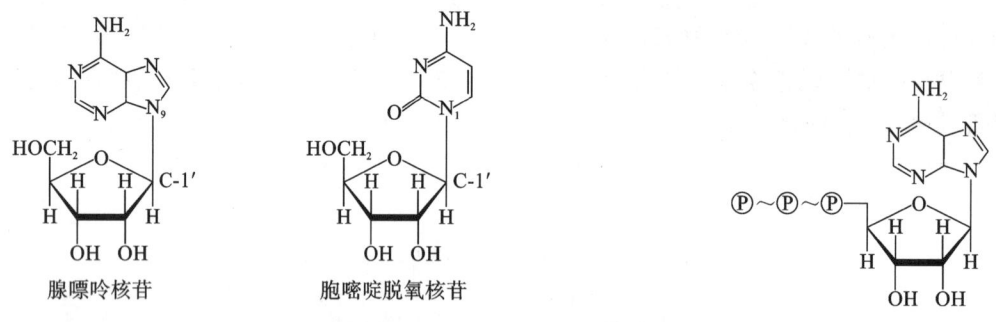

图 5-3　核苷的结构　　　　　　　　　　　　　图 5-4　多磷酸核苷酸的结构

三磷酸核苷 ATP 和 GTP 可以环化形成环腺苷酸(cAMP)和环鸟苷酸(cGMP),环化的方式为 C-3′ 和 C-5′ 上的羟基与同一个磷酸基团结合,形成内酯环结构。cAMP 和 cGMP 在细胞内起到传递细胞外激素信号的作用,被称为细胞内激素作用的第二信使。

生物体中核苷酸的衍生物还可作为重要的辅酶,与酶共同完成催化作用。如腺苷酸和烟酰胺组成辅酶Ⅰ(NAD$^+$)和辅酶Ⅱ(NADP$^+$);黄素单核苷酸(FMN)和腺苷酸组成黄素腺嘌呤二核苷酸(FAD);在生物氧化过程中,NAD$^+$、NADP$^+$、FMN 和 FAD 均可作为多种脱氢酶的辅酶,起递氢的作用。

三、核苷酸在核酸分子中的连接方式

核酸是由核苷酸连接形成的生物信息大分子。通常将核苷酸链中核苷酸残基数小于 50 的称为寡核苷酸链,核苷酸残基数大于 50 的称为多核苷酸链。不同核酸含有的核苷酸数量相差较大,例如,DNA 分子中的核苷酸残基数可达到上千万,而有些小分子 RNA 的核苷酸残基数则只有几十。

核苷酸链的结构特点:①主链上的核苷酸残基以 $3'$,$5'$-磷酸二酯键连接,即主链中一个核苷酸 C-$3'$ 上的羟基与另一个核苷酸 C-$5'$ 上的羟基脱水缩合形成磷酸二酯键;②主链上为重复结构单元(磷酸-戊糖),由重复单元组成无分支的主链,同一类型的核酸主链结构相同;③碱基分布于侧链,侧链上不同类型的碱基决定了核酸不同的理化性质和生物学意义,侧链上不同碱基序列代表着不同的生物信息;④核苷酸链的延长具有严格的方向性($5'$→$3'$),每条核苷酸链有两个不同的末端,一端带有与戊糖 C-$5'$ 连接的游离的磷酸基,称为 $5'$-磷酸末端,简称 $5'$ 端;另一端戊糖的 C-$3'$ 上有游离的羟基,称为 $3'$-羟基末端,简称 $3'$ 端。核酸的生物合成过程中,延长的方向严格按照 $5'$→$3'$,遗传密码的阅读方向也是从 $5'$→$3'$。书写时通常将 $5'$ 端写在左侧,$3'$ 端写在右侧(图 5-5)。

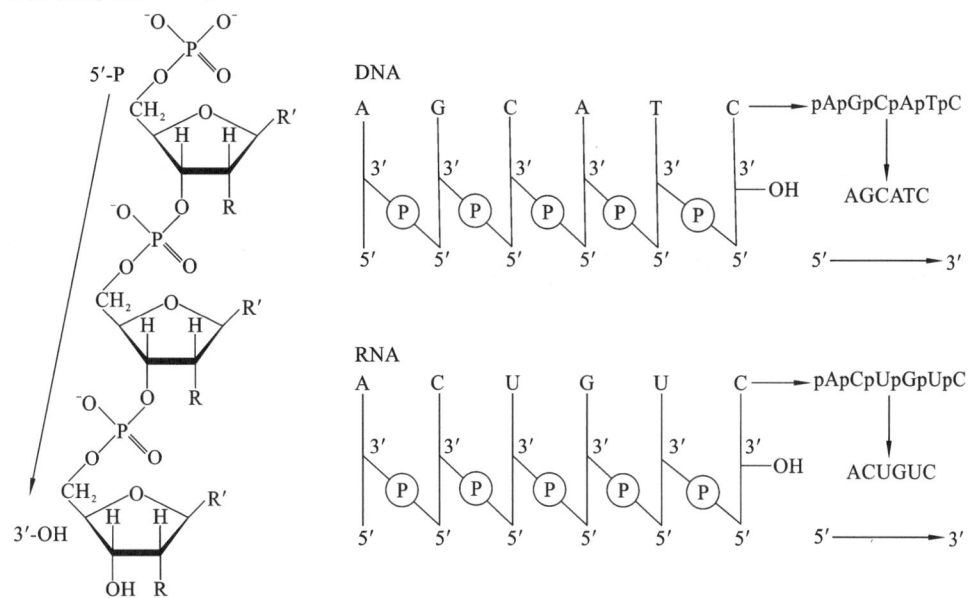

图 5-5 多核苷酸链的结构和书写方式

第二节 DNA 的结构与功能

一、DNA 的一级结构

DNA 的一级结构是指 DNA 分子中脱氧核苷酸的排列顺序。由于脱氧核苷酸之间的差

别仅在于侧链上碱基类型的不同,所以 DNA 的一级结构就是脱氧核苷酸侧链中碱基从 $5'→3'$ 端的排列顺序,又称为碱基序列。DNA 在不同生物中的长度差异很大,有的 DNA 长度可达数十万个碱基,而碱基排列顺序变化是 DNA 能够携带不同遗传信息的基础,碱基排列顺序的变化为 DNA 提供了巨大的遗传信息编码潜力。

二、DNA 的二级结构

DNA 的二级结构,即由两条反向平行的多核苷酸链通过碱基互补配对原则围绕同一个中心轴以右手螺旋的方式形成的 DNA 双螺旋结构(图 5-6)。

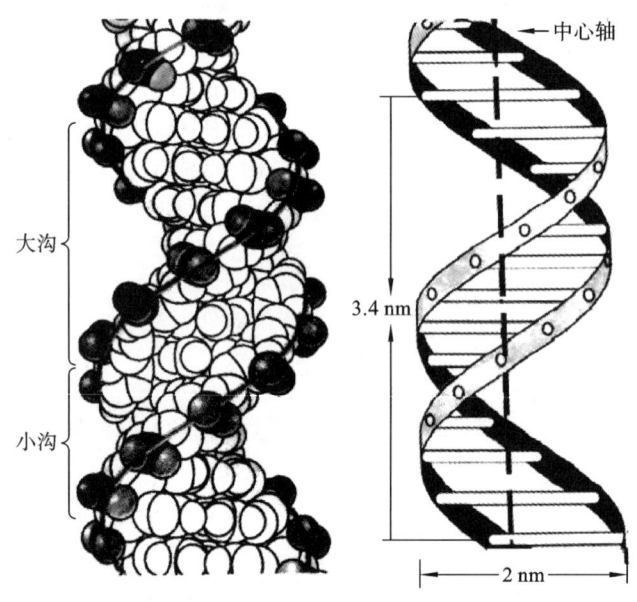

图 5-6 DNA 的双螺旋结构

DNA 空间结构的研究背景

20 世纪 40 年代末至 50 年代初,美国生物化学家 Chargaff 等人在对多种生物来源的 DNA 碱基组成进行定量测定后,发现了 DNA 分子的碱基组成规律,即:DNA 由 A、T、C、G 四种碱基组成,在所有的 DNA 分子中,A＝T,C＝G;DNA 的碱基组成具有种属特异性,即来自不同种属的生物 DNA 碱基的数量和相对比例不同;DNA 的碱基组成无组织和器官特异性,即来自同一个生物个体的不同组织或器官的 DNA 碱基组成基本相同。

1953 年,Watson 和 Crick 在前人的基础上,建立了 DNA 分子二级结构的双螺旋结构模型,由此揭开了分子生物学发展的序幕,成为生物学发展史上重要的里程碑。

DNA 二级结构即双螺旋结构的特点如下。

(1) DNA 分子由两条反向平行的多核苷酸链以右手螺旋方式绕同一中心轴盘绕形成双螺旋结构。两条核苷酸链上的碱基严格按碱基互补配对原则进行配对,即 G 与 C 配对形成三个氢键,A 与 T 配对形成两个氢键,组成 DNA 的两条核苷酸链称为互补链。

（2）双螺旋结构的形态特征：直径为 2 nm，螺距为 3.4 nm。螺旋每一周包含 10 个碱基对，相邻碱基对之间的距离为 0.34 nm。碱基平面堆积在双螺旋的内部，且与中心轴垂直，形成疏水核心。脱氧核糖和磷酸基团位于双螺旋的外侧，构成双螺旋结构的骨架，有一定的亲水特性。同时在双螺旋表面存在两种凹槽，较浅的叫小沟和较深的叫大沟，凹槽处有其他分子可识别的信息，是蛋白质与 DNA 相互作用的基础。

（3）双螺旋结构的维系力：①互补碱基之间的氢键，使两条核苷酸链结合形成空间平行关系，是双螺旋结构能够保持横向稳定的主要维系力；②碱基的堆积力，碱基对之间层层堆积，形成双螺旋的疏水核心区，是双螺旋结构能够保持纵向稳定的主要原因。另外，存在于 DNA 分子中的一些离子键对维系双螺旋结构稳定也起一定的作用，即侧链骨架上的磷酸基团所带的负电荷与介质中的阳离子间形成的离子键及范德华力。所以，当介质的性质发生改变和介质的环境温度发生改变时，都会影响双螺旋结构的稳定。

三、DNA 的高级结构

DNA 的高级结构是在 DNA 双螺旋结构基础上进一步盘绕折叠形成的空间结构更加复杂的 DNA 的超级结构，即超螺旋结构。原核生物的 DNA 是一种共价封闭的环状双螺旋，这种环状双螺旋结构通过进一步盘绕折叠形成超螺旋结构。真核生物细胞中的线粒体及叶绿体 DNA 均为环状双链超螺旋结构。真核生物的 DNA 超螺旋多为线形，以染色质形式存在于细胞中，是先由线形 DNA 和组蛋白组成核小体，再由核小体之间彼此相连形成串珠状细丝，进一步螺旋化、卷曲、折叠形成高度致密有序的结构，即染色体或染色质。

四、DNA 的功能

DNA 的基本功能是作为生物遗传信息的载体，携带遗传信息。DNA 的双螺旋结构和碱基互补配对原则是生物性状代代相传的分子基础。DNA 作为基因复制的模板，通过合成子代 DNA 把遗传信息传递到子代；DNA 分子上的碱基序列决定蛋白质的氨基酸顺序，DNA 可以将携带的遗传信息通过转录传递给 RNA，再通过翻译将遗传信息传递到蛋白质，完成遗传信息的表达。

第三节　RNA 的结构与功能

RNA 分子比 DNA 分子小得多，核苷酸数量从数十到数千个不等，但 RNA 的结构和种类多种多样。不同结构和种类的 RNA，其功能也各不相同，且在基因信息传递及调控中都发挥着重要生物学作用。RNA 的一级结构是指 RNA 分子中核苷酸从 5′端到 3′端的排列顺序。RNA 通常以核苷酸单链的形式存在，但单链可以通过自身回折，在局部区域发生链内碱基互补配对形成局部双螺旋结构，从而使非互补区形成环状突起，即形成茎环状的二级结构。在茎环状二级结构的基础上进一步折叠形成特定的三级结构。RNA 主要存在于细胞质内，其类型主要包括信使 RNA（mRNA）、转运 RNA（tRNA）、核糖体 RNA（rRNA），除此之外，还有多种相对分子质量较小的 RNA,每种 RNA 的结构都与其功能相适应。

一、信使 RNA 的结构与功能

mRNA 是 DNA 转录合成的带有遗传信息的一种单链核糖核酸,是在核糖体上装配合成蛋白质的直接模板,决定肽链上氨基酸的种类以及排列顺序。其含量约占细胞总 RNA 的 3%,种类最多,含核苷酸残基数从几百至几千个不等,是细胞内最不稳定的一类 RNA。

原核生物和真核生物 mRNA 的结构特点不同:原核生物 mRNA 常以多顺反子的形式存在,而真核生物 mRNA 则多以单顺反子形式存在;原核细胞中的 DNA 转录成 mRNA 和 mRNA 翻译合成蛋白质的过程通常是偶联的,即 mRNA 一般不需要经过转录后的加工修饰就可作为翻译合成蛋白质的模板,而真核细胞中 DNA 转录得到的前体 mRNA 是由其前体核不均一 RNA(hnRNA)剪接而成。hnRNA 分子比 mRNA 要大得多,需经过转录后加工修饰成为成熟的 mRNA 后才能进入细胞质中参与蛋白质合生物合成;原核生物 mRNA 的半衰期很短,通常为几分钟,最长只有数小时,而真核生物 mRNA 的半衰期较长,如胚胎细胞中的 mRNA 半衰期可达数日。

二、转运 RNA 的结构与功能

tRNA 是由 70~90 个核苷酸组成的核糖核酸单链,通过局部区域的碱基互补配对形成的 "三叶草"结构或在此基础上进一步折叠形成的"倒 L 形"结构。tRNA 的主要功能是携带氨基酸进入核糖体,在 mRNA 的指导下,按 mRNA 上密码子顺序将氨基酸"对号入座"地定位于多肽链上翻译合成蛋白质。mRNA 和 tRNA 通过密码子和反密码子的结合联系起来。tRNA 的含量约占 RNA 总含量的 15%,细胞内每种氨基酸都有其对应的一种或几种 tRNA,每种 tRNA 携带一种特定的氨基酸。目前生物体内已知的 tRNA 有 100 多种,其一级结构具有一些共同特点:tRNA 是由 70~90 个核苷酸组成的一条单链,其相对分子质量在三种 RNA 分子中最小;一般每个 tRNA 分子含有 7~15 个稀有碱基,是含稀有碱基最多的一类核酸,如胸腺嘧啶(T)、次黄嘌呤(I)、假尿嘧啶(Ψ)、二氢尿嘧啶(DHU)等;tRNA 的 5′端大多为 pG 结构,3′端全为 CCA-OH 结构;tRNA 分子中碱基的组成具有保守性,所有 tRNA 分子中约有 30% 的碱基是固定不变的(图 5-7)。

tRNA 的各种空间结构形态特点比较突出、比较有规律性。"三叶草"结构为 tRNA 的二级结构,局部区域的碱基互补配对形成局部双螺旋结构,构成 tRNA 的臂,未进行配对的单链部分则凸起形成环,环和臂共同形成"三叶草"结构,该结构主要由五部分组成:①氨基酸臂,即由 7 个碱基对组成双链区域,构成"三叶草"的柄部,3′端为单链,由 4 个核苷酸残基组成,其末端序列总是 CCA-OH 结构,该结构上的羟基可与特异的氨基酸的羧基发生脱水缩合,是 tRNA 结合氨基酸的部位;②反密码子环,位于"三叶草"结构的顶部,即与氨基酸臂相对的单链环状结构。该环状结构区域含有与 mRNA 结合的反密码子,由三个核苷酸残基组成,可以识别 mRNA 上的密码子,实现了遗传信息由 mRNA 向蛋白质的氨基酸序列的传递;③TΨC 环,该区域为含有胞嘧啶(C)、胸腺嘧啶(T)和假尿嘧啶(Ψ)序列的环状结构;④DHU 环,该区域为含有两个二氢尿嘧啶核苷酸残基的环状结构;⑤可变环,该区域在 TΨC 环和反密码环之间,核苷酸残基数为 3~21 个。可变环核苷酸残基数量的变化是导致各种 tRNA 核苷酸残基数量不同的主要原因。因此,可变环是 tRNA 分类的重要指标。

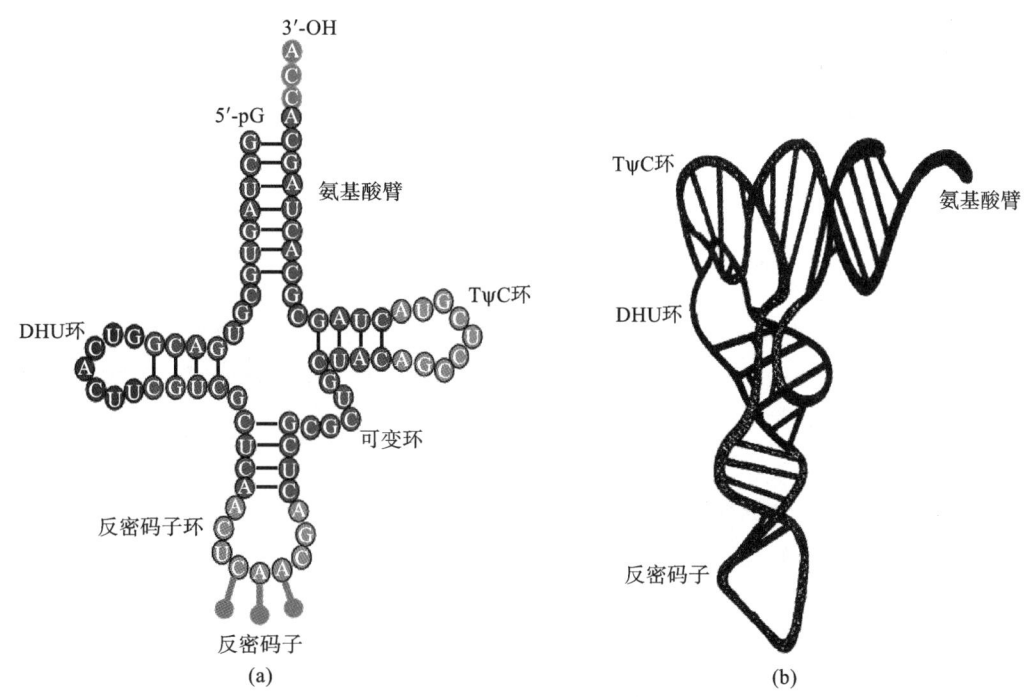

图 5-7　tRNA 的二级结构(a)和三级结构(b)

tRNA 的三级结构是在其二级结构即"三叶草"的基础上进一步折叠而成的三维结构,呈"倒 L 形"。反密码子环与氨基酸臂分别位于"倒 L 形"分子的两端,TΨC 环与 DHU 环位于拐角处。该结构紧致且稳定,主要依靠氢键和碱基堆积力维系;同时能够突显出 3′端的 CCA-OH 结构以及反密码子,便于 tRNA 结合氨基酸、识别密码子。

三、核糖体 RNA 的结构与功能

rRNA 是单链,包含不等量的 A 与 U、G 与 C,也存在于广泛的局部双链区域。在双链区,碱基因氢键相连,形成发夹式螺旋结构。在细胞内 rRNA 是三种 RNA 中含量最多的一类,占 RNA 总量的 80% 以上。rRNA 与核糖体蛋白结合组成核糖体,如果把 rRNA 从核糖体上去除,会导致整个核糖体结构塌陷。

核糖体由两个大小不同的亚基所组成,rRNA 是构成核糖体大小亚基的骨架,决定着整个复合体的结构以及蛋白质组分所附着的位置,其含量往往高于核糖体的蛋白质组分。rRNA 和核蛋白共同组成蛋白质合成的场所,是蛋白质合成的"装配机"。

四、核内小 RNA 和核酶

真核细胞内存在一类小分子 RNA,其碱基数一般在 100~300 之间,称为核内小 RNA (snRNA)。snRNA 的主要作用是参与真核生物细胞核中 RNA 的修饰加工。snRNA 不单独存在,常与多肽或蛋白质结合在一起,形成小分子核糖核蛋白颗粒,参与 hnRNA 的拼接,在 mRNA 的转录后加工修饰过程中发挥作用,有助于成熟 mRNA 的形成。

1982 年,美国科学家 Thomas Cech 和其同事在对"四膜虫编码 rRNA 前体的 DNA 序列含有间隔内含子序列"的研究中发现,自身剪接内含子的 RNA 具有催化功能,提出了核酶(ribozyme)的概念,并因此获得了 1989 年诺贝尔化学奖。现在所说的核酶是具有催化作用的小分子 RNA,属于除蛋白类酶以外的另一类生物催化剂,可特异性催化降解 mRNA 序列。核酶的本质为小分子 RNA,不参与翻译,属于非编码型 RNA。到目前为止,已发现的核酶有几十种。核酶的一级结构没有固定的规律,但核酶的二级结构对其催化活性起关键作用。核酶最简单的二级结构为锤头状结构,即锤头核酶,由 1～3 个环和 3 个茎组成,包括底物部分和催化部分。核酶中存在保守的核苷酸序列,由 13 个碱基构成。这些结构特征使核酶可在其锤头结构右上方发生剪切反应,以 GUC 作为靶向切割位点时核酶的活性最高。随着锤头核酶的发现,越来越多的核酶被设计并合成出用于疾病的治疗,如通过核酶的催化作用,使有害基因转录出的 mRNA 或其前体、病毒 RNA 被剪切破坏,已被用于尝试治疗病毒性疾病、肿瘤和基因治疗的研究。

第四节　核酸的理化性质

一、核酸的一般性质

核酸属于生物大分子,相对分子质量可达 $10^6 \sim 10^{11}$。单链核酸的相对分子质量大小常用核苷酸数 nt 表示,双链核酸的相对分子质量大小常用碱基对数 bp 表示。核酸有非常高的黏度,为线形大分子。通常 RNA 分子比 DNA 分子小,所以 RNA 黏度也比 DNA 小很多。DNA 和 RNA 微溶于水,均属于极性化合物,不溶于乙醇、乙醚、氯仿等有机溶剂。核酸分子中含有酸性的磷酸基和碱性的碱基,属两性电解质,在溶液中可发生两性电离,因磷酸基的酸性较强,其等电点较低(2～3),多表现为酸性。生理条件下,核酸分子中磷酸基团解离呈多价阴离子状态。

二、核酸的紫外吸收性质

核酸分子中嘌呤碱基和嘧啶碱基分子中具有共轭双键,因此核酸具有紫外吸收的特征。在中性条件下,核酸的最大吸收峰波长为 260 nm。利用这一性质,可采用紫外分光光度法对核酸进行定性和定量分析,也可借此鉴别核酸检品的纯度。

三、核酸的变性和复性

在一定的理化因素作用下,DNA 分子中碱基对之间的氢键发生断裂,是 DNA 双螺旋结构解开变成单链的现象,称为 DNA 的变性。引起 DNA 变性的因素很多,如加热、极端的 pH 值改变、有机试剂(如甲醇、乙醇、尿素和酰胺等)。实验室常用加热的方法使 DNA 变性,称为热变性。由于变性作用不会导致 DNA 的一级结构发生改变,变性后分离产生的两条单链仍然为互补结构。在适当的条件下,将引起 DNA 变性的因素缓慢去除后,两条解离的互补链又可重新结合并恢复成原来的双螺旋结构,称这一现象为 DNA 的复性。复性后的 DNA,其理化性质和生物学功能均可得到恢复。热变性的 DNA 经缓慢冷却后,即可复性,又称为退火。若 DNA 加热变性后迅速冷却至 4 ℃以下,则几乎不会发生复性,因此,可用这个方法使 DNA 保持变性状态。

　　DNA 变性后,其理化性质会发生改变。变性后的 DNA 由于双螺旋裂解为单链,使分子内部碱基暴露,其紫外吸收值(A_{260})会大幅度增加,称这种现象为 DNA 的增色效应,增色效应是检测 DNA 分子是否发生变性的最常用指标。DNA 变性后,其溶液的黏度也会明显下降。

　　增色效应与 DNA 的解链程度存在一定的关系。如果连续缓慢加热 DNA 溶液,在不同温度时测定其 A_{260},以温度对 A_{260} 相对值作图,可得到一条"S"形的解链曲线(图 5-8)。在 DNA 加热解链过程中,A_{260} 达到最大吸收峰值一半时所对应的温度,即 DNA 解链 50％时对应的温度称为 DNA 的熔点或熔解温度(T_{m})。T_{m} 是研究核酸变性很重要的参数,一般在 70～85 ℃之间。T_{m} 的大小与 DNA 分子的长度以及所含碱基的 G＋C 比例有关,DNA 分子越长,G＋C比例越高,T_{m} 也就越大。

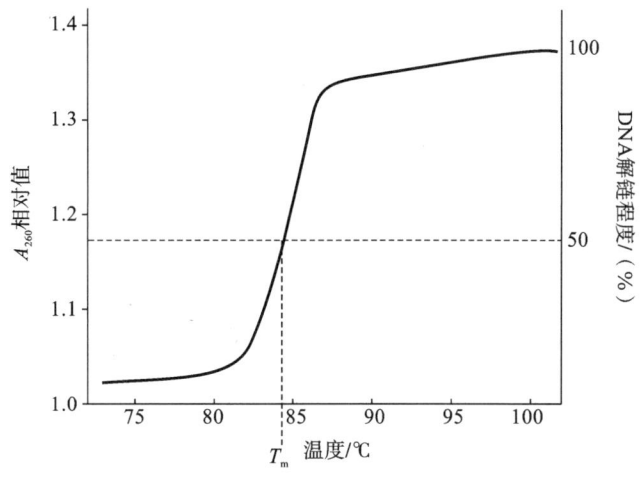

图 5-8　DNA 解链曲线

四、核酸的分子杂交

　　所谓的核酸分子杂交是指由不同源的 DNA 单链、RNA 单链通过碱基互补配对原则结合形成杂化的双链核酸分子的过程。核酸杂交可发生在 DNA-DNA、DNA-RNA 以及 RNA-RNA 之间。核酸的变性和复性是分子杂交技术的基础,核酸分子杂交技术是分子生物学研究中常用的技术之一。例如探针技术,就是应用核酸分子杂交技术,即以一段带有放射性标记或其他化学标记的寡核苷酸链为探针,将待测 DNA 与探针一起温育,若待测 DNA 中存在与探针互补的序列,便会与探针形成杂交双链。利用探针的标记,即可进行靶核酸特异序列的检测和定量。生物医学领域可用核酸分子杂交与探针技术分析基因组织的结构、定位等。在临床上可用于核酸结构和功能的研究、遗传疾病的诊断和诱发肿瘤机制的研究等。

 思维导图

核酸的结构与功能
- 核酸的分子组成
  - 核酸的组成元素: C、H、O、N、P
  - 核酸的基本单位: 核苷酸（由碱基、戊糖、磷酸组成）
  - 核苷酸在核酸分子中的链接方式: 3′,5′-磷酸二酯键
- DNA的结构与功能
  - DNA的一级结构: 脱氧核苷酸的排列顺序
  - DNA的二级结构: 双螺旋结构
  - DNA的高级结构: 双螺旋结构进一步盘曲折叠
  - DNA的功能: 遗传信息的载体
- RNA的结构与功能
  - 信使RNA的结构与功能: 蛋白质合成的直接模板
  - 转运RNA的结构与功能: 氨基酸转运载体
  - 核糖体RNA的结构与功能: 构成核糖体大小亚基的骨架
  - 核内小RNA和核酶: 参与核内RNA的加工修饰
- 核酸的理化性质
  - 一般性质
  - 紫外吸收性质
  - 核酸的变性和复性
  - 核酸分子的杂交

目 标 检 测

A 型题(即单句型最佳选择题)。每一道试题下面有 A、B、C、D、E 五个备选答案,请从中选择一个最佳答案。

1. 核酸的元素组成是(　　　)。
A. C、H、O、P、Zn　　　　B. C、H、O、N、S　　　　C. C、H、O、P、S
D. C、H、O、N、P　　　　E. C、H、O、P、Fe

2. 不存在于 DNA 分子中的脱氧核苷酸是(　　　)。
A. dCMP　　B. dUMP　　C. dGMP　　D. dAMP　　E. dTMP

3. 核糖与脱氧核糖的主要区别在于戊糖的哪个位置不同?(　　　)
A. C-3′　　B. C-2′　　C. C-4′　　D. C-5′　　E. C-1′

4. DNA 双螺旋结构酶旋转一周所跨越的碱基对为(　　　)。
A. 6　　　B. 8　　　C. 10　　　D. 12　　　E. 14

5. DNA 发生变性后不出现变化的是(　　　)。
A. 氢键　　B. A_{260}　　C. 黏度　　D. 形状　　E. 碱基数

6. 自然界游离核苷酸中磷酸最常位于(　　　)。
A. 核苷的戊糖的 C-2′上　　　　　　B. 核苷的戊糖的 C-3′上
C. 核苷的戊糖的 C-5′上　　　　　　D. 核苷的戊糖的 C-2′及 C-5′上
E. 核苷的戊糖的 C-2′及 C-3′上

7. RNA 是(　　　)。
A. 脱氧核糖核酸　　　　B. 核糖核酸　　　　C. 脱氧核糖核苷酸
D. 核糖核苷酸　　　　　E. 脱氧核糖核苷

8. 下列关于 ATP 的叙述错误的是(　　　)。

A. 含有两个高能磷酸键　　　　　　　　B. 含有三个高能磷酸键

C. 是生物体的直接能源　　　　　　　　D. 可以游离形式存在

E. 是能量代谢的中心物质

思考题

1. 简述核苷酸链的结构特点。

2. 简述 DNA 双螺旋结构的特点。

3. 简述核酸的理化性质。

【第五章　目标检测参考答案】

1. D　2. B　3. B　4. C　5. E　6. C　7. B　8. B

第六章 生 物 氧 化

1. 掌握生物氧化的概念及生物氧化与体外燃烧的异同点、呼吸链的概念、呼吸链的组成及在呼吸链上的排列顺序、ATP 的生成方式、氧化磷酸化的概念及氧化磷酸化的偶联部位。

2. 熟悉影响氧化磷酸化的因素。

3. 了解线粒体外 NADH 的氧化及其他氧化体系。

第一节 生物氧化概述

一、生物氧化的概念

物质在生物体内的氧化分解过程称为生物氧化(biological oxidation),主要是指蛋白质、糖、脂肪等营养物质在生物体内氧化分解,最终生成 H_2O 和 CO_2,并释放能量的过程。因反应过程中伴随有 O_2 的摄取和 CO_2 的释放,又称为细胞呼吸。生物氧化的主要场所在线粒体中。生物氧化释放的能量可使 ADP 磷酸化生成 ATP,ATP 是生命活动过程中能量的重要来源。

二、生物氧化的方式

生物氧化和物质在体外的氧化没有本质区别,氧化的方式均遵循化学反应的一般规律,氧化反应的类型通常包括加氧、脱氢和失电子反应。

1. 加氧反应 即生物氧化过程中,直接向底物分子中加入氧原子或氧分子。如:
$$RH + NADPH + H^+ + O_2 \longrightarrow ROH + NADP^+ + H_2O$$
$$R-CHO + 1/2O_2 \longrightarrow R-COOH$$

2. 脱氢反应 即生物氧化过程中,底物分子直接脱下一对氢原子或通过加水间接脱氢的反应。脱氢反应是生物氧化的主要方式,在该类反应过程中有 H^+ 和电子的传递。如乳酸和乙醛经过生物氧化生成丙酮酸和乙酸的反应:

$$CH_3CH(OH)COOH \longrightarrow CH_3COCOOH + 2H(2H^+ + 2e)$$
$$CH_3CHO + H_2O \longrightarrow CH_3COOH + 2H(2H^+ + 2e)$$

3. 失电子反应　即生物氧化过程中,从底物分子中脱去一个电子,其化合价升高,是生物氧化过程中电子传递的基础。如 Fe^{2+} 被氧化失去 1 个电子后生成 Fe^{3+}。

$$Fe^{2+} \longrightarrow Fe^{3+} + e$$

三、生物氧化的特点

同一物质在机体内、外氧化的本质是相同的,都遵循氧化还原反应的一般规律,且耗氧量、反应的终产物以及释放的能量均相同,但生物氧化具有如下特点。

(1)细胞内的生物氧化过程是在一系列酶促反应作用下逐步进行的,能量逐步释放,其中一部分以化学能的形式存储于高能化合物中(如 ATP 中的高能磷酸键),作为机体生命活动能量的重要来源,另一部分主要以热能形式散发,用于维持体温。

(2)生物氧化反应的场所在细胞内,机体细胞内环境温和(温度在 37 ℃左右,pH 值近中性),含有很多催化生物氧化的酶,属酶促反应。

(3)生物氧化过程中,CO_2 是通过有机酸脱羧基的方式产生的,H_2O 是由底物脱下的氢经氧化呼吸链的传递,最终与氧结合而形成的。

(4)生物氧化的速率由受细胞自动调节,涉及多种调节因素。

四、参与生物氧化的酶类

参与生物氧化的酶类可分为氧化酶类和脱氢酶类,根据是否需氧又可将脱氢酶分为需氧脱氢酶类和不需氧脱氢酶类。

1. 氧化酶　能活化氧分子的酶称为氧化酶。氧化酶催化代谢物脱下的氢直接和氧分子结合生成 H_2O。细胞色素氧化酶就属于此类酶,该酶的辅酶常为金属(铁)离子。

2. 需氧脱氢酶　此类酶可催化底物脱氢,直接将氢传递给氧生成 H_2O。L-氨基酸氧化酶、黄嘌呤氧化酶等均属于此类酶。该酶的辅基是黄素单核苷酸(FMN)和黄素腺嘌呤二核苷酸(FAD),因此又称为黄素酶类。

3. 不需氧脱氢酶　此类酶催化底物脱下的氢不直接与氧结合,而是在一系列递氢体的传递作用下将氢递给氧,生成 H_2O。不需氧脱氢酶是生物体内最重要的一类脱氢酶,依据其辅助因子的不同可分为两类,一类以 NAD^+(或 $NADP^+$)为辅酶的不需氧脱氢酶,如乳酸脱氢酶、苹果酸脱氢酶等;另一类是以 FAD(或 FMN)为辅基的不需氧脱氢酶,如琥珀酸脱氢酶、脂肪酰辅酶 A 脱氢酶等。

在生物氧化过程中,代谢物脱下的氢不直接以氧为受氢体,而是先以某些酶的辅酶为氢的直接受体。这些辅酶既可释放氢,又可接受氢,通过自身的氧化还原过程,发挥传递氢或电子的作用,称为递氢体或递电子体。

五、生物氧化中二氧化碳的生成

生物体内 CO_2 的生成和体外燃烧不同,不是由反应物的碳原子与氧原子直接结合生成的,而是来源于代谢物质如糖、脂肪、蛋白质等在体内代谢过程中产生的有机酸的脱羧反应。根据有机酸脱羧产生 CO_2 的位置不同,可将脱羧反应分为两类,即 α-脱羧和 β-脱羧。又根据脱羧是否伴有氧化反应,分为单纯脱羧和氧化脱羧。因此,机体内 CO_2 生成的方式可总结为以下四种。

1. α-单纯脱羧 如氨基酸在氨基酸脱羧酶的作用下脱去羧基,生成 CO_2 和胺。

$$R-\underset{\underset{\alpha}{|}}{\overset{\overset{NH_2}{|}}{CH}}-COOH \xrightarrow{\text{氨基酸脱羧酶}} R-CH_2-NH_2 + CO_2$$

α-氨基酸 ⟶ 胺

2. α-氧化脱羧 如丙酮酸氧化脱羧生成 CO_2 和乙酰 CoA。

$$\overset{\alpha}{CH_3}COCOOH + HSCoA \xrightarrow[\text{丙酮酸脱氢酶复合体}]{NAD^+ \quad NADH+H^+} CH_3CO\sim CoA + CO_2$$

丙酮酸 ⟶ 乙酰辅酶A

3. β-单纯脱羧 如草酰乙酸脱羧生成 CO_2 和丙酮酸。

$$\overset{\beta}{CH_2}-COOH \atop \overset{\alpha}{|}COCOOH \xrightarrow{\text{草酰乙酸脱羧酶}} CH_3COCOOH + CO_2$$

草酰乙酸 ⟶ 丙酮酸

4. β-氧化脱羧 如苹果酸氧化脱羧生成 CO_2 和丙酮酸。

$$\overset{\beta}{CH_2}-COOH \atop \overset{\alpha}{|}CHOHCOOH \xrightarrow[\text{苹果酸酶}]{NADP^+ \quad NADPH+H^+} CH_3COCOOH + CO_2$$

苹果酸 ⟶ 丙酮酸

第二节 线粒体氧化体系——生成 ATP

一、呼吸链的组成

物质代谢过程中产生的 $NADH+H^+$ 和 $FADH_2$,在多种酶的参与下通过链锁反应逐步传递,最终与氧结合生成水,同时释放能量合成 ATP。这个过程发生在细胞线粒体中,与细胞呼吸密切相关。参与该氧化还原反应过程的组分(递氢体和递电子体)在线粒体内膜上按一定顺序排列,形成一个连续的传递链,称为氧化呼吸链,也称电子传递链。

(一) 氧化呼吸链的主要成分与作用

构成呼吸链的递氢体和递电子体的成分目前已发现有 20 余种,大体上可将其归为五类。

1. NAD^+(辅酶Ⅰ,CoⅠ)和 $NADP^+$(辅酶Ⅱ,CoⅡ) 该组分为脱氢酶的辅酶,分子中均

含有烟酰胺(维生素 PP)。该结构含有的氮(吡啶氮)为五价,能可逆地接受电子被还原成为三价氮,与氮对位的碳也较活泼,能可逆地加氢被还原。NAD^+ 和 $NADP^+$ 在呼吸链中的主要功能是传递氢和电子,能接受代谢物脱下的 $2H(2H^+ +2e)$,然后传给黄素蛋白。由于烟酰胺在加氢反应时只能接受 1 个氢原子和 1 个电子,而使另 1 个 H^+ 游离出来,因此分别将 NAD^+ 和 $NADP^+$ 的还原型写成 $NADH+H^+$ 和 $NADPH+H^+$。

2. 黄素蛋白酶 黄素蛋白酶种类很多,其辅基有两种,即黄素单核苷酸(FMN)和黄素腺嘌呤二核苷酸(FAD),两种辅基均含有核黄素(维生素 B_2)。在 FAD、FMN 分子中的功能结构为核黄素中的异咯嗪环,氧化型的 FMN 或 FAD 可接受 1 个质子和 1 个电子生成 FMNH·或 FADH·。FMNH·和 FADH·不稳定,可再接受 1 个质子和 1 个电子生成还原型 $FMNH_2$ 和 $FADH_2$。

FMN(FAD)　　　　　FMNH(FADH)　　　　　$FMNH_2(FADH_2)$

3. 铁硫蛋白 分子中含非血红素铁和对酸不稳定的硫,一般简写为 Fe-S。Fe-S 常与其他递氢和递电子体结合以复合体形式存在于线粒体内膜上,Fe-S 在该复合体中是传递电子的反应中心,故又称铁硫中心。目前已发现的铁硫中心主要有两种结构形式,即含有 2 个铁原子和 2 个活性较高无机硫(Fe_2S_2)或 4 个铁原子和 4 个活性较高的无机硫(Fe_4S_4)。铁硫中心通过铁原子和铁硫蛋白中半胱氨酸残基的硫相接形成完整的铁硫蛋白结构。

铁硫蛋白中的铁可以呈还原型(Fe^{2+}),也可呈氧化型(Fe^{3+}),通过铁的氧化还原达到传递电子作用。每个铁硫中心每次传递 1 个电子,因此铁硫蛋白属单电子传递体。

4. 泛醌 亦称辅酶 Q(coenzyme Q,CoQ),是一种脂溶性醌类化合物,广泛分布于生物界,故称泛醌。不同来源的泛醌中含有的异戊二烯数目不同,人的泛醌中侧链由 10 个异戊二烯单位组成,用 CoQ_{10} 表示。泛醌侧链的异戊二烯是一种非极性基团,其疏水作用能使泛醌在线粒体内膜中迅速扩散,极易从线粒体内膜分离出来,因此泛醌不属于复合体 I。泛醌接受 1 个质子和 1 个电子还原成半醌,再接受 1 个质子和 1 个电子还原成二氢泛醌,二氢泛醌又可脱去电子和质子而被氧化恢复为泛醌,通过此氧化还原过程在呼吸链中起递氢体的作用。

泛醌(氧化型)　　　　　半醌　　　　　二氢泛醌(还原型)

5. 细胞色素(cytochrome,Cyt) 是一类可催化电子传递的酶,以铁卟啉类化合物为辅基,因其广泛存在于生物细胞内且均具有特殊的吸收光谱而呈现颜色,故称为细胞色素。根据吸收光谱不同,将细胞色素分为 a、b、c 即 Cyta、Cytb、Cytc 三类,每类又可根据其最大吸收峰的微小差别分为很多亚类。各类细胞色素的主要差别在于铁卟啉与蛋白质部分以及铁卟啉辅基与侧链的连接方式不同。细胞色素的主要作用是通过铁原子化合价的可逆变化来传递电子,为单电子传递体。

Cyta 和 $Cyta_3$ 通常以复合体($Cytaa_3$)形式存在,很难分开,存在于呼吸链的终末部位。除铁卟啉外,$Cytaa_3$ 还以 Cu^{2+} 为辅基发挥电子传递作用,它能把电子直接传递给氧分子,将氧激活成氧离子,再与 $2H^+$ 结合生成水,故 $Cytaa_3$ 又被称为细胞色素氧化酶。Cytc 呈水溶性,与线粒体内膜外表面结合不紧密,极易与线粒体内膜分离,以游离形式存在。

生物氧化体系中参与的细胞色素有 Cyta、$Cyta_3$、Cytab、Cytc 和 $Cytc_1$,它们在呼吸链中传递电子的顺序是 $b \rightarrow c_1 \rightarrow c \rightarrow aa_3 \rightarrow O_2$。

(二) 氧化呼吸链的酶复合体

将线粒体内膜用脱氧胆酸或胆酸等处理后,可分离得到具有电子传递功能的四种蛋白酶复合体,即复合体Ⅰ、Ⅱ、Ⅲ和Ⅳ(表 6-1)。线粒体内膜上的氧化呼吸链即由各种天然存在的酶复合体按一定顺序排列形成。各种复合体在线粒体膜上的存在位置如图 6-1 所示,其中复合体Ⅰ、复合体Ⅲ和复合体Ⅳ完全镶嵌于线粒体内膜上,而复合体Ⅱ则镶嵌于线粒体内膜的基质侧。

表 6-1 四种复合体在线粒体呼吸链中的作用

复合体	酶名称	多肽链数	辅基	主要作用
复合体Ⅰ	NADH-泛醌还原酶	39	FMN、Fe-S	将 NADH 的氢传递给泛醌
复合体Ⅱ	琥珀酸-泛醌还原酶	4	FAD、Fe-S	将琥珀酸中的氢传递给泛醌
复合体Ⅲ	泛醌-细胞色素 c 还原酶	11	铁卟啉、Fe-S	将电子从还原型泛醌传递给细胞色素 c
复合体Ⅳ	细胞色素 c 氧化酶	13	铁卟啉、Cu	将电子从细胞色素 c 传递给氧

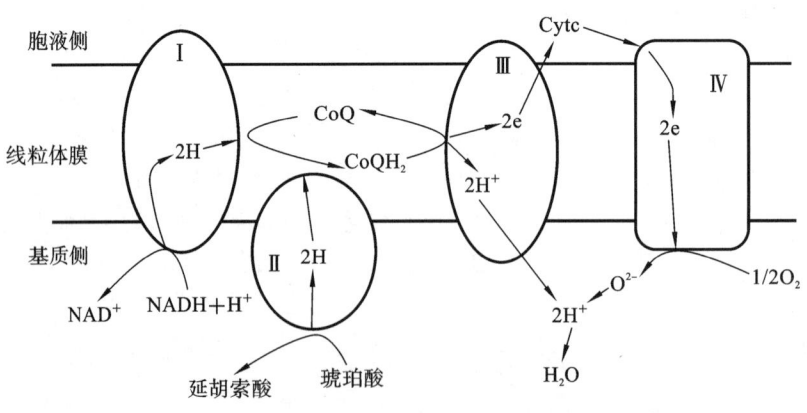

图 6-1 各复合体在电子传递链的位置示意图

1. 复合体Ⅰ 又称 NADH-泛醌还原酶或 NADH 脱氢酶。复合体Ⅰ由以黄素单核苷酸(FMN)为辅基的黄素蛋白和以铁硫簇(Fe-S)为辅基的铁硫蛋白组成,可接受来自 NADH+H^+ 的电子并将电子传递给泛醌生成还原型泛醌。复合体Ⅰ还具有质子泵功能,每传递 2 个电子的同时从线粒体内膜基质侧将 4 个 H^+ 泵到胞质侧。

2. 复合体Ⅱ　是三羧酸循环中的琥珀酸脱氢酶,又称琥珀酸-泛醌还原酶。复合体Ⅱ中含有以 FAD 为辅基的黄素蛋白、铁硫蛋白和 Cytb,主要功能是将电子从琥珀酸传递给泛醌。复合体Ⅱ不具备质子泵的功能。

3. 复合体Ⅲ　又称泛醌-细胞色素 c 还原酶。复合体Ⅲ由细胞色素 b(包括 $Cytb_{562}$ 和 $Cytb_{566}$)、细胞色素 c_1 和铁硫蛋白组成。其功能是将电子从泛醌传递给细胞色素 c。复合体Ⅲ也具有质子泵功能,每传递 2 个电子的同时从线粒体内膜基质侧将 4 个 H^+ 泵到胞质侧。

4. 复合体Ⅳ　又称细胞色素 c 氧化酶,其功能是将电子从细胞色素 c 传递给氧使氧被激活。复合体Ⅳ也有质子泵功能,每传递 2 个电子的同时从线粒体内膜将 2 个 H^+ 泵到胞质侧。

Cytc 和泛醌通常以游离形式存在,与线粒体膜结合不紧密,极易从线粒体内膜分离,故它们不参与酶复合体的组成,可作为一种移动的电子传递体与镶嵌在线粒体内膜上的各种复合体共同组成呼吸链。

二、呼吸链的类型

生物体氧化呼吸的主要场所在线粒体内。通过实验证实,线粒体主要存在两条重要的呼吸链,即 NADH 氧化呼吸链和琥珀酸氧化呼吸链。

1. NADH 氧化呼吸链　参与该呼吸链的电子传递体系包括复合体Ⅰ、复合体Ⅲ、复合体Ⅳ、CoQ 和 Cytc。人体内大多数脱氢酶如苹果酸脱氢酶、乳酸脱氢酶等均能以 NAD^+ 作为辅酶,这些脱氢酶催化底物脱下的氢可由 NAD^+ 接收生成 $NADH+H^+$,$NADH+H^+$ 通过 NADH 氧化呼吸链将其携带的 2 个电子逐步传递给氧生成水。在 NADH 氧化脱氢酶的作用下,$NADH+H^+$ 将两个氢原子经复合体Ⅰ传递给泛醌生成还原型泛醌($CoQH_2$),此时两个氢原子解离成 $2H^+ +2e$,$2H^+$ 游离于基质中,$2e$ 再经复合体Ⅲ传递给 Cytc,然后传递至复合体Ⅳ,最后将 $2e$ 传递给 O_2,使氧活化形成 O^{2-}。活化的氧即可与游离于线粒体基质中的 $2H^+$ 结合生成水。

NADH 氧化呼吸链电子传递顺序:
$$NADH→复合体Ⅰ→CoQ→复合体Ⅲ→Cytc→复合体Ⅳ→O_2$$

2. 琥珀酸氧化呼吸链($FADH_2$ 氧化呼吸链)　参与该呼吸链的电子传递体系包括复合体Ⅱ、复合体Ⅲ、复合体Ⅳ、CoQ 和 Cytc。在琥珀酸脱氢酶作用下琥珀酸脱氢生成延胡索酸,脱下的一对 H 经复合体Ⅱ传给泛醌生成还原型泛醌,此后的传递和 NADH 氧化呼吸链相同。α-磷酸甘油脱氢酶和脂酰 CoA 脱氢酶催化反应脱下的氢也由 FAD 接受,也通过此呼吸链传递。

琥珀酸氧化呼吸链电子传递顺序:
$$琥珀酸→复合体Ⅱ→CoQ→复合体Ⅲ→Cytc→复合体Ⅳ→O_2$$

三、ATP 的生成

机体内发生的生物氧化,其过程需要消耗 O_2,产生 CO_2 和 H_2O,最重要的目的是产生和释放能量。生物氧化过程中所释放的能量约有 40% 以化学能形式储存于 ATP 和其他高能化合物中,在生物体内的各种生命活动中 ATP 是能量来源的直接供体,机体能量的储存、转换和利用等均以 ATP 为中心。通常将水解释放出的能量大于 21 kJ/mol 的化学键称为高能化学键,简称高能键(如高能磷酸键和高能硫酯键),含有高能键的化合物称为高能化合物。高能

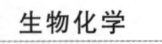

键一般用符号"～"表示。ATP 分子中含有 2 个高能磷酸酯键,是体内最重要的高能化合物。

ATP 在体内的生成方式主要有两种,即氧化磷酸化和底物水平磷酸化,其中以氧化磷酸化为主。

1. 氧化磷酸化 它是指代谢物脱下的一对 H 经氧化呼吸链上的一系列递氢体传递给氧生成水的过程中释放的能量使 ADP 发生磷酸化生成 ATP 的过程。氧化磷酸化是体内生成 ATP 的主要方式,和呼吸链密切相关。

(1) 氧化磷酸化的偶联部位。

根据不同代谢物脱下的氢在呼吸链中发生氧化时所测得的 P/O 的值来推测发生氧化磷酸化的偶联部位。其中,P/O 的值是指在物质的氧化过程中每消耗 1 mol 氧原子时所消耗的无机磷的物质的量,即为生成 ATP 的数目。

在对生物氧化呼吸链的研究中发现,代谢物脱下的一对 H 经不同类型的呼吸链氧化,P/O 的值大小不同,在 NADH 氧化呼吸链中 P/O 的值约为 3,而在琥珀酸氧化呼吸链中 P/O 的值约为 2。由此可推断在 NADH 氧化呼吸链和琥珀酸氧化呼吸链中可能存在生成 ATP 的部位个数分别为 3 个和 2 个,即在两种氧化呼吸链中发生氧化磷酸化偶联的部位个数分别为 3 个和 2 个。根据两条呼吸链的差异,可推测在 NADH→CoQ 之间存在 1 个 ATP 的生成部位。用抗血栓作为底物可直接通过 Cytc 传递电子进行氧化,P/O 的值接近 1,推测在 Cytc→O_2 之间存在 1 个 ATP 生成部位。另 1 个 ATP 生成部位应该在 CoQ→Cytc 之间。近年来的实验研究进一步证实,代谢物脱下的一对 H 经过 NADH 氧化呼吸链氧化和经过琥珀酸氧化呼吸链氧化,P/O 的值分别约为 2.5 和 1.5,即代谢物脱下的一对 H 经两种氧化呼吸链氧化,产生的 ATP 数分别约为 2.5 个和 1.5 个。

(2) 影响氧化磷酸化的因素。

①ADP 的调节作用:正常情况下机体发生氧化磷酸化的快慢主要受 ADP 浓度的调节。当机体内 ATP 的利用增多时,会使 ADP 浓度增高,高浓度的 ADP 被转运进线粒体后会引起氧化磷酸化生成 ATP 速度加快;反之,当 ADP 浓度下降或不足时,氧化磷酸化速度减慢。这种调节可使 ATP 的生成速度能够适应生命活动的需要。

②甲状腺激素的调节:研究表明甲状腺激素能诱导细胞膜上质子泵即 Na^+-K^+-ATP 酶的合成,加快 ATP 去磷酸化生成 ADP 的速度。此时,由于 ADP 浓度增高,氧化磷酸化速度加快,加速 ATP 合成。由此可见,在甲状腺激素的调节作用下,ATP 的分解和合成速度都增加,所以机体耗氧量和产热量均增加。因此,甲状腺功能亢进患者常出现身体易发热、易出汗、基础代谢率偏大等症状。

③抑制剂:根据其作用分为氧化磷酸化抑制剂、解偶联剂和呼吸链抑制剂。

a. 氧化磷酸化抑制剂:在细胞的呼吸链中既能抑制电子传递又能抑制 ADP 发生磷酸化生成 ATP 的一类抑制剂。如寡霉素既可结合 ATP 合酶 F_1 和 F_0 之间的寡霉素敏感蛋白,阻断质子的回流,使 ATP 的生成被抑制。同时,又因质子回流受阻,导致线粒体内膜外侧的质子累积,影响呼吸链质子泵的功能,使呼吸链中电子的传递受到抑制。

b. 解偶联剂:该抑制剂对呼吸链的递氢或递电子过程不影响,主要是使氧化呼吸过程中氧化和磷酸化不能发生偶联,导致氧化过程产生的能量不能用于 ADP 磷酸化生成 ATP,而是以热能形式散发,使 ATP 的合成受阻。主要的解偶联剂有 2,4-二硝基苯酚和动物棕色脂肪组织中的解偶联蛋白等。动物棕色脂肪组织中的解偶联蛋白通过氧化磷酸化解偶联释放热量,对维持机体体温十分重要。特别是新生儿,如果不注意保暖,因散热过多而易导致棕色脂肪消耗，体温下降，导致新生儿硬肿症。另外，感冒或某些传染性疾病会使体温升高，很可能就是体能细菌或病毒产生了解偶联蛋白所致。

c. 呼吸链抑制剂：即一些能够抑制氢或电子在呼吸链之间传递的物质，主要是一些药物或毒物，如鱼藤酮、粉蝶霉素 A 及异戊巴比妥(阿米妥)等可与复合体Ⅰ中的铁硫蛋白结合，阻断 NADH 到泛醌的电子的传递；抗霉素 A 能够阻断 Cytb 到 Cytc$_1$ 的电子的传递；H$_2$S、CO 和 CN$^-$ 能够阻断细胞色素 c 氧化酶到 O$_2$ 的电子的传递，这类抑制剂可使细胞呼吸停止，使与这些细胞相关的生命活动停止，引起机体迅速死亡。

知识链接

一氧化碳中毒

细胞色素 b、c$_1$、c 所含的亚铁血红素中的铁与卟啉环和蛋白质形成六个配位键，所以它们不能再与 O$_2$、CO、CN$^-$ 等结合。只有细胞色素 aa$_3$ 分子中所含的血红素 A 中的铁原子是形成五个配位键，还可以形成一个配位键。因此，当 CO 进入机体时，可与细胞色素 aa$_3$ 的 Fe^{2+} 配位结合，从而使 Fe^{2+} 失去传递电子的能量，抑制氧化磷酸化。严重时，呼吸链中断，使细胞窒息死亡。

2. 底物水平磷酸化 代谢物在分解代谢过程中，因脱氢、脱水等作用而使分子内部能量重新分布，形成高能化学键，如高能磷酸键和高能硫酯键，然后将高能键的能量转移给 ADP 或 GDP 生成 ATP 或 GTP 的过程。底物水平磷酸化不是机体生成 ATP 的主要方式，且与呼吸链无关，主要发生在糖代谢过程中。

四、ATP 的储存和利用

高能化合物 ATP 是机体能量存储、释放、利用和转换的中心物质。ATP 是生物体主要的供能物质，ATP 和 ADP 之间的转换是体内能量代谢的重要反应，即 ATP 通过去磷酸化生成 ADP，同时释放能量供各种生命活动所需，ADP 结合一个高能磷酸键发生磷酸化后生成 ATP。

ATP 在体内是很多合成反应的直接能量来源，但机体中也存在某些合成反应是以其他的高能化合物作为直接能量来源，如蛋白质、磷脂和糖原生物合成时所需的能量分别来源于三磷酸鸟苷(GTP)、三磷酸胞苷(CTP)和三磷酸尿苷(UTP)。但这些高能化合物不能通过物质氧

化直接生成,只能在二磷酸核苷激酶的作用下,从 ATP 中获得高能磷酸键后生成。反应如下:

$$\left\{\begin{array}{l}GDP\\UDP\\CDP\end{array}\right. + ATP \xrightarrow{\text{二磷酸核苷激酶}} \left\{\begin{array}{l}GTP\\UTP\\CTP\end{array}\right. + ADP$$

此外,肌酸可在肌酸激酶的作用下,从 ATP 中获得高能磷酸键生成磷酸肌酸(CP),CP 是肌肉和脑组织中能量的一种储存形式。当机体消耗 ATP 过多而致 ADP 增多时,磷酸肌酸将 ~P 转移给 ADP,生成 ATP,供机体利用。反应如下:

$$\text{肌酸} + ATP \xrightarrow{\text{肌酸激酶}} \text{磷酸肌酸} + ADP$$
$$\quad C \qquad\qquad\qquad\qquad CP$$

由此可见,ATP 在生物体内是能量储存和利用的中心,是能量转化的枢纽(图 6-2)。

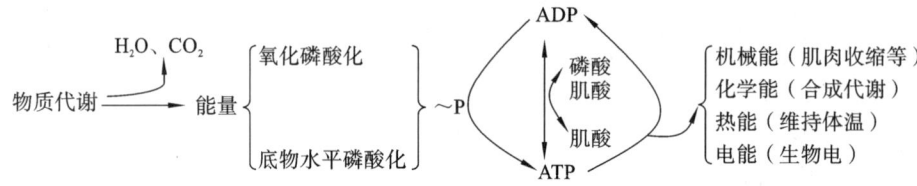

图 6-2　ATP 的生成和利用

五、线粒体外的 NADH 的氧化

NADH 在线粒体内生成后可直接进入 NADH 氧化呼吸链,参与生物氧化。在物质代谢过程中,有的 NADH 的产生部位在胞液中,胞液中的 NADH 不能自由通过线粒体内膜,即不能直接参与生物氧化过程,需要通过某种转运机制将其转运至线粒体内。目前发现的转运机制主要有两种,即苹果酸-天冬氨酸穿梭机制和 α-磷酸甘油穿梭机制。

1. 苹果酸-天冬氨酸穿梭　该穿梭机制主要存在于肝和心肌中。胞液中生成的 NADH 在苹果酸脱氢酶(以 NAD$^+$ 为辅酶)的催化下,将草酰乙酸还原成苹果酸,苹果酸通过借助内膜上的 α-酮戊二酸载体进入线粒体。进入到线粒体内的苹果酸在苹果酸脱氢酶(以 NAD$^+$ 为辅酶)催化作用下又重新生成 NADH 和草酰乙酸,此时就完成了 NADH 的穿梭过程。NADH 进入线粒体后经过 NADH 氧化呼吸链,在一系列递氢体的作用下将氢传递给氧生成水。线粒体内生成的草酰乙酸在天冬氨酸转运酶的催化作用下生成天冬氨酸,天冬氨酸在酸性氨基酸转运载体的作用下转出线粒体再转变成为草酰乙酸(图 6-3)。

2. α-磷酸甘油穿梭　该穿梭机制主要存在于骨骼肌和脑中。胞液中生成的 NADH 在 α-磷酸甘油脱氢酶(以 NAD$^+$ 为辅酶)的催化下,使磷酸二羟丙酮被还原成 α-磷酸甘油,α-磷酸甘油可通过线粒体内膜,并被内膜上的 α-磷酸甘油脱氢酶(以 FAD 为辅基)催化重新生成磷酸二羟丙酮和 FADH$_2$,此时就完成了 NADH 的穿梭过程。NADH 经过该穿梭机制以 FADH$_2$ 的形式进入线粒体,经琥珀酸氧化呼吸链,在一系列递氢体的作用下将氢传递给氧生成水(图 6-4)。

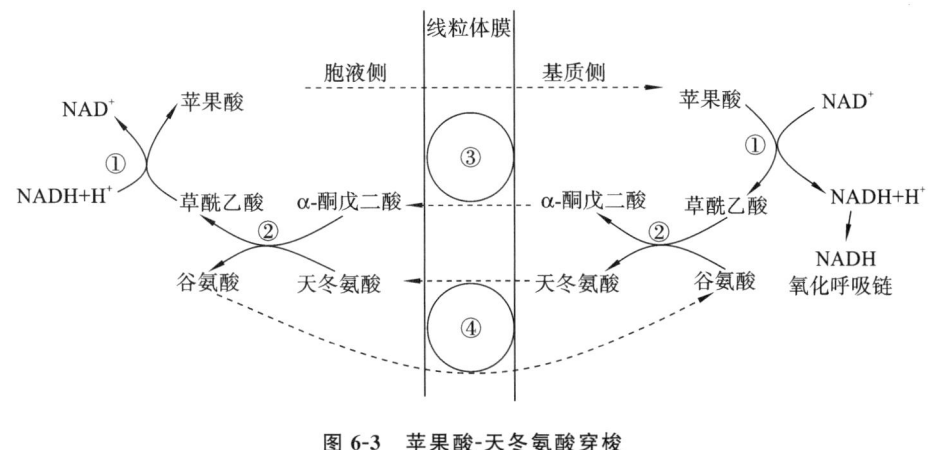

图 6-3　苹果酸-天冬氨酸穿梭

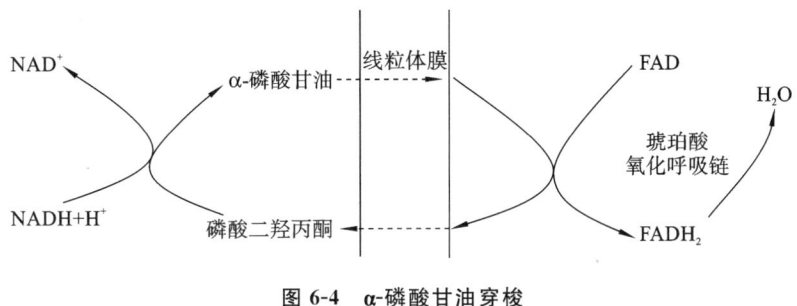

图 6-4　α-磷酸甘油穿梭

第三节　非线粒体氧化体系

一、微粒体中的氧化酶系

根据催化底物氧化反应情况的不同,可将微粒体中的氧化酶体系分为两种类型,即单加氧酶系和双加氧酶系。

1. 单加氧酶系　单加氧酶系是由 NADPH-细胞色素 P450 还原酶、细胞色素 P450、FAD 等组成的一种结构复杂的酶系。在此类酶的催化作用下,可使底物从氧分子中获取 1 个氧原子而发生羟化,因此也被称为羟化酶;另 1 个氧原子则与 NADPH＋H$^+$ 上的两个质子结合生成水。因其催化作用具有双重性,又被称为混合功能氧化酶。

$$RH＋NADPH＋H^+＋O_2 \longrightarrow ROH＋NADP^+＋H_2O$$

单加氧酶的主要功能:①在体内参与正常的物质代谢,如参与类固醇激素的生物合成、促进维生素 D$_3$ 的羟化以及胆汁酸和胆色素的形成等;②在体内参与某些毒物和药物的解毒转化和代谢清除反应,如苯胺的解毒转化和吗啡的代谢清除等。

2. 双加氧酶系　双加氧酶又称为转化酶。催化 2 个氧原子直接加到底物分子特定的双键上。如在双加氧酶的作用下,使 β-胡萝卜素的碳碳双键断裂形成两分子视黄醇。

$$R+O_2 \longrightarrow RO_2$$

二、过氧化物酶系中的酶类

细胞内过氧化氢代谢的场所主要在过氧化物酶体中,过氧化物酶体是细胞内能够进行氧化反应的细胞器,含有多种催化过氧化氢代谢的酶,如过氧化氢酶、过氧化物酶及谷胱甘肽过氧化物酶等。

1. H_2O_2 的生成与作用 H_2O_2 是在过氧化物酶体中的需氧脱氢酶的作用下,催化 L-氨基酸、D-氨基酸、黄嘌呤等物质脱氢氧化产生。H_2O_2 具有毒性作用,对机体的作用具有双重性。少量的 H_2O_2 对机体是有利的,主要作用如下:①可杀死通过吞噬作用进入粒细胞和巨噬细胞中的有害细菌;②参与酪氨酸在甲状腺中发生的碘化反应,可提高甲状腺素的生物合成。当 H_2O_2 在机体中产生过多时,会对机体造成危害,主要作用如下:①H_2O_2 产生过多时会氧化含巯基的酶或使蛋白质失活;②H_2O_2 可氧化生物膜中的不饱和脂肪酸,使之形成过氧化脂质,损伤膜的功能。过氧化脂质和蛋白质结合后进入溶酶体,过氧化脂质很难被分解排除,最终累积形成脂褐素颗粒。

2. 机体对 H_2O_2 的处理和利用 过氧化氢酶体中有各种分解 H_2O_2 的酶,如过氧化氢酶、过氧化物酶和谷胱甘肽过氧化物酶等,这些酶能将有毒性的 H_2O_2 转化为对机体无害的物质而重新被机体利用。

(1) 过氧化氢酶:此类酶是一种含铁卟啉的结合酶,又称为触酶,可催化 H_2O_2 分解生成 H_2O 和 O_2。

$$2H_2O_2 \longrightarrow 2H_2O+O_2$$

(2) 过氧化物酶:此类酶也是含有铁卟啉的结合酶,可催化酚类或胺类物质脱氢,并使脱下的氢与 H_2O_2 反应生成 H_2O。

$$R+H_2O_2 \longrightarrow RO+H_2O$$

(3) 谷胱甘肽过氧化物酶:该酶通常含有硒,存在于许多组织细胞中,尤其是红细胞。它可催化还原性谷胱甘肽(G-SH)与 H_2O_2 发生氧化反应,生成氧化型谷胱甘肽(GSSG)和 H_2O,使有毒的 H_2O_2 分解,从而使细胞膜以及红细胞免受过氧化氢的损伤,维持细胞的正常功能。

$$2G-SH+H_2O_2 \longrightarrow GSSG+2H_2O$$

三、超氧化物歧化酶

机体在代谢过程中产生的活性氧,如超氧阴离子($O_2^- \cdot$)、羟基自由基($HO \cdot$)及其活性衍生物等均属于活性氧家族,其化学性质比 H_2O_2 更活跃。机体内存在活性氧自由基清除系统,正常情况下,机体代谢产生活性氧自由基可通过该系统及时清除,保护机体免受损伤。当机体发生异常代谢,产生的活性氧自由基的量超过机体清除系统的清除能力时,活性氧会对机体造成损伤,主要损伤的方式如下:①氧化 DNA,对 DNA 进行损伤性修饰,甚至使 DNA 发生断裂;②可使蛋白质分子中的巯基发生氧化,改变蛋白质的功能;③氧化生物膜分子中的高度不饱和脂肪酸,生成过氧化脂质。过氧化脂质的产生与衰老、肿瘤、类风湿性关节炎以及心脑血管疾病等密切相关。

超氧化物歧化酶(SOD)是生物体内能够催化超氧阴离子和质子发生反应生成 O_2 和

H_2O_2 的一种酶，H_2O_2 可进一步被相应的酶分解，生成 O_2 和 H_2O。超氧化物歧化酶可保护机体免受活性氧自由基的损伤，是人体能够预防内外环境中超氧离子损伤的重要酶。

思维导图

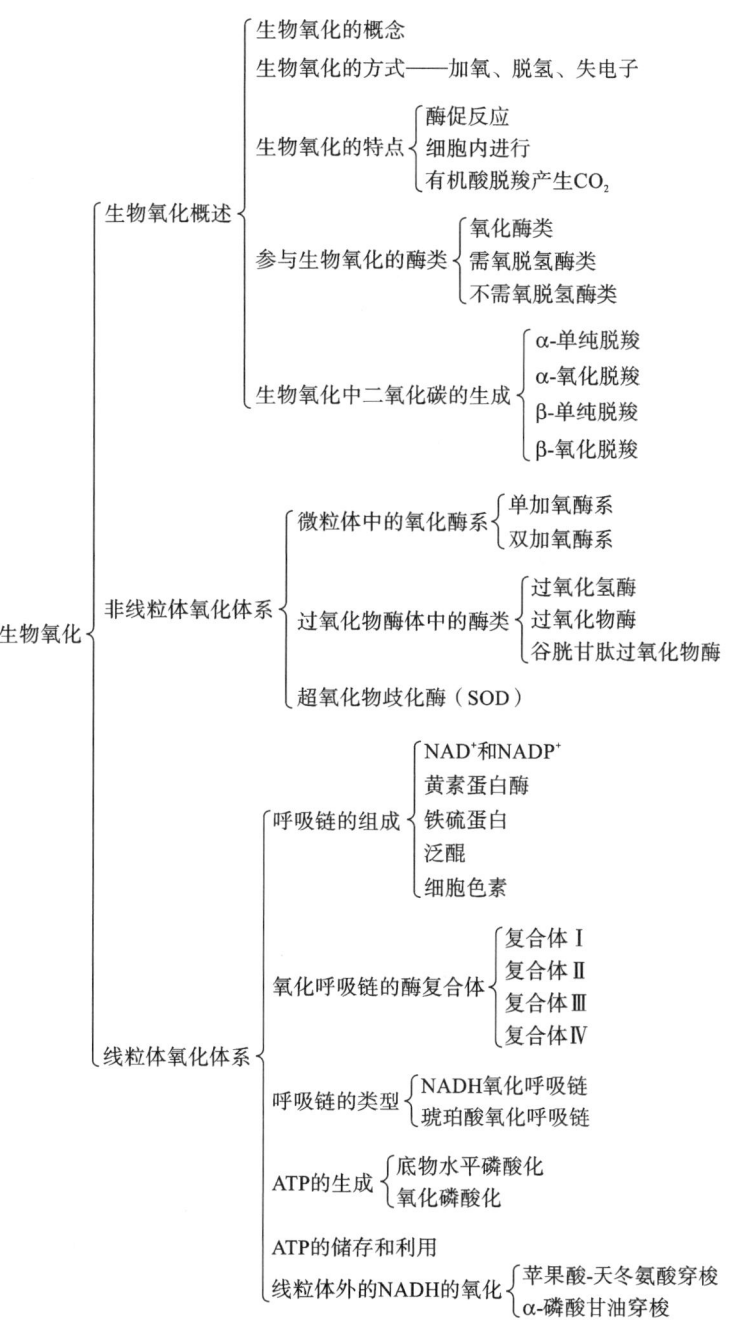

生物氧化
- 生物氧化概述
  - 生物氧化的概念
  - 生物氧化的方式——加氧、脱氢、失电子
  - 生物氧化的特点
    - 酶促反应
    - 细胞内进行
    - 有机酸脱羧产生CO_2
  - 参与生物氧化的酶类
    - 氧化酶类
    - 需氧脱氢酶类
    - 不需氧脱氢酶类
  - 生物氧化中二氧化碳的生成
    - α-单纯脱羧
    - α-氧化脱羧
    - β-单纯脱羧
    - β-氧化脱羧
- 非线粒体氧化体系
  - 微粒体中的氧化酶系
    - 单加氧酶系
    - 双加氧酶系
  - 过氧化物酶体中的酶类
    - 过氧化氢酶
    - 过氧化物酶
    - 谷胱甘肽过氧化物酶
  - 超氧化物歧化酶（SOD）
- 线粒体氧化体系
  - 呼吸链的组成
    - NAD^+和$NADP^+$
    - 黄素蛋白酶
    - 铁硫蛋白
    - 泛醌
    - 细胞色素
  - 氧化呼吸链的酶复合体
    - 复合体 I
    - 复合体 II
    - 复合体 III
    - 复合体 IV
  - 呼吸链的类型
    - NADH氧化呼吸链
    - 琥珀酸氧化呼吸链
  - ATP的生成
    - 底物水平磷酸化
    - 氧化磷酸化
  - ATP的储存和利用
  - 线粒体外的NADH的氧化
    - 苹果酸-天冬氨酸穿梭
    - α-磷酸甘油穿梭

目标检测

A 型题(即单句型最佳选择题)。每一道试题下面有 A、B、C、D、E 五个备选答案,请从中选择一个最佳答案。

1. 体内 CO_2 产生方式是(   )。

A. 碳原子被氧原子氧化   B. 有机酸脱羧   C. 呼吸链的氧化还原过程

D. 糖原的分解   E. 以上都不对

2. 生物氧化的特点不包括(   )。

A. 有酶催化   B. 能量逐步释放   C. 能量全部以热能形式散发

D. 可产生 ATP   E. 常温常压下进行

3. 人体生命活动主要的直接供能物质是(   )。

A. 葡萄糖   B. 磷酸肌酸   C. 脂肪酸   D. ATP   E. GTP

4. 各种细胞色素在呼吸链中传递电子的顺序是(   )。

A. $a \rightarrow a_3 \rightarrow b \rightarrow c_1 \rightarrow c$ B. $b \rightarrow a \rightarrow a_3 \rightarrow c_1 \rightarrow c$ C. $c \rightarrow c_1 \rightarrow b \rightarrow a \rightarrow a_3$

D. $b \rightarrow c_1 \rightarrow c \rightarrow aa_3$ E. $c \rightarrow c_1 \rightarrow b \rightarrow aa_3$

5. 体内 ATP 的生成方式主要是(   )。

A. 有机酸脱氢   B. 糖的磷酸化   C. 底物水平磷酸化

D. 肌酸磷酸化   E. 氧化磷酸化

6. 下列化合物中能够抑制泛醌到细胞色素 c 电子传递的是(   )。

A. 鱼藤酮   B. 阿米妥   C. 抗毒素 A   D. 氰化物   E. 一氧化碳

思考题

1. 简述底物水平磷酸化和氧化磷酸化的区别。

2. 怎样理解生物体内能量代谢是以 ATP 为中心的?

【第六章　目标检测参考答案】

1. B   2. C   3. D   4. D   5. E   6. C

第七章 糖 代 谢

1. 掌握糖的生理功能及在体内的代谢概况;糖酵解和有氧氧化的概念、基本反应过程及生理意义;糖原合成与分解的基本反应过程及生理意义。

2. 理解糖异生作用的概念,熟悉其基本反应过程及生理意义。

3. 熟悉血糖的来源和去路、机体对血糖水平的调节。

4. 了解磷酸戊糖途径的概念、基本反应过程及生理意义。

第一节 糖代谢概述

一、糖的分类

糖广泛存在于生物体内,其中以植物中含量最为丰富,占其干重的 85%～95%。人类进食的食物中,糖类所占的比例最大。糖是多羟基醛或酮及其衍生物或多聚物组成的一类有机化合物。食物中的糖主要有三类:单糖、双糖及多糖。单糖主要有葡萄糖、果糖、核糖,它们能直接被肠壁细胞吸收;双糖主要有蔗糖、乳糖、麦芽糖;多糖主要有淀粉、纤维素、糖原。多糖及双糖都必须在消化道经酶水解成单糖才能被吸收。人体内糖代谢主要围绕着葡萄糖展开。

二、糖的生理功能

糖在人体内有多种重要的生理功能。糖的主要生理功能是氧化供能。人体所需能量的60%左右是由糖氧化供给的,1克糖彻底氧化分解将释放 4.1 千卡能量。糖是机体组织结构的重要成分。例如,糖与蛋白质结合形成的糖蛋白是结缔组织的成分;与脂类结合形成的糖脂是构成神经组织和生物膜的重要成分;核糖、脱氧核糖是核酸的组成成分。糖还参与构成体内某些具有重要生理功能的物质,如某些激素、酶、免疫球蛋白、血型物质、血浆蛋白中都含有糖。另外,糖代谢的中间产物可在体内转变形成多种非糖物质,如脂肪酸、甘油、营养非必需氨基酸等。

三、糖代谢概况

在不同的生理条件下,葡萄糖在组织细胞内代谢途径不同。供氧充足时,葡萄糖经有氧氧化途径彻底氧化生成 CO_2、H_2O 并释放能量;缺氧时,葡萄糖经糖酵解途径分解生成乳酸;在一些代谢旺盛的组织中,葡萄糖可通过磷酸戊糖途径代谢产生 NADPH 和 5-磷酸核糖。体内血糖充足时,肝、肌肉等组织可以将血液输送来的葡萄糖合成糖原储存起来;反之则肝糖原分解补充血糖。同时,有些非糖物质如乳酸、丙酮酸、生糖氨基酸、甘油等能经糖异生途径转变成葡萄糖;葡萄糖也可转变成其他非糖物质。糖在体内代谢概况总结如图 7-1 所示。

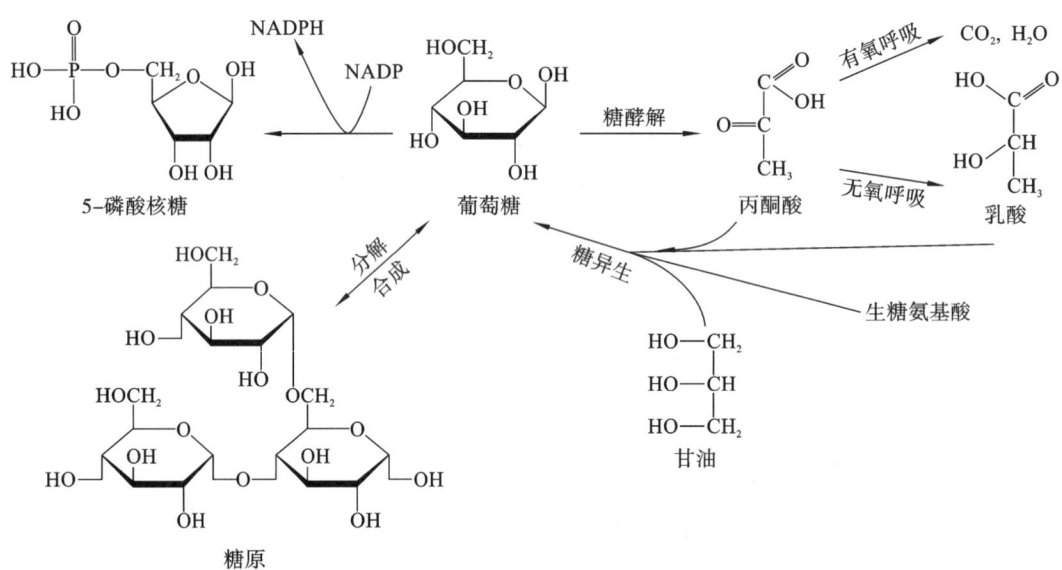

图 7-1 糖在体内的代谢概况

第二节 糖的分解代谢

糖的分解代谢主要有无氧氧化、有氧氧化及磷酸戊糖途径。

一、糖的无氧氧化——糖酵解

在机体缺氧或氧供应不足的情况下,葡萄糖或糖原氧化分解生成乳酸,同时产生少量ATP的过程称为糖的无氧氧化。这个代谢过程因与酵母的生醇发酵非常相似,故又称为糖酵解。无氧氧化的全部反应过程发生在各组织细胞的细胞液中,尤以红细胞和骨骼肌最为活跃。

(一) 糖酵解的反应过程

糖酵解反应由一系列链锁反应构成。为了便于理解,我们人为地将其分为两个阶段:第一阶段,葡萄糖分解生成两分子丙酮酸并产生 ATP,也称糖酵解阶段;第二阶段,丙酮酸还原生成乳酸。

1. 第一阶段 葡萄糖分解生成两分子丙酮酸。

(1)葡萄糖磷酸化生成 6-磷酸葡萄糖:葡萄糖在己糖激酶催化下,由 ATP 提供磷酸基和能量,生成 6-磷酸葡萄糖。

$$葡萄糖 \xrightarrow[\substack{ATP \quad\quad ADP \\ Mg^{2+}}]{己糖激酶} 6-磷酸葡萄糖$$

此反应不可逆,消耗 1 分子 ATP。己糖激酶(肝细胞内称葡萄糖激酶)是第一个限速酶(也称关键酶)。所谓限速酶是指在代谢途径中起着控制代谢途径速度快慢作用的酶,其催化的步骤往往也是代谢关键所在。限速酶的催化活性最低,且受到变构剂和激素等的调节。关键酶催化的都是不可逆反应。

糖原进行糖酵解时,非还原端的葡萄糖单位先进行磷酸化生成 1-磷酸葡萄糖,再经磷酸葡萄糖变位酶催化生成 6-磷酸葡萄糖,此过程不消耗 ATP。6-磷酸葡萄糖是一个重要的中间代谢产物,是多条糖代谢途径的连接点。

知识链接

己糖激酶

己糖激酶有四种同工酶(Ⅰ至Ⅳ型),其中Ⅳ型又称为葡萄糖激酶,主要存在于肝脏中。葡萄糖激酶与葡萄糖的亲和力较小,只有当葡萄糖浓度较高时才能充分发挥催化活性。胰岛素能促进葡萄糖激酶的合成,这使得葡萄糖激酶对维持血糖水平有着重要的作用。己糖激酶的活性受其产物 6-磷酸葡萄糖的反馈性抑制,但葡萄糖激酶不受其影响。

(2)6-磷酸葡萄糖异构为 6-磷酸果糖:此反应在磷酸己糖异构酶催化下进行,是一个醛-酮异构化反应。

$$6-磷酸葡萄糖 \xleftrightarrow{磷酸己糖异构酶} 6-磷酸果糖$$

(3)6-磷酸果糖磷酸化生成 1,6-二磷酸果糖:催化此反应的酶是 6-磷酸果糖激酶-1,这是糖酵解途径的第二次磷酸化反应,消耗 1 分子 ATP,需 Mg^{2+} 参与,此反应不可逆。6-磷酸果糖激酶-1 是第二个关键酶,也是最重要的关键酶,对 6-磷酸果糖激酶-1 的调节也是糖酵解中最重要的调节点。

$$6-磷酸果糖 \xrightarrow[\substack{ATP \quad\quad ADP \\ Mg^{2+}}]{6-磷酸果糖激酶-1} 1,6-二磷酸果糖$$

(4)1,6-二磷酸果糖裂解生成 2 分子的磷酸丙糖:此反应由醛缩酶催化,反应可逆。3-磷酸甘油醛和磷酸二羟丙酮,两者互为异构体,在磷酸丙糖异构酶催化下可互相转变。这样 1 分子 1,6-二磷酸果糖相当于生成了 2 分子 3-磷酸甘油醛。

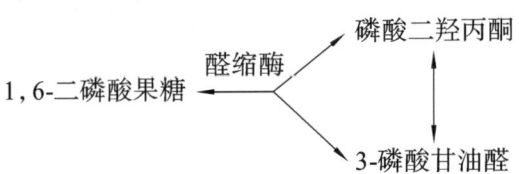

这几步的主要特点之一是葡萄糖的磷酸化。磷酸化后的化合物极性增强,不易逸出细胞外,将反应限制在细胞液中进行,同时降低酶促反应的活化能并提高酶促反应的特异性;特点之二是伴随能量的消耗。1分子葡萄糖消耗 2 分子 ATP;若从糖原开始,则消耗 1 分子 ATP。

(5)3-磷酸甘油醛氧化生成 1,3-二磷酸甘油酸:在 3-磷酸甘油醛脱氢酶的催化下,3-磷酸甘油醛脱氢并磷酸化,同时分子内部能量重排生成含有高能磷酸键的 1,3-二磷酸甘油酸,辅酶 NAD^+ 接受反应脱下的氢生成 $NADH+H^+$。这是糖酵解中唯一的氧化反应。

$$3\text{-磷酸甘油醛} \underset{Pi+NAD^+ \quad NADH+H^+}{\xrightarrow{\text{3-磷酸甘油醛脱氢酶}}} 1,3\text{-二磷酸甘油酸}$$

(6)1,3-二磷酸甘油酸转变为 3-磷酸甘油酸:1,3-二磷酸甘油酸在磷酸甘油酸激酶催化下将高能磷酸键转移给 ADP 生成 ATP,自身转变为 3-磷酸甘油酸。这是糖酵解过程中第一次生成 ATP。ATP 的产生方式是底物水平磷酸化。

$$1,3\text{-二磷酸甘油酸} \underset{ADP \quad ATP}{\xrightarrow{\text{磷酸甘油酸激酶}}} 3\text{-磷酸甘油酸}$$

(7)3-磷酸甘油酸转变为 2-磷酸甘油酸:此反应由磷酸甘油酸变位酶催化,磷酸基团由 3-位转至 2-位。

$$3\text{-磷酸甘油酸} \xleftarrow{\text{磷酸甘油酸变位酶}} 2\text{-磷酸甘油酸}$$

(8)2-磷酸甘油酸脱水生成磷酸烯醇式丙酮酸:2-磷酸甘油酸经烯醇化酶催化进行脱水的同时,分子内部的能量重排,生成含有高能磷酸键的磷酸烯醇式丙酮酸。

$$2\text{-磷酸甘油酸} \xleftarrow{\text{烯醇化酶}} \text{磷酸烯醇式丙酮酸}$$

(9)丙酮酸的生成:在丙酮酸激酶催化下,磷酸烯醇式丙酮酸上的高能磷酸键转移给 ADP 生成 ATP,自身则生成丙酮酸。这是糖酵解途径中的第二次底物水平磷酸化。此反应不可逆,丙酮酸激酶也是关键酶。

$$\text{磷酸烯醇式丙酮酸} \underset{ADP \quad \quad ATP}{\xrightarrow[K^+ \quad Mg^{2+}]{\text{丙酮酸激酶}}} \text{丙酮酸}$$

这几步的特点是能量的产生。糖酵解过程的能量产生主要在 3-磷酸甘油醛脱氢成为1,3-二磷酸甘油酸及磷酸烯醇式丙酮酸转变为丙酮酸过程中,共产生 4 分子 ATP,产生方式都是底物水平磷酸化。

2. 第二阶段 丙酮酸还原生成乳酸。在氧供应不足或机体缺氧时,丙酮酸在乳酸脱氢酶

(LDH)催化下,由 3-磷酸甘油醛脱氢反应生成的 NADH＋H$^+$ 作为供氢体,将丙酮酸还原生成乳酸。

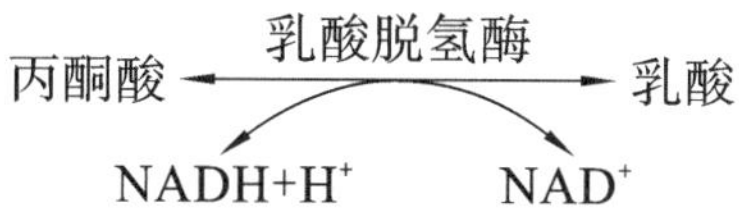

$$丙酮酸 \underset{NADH+H^+ \quad NAD^+}{\overset{乳酸脱氢酶}{\rightleftharpoons}} 乳酸$$

在有氧的条件下,3-磷酸甘油醛脱氢产生的 NADH＋H$^+$ 从细胞液进入线粒体经电子传递链传递生成水,同时释放出能量。糖酵解的全过程见图 7-2。

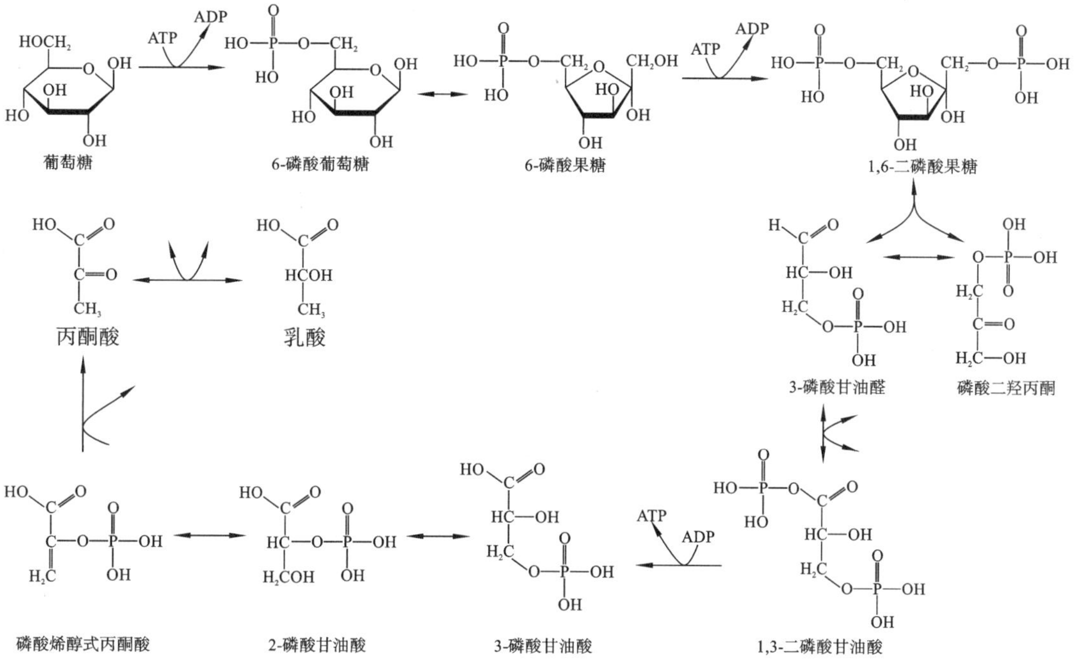

图 7-2　糖酵解的全过程

(二)无氧氧化的反应特点

(1)糖酵解的全过程在细胞的细胞液中进行,整个过程没有氧参与,所以乳酸是其必然产物,产能方式也只能是底物水平磷酸化。

(2)糖酵解的全过程仅有一次脱氢氧化(3-磷酸甘油醛——1,3-二磷酸甘油酸)。

(3)1分子葡萄糖经糖酵解净生成 2 分子 ATP;若从糖原开始,每分子葡萄糖净生成 3 分子 ATP。

(4)在整个糖酵解的 10 步酶促反应中只有三步是不可逆的,其余全是可逆反应。催化这三步不可逆反应的酶——己糖激酶、6-磷酸果糖激酶-1、丙酮酸激酶是整个糖酵解过程的关键酶,调节这三个酶的活性可以调节糖酵解的速度。其中 6-磷酸果糖激酶-1 的催化活性最低,是糖酵解调节中最重要的限速酶。

(三)无氧氧化的生理意义

糖酵解虽然产生的能量不多,但具有非常重要的生理意义。

1. 糖酵解能迅速提供能量　这对肌肉组织尤为重要,肌肉组织中的 ATP 含量甚微,仅为 5～7 μmol/g,肌肉收缩几秒钟就可全部耗尽。此时即使不缺氧,葡萄糖进行有氧氧化的过程

比糖酵解长得多,不能及时满足生理需要,而通过糖酵解则可迅速获得 ATP。

2. 糖酵解是机体缺氧时获得能量的主要方式 如剧烈运动时,肌肉局部血流不足相对缺氧,必须通过糖酵解供能。某些病理情况,如严重贫血、大量失血、呼吸障碍、循环衰竭等,因供氧不足长时间依靠糖酵解供能,可导致乳酸堆积,引起乳酸酸中毒。

3. 供氧充足时,作为某些组织和细胞的主要能量来源 正常情况机体获得能量的主要方式是有氧氧化,但其主要过程在线粒体内进行。成熟红细胞没有线粒体,则完全依靠糖酵解供能。此外,如视网膜、肾髓质、皮肤、睾丸、神经、白细胞、骨髓等代谢极为活跃,即使在氧供应充足的情况下,也会依赖糖酵解提供部分能量。

4. 为其他物质合成提供原料 糖酵解过程中的中间产物能为其他物质合成提供原料。如磷酸二羟丙酮可生成 α-磷酸甘油,参与脂肪的合成;丙酮酸可转变成丙氨酸等。

二、糖的有氧氧化

糖的有氧氧化是指葡萄糖或糖原在有氧条件下,彻底氧化分解生成 CO_2 和 H_2O 并产生大量 ATP 的过程。机体绝大多数组织细胞都能进行糖的有氧氧化。这是糖氧化分解的主要方式,也是机体获得能量的主要途径。

(一)有氧氧化的反应过程

糖的有氧氧化分三个阶段:第一阶段是葡萄糖或糖原在胞液中经糖酵解途径分解生成丙酮酸;第二阶段是丙酮酸进入线粒体氧化脱羧生成乙酰 CoA;第三阶段是乙酰 CoA 经三羧酸循环彻底氧化生成 CO_2、H_2O 和 ATP。葡萄糖有氧氧化概况如图 7-3 所示。

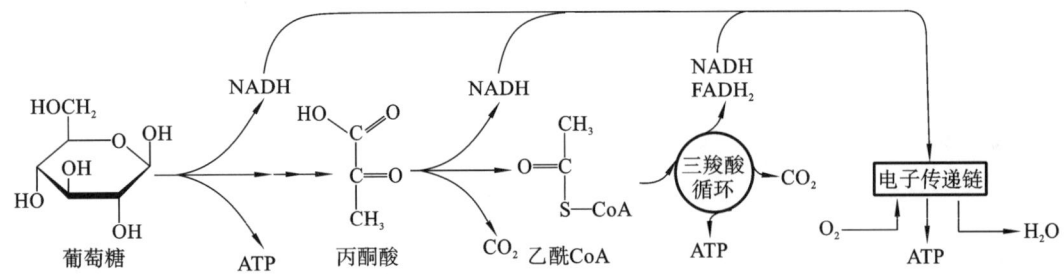

图 7-3 葡萄糖有氧氧化概况

1. 丙酮酸的生成 与糖酵解途径相同,也称糖酵解阶段。但在有氧的情况下,反应中生成的 $NADH+H^+$ 不参与丙酮酸还原为乳酸的反应,而是经呼吸链氧化生成水并释放出能量。

2. 乙酰 CoA 的生成 在胞液中生成的丙酮酸在缺氧的条件下还原生成乳酸。在有氧的条件下丙酮酸则进入线粒体,然后在丙酮酸脱氢酶复合体的催化下,进行脱氢(氧化)和脱羧(脱去 CO_2),并与辅酶 A(HSCoA)结合生成乙酰 CoA。整个反应是不可逆的。

$$丙酮酸+HSCoA \xrightarrow[\substack{NAD^+ \qquad NADH+H^+}]{丙酮酸脱氢酶复合体} 乙酰CoA+CO_2$$

丙酮酸脱氢酶复合体是关键酶之一,由丙酮酸脱氢酶、二氢硫辛酸转乙酰基酶、二氢硫辛酸脱氢酶 3 种酶组成;该酶复合体需要多种含 B 族维生素的辅助因子,如 TPP(含维生素 B_1)、HSCoA(含泛酸)、FAD(含维生素 B_2)、NAD^+(含维生素 PP)等。

3. 三羧酸循环 三羧酸循环是 Krebs 于 1937 年发现的,又称 Krebs 循环。循环以乙酰

CoA 与草酰乙酸缩合生成含有三个羧基的柠檬酸开始,经过一系列代谢反应,又生成草酰乙酸,故称三羧酸循环(TAC)或柠檬酸循环。

(1)柠檬酸的生成:乙酰 CoA 与草酰乙酸在柠檬酸合成酶催化下缩合生成柠檬酸。此反应不可逆,柠檬酸合成酶是关键酶。

$$乙酰CoA+草酰乙酸+CO_2 \xrightarrow{\text{柠檬酸合成酶}} 柠檬酸+HSCoA$$

(2)柠檬酸异构生成异柠檬酸:在顺乌头酸酶的催化下,柠檬酸先脱水生成顺乌头酸,再加水异构成异柠檬酸。

$$柠檬酸 \underset{\xrightarrow{\hspace{1cm}}}{\xleftarrow{-H_2O}} 顺乌头酸 \underset{\xrightarrow{\hspace{1cm}}}{\xleftarrow{+H_2O}} 异柠檬酸$$

(3)异柠檬酸氧化脱羧生成 α-酮戊二酸:此反应在异柠檬酸脱氢酶作用下,异柠檬酸先脱氢再脱羧生成 α-酮戊二酸。辅酶是 NAD^+,脱氢生成的 $NADH+H^+$ 经线粒体内膜上呼吸链传递生成水,氧化磷酸化生成 ATP。这是三羧酸循环中第一次氧化脱羧。异柠檬酸脱氢酶也是三羧酸循环的关键酶,是最主要的调节点,此反应不可逆。

$$异柠檬酸 \xrightarrow{\text{异柠檬酸脱氢酶}} \alpha\text{-酮戊二酸}+CO_2$$
$$NAD^+ \quad\quad NADH+H^+$$

(4)α-酮戊二酸氧化脱羧生成琥珀酰 CoA:在 α-酮戊二酸脱氢酶复合体催化下,α-酮戊二酸氧化脱羧生成含高能硫酯键的琥珀酰 CoA,脱下的 2H 由 NAD^+ 接受成为 $NADH+H^+$,经呼吸链传递生成水并产生 ATP。此反应不可逆,α-酮戊二酸脱氢酶复合体是关键酶。

$$\alpha\text{-酮戊二酸}+HSCoA \xrightarrow{\text{α-酮戊二酸脱氢酶复合体}} 琥珀酰CoA+CO_2$$
$$NAD^+ \quad\quad NADH+H^+$$

(5)琥珀酰 CoA 转变为琥珀酸:琥珀酰 CoA 受琥珀酸硫激酶催化,将高能键转移给 GDP 生成 GTP,自身转变成琥珀酸,这是三羧酸循环中唯一的底物水平磷酸化步骤。GTP 又可将能量转移给 ADP 生成 ATP。

$$琥珀酰CoA \xrightarrow{\text{琥珀酸硫激酶}} 琥珀酸 + HSCoA$$
$$GDP+Pi \quad\quad GTP$$

(6)琥珀酸脱氢生成延胡索酸:在琥珀酸脱氢酶催化下,琥珀酸脱氢生成延胡索酸。FAD 是琥珀酸脱氢酶的辅酶,接受脱下的 2H 生成 $FADH_2$,经呼吸链传递生成水并产生 ATP。

$$琥珀酸 \xrightarrow{\text{琥珀酸脱氢酶}} 延胡索酸$$
$$FAD \quad\quad FADH_2$$

(7)延胡索酸加水生成苹果酸:在延胡索酸酶催化下,延胡索酸加水生成苹果酸。

$$延胡索酸+H_2O \xrightarrow{\text{延胡索酸酶}} 苹果酸$$

(8)苹果酸脱氢生成草酰乙酸:在苹果酸脱氢酶作用下,苹果酸脱氢生成草酰乙酸完成一次循环。NAD^+是苹果酸脱氢酶的辅酶,接受氢成为$NADH+H^+$,经呼吸链传递生成水并产生 ATP。

$$苹果酸 \xrightarrow[\substack{NAD^+ \quad\quad NADH+H^+}]{\text{苹果酸脱氢酶}} 草酰乙酸$$

三羧酸循环反应过程见图 7-4。

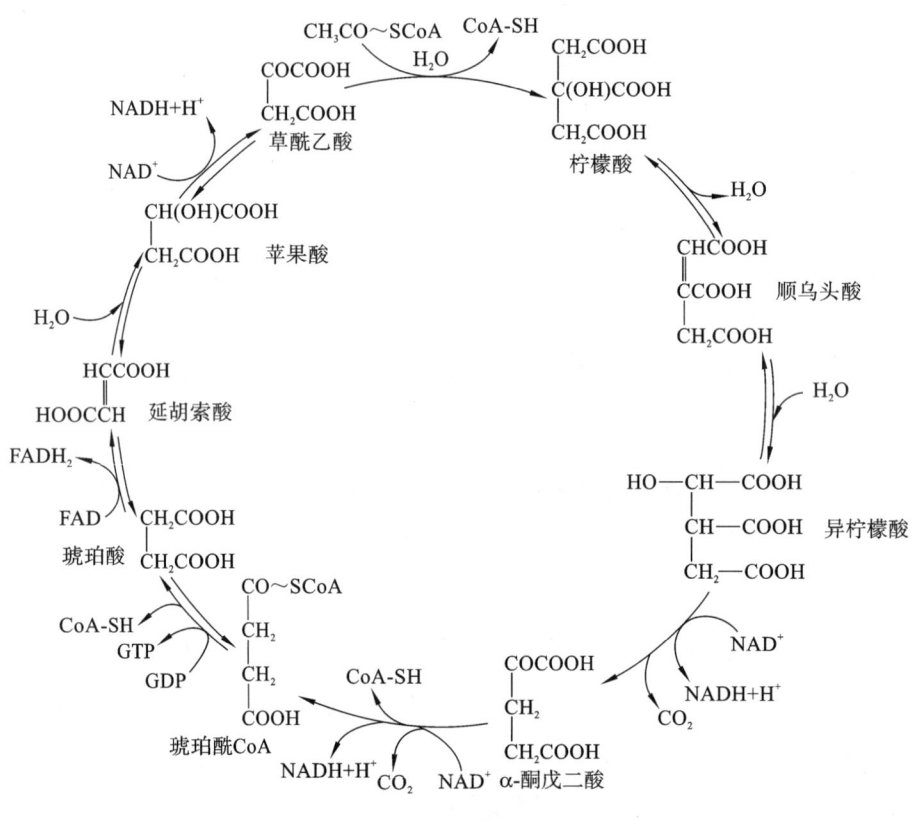

图 7-4　三羧酸循环

(二) 三羧酸循环的特点

(1) 三羧酸循环是乙酰 CoA 彻底氧化的过程。1 分子乙酰 CoA 经三羧酸循环发生两次脱羧,生成 2 分子CO_2,这是体内CO_2的主要来源;四次脱氢,生成 3 分子$NADH+H^+$和 1 分子$FADH_2$。每分子$NADH+H^+$经氧化可产生 2.5 分子 ATP,每分子$FADH_2$经氧化可产生 1.5 分子 ATP;一次底物水平磷酸化,生成 1 分子 ATP。故一分子乙酰 CoA 经三羧酸循环彻底氧化共生成 10 分子 ATP($3 \times 2.5 + 1.5 + 1 = 10$)。

(2) 三羧酸循环中柠檬酸合成酶、异柠檬酸脱氢酶、α-酮戊二酸脱氢酶复合体是关键酶,它们所催化的反应都是不可逆的,故三羧酸循环为不可逆的单向循环。

(三) 糖有氧氧化的生理意义

1. 有氧氧化是机体供能的主要方式　1 分子葡萄糖经有氧氧化生成CO_2和H_2O,能净生成 30 或 32 分子 ATP(表 7-1)。

2. 三羧酸循环是体内糖、脂肪、蛋白质彻底氧化分解的共同途径　糖、脂肪、蛋白质经代谢后都能生成乙酰 CoA,进入三羧酸循环彻底氧化,最终产物都是 CO_2、H_2O 和 ATP。

3. 三羧酸循环是糖、脂肪、蛋白质代谢联系的枢纽 三羧酸循环不是一个封闭的循环,而是一个开放的,与体内其他代谢途径相互联系、相互交汇的循环。如循环的中间产物 α-酮戊二酸、丙酮酸及草酰乙酸通过氨基化作用生成谷氨酸、丙氨酸、天冬氨酸;而三种氨基酸又可经氨基酸代谢的脱氨基途径生成相应的 α-酮戊二酸、丙酮酸及草酰乙酸,进入三羧酸循环。糖代谢的中间产物乙酰 CoA 是合成脂肪酸的原料;氨基酸代谢的产物 α-酮酸也可异生为糖等。

表 7-1 有氧氧化过程中 ATP 的生成

反应阶段	反应	辅酶	生成 ATP 的数量*
第一阶段	葡萄糖→6-磷酸葡萄糖		−1
	6-磷酸果糖→1,6-二磷酸果糖		−1
	2×3-磷酸甘油醛→2×1,3-二磷酸甘油酸	NAD^+	2×2.5(或 2×1.5)
	2×1,3-二磷酸甘油酸→2×3-磷酸甘油酸		2×1
	2×磷酸烯醇式丙酮酸→2×烯醇式丙酮酸		2×1
第二阶段	2×丙酮酸→2×乙酰 CoA	NAD^+	2×2.5
第三阶段	2×异柠檬酸+→2×α-酮戊二酸	NAD^+	2×2.5
	2×α-酮戊二酸+→2×琥珀酰辅酶 A	NAD^+	2×2.5
	2×琥珀酰辅酶 A→琥珀酸		2×1
	2×琥珀酸→2×延胡索酸	FAD	2×1.5
	2×苹果酸→2×草酰乙酸	NAD^+	2×2.5
			总计 32(或 30)

注:* 胞质中 $NADH+H^+$ 进入线粒体的方式不同,故产生 ATP 分子数不同。

(四)糖有氧氧化与糖酵解的相互调节

巴斯德效应是指在有氧的条件下糖酵解会受到抑制。在无氧的条件下,糖酵解产生 ATP 的速度和数量远远大于有氧氧化,为产生 ATP 的主要方式;但在有氧的条件下,酵母菌的酵解作用受到抑制。这种现象同样出现在肌肉中,在肌肉组织供氧充分的情况下,有氧氧化抑制糖酵解,产生大量能量供肌肉组织活动所需。

在一些代谢旺盛的组织和肿瘤细胞中,即使在有氧的条件下,仍然以糖酵解为产生 ATP 的主要方式,这种现象称为反巴斯德效应。在具有反巴斯德效应的组织细胞中,细胞液中糖酵解酶系(己糖激酶、6-磷酸果糖激酶-1、丙酮酸激酶)活性较强,而线粒体中产生 ATP 的酶系活性较低,氧化磷酸化减弱。

三、磷酸戊糖途径

磷酸戊糖途径是指从 6-磷酸-葡萄糖开始产生细胞所需的 NADPH 和 5-磷酸核糖的过程,因在此过程中产生了多种磷酸戊糖的中间产物而得名。这条途径存在于肝脏、甲状腺、肾上腺皮质、性腺、红细胞等组织中。

(一)反应过程

磷酸戊糖途径在胞液中进行。全过程分为两个阶段:第一阶段是氧化反应,产生 NADPH

及 5-磷酸核糖;第二阶段是非氧化反应,是一系列基团的转移过程。

1. 磷酸戊糖的生成　6-磷酸葡萄糖在 6-磷酸葡萄糖脱氢酶及 6-磷酸葡萄糖酸脱氢酶的催化作用下,经 2 次脱氢,生成 2 分子 NADPH＋H^+,一次脱羧反应生成 1 分子 CO_2,自身则转变成 5-磷酸核糖。6-磷酸葡萄糖脱氢酶是此途径的关键酶。在这一阶段中产生了 5-磷酸核糖和 NADPH＋H^+ 这两个重要的代谢产物。

2. 基团转移反应　第一阶段生成的 5-磷酸核糖是合成核苷酸的原料,部分 5-磷酸核糖通过一系列基团转移反应,转变成 6-磷酸果糖和 3-磷酸甘油醛。它们可转变为 6-磷酸葡萄糖继续进行磷酸戊糖途径,也可以进入糖的有氧氧化或糖酵解继续氧化分解。基本反应过程如图7-5 所示。

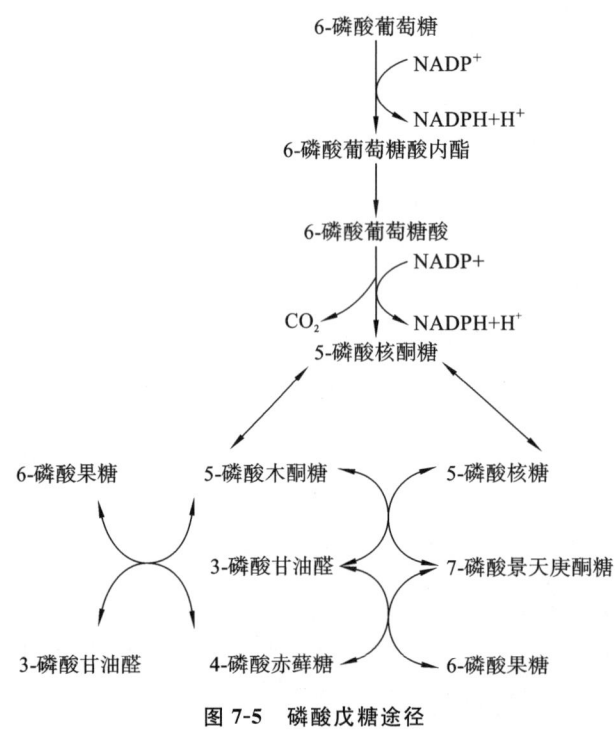

图 7-5　磷酸戊糖途径

（二）生理意义

1. 提供 5-磷酸核糖　此途径是葡萄糖在体内生成 5-磷酸核糖的唯一途径。5-磷酸核糖是合成核苷酸的原料,核苷酸是核酸的基本组成单位。

2. 提供 NADPH＋H^+　NADPH＋H^+ 为许多代谢反应提供氢。

（1）NADPH＋H^+ 作为供氢体:参与脂肪酸、胆固醇和类固醇激素的生物合成。

（2）NADPH＋H^+ 是谷胱甘肽还原酶的辅酶:对维持还原型谷胱甘肽(GSH)的正常含量有很重要的作用。还原型谷胱甘肽是体内重要的抗氧化剂,能保护一些含巯基(—SH)的蛋白质和酶类免受氧化剂的破坏。在红细胞中 GSH 能去除红细胞中的 H_2O_2,维护红细胞膜的完整性。H_2O_2 在红细胞中的聚积,会加快血红蛋白氧化生成高铁血红蛋白的过程,减短红细胞的寿命;H_2O_2 对脂类的氧化会导致红细胞膜的破坏,造成溶血。

（3）NADPH＋H^+ 参与肝脏生物转化反应:与激素、药物、毒物等的生物转化作用有关。

知识链接

蚕豆病

蚕豆、抗疟药、磺胺药等具有氧化作用，可使机体产生较多的 H_2O_2。正常人食用蚕豆或药物时，磷酸戊糖途径增强，生成较多的 $NADPH+H^+$，导致 GSH 增加，这样可及时清除对红细胞有破坏作用的 H_2O_2，而不会出现溶血。而 6-磷酸葡萄糖脱氢酶缺乏者，其磷酸戊糖途径不能正常进行，$NADPH+H^+$ 缺乏或不足，导致 GSH 生成减少。正常情况下，由于机体产生的 H_2O_2 等物质不多，因此不会发病，与正常人无异。但当服用蚕豆或某些药物时，机体产生的 H_2O_2 增多，不能及时清除，从而破坏红细胞膜，诱发溶血性贫血，故称"蚕豆病"。

第三节　糖原的代谢——糖原的合成与分解

糖原是以葡萄糖为基本单位聚合而成的带多分支的多糖。分子中葡萄糖主要以 α-1,4-糖苷键相连形成直链，其中分支处以 α-1,6-糖苷键相连。糖原是动物体内糖的储存形式，是机体能够迅速动用的能量储备，主要为肝糖原和肌糖原。正常人体内肝糖原总量为 $70\sim100$ g，占肝重的 $7\%\sim8\%$；肌糖原总量为 $250\sim400$ g，占肌肉质量的 $1\%\sim2\%$。肝糖原主要功能为维持血糖浓度的相对恒定，肌糖原则只能氧化供能。

一、糖原的合成——糖的储存

由单糖（主要是葡萄糖）合成糖原的过程称为糖原的合成。反应主要在肝脏、肌肉的胞液中进行。糖原合酶是该过程的关键酶，除 ATP 供能外还需要 UTP。

糖原合成的反应过程如下。

1. 葡萄糖磷酸化生成 6-磷酸葡萄糖　与糖酵解的第一步反应相同。

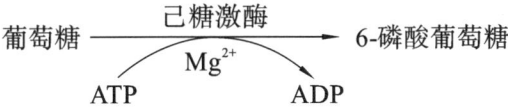

2. 6-磷酸葡萄糖转变为 1-磷酸葡萄糖　此反应是可逆反应。

$$6\text{-磷酸葡萄糖} \xleftarrow{\text{磷酸葡萄糖变位酶}} 1\text{-磷酸葡萄糖}$$

3. 1-磷酸葡萄糖生成尿苷二磷酸葡萄糖（UDPG）　UDPG 是葡萄糖合成糖原的直接供体，也是葡萄糖的活性形式，称为活性葡萄糖。

$$1\text{-磷酸葡萄糖}+\text{UTP} \xrightarrow{\text{UDPG焦磷酸化酶}} \text{UDPG}+\text{PPi}$$

4. 合成糖原　游离状态的葡萄糖不能作为 UDPG 中葡萄糖基的受体，因此糖原合成过

程中必须有糖原引物存在(糖原引物是指原有的细胞内较小的糖原分子)。糖原合酶是糖原合成的关键酶。

$$糖原引物(G_n)+UDPG \xrightarrow{\text{糖原合酶}} 糖原(G_{n+1})+UDP$$

糖原合酶只能催化 α-1,4-糖苷键的形成,而分支处的 α-1,6-糖苷键则由分支酶催化形成。当糖链延长至 12～18 个葡萄糖残基时,分支酶将末端长为 5～7 个葡萄糖残基的寡糖链转移至另一段糖链上,以 α-1,6-糖苷键相连而形成分支。

二、糖原的分解——糖的动员

由肝糖原分解为葡萄糖的过程,称为糖原分解。

糖原分解的反应过程如下。

1. 糖原分子中直链末端的葡萄糖残基磷酸化为 1-磷酸葡萄糖　催化该反应的是磷酸化酶,它是糖原分解的关键酶。

$$糖原(G_{n+1})+Pi \xleftarrow{\text{磷酸化酶}} 糖原(G_n)+1\text{-}磷酸葡萄糖$$

2. 1-磷酸葡萄糖转变为 6-磷酸葡萄糖　此反应为糖原合成第二步的逆反应。

$$1\text{-}磷酸葡萄糖 \xleftarrow{\text{磷酸葡萄糖变位酶}} 6\text{-}磷酸葡萄糖$$

3. 6-磷酸葡萄糖水解为葡萄糖　肝脏具有葡萄糖-6-磷酸酶,能水解 6-磷酸葡萄糖生成葡萄糖。肌肉中无此酶,因此只有肝糖原能直接分解为葡萄糖以补充血糖,肌糖原分解生成的 6-磷酸葡萄糖只能进入糖酵解或有氧氧化。分支处的 α-1,6-糖苷键的断裂需脱支酶参与。

$$6\text{-}磷酸葡萄糖+H_2O \xrightarrow{\text{葡萄糖-6-磷酸酶}} 葡萄糖+Pi$$

知识链接

糖原累积病

糖原累积病是一类遗传性代谢病,由于先天性缺乏糖原代谢有关的酶类,引起糖原代谢发生障碍,使组织中正常或异常结构的糖原大量堆积,这类疾病统称为糖原累积病。本病根据所缺陷酶的不同分多种类型。最常见的为 I 型,该型是由于肝中葡萄糖-6-磷酸酶缺乏,不能分解肝糖原维持血糖,引起低血糖、肝大以及乳酸血症、酮症等症状。

三、糖原代谢的生理意义

糖原合成是机体储存葡萄糖的方式,也是储存能量的一种方式。同时其对维持血糖浓度的恒定有重要意义,如进食后机体将摄入的糖合成糖原储存起来,以免血糖浓度过度升高。

肝糖原分解能提供葡萄糖,既可在不进食期间维持血糖浓度的恒定,又可持续满足对脑组织等的能量需求。肌糖原则只能氧化分解为肌肉组织提供能量。

糖原合成与分解过程总结如图 7-6 所示。

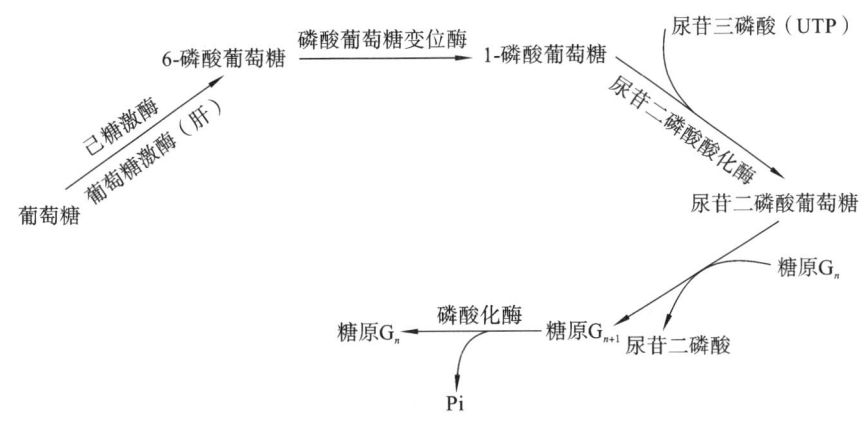

图 7-6　糖原的合成与分解

四、糖原代谢的调节

糖原的合成与分解不是简单的可逆反应,而是分别通过两条途径进行,这样就便于进行精细的调节。当糖原合成途径活跃时,分解途径被抑制,才能有效地合成糖原;反之亦然。这种合成与分解通过两条途径进行的现象,是生物体内的普遍规律。

糖原合成中的糖原合酶和糖原分解途径中的磷酸化酶分别是催化两条代谢途径中不可逆反应的关键酶,其活性决定不同途径的代谢速度,糖原合酶和磷酸化酶在体内有活性型(糖原合酶 a 和磷酸化酶 a)和无活性型(糖原合酶 b 和磷酸化酶 b)。

肌肉内糖原代谢的两个关键酶与肝糖原不同。这是因为肌糖原的生理功能不同于肝糖原,肌糖原不能补充血糖,而仅仅为肌肉活动提供能量。糖原合酶和磷酸化酶的快速调节有共价修饰和变构调节两种方式。

糖原代谢的共价修饰调节依靠胰岛素、胰高血糖素和肾上腺素的调节。胰岛素抑制糖原分解,促进糖原合成;胰高血糖素和肾上腺素则促进糖原分解。

糖原代谢的变构调节包括 AMP、ATP 和 6-磷酸葡萄糖这些变构剂的调节。AMP 是磷酸化酶 b 的变构激活剂,使无活性的磷酸化酶 b 变为有活性的磷酸化酶 a,加速糖原分解;而 ATP 是磷酸化酶 a 的变构抑制剂,抑制糖原分解;6-磷酸葡萄糖是糖原合酶 b 的变构激活剂,使无活性的糖原合酶 b 变为有活性的糖原合酶 a,加速糖原合成。

第四节　糖异生作用

一、糖异生概念和部位

由非糖物质转变为葡萄糖或糖原的过程称为糖异生作用。非糖物质主要有乳酸、丙酮酸、生糖氨基酸和甘油等。糖异生的主要器官是肝脏,长期饥饿时,肾脏糖异生作用会加强。

二、糖异生途径

糖异生途径基本上是糖酵解反应的逆过程。糖酵解过程中由己糖激酶、6-磷酸果糖激酶-1及丙酮酸激酶催化的三个反应释放了大量的能量,是不可逆的,称为"能障"。因此糖异生的这三个反应必须通过另外的酶催化,才能绕过"能障"(图 7-7),生成葡萄糖或糖原。以丙酮酸为例说明糖异生的三个"能障"反应。

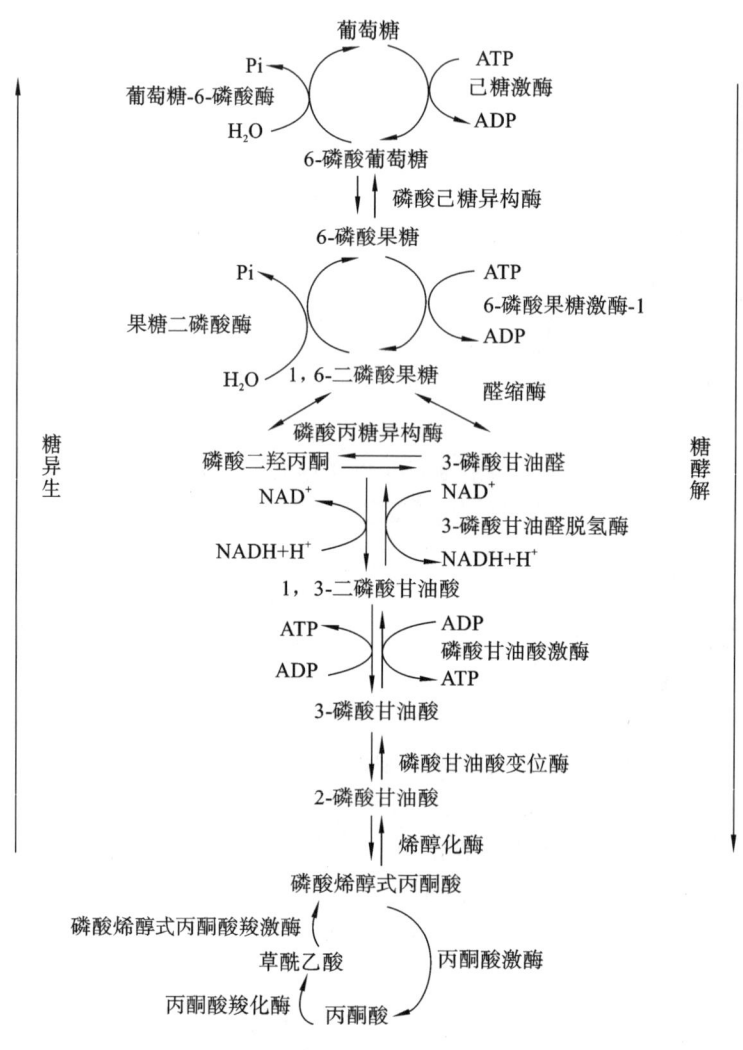

图 7-7　糖酵解途径与糖异生途径

（一）丙酮酸羧化支路

丙酮酸在丙酮酸羧化酶催化下生成草酰乙酸,草酰乙酸在磷酸烯醇式丙酮酸羧激酶催化下,生成磷酸烯醇式丙酮酸。此过程称为丙酮酸羧化支路。

$$丙酮酸 + CO_2 \xrightarrow[\substack{生物素 \\ ATP \quad ADP+Pi}]{丙酮酸羧化酶} 草酰乙酸 \xrightarrow[\substack{GTP \quad GDP}]{磷酸烯醇式丙酮酸羧激酶} 磷酸烯醇式丙酮酸 + CO_2$$

催化第一步反应的酶是丙酮酸羧化酶,其辅酶是生物素,由 ATP 供能,固定 CO_2 至丙酮酸上生成草酰乙酸。由于丙酮酸羧化酶仅存在于线粒体内,故胞液中的丙酮酸必须进入线粒体,才能羧化成草酰乙酸。

参与第二步反应的酶是磷酸烯醇式丙酮酸羧激酶,由 GTP 供能催化草酰乙酸脱羧生成磷酸烯醇式丙酮酸。由于此酶主要存在于胞液中,故生成的草酰乙酸还需经过一系列反应转运出线粒体。克服此"能障"消耗 2 分子 ATP,整个反应不可逆。

(二) 1,6-二磷酸果糖转变为 6-磷酸果糖

反应由果糖二磷酸酶催化,将 1,6-二磷酸果糖水解为 6-磷酸果糖。

$$1,6\text{-二磷酸果糖} \xrightarrow[\substack{H_2O \quad\quad\quad Pi}]{\text{果糖二磷酸酶}} 6\text{-磷酸果糖}$$

(三) 6-磷酸葡萄糖水解生成葡萄糖

反应由葡萄糖-6-磷酸酶催化,与肝糖原分解的第三步反应相同。

$$6\text{-磷酸葡萄糖} \xrightarrow[\substack{H_2O \quad\quad\quad Pi}]{\text{葡萄糖-6-磷酸酶}} \text{葡萄糖}$$

上述过程中,丙酮酸羧化酶、磷酸烯醇式丙酮酸羧激酶、果糖二磷酸酶和葡萄糖-6-磷酸酶是糖异生途径的关键酶。其他非糖物质如乳酸可脱氢生成丙酮酸,再循糖异生途径生糖;甘油先磷酸化为 α-磷酸甘油,再脱氢生成磷酸二羟丙酮,从而进入糖异生途径;生糖氨基酸能转变为三羧酸循环的中间产物,再循糖异生途径转变为糖。

三、糖异生的生理意义

(一) 空腹和饥饿时,维持血糖的相对恒定

糖异生最重要的生理意义是在空腹或饥饿情况下维持血糖浓度的相对恒定。人体储备糖原能力有限,在饥饿时,靠肝糖原分解葡萄糖仅能维持血糖浓度 8~12 小时,以后主要依赖糖异生作用维持血糖浓度的恒定,以保证脑等重要器官的能量供应。

(二) 有利于乳酸的利用

乳酸大部分是由肌肉和红细胞中糖酵解生成的。在剧烈运动时,肌肉糖酵解生成大量乳酸,经血液运输到肝脏或肾脏,经糖异生再生成葡萄糖,后者可经血液运输到各组织中继续氧化提供能量。这个过程称为乳酸循环(图 7-8)。乳酸循环将不能直接分解为葡萄糖的肌糖原间接变为血糖,对于回收乳酸分子中的能量,更新肌糖原,防止乳酸酸中毒均有重要作用。

(三) 糖异生促进肾脏排 H^+,有利于维持酸碱平衡

酸中毒时 H^+ 能激活肾小管上皮细胞中的磷酸烯醇式丙酮酸羧激酶,促进糖异生进行。三羧酸循环中间代谢物进行糖异生,造成 α-酮戊二酸含量降低,促使谷氨酸和谷氨酰胺脱氨生成 α-酮戊二酸补充三羧酸循环,产生的氨则分泌进入肾小管,与原尿中 H^+ 结合成 NH_4^+,随尿排出体外,降低原尿中 H^+ 的浓度,加速排 H^+ 保 Na^+ 作用,有利于维持酸碱平衡,同时协助氨基酸代谢。

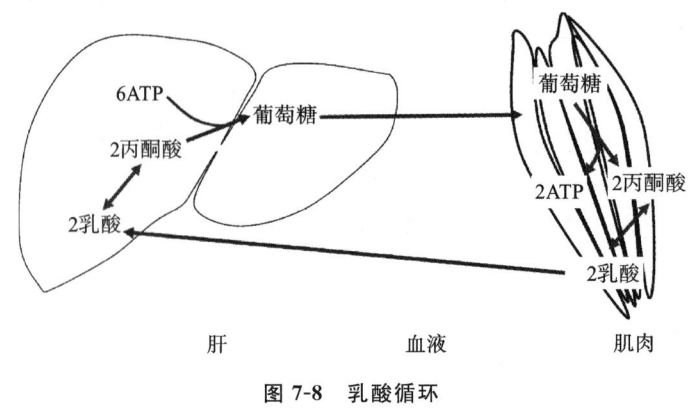

肝　　　　　　　血液　　　　　　肌肉

图 7-8　乳酸循环

四、糖异生的调节

糖酵解途径与糖异生途径是方向相反的两条代谢途径。如从丙酮酸进行糖异生,就必须抑制糖酵解途径,防止葡萄糖重新分解又生成丙酮酸;反之亦然。这种协调主要依赖于对这两条途径中的 2 个底物循环进行调节。

1. 在第一条底物循环 6-磷酸果糖与 1,6-二磷酸果糖之间的调节　一方面,6-磷酸果糖磷酸化生成 1,6-二磷酸果糖;另一方面,1,6-二磷酸果糖去磷酸而生成 6-磷酸果糖。这样,磷酸化与去磷酸化构成了一个底物循环。如不加以调节,净结果是消耗了 ATP 又不能推进代谢。实际上在细胞内催化这两个反应酶的活性常呈相反的变化。目前认为 2,6-二磷酸果糖水平是肝内调节糖的分解或糖异生反应方向的主要信号。进食后,胰高血糖素与胰岛素比例降低,2,6-二磷酸果糖水平升高,糖异生被抑制,糖的分解加强,为合成脂肪酸提供乙酰 CoA;饥饿时,胰高血糖素分泌增加,2,6-二磷酸果糖水平降低,从糖的分解转向糖异生。维持底物循环虽然要损失一些 ATP,但却可使代谢调节更为灵敏、精细。

2. 在第二条底物循环磷酸烯醇式丙酮酸和丙酮酸之间的调节　1,6-二磷酸果糖是丙酮酸激酶的变构激活剂,通过 1,6-二磷酸果糖可将两个底物循环相联系和协调。胰高血糖素可抑制 2,6-二磷酸果糖合成,从而减少 1,6-二磷酸果糖的生成,这就可以降低丙酮酸激酶的活性;胰高血糖素还可使丙酮酸激酶磷酸化而失去活性,于是糖异生加强而糖酵解抑制。

第五节　血　糖

血液中的葡萄糖称血糖。血糖是葡萄糖在体内的运输形式。血糖浓度随进食、活动等变化而有所波动。正常人空腹血糖浓度为 $3.89 \sim 6.11$ mmol/L,并维持其相对稳定。血糖浓度的相对稳定对保证组织器官,特别是脑组织的生理活动具有重要意义。血糖是反映体内糖代谢状况的一项重要指标。

一、血糖的来源和去路

（一）血糖的来源

血糖的来源：①食物中的糖类物质经肠道消化吸收入血的葡萄糖，这是血糖的主要来源。②肝糖原分解的葡萄糖，为空腹时血糖的来源。③非糖物质在肝、肾中经糖异生作用转变为葡萄糖，是饥饿时血糖的来源。

（二）血糖的去路

血糖的去路：①在组织细胞中氧化分解供能，这是血糖的主要去路。②在肝、肌肉等组织合成糖原储存。③转变成其他物质，如核糖、脱氧核糖、脂肪、有机酸、非必需氨基酸等。④血糖浓度过高，大于 8.89 mmol/L，超过肾小管最大重吸收能力（肾糖阈），尿中可出现葡萄糖，称为糖尿（为非正常去路）。糖尿在病理情况下出现，常见于糖尿病患者。血糖的来源与去路如图 7-9 所示。

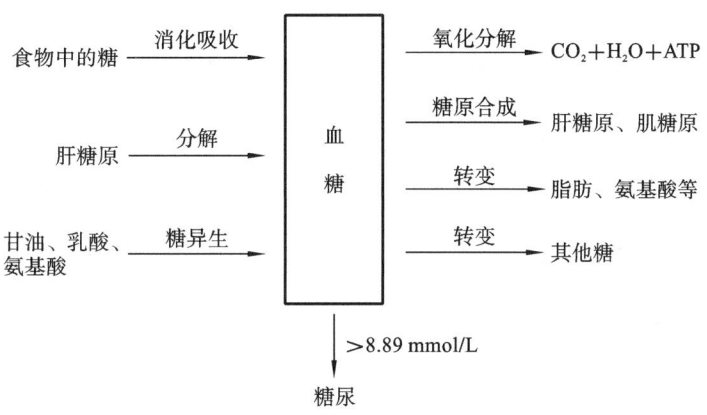

图 7-9　血糖的来源与去路

二、血糖的调节

血糖浓度的相对恒定依赖于体内血糖来源和去路的动态平衡。正常人体存在着精细的调节血糖来源和去路动态平衡的机制，保持血糖浓度的相对恒定是神经系统、激素及组织器官共同协同调节作用的结果。

（一）激素的调节作用

调节血糖浓度的激素有两大类：降低血糖浓度的激素——胰岛素；升高血糖浓度的激素——胰高血糖素、肾上腺素、糖皮质激素等。两类激素的作用相互对立、互相制约，维持着血糖来源与去路的动态平衡。各激素的作用机制见表 7-2。

（二）肝脏的调节作用

肝脏是体内调节血糖浓度的主要器官。它可以通过肝糖原的分解与合成、糖异生作用来升高或降低血糖浓度。

表 7-2 激素对血糖水平的调节

激素		作用机制
降血糖激素	胰岛素	①促进肌肉、脂肪等组织细胞摄取葡萄糖
		②促进葡萄糖的氧化分解
		③促进糖原合成,抑制肝糖原分解
		④促进糖转变为脂肪
		⑤抑制糖异生
升血糖激素	胰高血糖素	①促进肝糖原分解,抑制肝糖原合成
		②促进糖异生
	肾上腺素	①促进肝糖原分解
		②促进肌糖原酵解
		③促进糖异生
	糖皮质激素	①促进糖异生
		②抑制肝外组织摄取利用葡萄糖

三、血糖异常

(一) 高血糖

空腹血糖浓度高于 7.0 mmol/L 时称为血糖过高或高血糖。如血糖浓度超过了肾小管重吸收葡萄糖的能力(肾糖阈),则出现糖尿。

引起高血糖和糖尿的原因有生理性和病理性两种。如摄入过多或输入大量葡萄糖、精神紧张,使血糖浓度升高超过肾糖阈,出现糖尿,为生理性糖尿;病理性高血糖和糖尿多见于糖尿病。

糖尿病是一种因部分或完全胰岛素缺失或细胞胰岛素受体减少或受体敏感性降低所致的疾病。根据其病因目前分为 1 型糖尿病、2 型糖尿病、其他特殊类型糖尿病和妊娠期糖尿病。1 型糖尿病多发于儿童和年轻人,只占糖尿病患者的 5%~10%。主要是患者胰岛 β 细胞被破坏,导致胰岛素绝对缺乏所致;2 型糖尿病与肥胖关系密切,占糖尿病患者的 90% 以上。患者存在胰岛素抵抗和胰岛素分泌缺陷。1 型糖尿病的典型症状为"三多一少",即多饮、多尿、多食、体重减轻。但许多轻症或 2 型糖尿病患者早期常无明显症状,而是在普查、健康检查或其他疾病偶然发现,不少患者甚至以各种急性或慢性并发症而就诊。糖代谢障碍会导致脂代谢甚至蛋白质代谢障碍,故糖尿病会诱发许多并发症。有些肾小管重吸收能力降低的人,肾糖阈比正常人低,即使血糖浓度在正常范围,也可出现糖尿,称肾性糖尿。

(二) 低血糖

空腹血糖浓度低于 3.0 mmol/L 时称为低血糖。低血糖影响大脑的正常功能,临床表现有交感神经过度兴奋症状,如出汗、颤抖、心悸(心率加快)、面色苍白、肢凉等,以及神经症状,如头晕、视物不清、步态不稳,甚至出现幻觉、神志不清、昏迷、血压下降等。

出现低血糖的原因:①饥饿或不能进食者;②内分泌异常如垂体功能低下、肾上腺皮质功能低下;③严重肝脏疾病患者;④临床治疗时使用降糖药物过量;⑤胰岛素分泌过多、升高血糖浓度的激素分泌不足;⑥空腹大量饮酒等。

 **病例分析**

患儿,女,11 岁,主诉:尿多(尤其是晚上)、口渴、食欲极好、易疲劳、四肢无力。

医生检查发现:患者明显消瘦、舌干,呈中度脱水,但无淋巴结病变。实验室检查:血糖 16 mmol/L,尿糖＋＋＋＋,尿酮体＋＋。

分析思考:

1. 初步诊断该患者有何疾病。

2. 结合所学生物化学知识解释患者体征及实验室检查结果。

思维导图

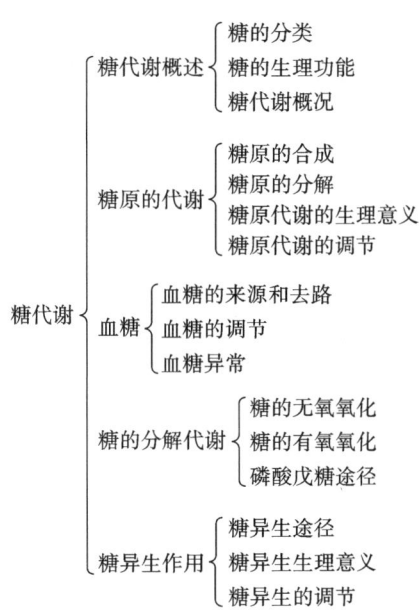

目标检测

A 型题(即单句型最佳选择题)。每一道试题下面有 A、B、C、D、E 五个备选答案,请从中选择一个最佳答案。

1. 缺氧条件下,葡萄糖分解的产物是(　　　)。

A.丙酮酸　　　　B.乳酸　　　　C.磷酸二羟丙酮　　D.苹果酸　　　　E.柠檬酸

2. 下列化合物哪个是三羧酸循环的第一个产物?(　　　)

A.苹果酸　　　　B.草酰乙酸　　　　C.异柠檬酸　　　D.柠檬酸　　　　E.α-酮戊二酸

3. FAD 是下列哪种酶的辅酶?(　　　)

A. 琥珀酸脱氢酶   B. 乳酸脱氢酶   C. 苹果酸脱氢酶

D. 异柠檬酸脱氢酶   E. 6-磷酸葡萄糖脱氢酶

4. NAD^+ 是下列哪种酶的辅酶？（ ）

A. 异柠檬酸脱氢酶   B. 琥珀酸脱氢酶   C. 柠檬酸合成酶

D. 延胡索酸酶   E. 6-磷酸葡萄糖脱氢酶

5. 肌糖原不能分解为葡萄糖,是因为肌肉中缺乏（ ）。

A. 己糖激酶   B. 葡萄糖-6-磷酸酶   C. 6-磷酸葡萄糖脱氢酶

D. 6-磷酸果糖激酶-1   E. 磷酸化酶

6. 糖原分解的关键酶是（ ）。

A. 葡萄糖-6-磷酸酶   B. 磷酸化酶 C. 磷酸葡萄糖变位酶

D. 脱支酶   E. 己糖激酶

7. 糖原合成的关键酶是（ ）。

A. 糖原合酶   B. 分支酶 C. 磷酸葡萄糖变位酶

D. UDPG 焦磷酸化酶   E. 己糖激酶

8. 能降低血糖浓度的激素是（ ）。

A. 胰高血糖素 B. 肾上腺素 C. 胰岛素 D. 糖皮质激素 E. 生长激素

9. 下列哪个化合物是糖原分解时,从非还原端分解下来的？（ ）

A. 葡萄糖   B. 1-磷酸葡萄糖   C. 6-磷酸葡萄糖

D. UDPG   E. UDPGA

10. 一分子丙酮酸彻底氧化成 CO_2 和 H_2O,可生成多少分子的 ATP？（ ）

A. 20   B. 15   C. 12.5   D. 25   E. 18

思考题

1. 糖酵解途径的第 1,2,9 三步反应有什么共性？催化这三步反应的酶分别是什么？为什么剧烈运动后,肌肉常有酸疼的感觉？

2. 应用已学知识,解释糖尿病患者"三多一少"症状的生化机制。

【第七章 目标检测参考答案】

1.B 2.D 3.A 4.A 5.B 6.B 7.A 8.C 9.B 10.C

实验三　血糖的测定

【实验目的】

1. 掌握葡萄糖氧化酶法测定血糖浓度的原理和方法。
2. 熟悉分光光度计的操作方法。
3. 理解血糖升高或降低的临床意义。

【实验原理】

葡萄糖经葡萄糖氧化酶(GOD)催化,生成葡萄糖酸和过氧化氢,过氧化氢在过氧化物酶(POD)催化下,将无色的色原物质 4-氨基安替比林和苯酚氧化缩合生成红色的醌类化合物,其颜色的深浅在一定范围内与葡萄糖含量成正比。与经同样处理的标准管比较,即可求得标本中葡萄糖浓度。

【实验器材】

微量加样器、分光光度计、恒温水浴箱、刻度吸管等。

【实验试剂】

酶试剂、酚试剂、葡萄糖标准液、血清。

【实验操作】

(1) 取清洁试管 3 支,编号后按下表操作(可参照试剂盒说明书来进行)。

加入物	测定管	标准管	空白管
血清/mL	0.03	—	—
葡萄糖标准液/mL	—	0.03	—
蒸馏水/mL	—	—	0.03
酶酚混合试剂/mL	3.0	3.0	3.0

(2) 各管混匀,置 37 ℃水浴中保温 10 分钟。

(3) 分光光度计波长 510 nm,以空白管调零进行比色测定。

【正常参考值】

$3.9 \sim 6.1$ mmol/L。

【实验结果】

结果计算

$$血清葡萄糖(mmol/L) = \frac{测定管吸光度}{标准管吸光度} \times 标准液浓度(mmol/L)$$

【注意事项】

(1) 本实验为微量测定,加量必须准确,否则结果误差较大;使用微量加样器滴加血清、葡萄糖标准液时,注意避免沾在试管壁上,以免使测定结果出现误差。

(2) 测定结果如超过线性范围,应将标本稀释后重测,所得结果乘以稀释倍数。

（3）血清及标准液均应加入试管底部，并与加入的酶酚试剂充分混合后，再进行保温。

【临床意义】

空腹血糖是指在最后一次进食后 8 小时以上不再有热量摄入时进行血糖测定的数值，反映胰岛 β 细胞功能，一般代表基础胰岛素的分泌功能，是糖尿病诊断的重要依据。一般在清晨 7～9 点空腹状态下抽血，空腹血糖重复性好，是糖尿病诊断必查的项目。午餐和晚餐前的血糖并不是空腹血糖，而是称为餐前血糖。

高血糖：糖尿病、甲状腺功能亢进、肾上腺皮质功能亢进、腺垂体功能亢进、嗜铬细胞瘤、颅内压增高、脱水等。

低血糖：胰岛细胞瘤、肾上腺皮质功能不全、急性酒精中毒、严重肝病、药物副作用等。

【思考题】

1. 血糖是如何维持在一定范围内的？
2. 简述分光光度计法测定样品浓度的原理。

第八章 脂 类 代 谢

学习目标

1. 掌握脂类的分布和功能;脂肪动员、脂肪酸 β-氧化及酮体的生成与利用;胆固醇合成的原料、关键酶及其在体内的转化;血浆脂蛋白的组成、分类、功能。

2. 熟悉甘油三酯的分解代谢;磷脂的分子组成和甘油磷脂代谢。

3. 了解甘油三酯的合成部位、原料;胆固醇的生物合成。

4. 联系临床生物化学,解释各血脂测定项目的意义;并运用所学知识解释动脉粥样硬化、高脂蛋白血症与脂类代谢的关系。

第一节 概 述

脂类是脂肪和类脂的总称,又称脂质。脂类是生物体的重要成分,是较难溶于水而易溶于有机溶剂的化合物。脂肪又称三酰甘油或甘油三酯(triglyceride,TG),是由 1 分子甘油和 3 分子脂肪酸组成的,是人体重要的储能和供能物质。类脂主要包括磷脂(phospholipid,PL)、糖脂(glycolipid,GL)、胆固醇(cholesterol,Ch)和胆固醇酯(cholesterol ester,CE)。

一、脂类的分布

(一) 脂肪的分布

脂肪绝大部分分布在脂肪组织中,即皮下、大网膜、肠系膜及肾周围等处,这些储存脂肪的部位常称为脂库。脂肪的含量因人而异,而脂肪的含量决定人体的胖瘦。成年男性脂肪含量占体重的 10%~20%,女性稍高。体内脂肪的含量易受多种因素(如膳食、机体活动量的大小、疾病等)影响而有较大变化,故又称为可变脂。

(二) 类脂的分布

类脂广泛分布于全身各组织中,是构成生物膜和神经髓鞘的基本成分。类脂总量约占体

重的 5%,以神经组织中含量最多,而一般组织中含量较少。类脂含量恒定,基本不受营养状况及机体活动的影响,故称为固定脂。

二、脂类的生理功能

(一) 脂肪的生理功能

1. 储能和供能　脂肪的主要生理功能是储能和供能。脂肪是体内主要的储能物质,1 g 脂肪完全氧化可释放 38.94 kJ 的热能,是 1 g 糖或蛋白质释放能量的 1 倍以上。正常人体所需要的能量 20%～30%由脂肪提供,因此脂肪是体内能量最有效的储存形式。实验证明,人在空腹时,机体所需能量的 50%以上由脂肪氧化供给;若禁食 1～3 天,人体所需能量的 85%来自脂肪,可见,脂肪是空腹或禁食时体内能量的主要来源。

2. 维持体温和保护内脏　脂肪不易导热,人体皮下脂肪组织可防止热过多散失而维持体温。内脏周围的脂肪组织较为柔软,能缓冲外界的机械撞击,使内脏免受损伤,具有保护内脏的作用。

3. 协助脂溶性维生素的吸收　脂肪是一个很好的溶剂,可溶解脂溶性维生素,以利于吸收维生素 A、维生素 D、维生素 E、维生素 K 等。

4. 提供营养必需脂肪酸　必需脂肪酸是指人体不能合成而自身又不可缺少、必须由食物(主要是植物油)供给的脂肪酸,又称营养必需脂肪酸,包括亚油酸、亚麻酸、花生四烯酸等。这些必需脂肪酸是人体不可缺少的营养素,若食物中缺乏必需脂肪酸,可出现生长缓慢,皮肤鳞屑多、变薄,毛发稀疏等皮炎症状。必需脂肪酸在维持皮肤健康、降低血液中胆固醇及抗动脉粥样硬化等方面起着重要的作用。此外,花生四烯酸还是合成前列腺素、血栓素和白三烯等重要生理活性物质的原料。

(二) 类脂的生理功能

1. 构成生物膜　类脂是生物膜的主要成分之一,类脂特别是磷脂和胆固醇在维持生物膜的正常结构和功能中起重要作用。

2. 参与构成血浆脂蛋白　类脂中的磷脂、胆固醇及胆固醇酯还参与形成血浆脂蛋白,协助脂类在血液中的运输。

3. 转变成多种重要活性物质　类脂中的胆固醇可转变为胆汁酸、维生素 D$_3$、类固醇激素等具有重要生理功能的物质。

4. 维护神经传导的正常功能　神经鞘磷脂是神经髓鞘膜的重要成分,起着绝缘作用,防止神经冲动从一条神经纤维向其他神经纤维扩散,有利于神经冲动的定向传导。

脂肪和类脂的分布、含量、功能见表 8-1。

表 8-1　脂肪和类脂分布、含量、功能的比较

类别	脂肪	类脂
分布	脂肪组织,即皮下、大网膜、肠系膜及肾周围	全身各组织,主要在生物膜和神经髓鞘
含量	10%～20%,也称可变脂	约5%,也称固定脂
功能	主要是储能和供能	构成生物膜,转变成多种重要物质

三、脂类的消化吸收

(一) 脂类的消化

脂类消化的主要部位是小肠上段。脂类不溶于水,必须经胆汁中胆汁酸盐的乳化并分散成细小的微团后,才能被消化酶消化。食物中的脂类主要是甘油三酯、少量的磷脂、胆固醇及胆固醇酯等。胆汁酸盐是一种较强的乳化剂,它能降低油-水两相之间的界面张力,使甘油三酯及胆固醇等疏水的脂类乳化成细小的微团,增加消化酶与脂类的接触面积,有利于甘油三酯及类脂的消化与吸收。

(二) 脂类的吸收

脂类的吸收主要在十二指肠下段及空肠上段。脂类的消化产物如甘油一酯、游离脂肪酸及胆固醇等经胆汁酸盐乳化后,可穿过肠黏膜细胞表面的水化层而被吸收。短链、中链脂肪酸($<C_{12}$)经胆汁酸盐乳化后被吸收,直接通过门静脉进入肝脏;而长链的脂肪酸(C_{12}～C_{26})在肠黏膜细胞内再合成甘油三酯,然后与载脂蛋白、胆固醇等结合成乳糜微粒,经淋巴进入血液循环。

第二节　甘油三酯的代谢

一、甘油三酯的分解代谢

(一) 脂肪动员

脂肪动员又称脂肪的水解,是储存在脂肪组织中的甘油三酯,在脂肪酶的催化下逐步水解为甘油和脂肪酸,并释放入血被其他组织利用,此过程称为脂肪动员。

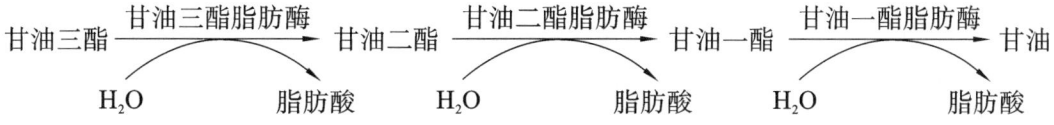

脂肪动员的最终产物是1分子甘油和3分子脂肪酸。脂肪组织中含有的脂肪酶包括甘油

三酯脂肪酶、甘油二酯脂肪酶及甘油一酯脂肪酶。其中甘油三酯脂肪酶活性最低,是甘油三酯分解的限速酶,受多种激素的调控,故又称为激素敏感性脂肪酶(hormone-sensitive lipase,HSL)。肾上腺素、去甲肾上腺素、胰高血糖素、肾上腺皮质激素等能使该酶活性增强,促进脂肪水解,这些激素称为脂解激素;胰岛素、前列腺素可使该酶活性降低,抑制脂肪水解,故称为抗脂解激素。这两类激素的协同作用使体内脂肪的水解速度得到有效的调节。禁食、饥饿或交感神经兴奋时肾上腺素等脂解激素分泌增加,脂肪分解加速;进食后胰岛素分泌增加,脂肪分解作用降低。

(二) 甘油的代谢

甘油溶于水,由于相对分子质量小,直接扩散入血,随血液循环运至肝、肾、肠等富含甘油激酶的组织被摄取利用,转变为 α-磷酸甘油,再经 α-磷酸甘油脱氢酶催化脱氢形成磷酸二羟丙酮,磷酸二羟丙酮是糖代谢的中间产物,可沿糖代谢途径继续氧化分解,释放能量;也可沿糖异生途径转变为葡萄糖或糖原。肌肉和脂肪等组织细胞中的甘油激酶的活性很低,故不能很好地利用甘油。

$$甘油 \xrightarrow[\text{ATP} \quad \text{ADP}]{\text{甘油激酶}} \alpha\text{-磷酸甘油} \xrightarrow[\text{NAD}^+ \quad \text{NADH}+\text{H}^+]{\alpha\text{-磷酸甘油脱氢酶}} 磷酸二羟丙酮 \begin{cases} \xrightarrow{\text{糖异生}} 糖原或葡萄糖 \\ \xrightarrow{\text{氧化分解}} CO_2+H_2O+能量 \end{cases}$$

(三) 脂肪酸的氧化分解

脂肪酸是人体重要的能源物质,在氧供给充足的条件下,脂肪酸在体内可彻底氧化产生 CO_2 和 H_2O 并释放大量能量。除成熟红细胞和脑组织外,几乎所有的组织都能够氧化利用脂肪酸,但以肝和肌肉组织最为活跃。脂肪酸氧化分解过程可大致分为 4 个阶段:脂肪酸的活化、脂酰 CoA 进入线粒体、脂酰 CoA β-氧化及乙酰 CoA 的彻底氧化。

1. 脂肪酸的活化　脂肪酸的活化是指脂肪酸转变为脂酰 CoA 的过程。脂肪酸的活化在胞液中进行。在 HSCoA 和 Mg^{2+} 的参与下,由 ATP 供能,脂肪酸经内质网及线粒体外膜上的脂酰 CoA 合成酶催化,生成其活性形式——脂酰 CoA。

$$\underset{\text{脂肪酸}}{RCOOH} + HSCoA + ATP \xrightarrow{\text{脂酰CoA合成酶}} \underset{\text{脂酰CoA}}{RCO{\sim}SCoA} + AMP + PPi$$

反应中生成的焦磷酸(PPi)很快被水解,阻止了逆向反应的进行。因此 1 分子脂肪酸活化,虽然消耗 1 分子 ATP,但实际消耗了 2 个高能磷酸键。

2. 脂酰 CoA 进入线粒体　脂肪酸氧化的酶系存在于线粒体基质内,而长链脂酰 CoA 不能直接进入线粒体,需要肉毒碱将脂酰基转入线粒体基质内,并在位于线粒体内膜两侧的肉碱脂酰转移酶Ⅰ(CATⅠ)和Ⅱ(CATⅡ)的催化下,穿过线粒体内膜转入线粒体基质中进行氧化分解,然后重新转变成脂酰 CoA,进行氧化分解。

首先,在线粒体外膜的肉碱脂酰转移酶Ⅰ(CATⅠ)催化下,肉碱和长链脂酰 CoA 生成脂酰肉碱,后者通过内膜上的载体进入线粒体基质内。进入线粒体基质内的脂酰肉碱,则在位于线粒体内膜内侧的肉碱脂酰转移酶Ⅱ(CATⅡ)催化下,转变为脂酰 CoA,并释放肉碱。脂酰 CoA 即可在线粒体基质中进行氧化分解。整个过程如图 8-1 所示。

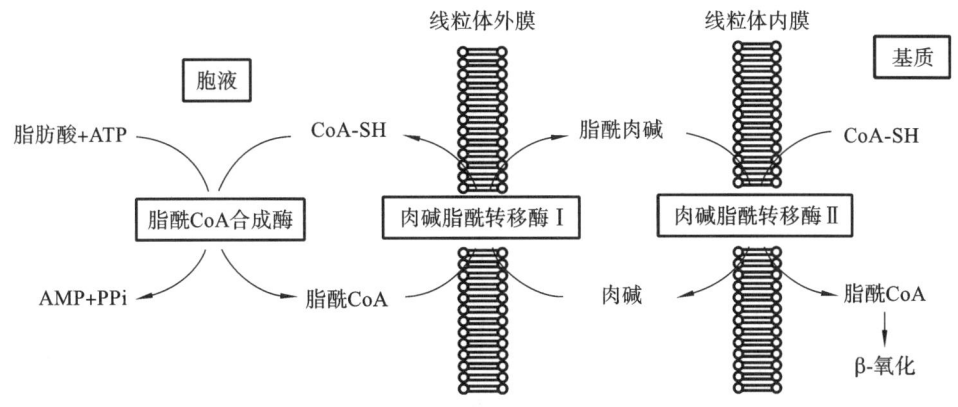

图 8-1　脂酰 CoA 进入线粒体

脂酰 CoA 进入线粒体是脂肪酸氧化的主要限速步骤,CAT I 是脂酰 CoA 进入线粒体的关键酶,CAT I 的活性直接影响脂肪酸氧化分解的速度。当处于饥饿、高脂低糖膳食等情况或患有糖尿病时,机体葡萄糖利用能力较低,需脂肪酸供能,CAT I 的活性增强,脂肪酸氧化供能增加。反之,饱食后 CAT I 的活性受到抑制,致使脂肪酸的氧化分解减弱。

3. 脂酰 CoA β-氧化　脂酰 CoA 进入线粒体基质后,从脂酰基的 β-碳原子开始,依次进行脱氢、加水、再脱氢、硫解四步连续的酶促反应,生成 1 分子乙酰 CoA 及 1 分子比原来少 2 个碳原子的脂酰 CoA。由于氧化反应是在脂酰基 β 碳原子上开始氧化,故称为 β-氧化。现将 β-氧化的过程简述如下:

(1) 脱氢:脂酰 CoA 在脂酰 CoA 脱氢酶的催化下,从 α 和 β 碳原子上各脱去一个氢原子,生成 α、β-烯脂酰 CoA,脱下的 2H 由 FAD 接受生成 $FADH_2$。

(2) 加水:在水化酶催化下,α,β-烯脂酰 CoA 在 α、β 烯键上加 1 分子 H_2O,生成 β-羟脂酰 CoA。

(3) 再脱氢:在 β-羟脂酰 CoA 脱氢酶的催化下,β-羟脂酰 CoA 在 β-碳原子上再次脱氢,生成 β-酮脂酰 CoA,脱下的 2H 由 NAD^+ 接受,生成 $NADH+H^+$。

(4) 硫解:β-酮脂酰 CoA 在其硫解酶的催化下,α 与 β 碳原子之间的化学键断裂,与 1 分子 HSCoA 结合,生成 1 分子乙酰 CoA 和 1 分子比原来少两个碳原子的脂酰 CoA。后者又可再次进行脱氢、加水、再脱氢和硫解反应,如此反复进行,直到脂酰 CoA 全部分解成乙酰 CoA,如图 8-2 所示。

4. 乙酰 CoA 的彻底氧化　脂肪酸经 β-氧化生成乙酰 CoA,大部分是进入三羧酸循环彻底氧化分解成 H_2O 和 CO_2,并释放能量;还有一部分可转变为其他代谢中间产物即在线粒体中生成酮体,并通过血液循环运送到肝外组织利用。

脂肪酸经过上述四个过程彻底氧化分解后产生大量的能量。以 1 分子软脂酸为例计算 ATP 的生成量。软脂酸是 16 个碳原子的饱和脂肪酸,需经 7 次 β-氧化,产生 7 分子 $FADH_2$,7 分子 $NADH+H^+$ 及 8 分子乙酰 CoA。因此在 β-氧化阶段生成 $(1.5+2.5)\times7=28$ 分子 ATP,在三羧酸循环阶段生成 $10\times8=80$ 分子 ATP。故 1 分子软脂酸在体内完全氧化分解净生成 $28+80-2=106$ 分子 ATP。如果脂肪酸的碳原子数为 n,则需要进行 $\left(\dfrac{n}{2}-1\right)$ 次 β-氧化才能完全分解为 $\dfrac{n}{2}$ 个乙酰 CoA,产生 $\left(\dfrac{n}{2}-1\right)$ 个 $NADH+H^+$ 和 $\left(\dfrac{n}{2}-1\right)$ 个 $FADH_2$;生成的 $\dfrac{n}{2}$

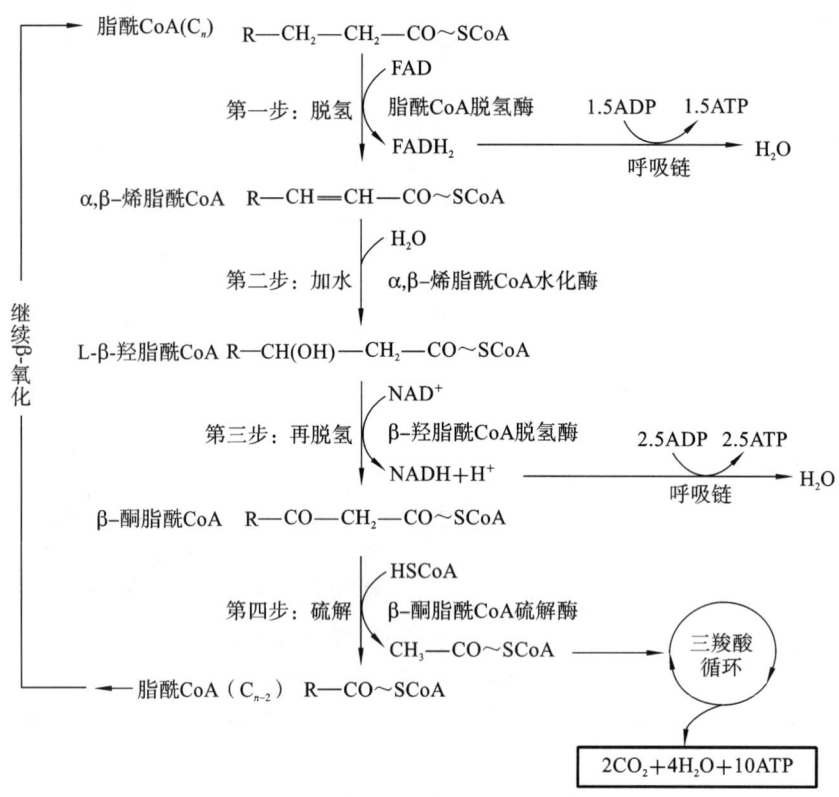

图 8-2 脂肪酸的 β-氧化过程

个乙酰 CoA 通过三羧酸循环彻底氧化成 CO_2 和 H_2O 并释放能量,最终脂肪酸可以生成的 ATP 数量为

$$\left(\frac{n}{2}-1\right)\times 4+\frac{n}{2}\times 10-2$$

由此可见,脂肪酸是体内重要的能源物质。

(四)酮体的代谢

脂肪酸在心肌和骨骼肌等组织中经 β-氧化生成的乙酰 CoA 能够彻底氧化成 CO_2 和 H_2O,但在肝细胞中经 β-氧化生成的乙酰 CoA 则大部分缩合生成乙酰乙酸、β-羟丁酸和丙酮,三者统称为酮体。其中 β-羟丁酸最多,约占酮体总量的 70%,乙酰乙酸占 30%,而丙酮的量极其微小。由于肝细胞内缺乏氧化利用酮体的酶,因此肝内生成的酮体必须通过细胞膜进入血液循环,运往肝外组织被利用。

1. 酮体的生成 酮体生成的部位是肝细胞线粒体,合成原料是乙酰 CoA。其合成过程如下。

(1)乙酰乙酰 CoA 的合成:2 分子乙酰 CoA 在乙酰乙酰 CoA 硫解酶催化下,缩合生成 1 分子乙酰乙酰 CoA,并释放出一分子 HSCoA。

(2)HMG-CoA 的生成:乙酰乙酰 CoA 在 β-羟基-β-甲基戊二酸单酰 CoA(HMG-CoA)合成酶的催化下再与 1 分子乙酰 CoA 缩合成 HMG-CoA,并释放出 1 分子 HSCoA。这一步反应是酮体生成的限速步骤,HMG-CoA 合成酶为限速酶。

　　(3) 酮体的生成：HMG-CoA 经 HMG-CoA 裂解酶裂解生成乙酰乙酸和乙酰 CoA，后者又可参与酮体的合成。乙酰乙酸在 β-羟丁酸脱氢酶的催化下，还原生成 β-羟丁酸，由 NADH+H⁺ 作供氢体。一部分乙酰乙酸由乙酰乙酸脱羧酶催化脱羧或自发脱羧生成丙酮。丙酮是一种挥发性物质，当血液中含有大量丙酮时可直接由肺排出(图 8-3)。

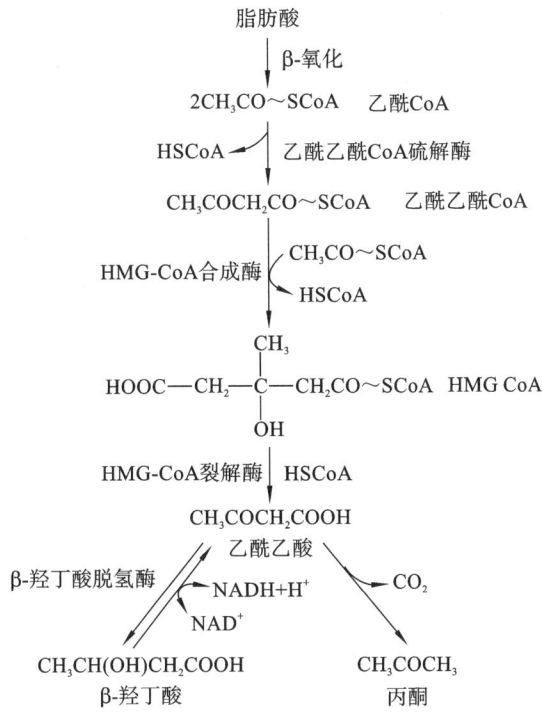

图 8-3　酮体的生成

　　2. 酮体的利用　肝外组织，特别是心肌、骨骼肌及脑和肾等器官组织中有活性很强的利用酮体的酶，是利用酮体最主要的组织，在这些组织中酮体能够被彻底氧化。酮体的利用过程见图 8-4。

　　(1) 乙酰乙酸的氧化：乙酰乙酸可转变为乙酰乙酰 CoA，进而转变为 2 分子乙酰 CoA。其中心肌、骨骼肌、脑和肾脏中有琥珀酰 CoA 转硫酶，心肌、肾脏和脑中还有乙酰乙酸硫激酶，均可催化乙酰乙酸活化生成乙酰乙酰 CoA，后者在乙酰乙酰 CoA 硫解酶作用下，分解成 2 分子乙酰 CoA，乙酰 CoA 主要进入三羧酸循环彻底氧化分解产能。

　　(2) β-羟丁酸的氧化：β-羟丁酸在 β-羟丁酸脱氢酶催化下转变成乙酰乙酸，再经上述途径氧化分解。

　　(3) 丙酮的代谢：在正常情况下丙酮的含量很少，可随尿排出，当血液中丙酮含量升高时，可直接从肺呼出。部分丙酮在酶的作用下经丙酮酸或乳酸转变为葡萄糖。

　　酮体只能在肝内生成，这是因为肝细胞中含有生成酮体的酶，但肝脏不能利用酮体，这是因为肝细胞缺乏利用酮体的酶。故肝内生酮，肝外利用是酮体代谢的特点。

　　3. 酮体代谢的生理意义　酮体是肝内氧化脂肪酸的一种中间产物，是肝输出脂类能源的一种形式。酮体分子小，易溶于水，便于血液运输，容易通过血脑屏障和毛细血管壁。所以正常情况下，肝生成的酮体能迅速被肝外组织利用，是心肌、脑和骨骼肌等组织的重要能源。脑组织不能氧化脂肪酸却能利用酮体，正常情况下主要利用葡萄糖供能。但当长期饥饿和糖尿

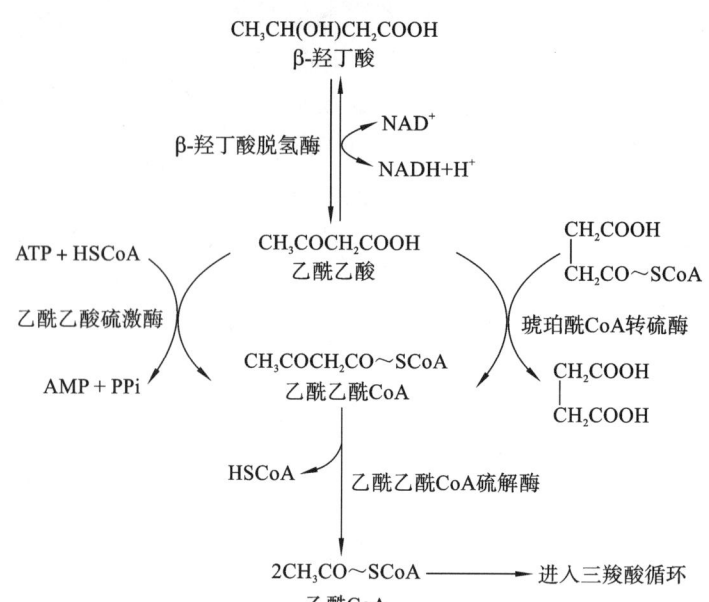

图 8-4 酮体的利用

病时,酮体可代替葡萄糖成为脑组织的主要能源。

正常情况下,血液中仅含有少量酮体,为 $0.03 \sim 0.5$ mmol/L。但是在长期饥饿、严重糖尿病时,胰岛素分泌减少或作用低下,而胰高血糖素、肾上腺素等分泌增多,导致脂肪动员加强。若脂肪酸在肝内分解增多,则酮体生成过多,当酮体生成超过肝外组织利用的能力时,会引起血液中酮体异常增多,称为酮血症。由于酮体中的乙酰乙酸和 β-羟丁酸都是酸性物质,当它们在血液中浓度升高时,可导致血液 pH 值下降,导致酮症酸中毒。过多的酮体也可随尿排出,引起酮尿。尤其对于未控制的糖尿病患者,血液酮体的含量可高出正常情况的数十倍,丙酮约占酮体总量的一半。此时,由于血液中丙酮增多,过多丙酮从患者肺呼出,患者的呼吸中带有烂苹果味,即酮味,这有助于临床医生做出诊断。

二、甘油三酯的合成代谢

甘油三酯的合成原料是 α-磷酸甘油及脂酰 CoA,合成场所是细胞液。体内几乎所有的组织都可合成甘油三酯,但以肝和脂肪组织合成能力最强。合成过程包括 α-磷酸甘油的生成、脂肪酸合成和甘油三酯的合成。

(一) α-磷酸甘油的生成

甘油三酯合成所需要的 α-磷酸甘油来源有两条途径。

1. 糖代谢 糖酵解途径产生的磷酸二羟丙酮在 α-磷酸甘油脱氢酶的催化下,还原生成 α-磷酸甘油。此反应在机体各组织内普遍存在,它是 α-磷酸甘油的主要来源。

$$
\begin{array}{ccc}
CH_2OH & & CH_2OH \\
| & \xrightarrow{\text{α-磷酸甘油脱氢酶}} & | \\
C=O & \quad\quad\quad\quad & CHOH \\
| & NADH+H^+ \quad NAD^+ & | \\
CH_2-O-\text{\textcircled{P}} & & CH_2-O-\text{\textcircled{P}} \\
\text{磷酸二羟丙酮} & & \text{α-磷酸甘油}
\end{array}
$$

2. 甘油的磷酸化　甘油在甘油激酶的催化下,消耗 ATP 生成 α-磷酸甘油。

$$
\begin{array}{ccc}
\mathrm{CH_2OH} & & \mathrm{CH_2OH} \\
| & \xrightarrow{\quad\text{甘油激酶}\quad} & | \\
\mathrm{CHOH} & \overset{\displaystyle}{\underset{\text{ATP}\quad\text{ADP}}{}} & \mathrm{CHOH} \\
| & & | \\
\mathrm{CH_2OH} & & \mathrm{CH_2-O-\textcircled{P}} \\
\text{甘油} & & \text{α-磷酸甘油}
\end{array}
$$

(二) 脂肪酸的合成

1. 合成部位　肝、肾、脑、肺、乳腺及脂肪等组织细胞的胞液中均可合成脂肪酸,但肝是合成脂肪酸的主要场所。

2. 合成原料　脂肪酸合成的原料主要是乙酰 CoA,另外还需要 NADPH＋H^+ 供氢和 ATP 供能。

(1) 乙酰 CoA:主要来自糖的分解代谢。乙酰 CoA 只能在线粒体内生成,而脂肪酸的合成则在胞液中进行,因此线粒体内生成的乙酰 CoA 需经柠檬酸-丙酮酸循环转运至胞液,进入胞液才能用于脂肪酸的合成。

乙酰 CoA 在线粒体内与草酰乙酸经柠檬酸合成酶催化,缩合生成柠檬酸,再由线粒体内膜上相应载体协助进入胞液,柠檬酸在胞液内的柠檬酸裂解酶催化下裂解产生乙酰 CoA 及草酰乙酸。乙酰 CoA 即可用于生成脂肪酸,草酰乙酸经苹果酸脱氢酶催化,还原成苹果酸再经线粒体内膜上的载体转运至线粒体,经氧化后补充草酰乙酸;也可在苹果酸酶作用下,氧化脱羧生成丙酮酸,丙酮酸经内膜载体转运至线粒体内,羧化转变为草酰乙酸,如图 8-5 所示。

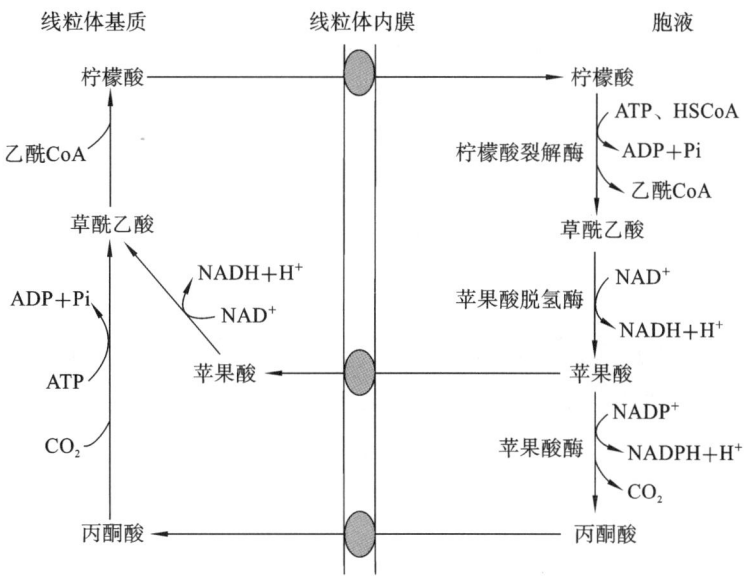

图 8-5　柠檬酸-丙酮酸循环

(2) NADPH＋H^+:主要来源于糖分解代谢的磷酸戊糖途径。

(3) ATP:主要来源于糖分解代谢途径。

3. 合成过程　脂肪酸的合成过程复杂,由乙酰 CoA 开始合成,但并不是 β-氧化的逆过程,产物是软脂酸,再经过加工生成人体各种脂肪酸。

(1) 丙二酰 CoA 的合成:乙酰 CoA 由乙酰 CoA 羧化酶催化转变成丙二酰 CoA。乙酰

CoA 羧化酶是脂肪酸合成的限速酶，其辅基为生物素，在反应过程中起到携带和转移羧基的作用，Mn^{2+} 为激活剂。

$$CH_3CO\sim SCoA + HCO_3^- + ATP \xrightarrow{\text{乙酰CoA羧化酶}} HOOCCH_2CO\sim SCoA + ADP + PPi$$
　　　乙酰CoA　　　　　　　　　　　　　　　　　　　　丙二酰CoA

（2）软脂酸的合成：软脂酸的合成实际上是一个连续的反应过程，由 1 分子乙酰 CoA 与 7 分子丙二酰 CoA 在脂肪酸合成酶系的催化下，消耗 ATP 和 NADPH＋H^+，经缩合、加氢、脱水和再加氢的连续过程，每一次使碳链延长两个碳，共 7 次循环，最终生成含 16 碳的软脂酸。

$$CH_3CO\sim SCoA + 7HOOCCH_2CO\sim SCoA + 14NADPH + 14H^+ + 7ATP \xrightarrow{\text{脂肪酸合成酶系}}$$
　　乙酰CoA　　　　　　　丙二酰CoA

$$CH_3(CH_2)_{14}COOH + 14NADP^+ + 8HSCoA + 7ADP + 7Pi + 7CO_2 + 6H_2O$$
　　　软脂酸

在原核生物中，脂肪酸合成酶系是一个由 7 种不同功能的酶与一个酰基载体蛋白（ACP）聚合成的多酶复合体。而真核生物的脂肪酸合成酶系是由两个完全相同的多肽链首尾相连而成，7 种酶活性均分布在每条多肽链上，每条多肽链上也都有一个 ACP，作为脂肪酸合成的载体，因此此酶系是多功能酶。

脂肪酸合成酶系催化合成的脂肪酸是软脂酸。脂肪酸碳链的延长和缩短都是通过对软脂酸的加工完成的，碳链延长是在内质网或线粒体中进行的；碳链缩短是在线粒体中通过 β-氧化完成的。

（3）不饱和脂肪酸的生成：上面合成的脂肪酸均为饱和脂肪酸，人体含有的不饱和脂肪酸，主要是软油酸（16:1,Δ^9）、油酸（18:1,Δ^9）、亚油酸（18:2,$\Delta^{9,12}$）、α-亚麻酸（18:3,$\Delta^{9,12,15}$）和花生四烯酸（20:4,$\Delta^{5,8,11,14}$）等。由于人体只含有 Δ^4、Δ^5、Δ^8 及 Δ^9 去饱和酶，缺乏 Δ^9 以上的去饱和酶，所以人体只能合成软油酸和油酸等单不饱和脂肪酸，不能合成亚油酸、α-亚麻酸和花生四烯酸等多不饱和脂肪酸。多不饱和脂肪酸必须从食物中摄取，故称为人体营养必需脂肪酸。

（三）甘油三酯的合成

甘油三酯的合成原料是 α-磷酸甘油和脂酰 CoA，合成的主要部位是肝细胞和脂肪细胞的内质网，合成过程主要是通过甘油二酯途径完成的，即由 1 分子 α-磷酸甘油加上 2 分子脂酰 CoA 生成磷脂酸，接着水解成甘油二酯，再与 1 分子脂酰 CoA 生成甘油三酯。另外，甘油三酯也可在小肠黏膜细胞的内质网，通过甘油一酯途径合成，即小肠黏膜细胞利用消化吸收的甘油一酯与脂肪酸合成甘油三酯。

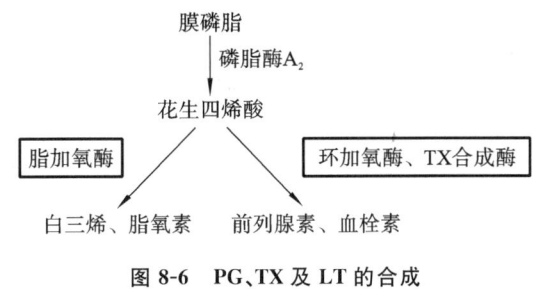

三、多不饱和脂肪酸的衍生物

体内多不饱和脂肪酸的衍生物包括前列腺素（prostaglandin，PG）、血栓素（thromboxane，TX）和白三烯（leukotriene，LT），均是花生四烯酸的衍生物。PG、TX 和 LT 在细胞中的含量很少，但几乎参与了所有细胞的代谢活动，生理活性很强，能调节细胞代谢，且与炎症、免疫、过敏等重要病理生理过程有关。

（一）PG、TX 及 LT 的合成

全身组织细胞（红细胞除外）都能合成 PG；血小板具有 TX 合成酶，能合成 TX；LT 主要在白细胞中合成。细胞在各种刺激因素如血管紧张素 Ⅱ、缓激肽、肾上腺素、凝血酶及某些抗原抗体复合物等作用下，细胞膜上的磷脂酶 A_2 被激活，使膜磷脂水解释放花生四烯酸，后者在一系列酶的作用下，转变为 PG、TX 及 LT（图 8-6）。

```
                   膜磷脂
                     │ 磷脂酶A₂
                  花生四烯酸
        ┌────────┐           ┌──────────────┐
        │脂加氧酶│           │环加氧酶、TX合成酶│
        └────────┘           └──────────────┘
     白三烯、脂氧素          前列腺素、血栓素
```

图 8-6　PG、TX 及 LT 的合成

（二）PG、TX 及 LT 的生理功能

1. PG 的生理功能　PGE_2 能诱发炎症，促进局部血管扩张和毛细血管通透性增加，引起红、肿、热、痛等炎症。PGE_2 和 PGA_2 能使动脉血管扩张，降低血压。PGE_2 和 PGI_2 具有抑制胃酸分泌，促进胃肠平滑肌蠕动的作用，PGI_2 还可以舒张血管及抗血小板聚集，抑制凝血及血栓的形成。PGF_2 具有促进卵巢排卵，增强子宫收缩和促进分娩的作用。

2. TX 的生理功能　TXA_2 能引起血小板聚集和血管收缩，促进凝血及血栓的形成。TXA_2 和 PGI_2 的作用相反，两者保持平衡是调节血管收缩和血小板聚集的重要因素。

3. LT 的生理功能　LT 是一类引起过敏反应的慢性反应物质，能使支气管平滑肌收缩，作用持久而缓慢。另外，LT 还能促进炎症及过敏反应的发展，在炎症及过敏反应中具有多种功能。

第三节 类脂代谢

类脂代谢主要包括磷脂代谢和胆固醇代谢。

一、磷脂代谢

磷脂是一类含磷酸的脂类。

(一)磷脂的分类与结构

磷脂按其化学组成不同可分为甘油磷脂(phosphoglyceride)与鞘磷脂(sphingomyelin)两大类。由甘油构成的磷脂称为甘油磷脂,由鞘氨醇构成的磷脂称为鞘磷脂。体内含量最多的磷脂是甘油磷脂,而且分布广。鞘磷脂主要分布于大脑和神经髓鞘中。

甘油磷脂由甘油、脂肪酸、H_3PO_4 和含氮化合物组成,根据与 H_3PO_4 相连的取代基 X 的不同,甘油磷脂可分为磷脂酸、磷脂酰胆碱(卵磷脂)、磷脂酰乙醇胺(脑磷脂)、磷脂酰丝氨酸、磷脂酰肌醇等(表 8-2)。其中磷脂酰胆碱(卵磷脂)和磷脂酰乙醇胺(脑磷脂)是重要的甘油磷脂,主要存在于脑组织、大豆和蛋黄中。已开发的大豆卵磷脂能促进肝中脂肪转运,防止肝中脂肪蓄积,常用作抗脂肪肝的保健品。

$$
\begin{array}{l}
CH_2-O-\overset{\displaystyle O}{\overset{\|}{C}}-R_1 \\
CH-O-\overset{\displaystyle O}{\overset{\|}{C}}-R_2 \\
CH_2-O-\overset{\displaystyle O}{\overset{\|}{P}}-O-X \\
\qquad\quad OH
\end{array}
$$

甘油磷脂

表 8-2　体内几种重要的甘油磷脂

X 取代基	磷脂名称
—H	磷脂酸
$-CH_2CH_2N^+(CH_3)_3$	磷脂酰胆碱(卵磷脂)
$-CH_2CH_2NH_2$	磷脂酰乙醇胺(脑磷脂)
$-CH_2CHNH_2COOH$	磷脂酰丝氨酸
$-CH_2CHOHCH_2OH$	磷脂酰甘油
$-CH_2CHOHCH_2-O-\overset{O}{\overset{\|}{P}}-O-CH_2\overset{\displaystyle CH_2OCOR}{\underset{\displaystyle OH}{\overset{\displaystyle CHOCOR_2}{}}}$	二磷脂酰甘油(心磷脂)

续表

X 取代基	磷脂名称
	磷脂酰肌醇

鞘脂是由鞘氨醇或二氢鞘氨醇、脂肪酸及取代基组成的。按取代基的不同,可分为鞘磷脂和鞘糖脂。

鞘磷脂的取代基为磷酸胆碱或磷酸乙醇胺,鞘糖脂的取代基为糖基。人体内含量最多的鞘磷脂是神经鞘磷脂,由鞘氨醇、脂肪酸及磷酸胆碱构成,是生物膜的组成成分,也是神经髓鞘的重要成分。神经髓鞘能防止神经冲动从一条神经纤维向周围神经纤维扩散,保证神经冲动的定向传导。

$$CHOHCH = CH(CH_2)_{12}CH_3 \qquad 鞘氨醇$$

$$CHNHCO(CH_2)_nCH_3 \qquad 脂肪酸（n=12\sim22）$$

$$CH_2-O-\overset{O}{\underset{OH}{P}}-O-CH_2CH_2N^+(CH_3)_3 \qquad 磷酸胆碱$$

神经鞘磷脂

磷脂在体内有许多重要的生理功能,除了构成生物膜外,还促进脂类的消化吸收,参与脂蛋白的组成与转运,组成肺泡表面活性物质,组成血小板活化因子,组成神经鞘磷脂,参与细胞膜对蛋白质的识别和信号传导。

(二) 甘油磷脂代谢

1. 甘油磷脂的合成代谢

(1) 合成部位:全身各组织细胞的内质网中都含有合成甘油磷脂的酶,因此各组织细胞均可合成甘油磷脂,其中肝、肾及小肠等组织细胞是合成甘油磷脂的主要场所。

(2) 合成原料:主要包括甘油、脂肪酸、磷酸盐、胆碱、乙醇胺、丝氨酸及肌醇等物质。甘油和脂肪酸主要由糖代谢转变而来,胆碱和乙醇胺可由食物提供,也可由丝氨酸在体内转变而来。此外,还需 ATP、CTP 供能。

(3) 合成过程:甘油磷脂的合成过程比较复杂,一方面不同的磷脂需经不同途径合成,另一方面不同的途径可合成同一磷脂,而且有些磷脂在体内还可以互相转变。

①乙醇胺和胆碱的活化:乙醇胺和胆碱在参与合成代谢之前首先要进行活化生成胞苷二磷酸乙醇胺(CDP-乙醇胺)和胞苷二磷酸胆碱(CDP-胆碱),其活化过程见图 8-7。

②磷脂酰乙醇胺与磷脂酰胆碱的生成:磷脂酰乙醇胺与磷脂酰胆碱可由甘油二酯分别与CDP-乙醇胺和 CDP-胆碱作用生成,反应分别由存在于内质网膜上的磷酸乙醇胺转移酶与磷酸胆碱转移酶催化。另外,磷脂酰乙醇胺甲基化也可生成磷脂酰胆碱(图 8-8)。

2. 甘油磷脂分解代谢　在体内甘油磷脂的分解由磷脂酶催化完成。在磷脂酶的作用下,甘油磷脂逐步水解生成甘油、脂肪酸、磷酸及各种含氮化合物如胆碱、乙醇胺和丝氨酸等。根

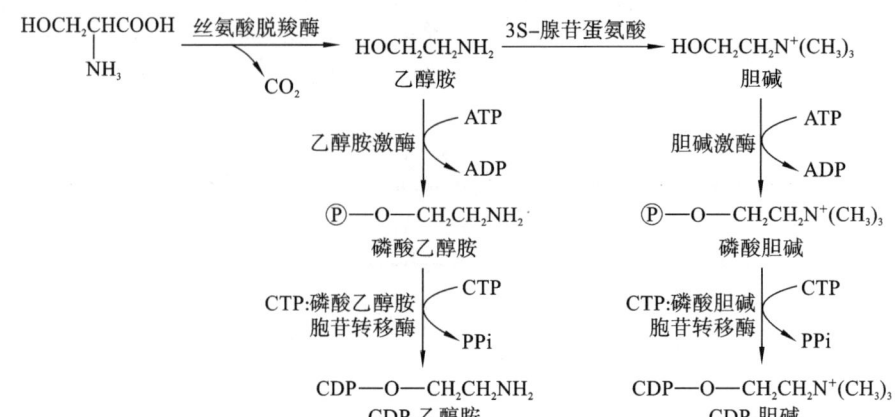

图 8-7   CDP-乙醇胺和 CDP-胆碱的生成

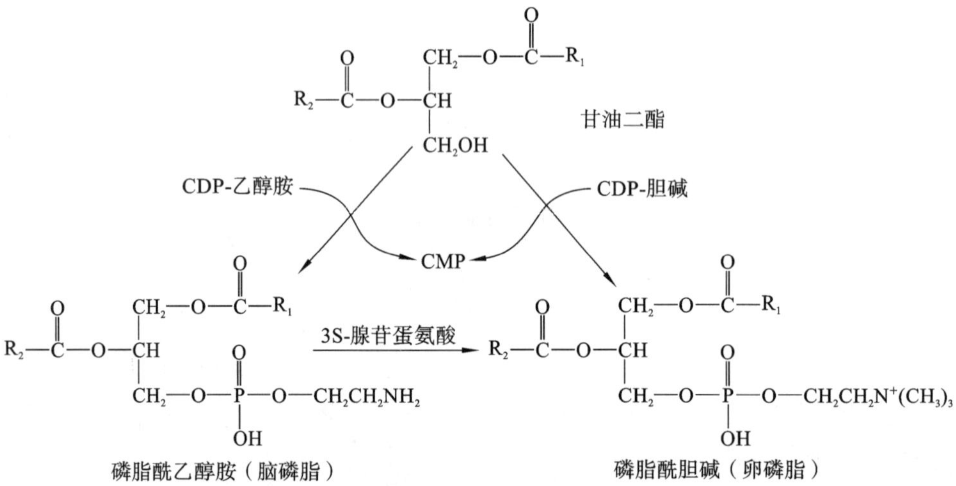

图 8-8   磷脂酰乙醇胺与磷脂酰胆碱的合成

据磷脂酶作用的特异性不同,可将磷脂酶分为磷脂酶 A_1、磷脂酶 A_2、磷脂酶 B_1、磷脂酶 B_2、磷脂酶 C 和磷脂酶 D。各种磷脂酶的作用如图 8-9 所示。

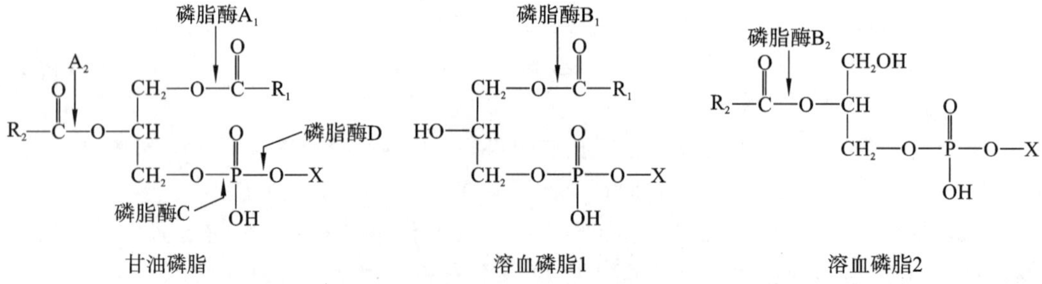

图 8-9   磷脂酶对甘油磷脂的水解

磷脂酶 A 的底物是甘油磷脂,磷脂酶 A_1、磷脂酶 A_2 分别水解第 1 位和第 2 位的酯键,产物为多不饱和脂肪酸和溶血卵磷脂。溶血卵磷脂是一种较强的表面活性剂,能破坏红细胞膜或其他细胞膜或引起细胞坏死。磷脂酶 A_2 以酶原的形式存在于胰腺中,急性胰腺炎时被提前激活可导致胰腺细胞膜受损,胰腺组织坏死。某些毒蛇唾液中含有磷脂酶 A_1,能水解磷脂的第 1 位酯键,产生脂肪酸及溶血磷脂 2,因此被毒蛇咬伤后可引起红细胞大量溶血。磷脂酶 B 的底物是溶血磷脂,磷脂酶 C 特异性作用于甘油磷脂第 3 位磷酸酯键,磷脂酶 D 特异性作用于有机化学基团与磷酸形成的磷脂键。

3. 甘油磷脂与脂肪肝　肝细胞内的脂肪过量堆积称为脂肪肝。正常人肝中脂类含量约占肝重的 5%,其中甘油三酯约占 2%,而以磷脂含量最多,约占 3%。肝中脂类含量超过 10%,且主要是甘油三酯堆积,组织学上证实肝实质细胞脂肪化超过 30% 时即为脂肪肝,也有少数遗传性疾病的脂肪肝,则主要是胆固醇在肝内沉积所致。

形成脂肪肝的常见原因:①肝内脂肪来源过多,如高脂高热量饮食。②肝功能受损,从而导致肝氧化脂肪酸的能力减弱,肝内脂肪去路障碍。③合成磷脂的原料(胆碱及乙醇胺)不足,磷脂合成量减少,导致极低密度脂蛋白(VLDL)生成障碍,使肝细胞内脂肪运出困难,在肝细胞内堆积,形成脂肪肝。临床上常用磷脂及其合成原料(丝氨酸、蛋氨酸、胆碱、乙醇胺等)以及有关辅助因子(叶酸、维生素 B_{12}、ATP 及 CTP 等)来防治脂肪肝。

二、胆固醇代谢

胆固醇是体内重要的脂类物质,因是最早从动物的胆石中分离出来的具有羟基的固体醇类化合物,故称为胆固醇(cholesterol)。所有固醇(包括胆固醇)均具有环戊烷多氢菲的基本结构,不同固醇的区别是碳原子数及取代基不同。胆固醇的结构如下:

胆固醇　　　　　　　　　　　　　　　　胆固醇酯

体内的胆固醇有两个来源,即内源性胆固醇和外源性胆固醇。内源性胆固醇由机体自身合成,正常人 50% 以上的胆固醇来自机体自身合成。外源性胆固醇由膳食摄入,全部来自动物性食品,如蛋黄、动物脂肪、动物内脏、鱿鱼、虾等,其中以禽蛋和动物的内脏及脑髓含量最多。

正常成人体内胆固醇总重约为 140 g,平均含量约为 2 g/kg,广泛分布于体内各组织,但分布极不均一,大约 1/4 分布于脑及神经组织,约占脑组织的 2%;肝、肾、肠等内脏组织中胆固醇的含量也比较高,而肌肉组织中胆固醇的含量较低,另外,肾上腺皮质、卵巢等组织胆固醇含量也较高。

胆固醇是生物膜的重要组成成分,在维持膜的流动性和正常功能中起重要作用。生物膜结构中的胆固醇均为游离胆固醇,而细胞中储存的都是胆固醇酯。胆固醇在体内可转变成胆汁酸、维生素 D_3、肾上腺皮质激素及性激素等重要生理活性物质。胆固醇代谢发生障碍可使血浆胆固醇浓度增高,是导致动脉粥样硬化的危险因素。

(一) 胆固醇的合成

人体合成胆固醇(内源性)是体内胆固醇的主要来源。

1. 胆固醇的合成部位　人体内除成年脑组织和成熟红细胞外,几乎全身各组织均能合成胆固醇。人体每天合成总量为 $1\sim1.5\,g$ 的胆固醇,肝是合成胆固醇的主要器官,其合成量占总量的 $70\%\sim80\%$,其次是小肠,可占总量的 10%。胆固醇的合成主要是在这些组织细胞的胞液及内质网中进行。

2. 胆固醇的合成原料　乙酰 CoA 是胆固醇合成的原料,合成过程中需要 ATP 提供能量,NADPH$+$H$^+$ 提供氢。乙酰 CoA 及 ATP 主要来自线粒体中糖的有氧氧化,而 NADPH$+$H$^+$ 则主要来自磷酸戊糖途径。由于合成部位是胞液和内质网,而线粒体中的乙酰 CoA 需通过柠檬酸-丙酮酸循环进入胞液参与胆固醇的合成,每合成 1 分子胆固醇需 18 分子乙酰 CoA、36 分子 ATP 及 16 分子 NADPH$+$H$^+$。

3. 胆固醇合成基本过程　胆固醇的生物合成过程复杂,有近 30 步酶促反应,大致分为以下三个阶段,见图 8-10。

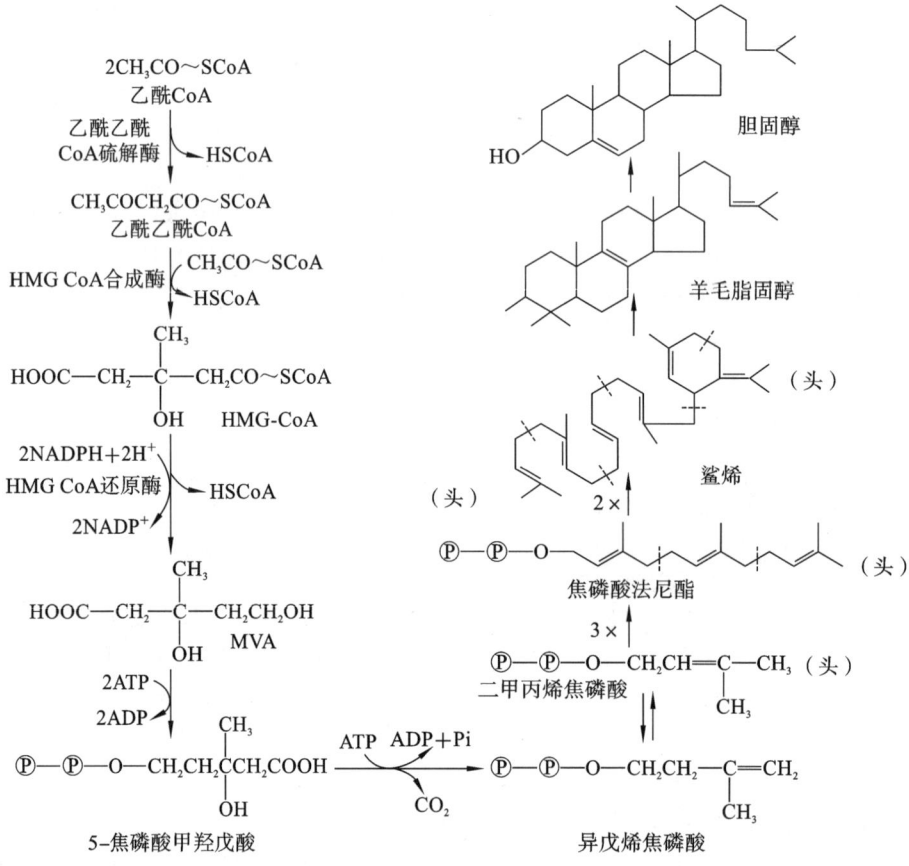

图 8-10　胆固醇的合成

（1）甲羟戊酸(MVA)的生成:在胞液中,2 分子乙酰 CoA 在乙酰乙酰 CoA 硫解酶的催化下先缩合成 1 分子乙酰乙酰 CoA,然后在 HMG-CoA 合成酶(β-羟基-β-甲基戊二酸单酰 CoA 合成酶)催化下再与 1 分子乙酰 CoA 缩合生成 HMG-CoA,此过程与酮体生成前几步相同。HMG-CoA 经 HMG-CoA 还原酶催化生成甲羟戊酸(mevalonic acid,MVA)。HAG-CoA 还原酶是胆固醇合成的限速酶。

（2）鲨烯的生成:MVA 由 ATP 提供能量,在一系列酶的催化下,先经磷酸化,后脱羧、脱羟基成为活泼的 5 碳焦磷酸化合物,然后 3 分子 5 碳焦磷酸化合物缩合成 15 碳焦磷酸法尼酯,2分子的15碳焦磷酸法尼酯再缩合最后生成30碳的鲨烯。

（3）胆固醇的合成:鲨烯与胆固醇结构相似,在单加氧酶、环化酶等多种酶的催化下环化成羊毛脂固醇,最后经氧化、脱羧、还原等反应,脱去3分子CO_2转变成27碳的胆固醇。

知识链接

胆固醇的功与过

日常生活中,我们要正确认识胆固醇。胆固醇是人体的重要营养素,尤其是儿童与生长发育期的青少年,需摄入足够量以满足机体需要。但是对中老年人而言,如果人体胆固醇代谢障碍或摄入量过多,就会沉积在动脉壁,导致动脉粥样硬化;若胆汁沉积,则形成胆结石。因此,临床对于动脉粥样硬化及胆石症患者采用低脂饮食,避免食用油炸食物、奶油;少吃动物脑、内脏等食品;注重运动,以降低体内胆固醇的浓度。

4. 胆固醇合成的调节　胆固醇合成的限速酶是HMG-CoA还原酶,各种因素(饥饿与饱食、食物胆固醇、激素等)对胆固醇合成的调节,主要是通过对HMG-CoA还原酶活性的影响来实现的。

（1）饥饿与饱食的调节:饥饿时HMG-CoA还原酶活性降低,使胆固醇合成减少。相反,高糖、高饱和脂肪膳食后,HMG-CoA还原酶活性增强,可导致胆固醇的合成增多。

（2）反馈抑制调节:食物胆固醇及体内合成的胆固醇能反馈抑制HMG-CoA还原酶的活性,从而抑制胆固醇的合成。当食物中胆固醇的含量降低时,对HMG-CoA还原酶合成胆固醇的抑制解除,从而使胆固醇合成增多。

（3）激素的调节:胰岛素、甲状腺激素能诱导HMG-CoA还原酶的活性增强,促进胆固醇的合成;胰高血糖素、肾上腺皮质激素则抑制HMG-CoA还原酶的活性,减少胆固醇的合成。另外,甲状腺激素除能促进HMG-CoA还原酶的活性,增加胆固醇的合成,还能促进胆固醇转化为胆汁酸,且转化作用大于合成作用,故总的调节效应是使血浆胆固醇含量下降。所以在临床上,甲状腺功能亢进患者的血清胆固醇含量下降,而甲状腺功能减退患者血清胆固醇含量升高。

（二）胆固醇的酯化

细胞内和血浆中的游离胆固醇都可以被酯化成胆固醇酯,但不同部位催化胆固醇酯化的反应酶及反应过程不同。

1. 细胞内胆固醇的酯化　在组织细胞内,游离胆固醇可在脂酰CoA-胆固醇脂酰转移酶(acyl-CoA cholesterol acyltransferase,ACAT)的催化下,接受脂酰CoA的脂酰基形成胆固醇酯。

$$胆固醇 + 脂酰CoA \xrightarrow{ACAT} 胆固醇酯 + HSCoA$$

2. 血浆内胆固醇的酯化　血浆中的游离胆固醇在卵磷脂-胆固醇脂酰转移酶(lecithin cholesterol acyl transferase,LCAT)的催化下,接受卵磷脂第2位碳原子上的脂酰基,生成胆固醇酯和溶血卵磷脂。

$$胆固醇 + 卵磷脂 \xrightarrow{LCAT} 胆固醇酯 + 溶血卵磷脂$$

LCAT 是在肝合成后分泌入血才发挥催化作用的。当肝功能受损时,LCAT 活性降低,从而引起血浆胆固醇酯含量下降。

（三）胆固醇的转化与排泄

胆固醇在体内不能被彻底氧化分解,但能经氧化、还原转变为其他具有重要生理功能的物质在体内发挥作用或被排出体外(图 8-11)。

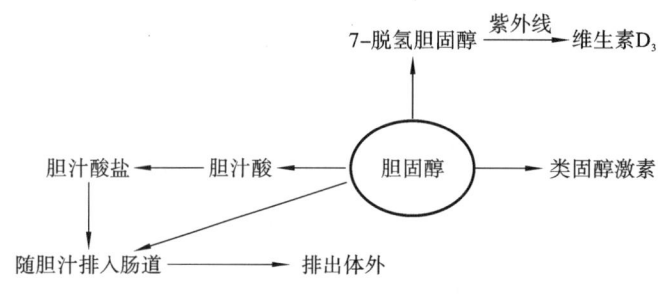

图 8-11　胆固醇的转化与排泄示意图

1. 胆固醇转化为胆汁酸　胆固醇在肝中转变为胆汁酸,这是胆固醇在体内代谢的主要去路,是肝清除体内胆固醇的主要方式,并以胆汁酸盐的形式随胆汁排入肠道,在促进脂类的乳化、消化和吸收中均发挥重要作用。

2. 胆固醇转化为类固醇激素　胆固醇是肾上腺皮质、睾丸、卵巢等内分泌腺合成及分泌类固醇激素的原料。在肾上腺皮质、性腺等组织中,胆固醇可转化为肾上腺皮质激素和性激素等,参与机体代谢调节。

3. 胆固醇转化为维生素 D$_3$　胆固醇在体内可被脱氢氧化生成 7-脱氢胆固醇,7-脱氢胆固醇随血液运至人皮下,储存于皮下的 7-脱氢胆固醇经日光中紫外线照射可转变为维生素 D$_3$,所以胆固醇是维生素 D 的前体。维生素 D$_3$ 在肝脏被羟化为 25-(OH)-D$_3$,再在肾脏被羟化为有活性的 1,25-(OH)$_2$-D$_3$。1,25-(OH)$_2$-D$_3$ 具有调节机体钙、磷代谢的作用。

4. 胆固醇的排泄　在体内胆固醇的主要代谢去路是转变成为胆汁酸,以胆汁酸盐的形式随胆汁进入肠道排泄。肝还能将部分胆固醇直接排入肠内,与肠内未被吸收的食物胆固醇一起被肠道细菌还原为粪固醇后排出体外,故胆管阻塞患者血液中胆固醇含量升高。当胆汁的成分及含量发生异常变化或胆汁中胆固醇过多时,这部分胆固醇不能有效地溶解于胆汁中,会析出形成结晶,即为结石。

第四节　血脂和血浆脂蛋白

一、血脂的组成与含量

血浆中的脂类物质统称为血脂,包括甘油三酯、磷脂、胆固醇、胆固醇酯和游离脂肪酸(free fatty acid,FFA)等。血脂含量可以反映体内脂类代谢的情况。由于受饮食、年龄、性别、职业等因素的影响,正常成人血脂含量波动范围较大。例如,进食高脂肪膳食后,血脂含量大幅度上升,但这种变化只是暂时的,通常在 12 h 之内逐渐趋于正常。基于此种原因,临床上进行血脂测定时要在空腹 12～14 h 后采血。正常成人空腹血脂组成成分及含量见表 8-3。

表 8-3 正常成人空腹血脂的主要成分和含量

成分	含量/(mg/dL)	含量/(mmol/L)
总脂	400～700	6.7～12.2
甘油三酯	10～160	0.11～1.69
总胆固醇	100～250	2.59～6.47
胆固醇酯	70～200	1.81～5.17
游离胆固醇	40～70	1.03～1.81
总磷脂	150～250	48.44～80.73
游离脂肪酸	5～20	0.5～0.7

血脂含量的稳定主要取决于血脂的来源和去路处于动态平衡之中。血脂的来源分为外源性和内源性两部分。外源性来自食物中的脂类的消化吸收;内源性是由组织自身合成或体内各组织的分解释放入血的。血脂的去路:氧化分解供能;进入脂库储存;构成生物膜;转变成胆汁酸、类固醇激素等生理活性物质(图 8-12)。

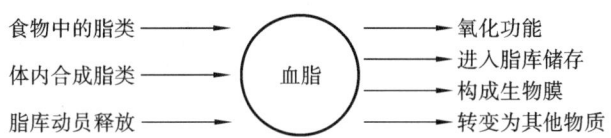

图 8-12 血脂的来源与去路

血脂测定可及时地反映体内脂类代谢状况,是临床常规分析的重要指标。血脂水平的测定和分析,对于预防高脂血症、动脉粥样硬化(atherosclerosis,AS)和冠心病具有重要的临床研究价值。

二、血浆脂蛋白

血浆中的脂类物质由于水溶性很差,不能在血浆中直接转运。这些脂类物质(除了游离脂肪酸)在血浆中的转运都是与水溶性强的载脂蛋白(apoprotein,apo)结合在一起,以脂蛋白(lipoprotein,LP)的形式在血浆中转运的。而游离脂肪酸在血浆中与清蛋白结合而被转运。所以,血浆脂蛋白是脂类在血浆中的主要运输形式。

(一) 血浆脂蛋白的分类

血浆脂蛋白由脂类和蛋白质两部分组成,而各种血浆脂蛋白所含的脂类和蛋白质有很大的差异。根据这种差异,分离血浆脂蛋白的方法通常有两种,即超速离心法(密度分类法)和电泳法。这两种方法均可把血浆脂蛋白分成四类,各类脂蛋白的命名基本上都是以这两种方法所得的结果表示的。

1. 超速离心法(密度分类法) 超速离心法是分离血浆脂蛋白的一种经典方法,是根据不同脂蛋白分子的密度不同、漂浮速率不同而进行分离的方法。在不同的脂蛋白中,蛋白质和各种脂类所占的比例不同,因而其密度也就不同,蛋白质含量高者,密度大,相反脂类含量高者,

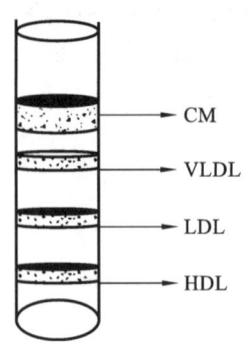

图 8-13 超速离心法分离
血浆脂蛋白示意图

密度小。将血浆在一定密度的盐溶液中进行超速离心时,各种脂蛋白因密度不同表现出不同的沉浮情况,密度小的易上浮,密度大的易下沉,用这种方法可将血浆脂蛋白分为四类:乳糜微粒(chylomicron,CM)、极低密度脂蛋白(very low density lipoprotein,VLDL)、低密度脂蛋白(low density lipoprotein,LDL)和高密度脂蛋白(high density lipoprotein,HDL)(图 8-13)。除上述四类脂蛋白外,还有中间密度脂蛋白(intermediate density lipoprotein,IDL),它是 VLDL 在脂肪组织毛细血管内的代谢物,其组成及密度介于 VLDL 与 LDL 之间。

2. 电泳法 电泳法是分离血浆脂蛋白最常用的一种方法,这种方法是以不同的血浆脂蛋白中脂类和蛋白质所占的比例不同,因此它们的颗粒大小及表面所带的电荷量不同,在电场中具有不同的电泳迁移率来分离的。按其电泳迁移率由慢到快,可将脂蛋白分离成四条区带,即乳糜微粒(CM)、β-脂蛋白(β-lipoprotein,β-LP)、前 β-脂蛋白(pre-β-lipoprotein,前 β-LP)和 α-脂蛋白(α-lipoprotein,α-LP)。血浆脂蛋白电泳结果如图 8-14 所示。这四类脂蛋白与密度分类法的 CM、VLDL、LDL、HDL 的对应关系见表 8-4。

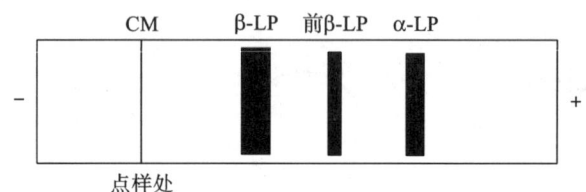

图 8-14 血浆脂蛋白电泳示意图

表 8-4 各种血浆脂蛋白的分类、性质、组成和功能

分类	超速离心法	CM	VLDL	LDL	HDL
	电泳法	CM	前 β-LP	β-LP	α-LP
性质	密度/(g/mL)	<0.95	0.95~1.006	1.006~1.063	1.063~1.210
	漂浮系数(S_f)	>400	20~400	0~20	沉降
	颗粒直径/nm	80~500	25~80	20~25	5~17
	蛋白质	0.5~2	5~10	20~25	50
	脂类	98~99	90~95	75~80	50
组成/(%)	甘油三酯	80~95	50~70	10	5
	磷脂	5~7	15	20	25
	总胆固醇	1~4	15~19	45~50	20
	游离胆固醇	1~2	5~7	8	5
	胆固醇酯	3	10~12	40~42	15~17
主要载脂蛋白		AⅠ,B$_{48}$,CⅠ,CⅡ,CⅢ	B$_{100}$,CⅠ,CⅡ,CⅢ,E	B$_{100}$	AⅠ,AⅡ,D

续表

分类	超速离心法	CM	VLDL	LDL	HDL
	电泳法	CM	前 β-LP	β-LP	α-LP
合成部位		小肠黏膜细胞	肝细胞	血浆	肝、小肠、血浆
生理功能		转运外源性甘油三酯	转运内源性甘油三酯	转运胆固醇到肝外	转运肝外胆固醇入肝

(二)血浆脂蛋白的组成

各种血浆脂蛋白都是由脂类和蛋白质两类成分所构成。脂蛋白中的脂类包括甘油三酯、胆固醇、胆固醇酯、磷脂等组成。脂蛋白中的蛋白质部分又称为载脂蛋白(apo)。载脂蛋白主要分为 apoA、apoB、apoC、apoD 及 apoE 五大类,每一类载脂蛋白又可分为许多亚类,如 apoA 有 apoA I、apoA II、apoA IV、apoA V;apoB 又可分为 apoB$_{100}$ 及 apoB$_{48}$;apoC 又可分为 apoC I、apoC II、apoC III 及 apoC IV。不同的脂蛋白含有不同的载脂蛋白,如 CM 含有 apoB$_{48}$ 而不含 apoB$_{100}$;VLDL 除含 apoB$_{100}$ 外,还有 apoC I、apoC II、apoC III 及 apoE;LDL 几乎只含 apoB$_{100}$;而 HDL 主要含 apoA I 及 apoA II。载脂蛋白是决定脂蛋白结构、功能和代谢的主要因素,具有以下功能:①作为载体运输血浆脂类物质;②构成并稳定脂蛋白的结构;③调节脂蛋白代谢关键酶活性;④参与脂蛋白受体的识别、结合及其代谢过程。

各种血浆脂蛋白都含有脂类和蛋白质成分,但其组成比例及含量差异很大。CM 颗粒最大,含甘油三酯最多,达 80%～95%,蛋白质含量最少,故密度最小。VLDL 含甘油三酯也多,达 50%～70%,但其蛋白质、胆固醇、磷脂含量高于 CM,故密度较 CM 大。LDL 含胆固醇及其酯最多,为 45%～50%。HDL 含蛋白质最多,约 50%,故密度最大,颗粒最小。各种血浆脂蛋白的分类、性质、组成和功能见表 8-4。

(三)血浆脂蛋白的结构

各种血浆脂蛋白都具有大致相似的基本结构,呈球状。其中甘油三酯和胆固醇酯疏水性较强,均位于脂蛋白的内核,而具有极性及非极性基团的载脂蛋白、磷脂及游离胆固醇则借其疏水基团与内部的疏水键相连接,覆盖于脂蛋白表面,这样其非极性的疏水基团朝向内核,极性的亲水基团朝外,整个脂蛋白微团呈球形(图 8-15),具有较强的水溶性,使脂蛋白溶解于血浆中并能在血浆中运输。CM 及 VLDL 的内核是大量的甘油三酯及少量胆固醇酯,LDL、HDL 的内核则主要是胆固醇酯。

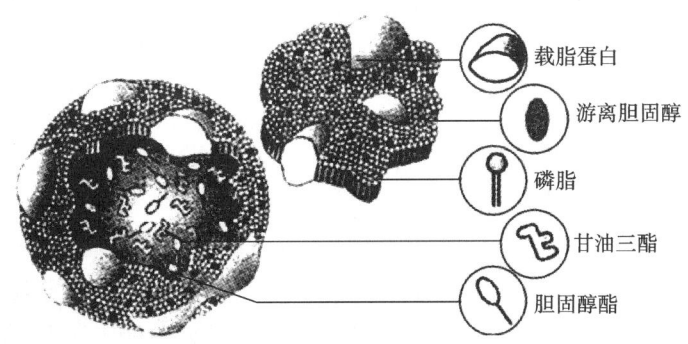

载脂蛋白

游离胆固醇

磷脂

甘油三酯

胆固醇酯

图 8-15　血浆脂蛋白结构示意图

（四）血浆脂蛋白的代谢和功能

血浆脂蛋白的主要功能是转运脂类。由于各种脂蛋白的合成部位、转运脂类的比例及在血液中的代谢过程不同，各种脂蛋白所表现出的生理功能也不同。

1. 乳糜微粒（CM）　CM 由小肠黏膜细胞合成，其特点是含有大量甘油三酯（80%～95%），而蛋白质含量很少，主要功能是转运外源性甘油三酯。小肠黏膜细胞将食物中消化吸收的脂类再重新合成，连同载脂蛋白形成新生的 CM。新生的 CM 经淋巴系统进入血液循环后与 HDL 进行某些成分的交换，形成成熟的 CM。当 CM 随血液经过心肌、骨骼肌及脂肪等组织时，在脂蛋白脂肪酶（lipoprotein lipase，LPL）作用下，CM 中的甘油三酯逐步水解成甘油和脂肪酸，并形成 CM 残余颗粒，最终被肝细胞摄取利用。CM 颗粒大，能使光线散射而使血浆的外观呈乳浊样，这是饭后血浆混浊的原因。正常人 CM 在血浆中代谢迅速，半衰期仅为5～15 min，因此空腹 12～14 h 后血浆中不再含 CM，这种现象称为脂肪廓清。

2. 极低密度脂蛋白（VLDL）　VLDL 主要由肝细胞合成，含有较多的甘油三酯。肝细胞可以利用葡萄糖为原料合成甘油三酯，也可利用食物中的脂肪酸或脂肪组织动员的脂肪酸合成甘油三酯，然后再与磷脂、胆固醇、胆固醇酯及 $apoB_{100}$、apoC 等合成 VLDL 分泌入血，所以，VLDL 的主要功能是运输内源性甘油三酯至全身各组织利用。进入血液循环后 VLDL 的代谢与 CM 非常相似，激活 LPL，VLDL 中的甘油三酯逐渐被降解，将 apoC 转移给 HDL，而 $apoB_{100}$ 和 apoE 含量相对增加，密度逐渐增大，VLDL 转变为中间密度脂蛋白（IDL）。一部分 IDL 与肝细胞膜上的 apoE 受体结合后被肝细胞摄取利用，另一部分 IDL 转变为 LDL。VLDL 在血浆中的半衰期为 6～12 h，所以正常成人空腹时血浆中的 VLDL 也很少。

3. 低密度脂蛋白（LDL）　LDL 由 VLDL 在血浆中转变而来，主要成分是胆固醇及胆固醇酯，主要功能是转运肝合成的内源性胆固醇至全身组织细胞。LDL 的半衰期为 2～4 d，是正常人空腹时血浆中的主要脂蛋白，含量约占血浆脂蛋白总量的 2/3。LDL 在体内的代谢有两条途径：一条是 LDL 受体途径；另一条是由清除细胞即单核吞噬细胞系的巨噬细胞清除，其中以 LDL 受体途径为主，约 2/3 的 LDL 由 LDL 受体途径降解，约 1/3 的 LDL 由清除细胞清除。

血浆 LDL 水平增高的人，容易患动脉粥样硬化，称 LDL 为动脉粥样硬化因子，所以临床上对 LDL 的增多很重视。因为它的增多会导致胆固醇总量的增高，如果 LDL 结构不稳定，则胆固醇很容易在血管壁沉积而形成斑块，这就是动脉粥样硬化的病理基础，由此也会诱发一系列的心、脑血管系统疾病。

4. 高密度脂蛋白（HDL）　HDL 主要由肝脏合成，小肠内也可合成。它的主要成分是蛋白质，运输的脂类以胆固醇为主。HDL 的主要功能是将胆固醇从肝外组织转运到肝脏进行代谢，称之为胆固醇的逆向转运（reverse cholesterol transport，RCT），即 HDL 是逆向转运胆固醇的主要形式，有利于降低胆固醇。HDL 的半衰期为 3～5 d，正常人空腹时血浆中的 HDL 约占血浆脂蛋白总量的 1/3。血浆 HDL 水平增高的人，不容易患动脉粥样硬化，称 HDL 为抗动脉粥样硬化因子。

肝细胞利用载脂蛋白、磷脂及少量胆固醇合成圆盘状的新生 HDL 后分泌入血，与富含胆固醇的细胞膜、其他脂蛋白及动脉壁接触，以获得肝外细胞的胆固醇。在血浆中 LCAT 的催化下，游离胆固醇转变为胆固醇酯。随着胆固醇酯的增加及 apoC 和 apoE 的转移，新生的HDL 转变为成熟的 HDL，形状也由原来的圆盘状转变成球状。机体通过胆固醇的逆向转运，将外周组织中衰老细胞膜中的胆固醇转运至肝，从而有助于清除包括血管壁在内的外周组织中多余的胆固醇,最终在肝脏中胆固醇转化为胆汁酸后排出体外。这对于防止因胆固醇聚积而导致的动脉粥样硬化有重要作用。

四种血浆脂蛋白代谢及其相互关系见图 8-16。

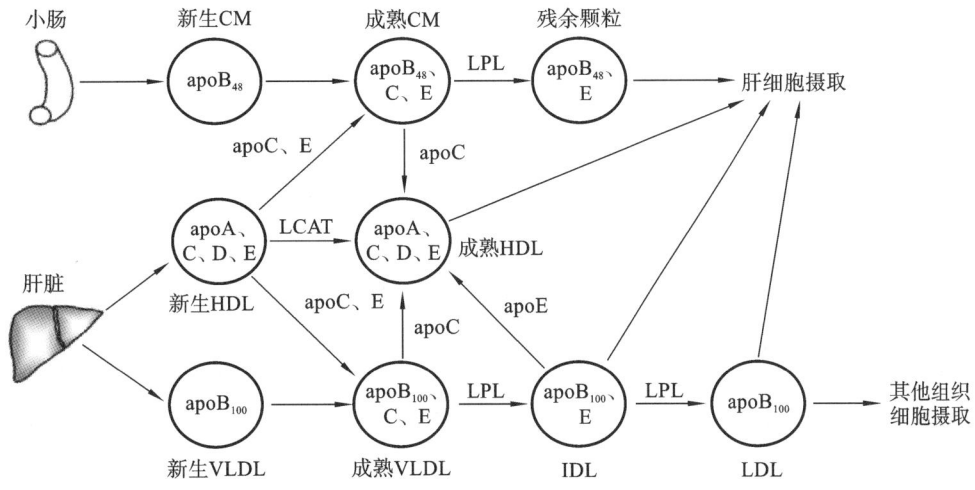

图 8-16　血浆脂蛋白代谢示意图

三、血浆脂蛋白代谢异常

(一) 高脂血症

正常时,血浆脂类水平处于动态平衡,能保持在一个稳定的范围。若因某种原因使空腹血脂水平升高,超出正常范围,称为高脂血症(hyperlipidemia)。由于脂类物质在血浆中是以脂蛋白的形式运输的,因此高脂血症也称高脂蛋白血症(hyperlipoproteinemia,HLP)。目前临床上的高脂血症主要是指血浆中的胆固醇及甘油三酯的含量升高超过正常范围的上限,称为高胆固醇血症或高甘油三酯血症。一般以成人空腹 $12 \sim 14$ h 血浆甘油三酯含量超过 2.26 mmol/L(200 mg/dL),胆固醇含量超过 6.21 mmol/L(240 mg/dL),儿童胆固醇含量超过 4.14 mmol/L(160 mg/dL)为高脂血症的诊断标准。

1970 年世界卫生组织(WHO)建议将高脂血症分为五型六类。WHO 的高脂血症分型主要是根据临床化验结果来描述异常脂蛋白的表现,而忽略患者的病因和体征,故称表型分类。各型高脂血症的血脂及脂蛋白的变化见表 8-5。

表 8-5　高脂血症的分型及特征

类型	脂蛋白变化	血脂变化		发病率
		TG	TC	
I	CM↑	↑↑↑	↑→	罕见
IIa	LDL↑	→	↑↑	常见
IIb	VLDL↑、LDL↑	↑	↑	很常见
III	IDL↑	↑	↑	很少见
IV	VLDL↑	↑↑	↑→	较常见
V	CM↑、VLDL↑	↑↑↑	↑	较少见

注:→表示浓度正常;↑表示浓度升高;↑↑表示浓度显著升高;↑↑↑表示浓度极显著升高。

表型分类法有助于临床对高脂血症的诊断和治疗,但具有很大的局限性,较烦琐。在临床上诊治高脂血症时,认为不必过分强调高脂血症的分型,因为这种分型并不是病因诊断,而且有时也会发生变化。为了指导治疗,提出了高脂血症的简易分型方法,即将高脂血症分为高甘油三酯血症、高胆固醇血症和混合型高脂血症。见表8-6。

表8-6　高脂血症简易分型

类型	TG	TC	相当于 WHO 表型
高甘油三酯血症	↑↑	→	Ⅳ（Ⅰ）
高胆固醇血症	→	↑↑	Ⅱa
混合型高脂血症	↑↑	↑↑	Ⅱb（Ⅲ、Ⅳ、Ⅴ）

注:括弧内为少见类型。

高脂血症按发病原因可分为原发性与继发性两大类。原发性高脂血症是原因不明的高脂血症,已证明有些是由遗传性缺陷所致。而继发性高脂血症是继发于其他疾病如糖尿病、肾病、肝病及甲状腺功能减退等,也多见于肥胖、酗酒等。

（二）动脉粥样硬化

动脉粥样硬化(atherosclerosis,AS)是一类动脉血管壁退行性病理变化引起的常见病。主要原因是大量的胆固醇沉积在大、中动脉血管内膜上而形成粥样斑块,从而引起局部坏死、结缔组织增生、血管壁纤维化和钙化等病理改变,使得血管管腔狭窄。冠状动脉若发生这种变化,常引起心肌缺血,导致冠状动脉粥样硬化性心脏病,简称为冠心病。此病是严重危害人类健康的常见病之一。

近年来的研究表明,动脉粥样硬化的发生、发展过程与血浆脂蛋白代谢密切相关。尤其是血浆中 LDL 浓度升高往往与动脉粥样硬化的发病率呈正相关;血浆中 HDL 的浓度与动脉粥样硬化的发生呈负相关,因此,临床上认为 HDL 是抗动脉粥样硬化的"保护因子"。其抗动脉粥样硬化的主要机制为 HDL 可将肝外组织,包括动脉壁、巨噬细胞等组织细胞的胆固醇转运至肝脏,从而降低血液中的胆固醇含量,同时还具有抑制 LDL 氧化的作用,保护内膜不受 LDL 的损害。如果患者血浆中 LDL 含量升高,伴随 HDL 含量降低,是患动脉粥样硬化最危险的因素,所以降低血浆中 LDL 水平和升高 HDL 的水平是防治动脉粥样硬化、冠心病的基本原则。

 病例分析

患者,男,50岁,某公司职员,平时工作忙,很少参加体育锻炼,体态肥胖,喜食荤菜,嗜烟酒多年。

生化检查显示:总胆固醇(TC)7.18 mmol/L,甘油三酯(TG)5.63 mmol/L,高密度脂蛋白胆固醇(HDL-C)0.92 mmol/L(正常参考值:≥1.04 mmol/L),低密度脂蛋白胆固醇(LDL-C)3.89 mmol/L(正常参考值:<3.37 mmol/L),空腹血糖(FPG)5.3 mmol/L。

分析思考:

1. 根据生化检查显示,对该患者的临床诊断是什么?

2. 该患者平时应该注意哪些问题?

思维导图

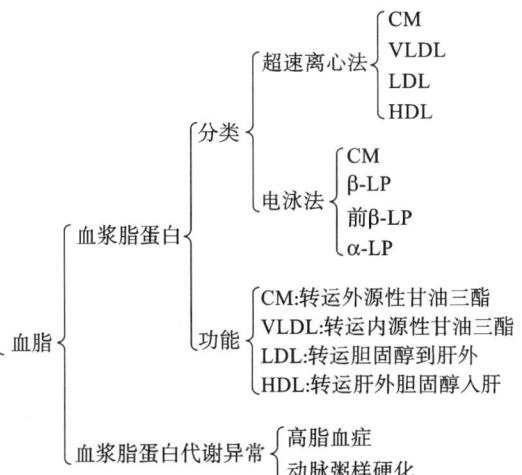

脂类代谢
- 脂类的生理功能
  - 脂肪的生理功能
    - 储能和供能
    - 维持体温
    - 保护内脏
    - 协助脂溶性维生素的吸收
    - 提供营养必需脂肪酸
  - 类脂的生理功能
    - 构成生物膜
    - 转变成多种重要物质
    - 参与构成血浆脂蛋白
    - 维持神经传导的正常功能
- 脂肪动员
  - 产物是1分子甘油和3分子脂肪酸
  - 限速酶：甘油三酯脂肪酶
- 脂肪酸的氧化
  - 脂肪酸的活化
  - 脂酰CoA进入线粒体
  - 脂酰CoA β-氧化（四步：脱氢、加水、再脱氢、硫解）
  - 乙酰CoA的彻底氧化
- 甘油三酯的合成
  - 合成原料：α-磷酸甘油及脂酰CoA
  - 合成场所：细胞液
  - 合成过程：包括α-磷酸甘油的生成、脂肪酸合成和甘油三酯的合成
- 酮体代谢
  - 酮体：乙酰乙酸、β-羟丁酸、丙酮
  - 生成部位：肝细胞线粒体
  - 生成原料：乙酰CoA
  - 生成的限速酶：HMG-CoA合成酶
  - 酮体代谢特点：肝内生酮、肝外利用
- 胆固醇合成
  - 胆固醇的合成部位：肝细胞的胞质及内质网
  - 胆固醇的合成原料：乙酰CoA、ATP等
  - 胆固醇合成的限速酶：HMG-CoA还原酶
- 胆固醇的转化与排泄
  - 胆固醇转化为胆汁酸
  - 胆固醇转化为类固醇激素
  - 胆固醇转化为维生素D_3
  - 胆固醇转变为粪固醇排泄
- 血脂
  - 血浆脂蛋白
    - 分类
      - 超速离心法
        - CM
        - VLDL
        - LDL
        - HDL
      - 电泳法
        - CM
        - β-LP
        - 前β-LP
        - α-LP
    - 功能
      - CM:转运外源性甘油三酯
      - VLDL:转运内源性甘油三酯
      - LDL:转运胆固醇到肝外
      - HDL:转运肝外胆固醇入肝
  - 血浆脂蛋白代谢异常
    - 高脂血症
    - 动脉粥样硬化

目标检测

A 型题（即单句型最佳选择题）。每一道试题下面有 A、B、C、D、E 五个备选答案，请从中选择一个最佳答案。

1. 要真实反映血脂的情况，常在饭后（　　）。

A.2 h 采血　　　　　　　　B.3～6 h 采血　　　　　　　　C.8～10 h 采血

D.12～14 h 采血　　　　　　E.24 h 后采血

2. 在脂肪细胞中，脂肪水解的限速酶是（　　）。

A.甘油一酯脂肪酶　　　　　B.甘油二酯脂肪酶　　　　　　C.甘油三酯脂肪酶

D.脂蛋白脂肪酶　　　　　　E.磷酸酶

3. 脂酰 CoA 在肝脏 β-氧化的酶促反应顺序为（　　）。

A.脱氢、再脱氢、加水、硫解　　　　　　B.脱氢、加水、再脱氢、硫解

C.硫解、脱氢、再脱氢、加水　　　　　　D.加水、脱氢、硫解、再脱氢

E.脱氢、再脱氢、加水、硫解

4. 酮体是指（　　）。

A.草酰乙酸，β-羟丁酸，丙酮　　　　　　B.乙酰乙酸，β-羟丁酸，丙酮酸

C.乙酰乙酸，β-氨基丁酸，丙酮酸　　　　D.乙酰乙酸，γ-羟丁酸，丙酮

E.乙酰乙酸，β-羟丁酸，丙酮

5. 1 分子硬脂酸（18 碳）彻底氧化成 CO_2 和 H_2O，可生成 ATP 的分子数为（　　）。

A.122　　　　　B.120　　　　　C.106　　　　　D.108　　　　　E.148

6. 转运外源性甘油三酯的血浆脂蛋白是（　　）。

A.CM　　　　　B.VLDL　　　　　C.HDL　　　　　D.LDL　　　　　E.IDL

7. 脂肪动员的产物是（　　）。

A.甘油和脂肪酸　　B.乙酰辅酶 A　　C.甘油二酯　　D.甘油一酯　　E.以上都是

B 型题（即标准配伍题）。以下每组试题共用在试题前列出的 A、B、C、D、E 五个备选答案，请从中选择一个与问题关系最密切的答案，某个备选答案可能被选择一次、多次或不被选择。

A.CM　　　　　B.VLDL　　　　　C.IDL　　　　　D.LDL　　　　　E.HDL

8. 不存在于空腹血浆中的是（　　）。

9. 空腹血浆中含量最多的是（　　）。

10. 含量增多对心血管有保护作用的是（　　）。

思考题

1. 简述血脂的来源和去路。

2. 简述脂肪酸 β-氧化的概念及反应过程。

3. 什么是酮体？简述酮体是如何生成和利用的。

4. 简述血浆脂蛋白的分类及生理功能。

【第八章　目标检测参考答案】

1.D　2.C　3.B　4.E　5.B　6.A　7.A　8.A　9.D　10.E

实验四　血清总胆固醇的测定——COD-PAP 法

【实验目的】

1. 理解胆固醇氧化酶法测定血清总胆固醇(TC)的原理。
2. 熟悉血清总胆固醇测定的基本操作步骤。
3. 了解血清总胆固醇测定的临床意义。

【实验原理】

血清中的胆固醇酯在胆固醇酯酶(CEH)作用下水解成游离胆固醇(FC)和脂肪酸(FFA)，形成的游离胆固醇与血清中原有的游离胆固醇在胆固醇氧化酶(COD)作用下氧化成 Δ^4 胆甾烯酮及过氧化氢(H_2O_2)；过氧化氢在过氧化物酶(POD)催化下，将无色的色原物质 4-氨基安替比林(4-AAP)及酚氧化缩合生成红色醌亚胺类化合物，其颜色的深浅在一定范围内与血清中游离胆固醇总量成正比，与经同样处理的标准管比较即可求得标本中总胆固醇含量。反应式如下：

$$胆固醇酯 + H_2O \xrightarrow{CEH} 游离胆固醇 + 脂肪酸$$
$$胆固醇 + O_2 \xrightarrow{COD} \Delta^4\ 胆甾烯酮 + H_2O_2$$
$$H_2O_2 + 4\text{-}AAP + 酚 \xrightarrow{POD} 醌亚胺 + H_2O$$
$$(红色)$$

【实验器材】

微量加样器、恒温水浴箱、半自动生化分析仪(或分光光度计)、试管、试管架、5 mL 刻度吸管、洗耳球。

【实验试剂】

胆固醇酯酶(CEH)、胆固醇氧化酶(COD)、过氧化物酶(POD)、胆固醇标准液(5.17 mmol/L)。

【实验操作】

(1) 取清洁试管 3 支，编号后按下表操作(可参照试剂盒说明书来进行)。

加入物	测定管	标准管	空白管
血清/mL	0.01	—	—
胆固醇标准液/mL	—	0.01	—
蒸馏水/mL	—	—	0.01
酶应用液/mL	1.0	1.0	1.0

(2) 各管混匀，置 37 ℃ 水浴中保温 15 min。

(3) 半自动生化分析仪设置波长 510 nm，分光光度计调波长 510 nm，以空白管调零进行比色测定，读取标准管和测定管的吸光度。

【正常参考值】

TC<5.18 mmol/L(或可参照试剂盒说明书)。

【实验结果】

1. 结果记录

2. 结果计算

$$血清\ TC(mmol/L)=\frac{测定管吸光度}{标准管吸光度}\times胆固醇标准液浓度$$

【注意事项】

(1) 由于血清、胆固醇标准液加液量较少,注意微量加样器的规范操作,尽量不要沾在试管壁上,以免使测定结果出现误差。

(2) 若用分光光度计,加液量可成倍增加,如血清、胆固醇标准液、蒸馏水各加 0.03 mL,酶应用液各加 3.0 mL。

(3) 试剂中酶的质量影响测定结果,试剂盒应放在冰箱中保存,酶应用液最好现用现配。

【临床意义】

1. TC 增高　常见于动脉粥样硬化、原发性高脂血症(如家族性高胆固醇血症、家族性 ApoB 缺陷症、多源性高胆固醇血症、混合性高脂蛋白血症等)、糖尿病、肾病综合征、胆总管阻塞、甲状腺功能减退、肥大性骨关节炎、老年性白内障和牛皮癣。

2. TC 降低　常见于低脂蛋白血症、贫血、败血症、甲状腺功能亢进症、肝脏疾病、严重感染、营养不良、肠道吸收不良和药物治疗过程中的溶血性黄疸及慢性消耗性疾病,如癌症晚期等。

【思考题】

1. 反应过程中将反应液在 37 ℃水浴中保温的目的是什么?

2. 简述胆固醇氧化酶法测定血清总胆固醇的原理。

第九章 氨基酸分解代谢

学习目标

1. 掌握必需氨基酸的定义及种类、蛋白质生理价值和互补作用；氨基酸的脱氨基方式、反应过程和生理意义；体内氨的来源与去路，鸟氨酸循环的概念、过程、关键酶、生理意义。

2. 理解氮平衡的定义及意义；一碳单位的定义、载体、生理功能。

3. 熟悉几种重要氨基酸脱羧基的产物（γ-氨基丁酸、5-羟色胺、牛磺酸、组胺等）；体内重要的含硫氨基酸及芳香族氨基酸的代谢。

4. 了解氨基酸的消化吸收；蛋白质的营养作用。

第一节 蛋白质的营养作用

一、蛋白质的生理功能

（一）蛋白质满足组织细胞的生长、更新和修补的需要

蛋白质是组织细胞的主要成分。因此，参与构成各种组织细胞是蛋白质最重要的功能。机体只有不断地从膳食中摄取足够量的优质蛋白质，才能满足组织细胞生长、更新和修补的需要，这对于处于生长发育时期的儿童、孕妇、乳母及康复期的患者尤为重要。

（二）参与体内多种重要的生理活动

体内具有众多特殊功能的蛋白质，如酶、蛋白质类激素、抗体和某些调节蛋白等。它们参与体内如催化、运输、运动、免疫、信息传递等重要的生理活动。这些功能都是糖和脂类不能代替的。

（三）氧化供能

蛋白质也是能源物质，1 g 蛋白质在体内氧化分解约释放 17.19 kJ（4.1 kcal）能量。一般来说，成年人每日约 18% 的能量从蛋白质获得。但是，蛋白质的这种功能可由糖和脂肪代替。

因此,供能是蛋白质的次要功能。

二、蛋白质的需求量

氮平衡(nitrogen balance)实验是一种测定摄入氮量与排出氮量,间接反映体内蛋白质代谢状况的实验。蛋白质的含氮量平均约为 16%。摄入的氮量主要来源于食物中的蛋白质,主要用于体内蛋白质的合成,而排出的氮量主要在粪便和尿液的含氮化合物中,主要是蛋白质在体内分解代谢的终产物。因此,测定摄入食物中的含氮量和排泄物中的含氮量可以间接了解体内蛋白质合成与分解代谢的状况。人体氮平衡有三种情况,即氮的总平衡、氮的正平衡及氮的负平衡。

根据氮平衡实验计算,当成人食用不含蛋白质的膳食时,大约 8 天之后,每天排出的氮量渐趋于恒定,一个体重 60 kg 的成人每日蛋白质的最低分解量约为 20 g。由于食物蛋白质与人体蛋白质组成的差异,不可能全部被利用,故成人每天至少需要 30 g 蛋白质。要长期保持总氮平衡,还需要增加蛋白质的摄入。我国营养学会推荐成人每日蛋白质需要量为 80 g。儿童、孕妇、乳母以及术后患者要适量增加。蛋白质的摄入量并不是越多越好,要根据氮平衡的情况补充,如果摄入蛋白质的量过多,不仅机体利用不了,反而会增加肝肾的负担。

三、蛋白质的营养价值

蛋白质的营养价值(nutritional value)是指食物蛋白质在体内的利用率。一般来说,所含必需氨基酸的种类齐全,数量多,比例与人体蛋白质相近,其营养价值高;反之则低。

1. 必需氨基酸　构成蛋白质的 20 种氨基酸中,有 8 种氨基酸人体内不能合成,这些人体需要但自身不能合成,必须由食物提供的氨基酸,称为必需氨基酸(nutrition essential amino acid)。必需氨基酸包括赖氨酸、色氨酸、苏氨酸、苯丙氨酸、缬氨酸、亮氨酸、异亮氨酸和甲硫氨酸。其余 12 种氨基酸在体内可以自己合成,并非必须由食物供应,称为非必需氨基酸(non-essential amino acid)。有些氨基酸虽能在体内合成,但合成量较少,不能满足需要,若食物中长期缺乏会造成氮的负平衡,如组氨酸、精氨酸,因此有人认为这两种氨基酸应属于营养必需氨基酸。

2. 蛋白质的互补作用　几种营养价值较低的蛋白质混合食用,则必需氨基酸相互补充,从而提高营养价值,称为蛋白质的互补作用。如谷类含赖氨酸少而色氨酸多,豆类含色氨酸多而赖氨酸少,若两者混合食用,则可提高营养价值。因此饮食要注意合理搭配和多样化。临床上对于某些需要补充营养的患者,常进行混合氨基酸输液。

四、蛋白质在肠中的消化、吸收与腐败作用

食物蛋白质的消化由胃开始,但主要在小肠中进行。食物蛋白质的消化、吸收是体内氨基酸的主要来源。

食物蛋白质进入胃后经胃蛋白酶作用水解呈多肽及少量氨基酸。胃蛋白酶的最适 pH 值为 1.5~2.5,酸性的胃液可使蛋白质变性,有利于蛋白质的水解。胃蛋白酶对肽键的特异性较差,主要水解由芳香族氨基酸及甲硫氨酸、亮氨酸等所形成的肽键。胃蛋白酶还具有凝乳作用,可使乳汁中的酪蛋白与 Ca^{2+} 形成乳凝块,使乳汁在胃中的停留时间延长,有利于乳汁中蛋白质的消化。

食物中的蛋白质大约 95% 被消化吸收。在大肠中未被消化的蛋白质及未被吸收的氨基

酸受大肠杆菌的分解作用称为蛋白质的腐败作用（putrefaction）。腐败作用是肠道细菌本身代谢的过程，以无氧分解为主。腐败作用的产物，有些对人体具有一定的营养作用，如维生素及脂肪酸等，而大多数产物对人体是有害的，如胺类、氨、酚类、吲哚及硫化氢等。

第二节　氨基酸的一般代谢

一、氨基酸的代谢概况

食物蛋白质经消化吸收的氨基酸（外源性氨基酸）与体内组织蛋白质降解产生的氨基酸及体内合成的非必需氨基酸（内源性氨基酸）共同分布于体内各处，参与代谢，称为氨基酸代谢库（amino acid metabolic pool）。

体内氨基酸的主要功能是合成多肽和蛋白质，也可转变成其他含氮化合物。正常人尿中排出的氨基酸极少。氨基酸代谢概况见图 9-1。

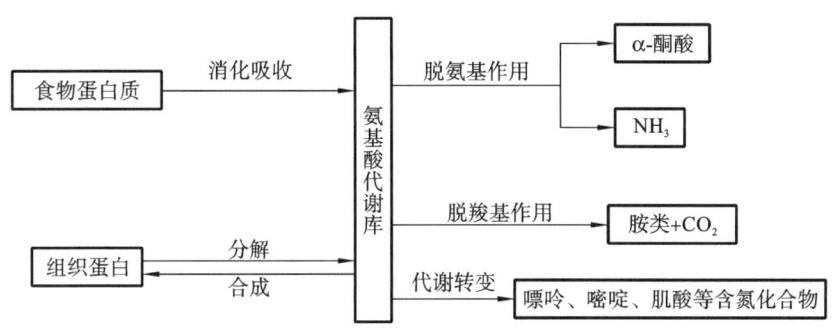

图 9-1　氨基酸代谢概况

二、氨基酸的脱氨基作用

氨基酸分解代谢的主要途径是脱氨基作用生成相应的 α-酮酸和氨，然后再分别进行代谢。体内大多数组织细胞内均可进行。氨基酸脱氨基的方式有转氨基、氧化脱氨基、联合脱氨基和嘌呤核苷酸循环等，以联合脱氨基最重要。

（一）转氨基作用

在转氨酶（transaminase）的催化下，α-氨基酸的氨基可逆地转移给 α-酮酸，结果是氨基酸脱去氨基生成相应的 α-酮酸，而原来的 α-酮酸则转变成另一种氨基酸。

$$
\begin{array}{ccccccc}
\text{R}_1 & & \text{R}_2 & & \text{R}_1 & & \text{R}_2 \\
| & & | & & | & & | \\
\text{CHNH}_2 & + & \text{C=O} & \underset{\text{转氨酶}}{\rightleftharpoons} & \text{C=O} & + & \text{CHNH}_2 \\
| & & | & & | & & | \\
\text{COOH} & & \text{COOH} & & \text{COOH} & & \text{COOH}
\end{array}
$$

转氨酶也称氨基转移酶（amino transferase），广泛分布于体内各组织中，其中以肝及心肌含量最丰富。转氨酶催化的反应是可逆的，因此转氨基作用既是氨基酸分解代谢的过程，又是体内合成非必需氨基酸的重要途径。

体内大多数氨基酸（除赖氨酸、苏氨酸、脯氨酸及羟脯氨酸外）都可参与转氨基作用，除 α-氨基酸外，某些氨基酸如鸟氨酸侧链上的氨基也能进行转氨基作用。

转氨酶具有很强的专一性，不同的酶催化不同的氨基酸与 α-酮酸之间进行转氨基作用。在各种转氨酶中，以 L-谷氨酸和 α-酮酸的转氨酶最为重要（图 9-2）。例如丙氨酸转氨酶（alanine transaminase，ALT）又称谷丙转氨酶（glutamic pyruvic transaminase，GPT），天冬氨酸转氨酶（aspartate transaminase，AST）又称谷草转氨酶（glutamic oxaloacetic transaminase，GOT），二者在体内广泛存在，但各组织中的含量不同。

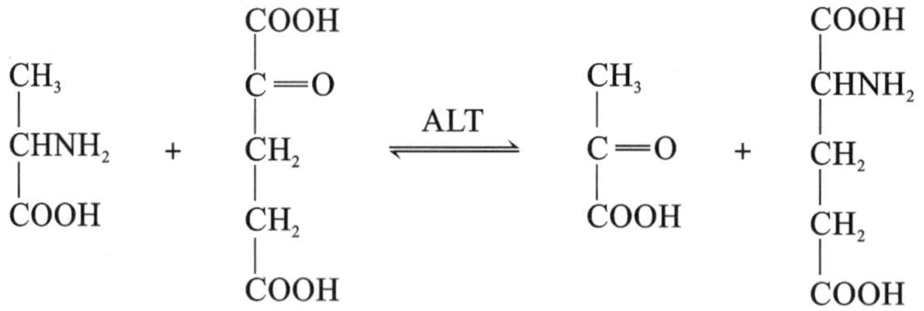

丙氨酸　α-酮戊二酸　丙酮酸　谷氨酸

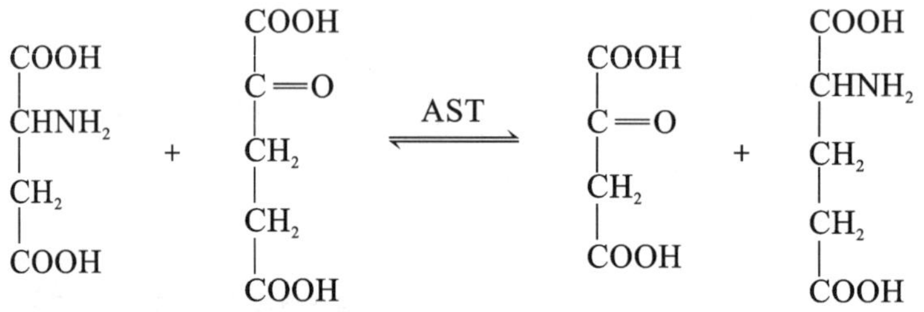

天冬氨酸　α-酮戊二酸　草酰乙酸　谷氨酸

转氨酶的辅酶是磷酸吡哆醛（维生素 B_6 的磷酸酯）。在转氨基过程中，磷酸吡哆醛先从氨基酸接受氨基生成磷酸吡哆胺，氨基酸则生成相应的 α-酮酸，然后磷酸吡哆胺再将氨基转移给另一种 α-酮酸生成相应的氨基酸，磷酸吡哆胺重新生成磷酸吡哆醛（图 9-2）。

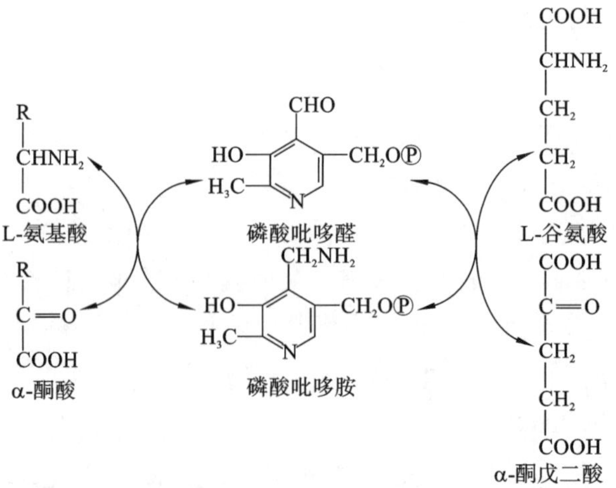

图 9-2　转氨基作用

（二）氧化脱氨基作用

氨基酸在酶的催化下进行伴有氧化的脱氨基反应,称为氧化脱氨基作用。以 L-谷氨酸脱氢酶(L-glutamate dehydrogenase)催化的反应最为重要。L-谷氨酸脱氢酶广泛分布于肝、肾、脑中,其辅酶为 NAD^+ 或 $NADP^+$,催化 L-谷氨酸生成 α-酮戊二酸和氨,其反应如下:

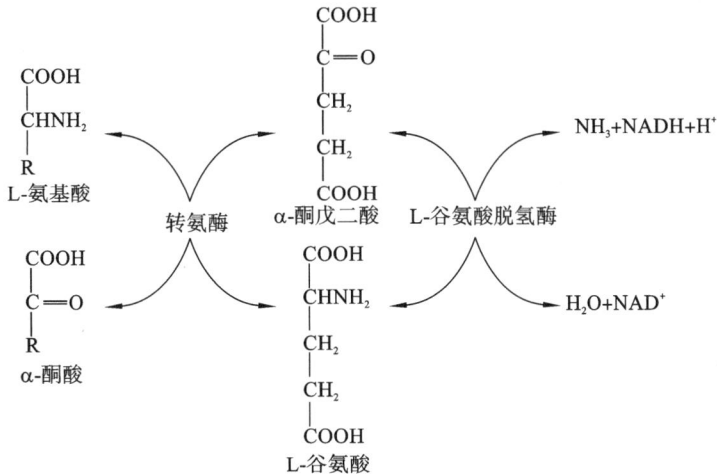

上述反应可逆。L-谷氨酸脱氢酶具有较强的专一性,只能参与谷氨酸的脱氨基作用。转氨基作用只是把氨基酸分子中的氨基转移给 α-酮戊二酸或者其他的 α-酮酸,并没有达到脱氨基的目的。因此氨基酸脱氨的主要方式是联合脱氨基作用。

（三）联合脱氨基作用

转氨酶与 L-谷氨酸脱氢酶协同作用,氨基酸先于 α-酮戊二酸在转氨酶的催化下生成相应的 α-酮酸和谷氨酸,后者经 L-谷氨酸脱氢酶作用,脱去氨基生成 α-酮戊二酸(图 9-3)。这种方式是肝、肾等组织中氨基酸脱氨的主要方式,又是体内生成非必需氨基酸的主要途径。

图 9-3　联合脱氨基作用

（四）嘌呤核苷酸循环

心肌和骨骼肌中 L-谷氨酸脱氢酶的活性很弱,氨基酸很难通过联合脱氨基作用脱去氨基。在这些组织中,氨基酸主要通过嘌呤核苷酸循环(purine nucleotide cycle)脱去氨基。在此过程中,氨基酸首先通过连续的转氨基作用将氨基酸转移给草酰乙酸,生成天冬氨酸。天冬氨酸与次黄嘌呤核苷酸(IMP)反应生成腺苷酸代琥珀酸,后者经裂解释放延胡索酸并生成腺嘌呤核苷酸（AMP）。AMP 在腺苷酸脱氨酶的催化下脱去氨基生成 IMP，最终完成氨基酸的脱氨基作用。IMP 可以再参加循环（图 9-4）。由此可见嘌呤核苷酸循环也是另一种形式的联合脱氨基作用。

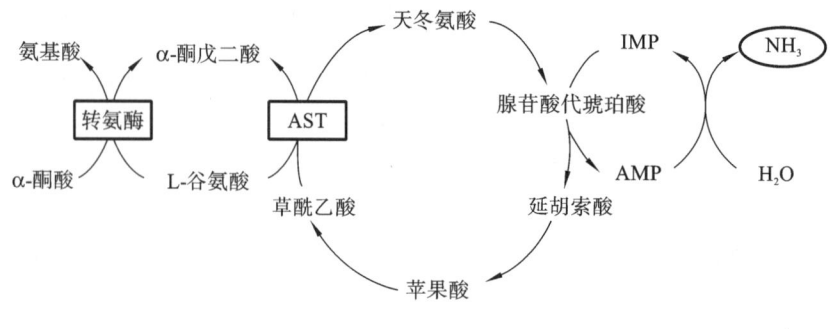

图 9-4　嘌呤核苷酸循环

三、氨的代谢

氨具有毒性，特别是脑组织对氨的作用尤为敏感。体内代谢产生的氨及消化道吸收的氨进入血液，形成血氨。正常生理情况下，血氨水平小于 $60\ \mu mol/L$，这是因为体内氨的来源和去路保持动态平衡。

（一）氨的来源

1. 氨基酸脱氨基作用和胺类分解　氨基酸脱氨基作用产生的氨是体内氨的主要来源。胺类的分解也可以产生氨。

2. 肠道细菌腐败作用产生氨　肠道产氨的来源有两个：一是蛋白质和氨基酸在肠道细菌作用下产生氨；二是血液中尿素渗入肠腔，被肠道细菌尿素酶水解产生氨。

肠道产氨量较多，每天约为 4 g，肠道腐败作用增强时，氨的产生量增多。肠道内产生的氨主要在结肠吸收入血。NH_3 比 NH_4^+ 易于穿过细胞膜而被吸收。在碱性环境中，NH_4^+ 易转变成 NH_3。因此肠道偏碱性时，氨的吸收增强。临床上对高血氨患者采用弱酸性透析液做结肠透析，而禁止用碱性的肥皂水灌肠，就是为了减少氨的吸收。

3. 肾产氨　肾小管上皮细胞分泌的氨主要来自谷氨酰胺。谷氨酰胺在谷氨酰胺酶的催化下水解成谷氨酸和氨，这部分氨分泌到肾小管管腔中与尿中 H^+ 结合成 NH_4^+，以铵盐的形式由尿排出体外。酸性环境有利于肾小管细胞中的氨扩散入尿，而碱性环境则妨碍肾小管细胞中 NH_3 的分泌，此时氨被吸收入血。因此，临床上对因肝硬化而产生腹水的患者，不宜使用碱性利尿药，以免血氨升高。

（二）氨的去路

1. 合成尿素　正常情况下体内的氨主要在肝合成尿素，解除氨毒，占排氮总量的 $80\%\sim90\%$，可见肝在氨解毒中起着重要作用。

肝是尿素合成的主要器官，实验证明，将狗的肝切除后，血液和尿中尿素含量明显降低，而血氨升高。肾及脑等其他组织虽也能合成尿素，但合成量极少。尿素是如何合成的？德国学者 Hans Krebs 和 Kurt Henseleit 根据一系列实验于 1932 年提出了鸟氨酸循环（ornithine cycle)学说,详细过程如下。

(1) 氨基甲酰磷酸的生成:尿素的生物合成始于氨基甲酰磷酸。在肝细胞线粒体中,氨、CO_2、H_2O 在氨基甲酰磷酸合成酶Ⅰ(carbamoyl phosphate synthetase Ⅰ,CPS-Ⅰ)作用下生成氨基甲酰磷酸。该反应需 Mg^{2+}、ATP、N-乙酰谷氨酸的参与,N-乙酰谷氨酸是 CPS-Ⅰ 的变构激活剂,CPS-Ⅰ 是该反应的关键酶。

$$NH_3+CO_2+H_2O+2ATP \xrightarrow[Mg^{2+},\ N\text{-}乙酰谷氨酸]{氨基甲酰磷酸合成酶Ⅰ} H_2N-\overset{\overset{\displaystyle O}{\|}}{C}-O{\sim}PO_3H_2+2ADP+Pi$$

(2) 瓜氨酸的合成:氨基甲酰磷酸与鸟氨酸反应生成瓜氨酸,催化此反应的酶是鸟氨酸氨基甲酰转移酶(ornithine carbamoyl transferase,OCT)。此反应不可逆,生成的瓜氨酸由线粒体转至胞液。

(3) 生成精氨酸代琥珀酸:瓜氨酸在线粒体合成后,即被转运到线粒体外,在胞质中精氨酸代琥珀酸合成酶(argininosuccinate synthetase)催化下,与天冬氨酸反应生成精氨酸代琥珀酸,此反应由 ATP 供能。

(4) 生成精氨酸与延胡索酸:精氨酸代琥珀酸在精氨酸代琥珀酸裂解酶的催化下,裂解生成精氨酸与延胡索酸。

精氨酸代琥珀酸   精氨酸代琥珀酸裂解酶   精氨酸   延胡索酸

上述反应中,天冬氨酸起提供氨基的作用。天冬氨酸又可由草酰乙酸与谷氨酸通过转氨基作用生成,而谷氨酸的氨基则可来自体内各种氨基酸。由此可见,多种氨基酸的氨基都可通过天冬氨酸参与尿素合成。

(5)生成尿素:在胞质中,精氨酸由精氨酸酶催化,水解生成尿素和鸟氨酸。鸟氨酸通过线粒体内膜上载体的转运再进入线粒体,参与瓜氨酸的合成。如此反复,完成鸟氨酸循环。

精氨酸   + H₂O   精氨酸酶   尿素   鸟氨酸

尿素经血液循环运输到肾,随尿排出。综上所述,尿素合成的总反应为:

$$2NH_3 + CO_2 + 3ATP + 3H_2O \rightleftharpoons H_2N—CO—NH_2 + 2ADP + AMP + 4Pi$$

尿素合成的中间步骤见图 9-5。

2. 合成谷氨酰胺 氨除了主要以尿素形式排出外,还可与谷氨酸反应生成谷氨酰胺,此反应是由谷氨酰胺合成酶(glutamine synthetase)催化的,需要消耗 ATP。

谷氨酰胺是另一种转运氨的形式,它主要从脑和骨骼肌等组织向肝或肾转运氨。在脑和骨骼肌等组织中,氨与谷氨酸在谷氨酰胺合成酶的催化下合成谷氨酰胺,并由血液运往肝或肾,再经谷氨酰胺酶(glutaminase)水解成谷氨酸及氨。谷氨酰胺的合成与分解是由不同酶催化的不可逆反应。

可以认为,谷氨酰胺既是氨的解毒产物,又是氨的储存及运输形式。谷氨酰胺在脑中固定和转运氨的过程中起着重要作用。临床上对氨中毒的患者可服用或输入谷氨酸盐,以降低氨的浓度。

3. 合成非必需氨基酸及其他含氮物质 NH₃ 可用于合成非必需氨基酸。α-酮酸氨基化是体内生成非必需氨基酸的重要途径。此外,NH₃ 还可参与嘌呤、嘧啶等含氮物质的合成。

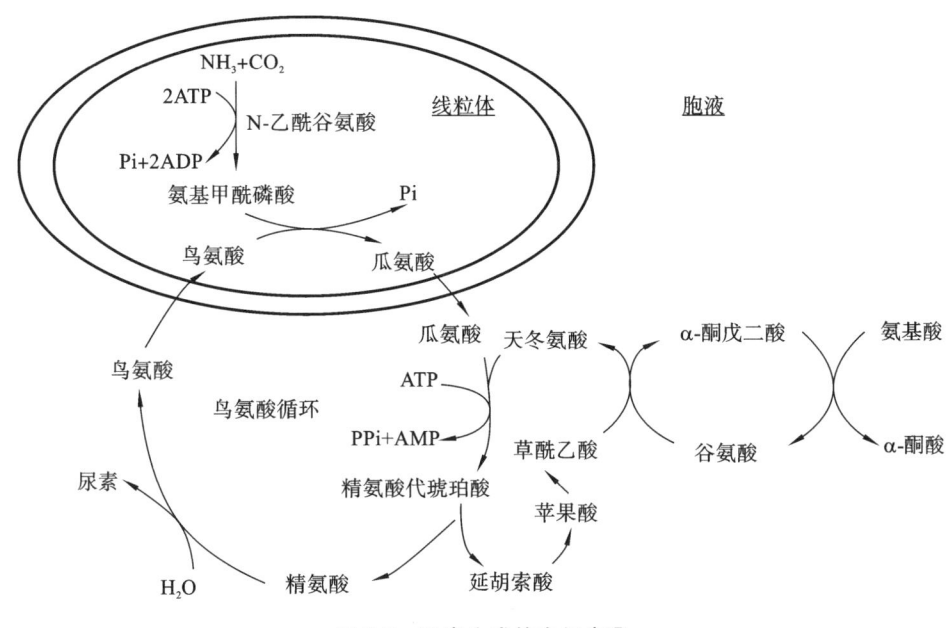

图 9-5　尿素生成的中间步骤

知识链接

肝性脑病

　　肝性脑病(HE)又称肝性昏迷,是指严重肝病引起的、以代谢紊乱为基础的中枢神经系统功能失调综合征。其主要临床表现为意识障碍、行为异常和昏迷,有急性和慢性之分。

　　引起肝性脑病发生的原发病有很多,如重症病毒性肝炎、重症中毒性肝炎、各型肝硬化、原发性肝癌以及其他弥漫性肝病终末期等,而以肝硬化患者发生肝性脑病最多见,约占 70%。

　　临床上对于肝性脑病的发病机制不明,经研究提出了众多关于其发病的学说,如氨中毒机制学说、假神经递质学说、氨基酸失衡学说等。

四、α-酮酸的代谢

氨基酸脱氨基后生成的 α-酮酸可以进一步代谢,主要有以下三个方面的代谢途径。

(一)再合成非必需氨基酸

α-酮酸经脱氨基作用的逆过程可再生成相应的非必需氨基酸。

(二)氧化供能

α-酮酸在体内可通过代谢转变为乙酰辅酶 A 及三羧酸循环的中间产物,进而经三羧酸循环和氧化磷酸化彻底氧化,生成 CO_2 和 H_2O 并释放能量。

(三)转变成糖或脂类化合物

在体内 α-酮酸可以转变成糖和脂类化合物。实验发现,分别用不同氨基酸饲养人工造成糖尿病的犬时,大多数氨基酸可使尿中排出的葡萄糖增加,少数几种则可使葡萄糖及酮体的排出同时增加,而亮氨酸和赖氨酸只能使酮体的排出增加。由此,将在体内可以转变成糖的氨基酸称为生糖氨基酸;能转变成酮体的氨基酸称为生酮氨基酸;既能转变成糖又能转变成酮体的氨基酸称为生糖兼生酮氨基酸(表 9-1)。

表 9-1　氨基酸生糖及生酮性质的分类

类别	氨基酸
生糖氨基酸	甘氨酸、丝氨酸、缬氨酸、组氨酸、丙氨酸、谷氨酸、谷氨酰胺、天冬氨酸、天冬酰胺、甲硫氨酸
生酮氨基酸	亮氨酸、赖氨酸
生糖兼生酮氨基酸	异亮氨酸、苯丙氨酸、酪氨酸、苏氨酸、色氨酸

第三节　个别氨基酸的代谢

一、氨基酸的脱羧基作用

有些氨基酸可通过脱羧基作用生成相应的胺类。催化脱羧基反应的酶称脱羧酶,辅酶是磷酸吡哆醛。体内胺类含量虽然不高,但具有重要的生理功能,如果在体内蓄积可引起神经系统及心血管等的功能紊乱。体内广泛存在胺氧化酶,能将胺氧化成相应的醛、NH_3 和 H_2O_2 或随尿排出,从而避免胺类的蓄积。

(一) γ-氨基丁酸

γ-氨基丁酸(γ-aminobutyric acid,GABA)由谷氨酸脱羧酶催化谷氨酸脱羧基产生,其辅酶是磷酸吡哆醛。

$$
\begin{array}{c}
\boxed{\text{COOH}} \\
| \\
\text{CHNH}_2 \\
| \\
\text{CH}_2 \\
| \\
\text{CH}_2 \\
| \\
\text{COOH} \\
\text{L-谷氨酸}
\end{array}
\quad
\xrightarrow[\text{磷酸吡哆醛}]{\text{L-谷氨酸脱羧酶}}
\quad
\begin{array}{c}
\text{CH}_2\text{NH}_2 \\
| \\
\text{CH}_2 \\
| \\
\text{CH}_2 \\
| \\
\text{COOH} \\
\text{γ-氨基丁酸}
\end{array}
\quad + \text{CO}_2
$$

GABA 是抑制性神经递质,在脑组织中浓度较高,对中枢神经有抑制作用。临床上常用维生素 B_6 治疗妊娠呕吐及小儿抽搐,目的是促进谷氨酸脱羧,使中枢神经中 GABA 浓度提高。

（二）组胺

组氨酸脱羧基生成组胺，反应由组氨酸脱羧酶催化。组胺在体内分布广泛，乳腺、肺、肝、肌肉及胃黏膜中含量较高，主要存在于肥大细胞中。

组氨酸 → 组胺 + CO_2（组氨酸脱羧酶）

组胺是一种强烈的血管扩张剂，并能增加毛细血管的通透性，使血压下降，甚至引起休克。组胺可使平滑肌收缩，引起支气管痉挛导致哮喘。组胺还能促使胃黏膜细胞分泌胃蛋白酶原及胃酸。

（三）5-羟色胺

色氨酸首先经色氨酸羟化酶催化生成 5-羟色氨酸，然后经 5-羟色氨酸脱羧酶催化生成 5-羟色胺（5-hydroxytryptamine，5-HT）。

5-羟色胺广泛分布于体内各组织，除神经组织外，还存在于胃、肠、血小板及乳腺细胞中。脑组织中的 5-羟色胺是一种神经递质，具有抑制作用，直接影响神经传导。在外周组织，5-羟色胺具有强烈的血管收缩作用，使血压升高。

色氨酸 → 5-羟色氨酸（色氨酸羟化酶）→ 5-羟色胺 + CO_2（5-羟色氨酸脱羧酶）

（四）多胺

多胺是指含有多个氨基的化合物。在体内，某些氨基酸经脱羧基作用可以产生多胺类物质。例如鸟氨酸经脱羧基作用生成腐胺（putrescine），然后腐胺又可转变成精脒（spermidine）及精胺（spermine）。

鸟氨酸脱羧酶是多胺（polyamine）合成的关键酶。精胺与精脒是调节细胞生长的重要物质。在生长旺盛的组织，如胚胎、再生肝、肿瘤组织等，鸟氨酸脱羧酶的活性和多胺的含量都有所增加。多胺促进细胞增殖的机制可能与其稳定细胞结构、与核酸分子结合及促进核酸和蛋白质的生物合成有关。在体内多胺大部分与乙酰基结合随尿排出，小部分氧化成 CO_2 和 NH_3。目前临床上测定患者血或尿中多胺的水平来作为肿瘤辅助诊断及病情变化的生化指标之一（图 9-6）。

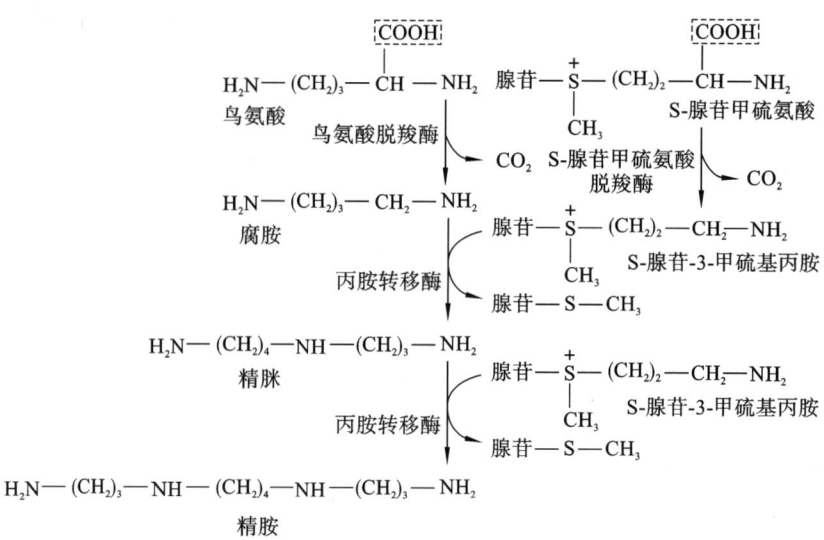

图 9-6　多胺生成的过程

二、一碳单位的代谢

(一) 一碳单位的概念和种类

一碳单位(one carbon unit)是指某些氨基酸在分解代谢过程中产生的含有一个碳原子的基团,包括甲基(—CH_3)、亚甲基(—CH_2—)、次甲基(—$\overset{|}{CH}$—)、甲酰基(—CHO)及亚氨甲基(—CH =NH)等。CO_2 不是一碳单位。

(二) 一碳单位的载体

一碳单位不能游离存在,常与四氢叶酸(tetrahydrofolic acid,FH_4)结合而转运和参与代谢。四氢叶酸是一碳单位的载体,也可以被认为是一碳单位代谢的辅酶。在体内,四氢叶酸由叶酸在二氢叶酸还原酶催化作用下,分两步还原反应生成(图 9-7)。

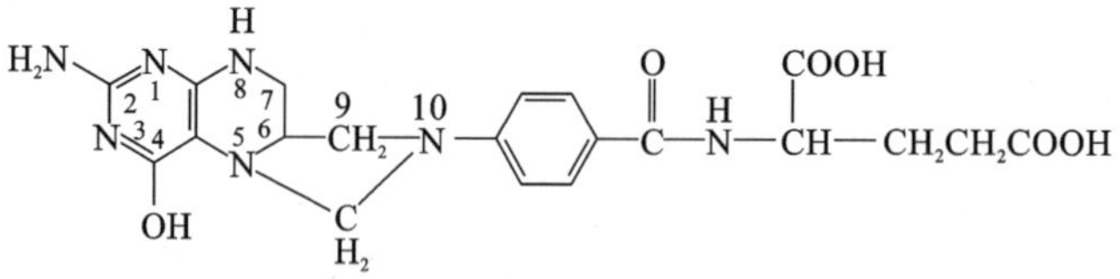

N^5,N^{10}-亚甲基四氢叶酸

图 9-7　四氢叶酸结构

(三) 一碳单位的来源和相互转变

一碳单位主要来自丝氨酸、甘氨酸、组氨酸及色氨酸的分解代谢。一碳单位由氨基酸生成的同时即结合在四氢叶酸的 N^5、N^{10} 位上。四氢叶酸的 N^5 结合甲基或亚氨甲基,N^5 和 N^{10} 结合甲烯基或甲炔基,N^5 或 N^{10} 结合甲酰基。

各种形式的一碳单位在适当条件下可以通过氧化还原反应彼此转化,但 N^5-甲基四氢叶酸一经生成基本上不可逆(图 9-8)。

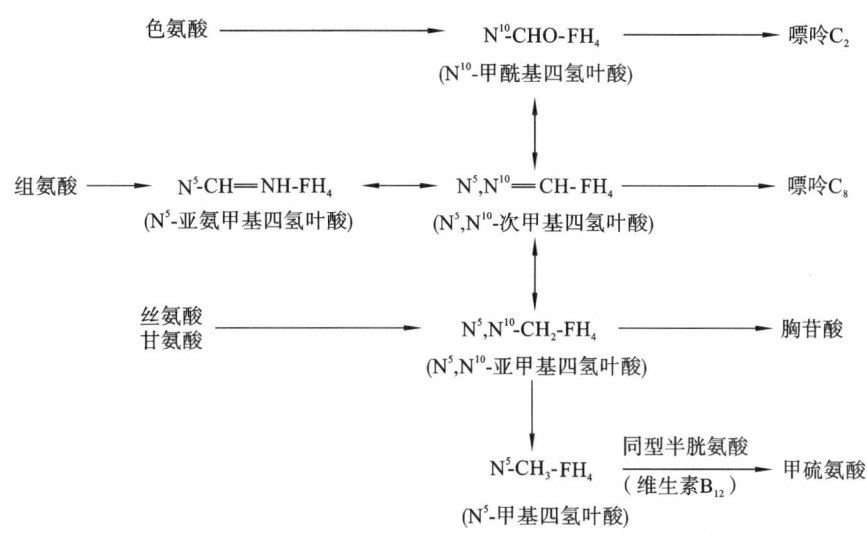

图 9-8 一碳单位的来源及相互转换

（四）一碳单位的生理功能

一碳单位的主要生理功能是嘌呤、嘧啶的合成原料，在核酸的生物合成中起到重要作用。如 N^{10}-CHO-FH$_4$ 与 N^5,N^{10}=CH-FH$_4$ 分别为嘌呤合成提供 C_2 与 C_8，N^5,N^{10}-CH$_2$-FH$_4$ 为胸腺嘧啶核苷酸合成提供甲基，故一碳单位将氨基酸代谢与核苷酸代谢密切联系起来。一碳单位代谢障碍或 FH$_4$ 不足时，可引起巨幼红细胞贫血等疾病。应用磺胺类药物可抑制细菌合成叶酸，进而抑制细菌生长，但对人体影响不大。应用叶酸类似物如甲氨蝶呤等可抑制 FH$_4$ 的生成，从而抑制核酸的合成，起到抗肿瘤作用。

三、含硫氨基酸的代谢

含硫氨基酸包括甲硫氨酸、半胱氨酸和胱氨酸。这三种氨基酸的代谢是相互联系的，甲硫氨酸可以转变为半胱氨酸和胱氨酸，而且半胱氨酸和胱氨酸可以互相转变，但二者都不能变成甲硫氨酸，所以甲硫氨酸是营养必需氨基酸。

（一）甲硫氨酸代谢

1. 甲硫氨酸转甲基作用 甲硫氨酸分子中含有 S-甲基，通过各种转甲基作用可生成多种含甲基的生理活性物质，如肾上腺素、肉碱、胆碱及肌酸等。在转甲基反应前，甲硫氨酸必须在腺苷转移酶的催化下与 ATP 反应，生成 S-腺苷甲硫氨酸（S-adenosyl methionine，SAM），才能参与转甲基反应，因此，SAM 中的甲基称为活性甲基，SAM 称为活性甲硫氨酸。

体内有 50 多种物质需 SAM 提供甲基，生成甲基化合物。SAM 是体内最重要甲基的直接供体。

2. 甲硫氨酸循环 S-腺苷甲硫氨酸经甲基转移酶催化，将甲基转移给另一种物质，使其甲基化，而 S-腺苷甲硫氨酸去甲基后生成 S-腺苷同型半胱氨酸，后者脱去腺苷生成同型半胱氨酸。同型半胱氨酸再接受 N^5-CH$_3$-FH$_4$ 上的甲基，重新生成甲硫氨酸，形成一个循环过程，称为甲硫氨酸循环（methionine cycle）（图 9-9）。

甲硫氨酸循环的生理意义是由 N^5-CH$_3$-FH$_4$ 供给甲基生成甲硫氨酸，再通过此循环的

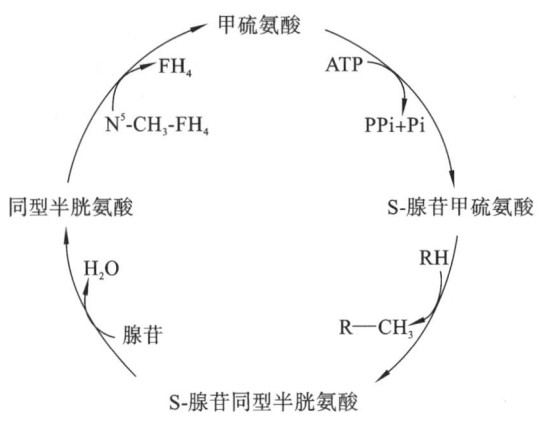

图 9-9　甲硫氨酸循环

SAM 提供甲基,以进行体内广泛存在的甲基化反应,由此 N^5-CH_3-FH_4 可看成是体内甲基的间接供体。

由 N^5-CH_3-FH_4 提供的甲基使同型半胱氨酸转变为甲硫氨酸的反应是体内利用 N^5-CH_3-FH_4 的唯一反应。催化此反应的 N^5-CH_3-FH_4 转甲基酶又称甲硫氨酸合成酶,其辅酶是维生素 B_{12},当维生素 B_{12} 缺乏时不仅甲硫氨酸生成受阻,而且四氢叶酸的游离受影响,导致四氢叶酸利用率降低,一碳单位代谢障碍,核酸合成障碍,细胞分裂受阻,也可引起巨幼红细胞贫血。

3. 肌酸和磷酸肌酸　肌酸和磷酸肌酸是能量储存与利用的重要化合物。肌酸以甘氨酸为骨架,由精氨酸提供脒基,S-腺苷甲硫氨酸提供甲基而合成,肝是合成肌酸的主要器官。在肌酸激酶(creatine kinase,CK)催化下,肌酸接受 ATP 的高能磷酸基形成磷酸肌酸。磷酸肌酸在心肌、骨骼肌及脑组织中含量丰富。

肌酸和磷酸肌酸的终末代谢产物是肌酐(creatinine)。肌酐随尿排出,正常人每日尿中肌酐的排出量恒定。当肾功能障碍时,肌酐排出受阻,血中浓度升高。血中肌酐的测定有助于肾功能不全的诊断(图 9-10)。

(二) 半胱氨酸和胱氨酸的代谢

1. 半胱氨酸和胱氨酸的相互转变　半胱氨酸与胱氨酸都属于非必需氨基酸,半胱氨酸含巯基(—SH),胱氨酸含有二硫键(—S—S—),二者可以相互转化。

$$G\!-\!S\!-\!S\!-\!G \;\underset{-2H}{\overset{+2H}{\rightleftharpoons}}\; 2G\!-\!SH$$

$$\text{氧化型} \qquad\qquad \text{还原型}$$

2. 半胱氨酸可生成活性硫酸根　含硫氨基酸氧化分解均可产生硫酸根,但半胱氨酸是体内硫酸根的主要来源。体内的硫酸根,一部分以无机盐的形式随尿排出,另一部分由 ATP 活化生成活性硫酸根,即 3'-磷酸腺苷-5'-磷酰硫酸(3'-phospho-5'-phospho-sulfate,PAPS)。

PAPS 是硫酸根的活性形式,化学性质活泼,可提供硫酸根参与硫酸软骨素、硫酸角质素和肝素等黏多糖的合成。在肝中,PAPS 与类固醇类激素或酚类等物质结合进行生物转化作用,促使其随尿排出。

3. 合成牛磺酸　半胱氨酸的—SH 经连续氧化形成磺酸基(—SO_3H),然后脱羧,便形成

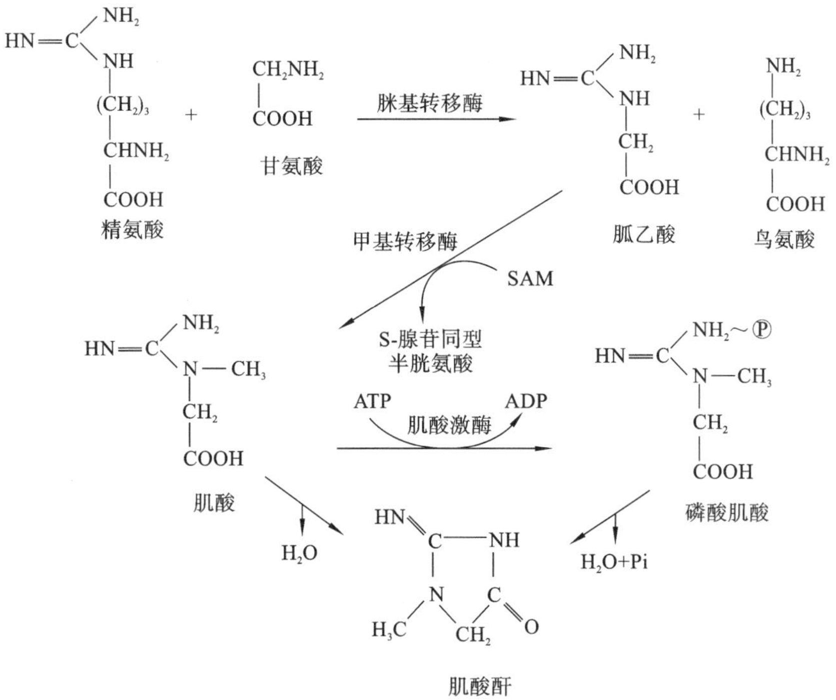
精氨酸
甘氨酸
脒基转移酶
胍乙酸
鸟氨酸
甲基转移酶
SAM
S-腺苷同型
半胱氨酸
ATP
ADP
肌酸激酶
肌酸
磷酸肌酸
H₂O
H₂O+Pi
肌酸酐

图 9-10　肌酸的代谢

牛磺酸。它主要的功能是在肝内合成结合型胆汁酸。

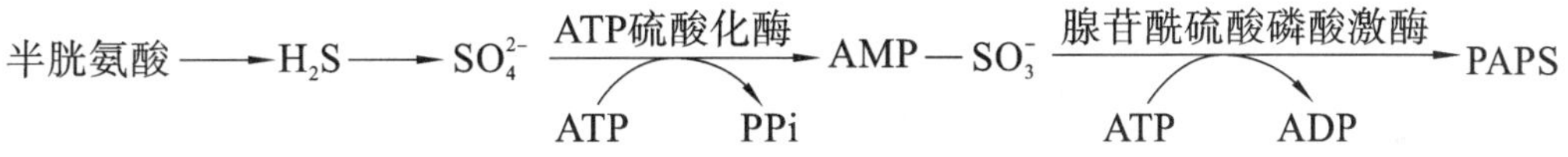
半胱氨酸
H₂S
SO₄²⁻
ATP硫酸化酶
AMP—SO₃⁻
腺苷酰硫酸磷酸激酶
PAPS
ATP
PPi
ATP
ADP

四、芳香族氨基酸的代谢

芳香族氨基酸有苯丙氨酸、酪氨酸、色氨酸。苯丙氨酸可转变成酪氨酸。苯丙氨酸与色氨酸为营养必需氨基酸。

（一）苯丙氨酸和酪氨酸代谢

1. 苯丙氨酸羟化生成酪氨酸　正常情况下，苯丙氨酸的主要代谢是羟化作用生成酪氨酸，反应由苯丙氨酸羟化酶(phenylalanine hydroxylase)催化。苯丙氨酸除能转变为酪氨酸外，少量可经转氨基作用生成苯丙酮酸。先天性苯丙氨酸羟化酶缺陷患者，不能将苯丙氨酸羟化为酪氨酸，苯丙氨酸经转氨基作用大量生成苯丙酮酸。大量苯丙酮酸及其部分代谢产物(苯乳酸及苯乙酸等)由尿排出，称为苯丙酮尿症(phenylketonuria，PKU)。苯丙酮酸的堆积对中枢神经系统有毒性，使脑发育障碍，患儿智力低下。治疗原则是早期发现，并适当控制膳食中苯丙氨酸的含量。

2. 酪氨酸转化为儿茶酚胺和黑色素或彻底氧化分解　酪氨酸的进一步代谢与合成某些神经递质、激素及黑色素有关。酪氨酸在肾上腺髓质和神经组织经酪氨酸羟化酶催化生成3，4-二羟苯丙氨酸(3，4-dihydroxphenylalanine，DOPA，又称多巴)。在多巴脱羧酶的作用下，多巴脱去羧基生成多巴胺（dopamine）。多巴胺是一种神经递质。帕金森病（Parkinson disease）患者多巴胺生成减少。在肾上腺髓质，多巴胺侧链的 β-碳原子再被羟化，生成去甲肾上腺素，后者甲基化生成肾上腺素。多巴胺、去甲肾上腺素及肾上腺素统称为儿茶酚胺（catecholamine）。酪氨酸羟化酶是合成儿茶酚胺的关键酶，受终产物的反馈调节（图 9-11）。

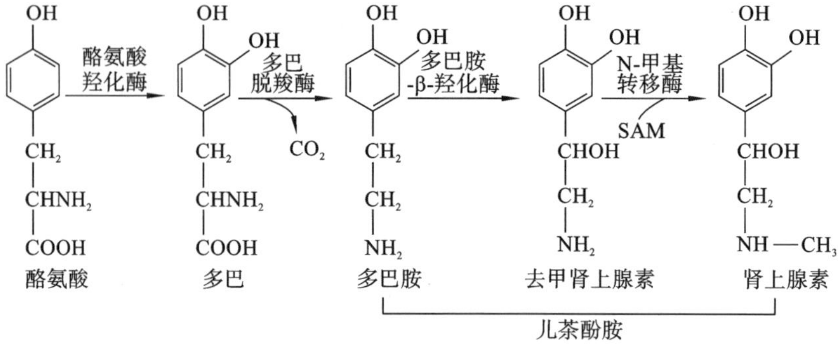

图 9-11　儿茶酚胺的生成

酪氨酸代谢的另一条途径是合成黑色素。在黑色素细胞中，酪氨酸经酪氨酸酶作用，羟化生成多巴，后者经氧化、脱羧等反应转变成吲哚醌，最后吲哚醌聚合为黑色素。先天性酪氨酸酶缺乏的患者，因不能合成黑色素，皮肤毛发等发白，称为白化病。患者对阳光敏感，易患皮肤癌。

除上述代谢途径外，酪氨酸还可在酪氨酸转氨酶的催化下，生成对羟苯丙酮酸，后者经尿黑酸等中间产物进一步转化成延胡索酸和乙酰乙酸，然后二者分别沿糖和脂肪代谢途径进行代谢。因此，苯丙氨酸和酪氨酸是生糖兼生酮氨基酸。当体内尿黑酸分解代谢的酶先天性缺陷时，尿黑酸的分解受阻，可出现尿黑酸症（alkaptonuria）。

（二）色氨酸代谢

色氨酸除生成 5-羟色胺和一碳单位外，还可进行分解代谢产生丙氨酸与乙酰乙酰辅酶 A，所以色氨酸是生糖兼生酮氨基酸。少部分色氨酸还可转变成烟酸，但合成量很少，不能满足机体的需要。

病例分析

患者，男性，70 岁，肝硬化 10 年，近期发生性格改变，寡言少语，随地便溺，睡眠倒错。

生化显示：血氨 120 μmol/L，血浆白蛋白 20 g/L，ALT 200 U/L。

查体：生命体征平稳，腹壁静脉曲张、腹水。B超示：肝硬化。

分析思考：

根据检查显示，对该患者的临床诊断是什么？

思维导图

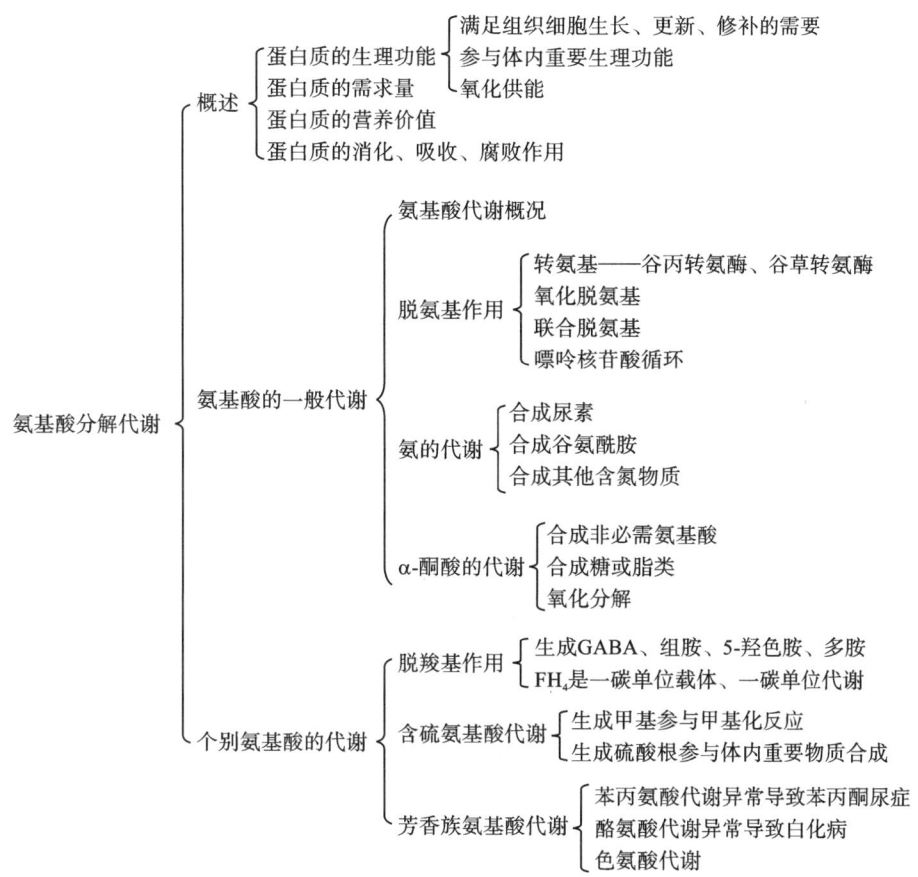

目标检测

A 型题(即单句型最佳选择题)。每一道试题下面有 A、B、C、D、E 五个备选答案,请从中选择一个最佳答案。

1. 生物体内氨基酸脱氨基的主要方式为(　　)。

A. 氧化脱氨基　　B. 还原脱氨基　　C. 直接脱氨基　　D. 转氨基　　　E. 联合脱氨基

2. 成人体内氨的最主要代谢去路为(　　)。

A. 合成非必需氨基酸　　　　　　B. 后成必需氨基酸　　　　　　C. 生成 NH_4^+ 经尿排出

D. 合成尿素　　　　　　　　　　E. 合成嘌呤、嘧啶、核苷酸等

3. 转氨酶的辅酶组分含有(　　)。

A. 泛酸　　　　　　　　　　B. 吡哆醛(或吡哆胺)　　　　　　C. 尼克酸

D. 核黄素　　　　　　　　　E. 硫胺素

4. GPT(ALT)活性最高的组织是(　　)。

A. 心肌　　　　　　B. 脑　　　　　　C. 骨骼肌　　　　　　D. 肝　　　　　　E. 肾

5. 嘌呤核苷酸循环脱氨基作用主要在哪个组织中进行？（　　）

A. 肝 　　　　B. 肾 　　　　C. 脑 　　　　D. 肌肉 　　　　E. 肺

6. 氨中毒的根本原因是（　　）。

A. 肠道吸收氨过量 　　　　　　　　　B. 氨基酸在体内分解代谢增强

C. 肾功能衰竭排出障碍 　　　　　　　D. 肝功能损伤，不能合成尿素

E. 合成谷氨酰胺减少

7. 体内转运一碳单位的载体是（　　）。

A. 叶酸 　　　　B. 维生素 B_{12} 　　　　C. 硫胺素 　　　　D. 生物素 　　　　E. 四氢叶酸

8. 下列哪一种化合物不能由酪氨酸合成？（　　）

A. 甲状腺素 　　　　B. 肾上腺素 　　　　C. 多巴胺 　　　　D. 苯丙氨酸 　　　　E. 黑色素

9. 下列哪一种物质是体内氨的储存及运输形式？（　　）

A. 谷氨酸 　　　　B. 酪氨酸 　　　　C. 谷氨酰胺 　　　　D. 谷胱甘肽 　　　　E. 天冬酰胺

10. 白化症是由于先天性缺乏（　　）。

A. 酪氨酸转氨酶 　　　　　　　　B. 苯丙氨酸羟化酶 　　　　　　　　C. 酪氨酸酶

D. 尿黑酸氧化酶 　　　　　　　　E. 对羟苯丙氨酸氧化酶

思考题

1. 简述氨的来源和去路。

2. 简述肝性脑病的氨中毒机制。

3. 什么是一碳单位？简述一碳单位代谢的生理意义。

【第九章　目标检测参考答案】

1. E　2. D　3. B　4. D　5. D　6. D　7. E　8. D　9. C　10. C

实验五　血清尿素的测定

【实验目的】

学会血清尿素的测定方法(二乙酰一肟法)。

【实验原理】

二乙酰在强酸条件下与尿素缩合成红色的4,5-二甲基-2-氧咪唑(二嗪)化合物,颜色深浅与尿素含量成正比。因二乙酰不稳定,故实际中由二乙酰一肟与强酸作用产生二乙酰。

【实验器材】

试管、试管架、酒精灯、烧杯、三角烧瓶、烧杯架、半自动生化分析仪(或分光光度计)、5 mL刻度吸管。

【实验试剂】

1. 酸性试剂　在三角烧瓶中加去离子水约100 mL,然后加入浓硫酸44 mL、85%磷酸66 mL。冷却至室温,加入氨基硫脲50 mg及硫酸镉($CdSO_4 \cdot 8H_2O$)2 g,溶解后用去离子水稀释至1 L,置棕色瓶中,4 ℃可保存半年。

2. 二乙酰一肟溶液　称取二乙酰一肟20 g,溶于去离子水中并定容至1 L。置于棕色瓶中,4 ℃可保存半年。

3. 尿素标准储存液(100 mmol/L)　精确称取于60~65 ℃干燥至恒重的尿素0.6 g,溶解于无氨去离子水中,并定容至100 mL,加0.1 g叠氮钠防腐,4 ℃可保存半年。

4. 尿素标准应用液(5 mmol/L)　取5 mL上述储存液用无氨去离子水稀释至100 mL。

【实验操作】

(1) 取3支试管,编号,按下表加入试剂。

加入物	空白管	标准管	测定管
血清/mL			0.02
尿素标准应用液/mL		0.02	
去离子水/mL	0.02		
二乙酰一肟溶液/mL	0.5	0.5	0.5
酸性试剂/mL	5.0	5.0	5.0

(2) 将各管充分摇匀后,于沸水浴中加热12 min,取出置于冷水中冷却5 min。

(3) 空白管调零,在波长540 nm处读取各管吸光度。

【正常参考值】

血清尿素1.78~7.14 mmol/L。

【实验结果】

1. 结果记录

2. 计算

$$血清尿素（mmol/L）=\frac{测定管吸光度}{标准管吸光度}\times 5$$

【注意事项】

（1）试剂中加入氨基硫脲和镉离子，可增进显色度和色泽稳定性，但仍有轻度褪色现象。煮沸、显色、冷却后，应及时比色。

（2）尿液中尿素也可用此法测定，但因浓度高，需先用去离子水进行 50 倍以上稀释。

（3）世界卫生组织推荐尿素用 mmol/L 表示。

【临床意义】

1. 升高 尿素是由肝脏合成并释放入血，随血液运输到肾脏并随尿液排出的，这是体内绝大部分的尿素代谢的主要途径，所以血清中尿素的浓度主要反映肾脏的功能。器质性肾功能损伤时血尿素浓度增高，如各种原发性肾小球肾炎、肾盂肾炎、间质性肾炎等所致的慢性肾功能衰竭。

2. 降低 临床较少见。主要系肝实质受损，生成减少。如急性黄色肝萎缩、肝硬化、中毒性肝炎、严重贫血等。

【思考题】

试述血清尿素浓度升高的临床意义。

第十章 核苷酸代谢

核苷酸是组成核酸的基本单位。人体内的核苷酸主要由机体细胞自身合成。体内核苷酸的合成有两条途径,即从头合成途径和补救合成途径。从头合成途径是以氨基酸、一碳单位、二氧化碳和磷酸核糖等简单的小分子物质为原料,经过一系列酶促反应合成核苷酸的过程。补救合成途径是用体内现成的碱基或核苷作为原料,经过简单的酶促反应合成核苷酸的过程。两条途径因组织不同而异,如肝主要进行从头合成途径,脑、红细胞、骨髓等主要进行补救合成途径。

食物中的核酸主要以核蛋白的形式存在。核蛋白在胃内受胃酸作用,分解成核酸和蛋白质。核酸进入小肠后,在胰液与肠液中各种水解酶的催化下水解成为核苷酸,核苷酸在核苷酸酶的作用下水解为核苷和磷酸,核苷可进一步水解成碱基和戊糖。水解过程中生成的核苷酸、核苷、碱基、戊糖均可被小肠黏膜吸收,吸收进入小肠黏膜中的核苷和核苷酸在肠黏膜细胞内进一步分解,吸收的戊糖参与体内代谢,嘌呤碱和嘧啶碱则主要被分解排出体外,因此食物来源的嘌呤碱和嘧啶碱很少被机体利用。各组织中嘌呤碱和嘧啶碱的分解代谢途径没有差别。

核苷酸按照碱基的不同分为嘌呤核苷酸和嘧啶核苷酸两类,它们在机体内有不同的代谢方式。

第一节 嘌呤核苷酸的代谢

一、嘌呤核苷酸的合成代谢

嘌呤核苷酸有两条合成途径,即从头合成途径和补救合成途径。

（一）嘌呤核苷酸的从头合成途径

1. 合成部位　嘌呤核苷酸的从头合成主要是在肝中进行的,其次在小肠黏膜细胞及胸腺组织中进行。

2. 合成原料　嘌呤核苷酸的从头合成所需原料主要有 5-磷酸核糖、谷氨酰胺、甘氨酸、一碳单位、CO_2、天冬氨酸,其中 5-磷酸核糖主要来自磷酸戊糖途径。

嘌呤核苷酸的嘌呤环合成中各原子的来源见图 10-1。

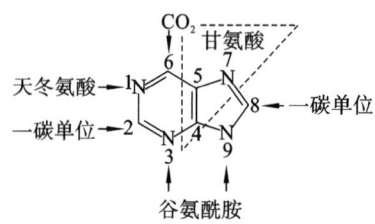

图 10-1　嘌呤环合成中各原子的来源

3. 合成过程　嘌呤核苷酸从头合成过程比较复杂,为叙述方便,将嘌呤核苷酸从头合成过程分为三个阶段:第一阶段是次黄嘌呤核苷酸(IMP)的合成;第二阶段是次黄嘌呤核苷酸(IMP)转变成腺苷酸(AMP)和鸟苷酸(GMP);第三阶段是腺苷酸(AMP)和鸟苷酸(GMP)磷酸化生成腺苷三磷酸(ATP)和鸟苷三磷酸(GTP)。

（1）第一阶段:从 5-磷酸核糖开始经连续 11 步反应合成次黄嘌呤核苷酸(IMP),反应过程见图 10-2。

具体反应如下:

①5-磷酸核糖(R-5′-P)转变为 5-磷酸核糖-1-焦磷酸(PRPP)　5-磷酸核糖和腺苷三磷酸(ATP)在 5-磷酸核糖焦磷酸合成酶(PRPP 合成酶)的催化下,由 ATP 提供能量,最后转变成PRPP。PRPP 合成酶是嘌呤核苷酸合成的限速酶。

②5-磷酸核糖-1-焦磷酸转变为 5-磷酸核糖胺(PRA)　5-磷酸核糖-1-焦磷酸与谷氨酰胺(Gly)以及 H_2O 在 PRPP 酰胺转移酶的催化下,5-磷酸核糖-1-焦磷酸 1 位碳上的 H 和 1 位碳上的 2 个磷酸基分别被谷氨酰胺中的氨基和 H_2O 的 H 取代,生成 5-磷酸核糖胺。PRPP 酰胺转移酶也是嘌呤核苷酸合成的限速酶。

③5-磷酸核糖胺转变为甘氨酰胺核苷酸(GAR)　5-磷酸核糖胺与甘氨酸在 GAR 合成酶的催化下发生脱水反应。反应时,5-磷酸核糖胺脱去 1 位碳氨基上的 1 个 H,甘氨酸脱去羧基上的羟基,生成甘氨酰胺核苷酸。此步反应需要 ATP 提供能量,ATP 水解生成 ADP 和磷酸,并释放出能量供反应需要。

④甘氨酰胺核苷酸转变为 N-甲酰甘氨酰胺核苷酸(FGAR)　甘氨酰胺核苷酸和 N^{10}-甲酰基四氢叶酸(N^{10}-CHOFH$_4$)在转甲酰基酶的催化下,甘氨酰胺核苷酸分子中氨基上的 1 个H 被 N^{10}-甲酰基四氢叶酸中的甲酰基(—CHO)取代,生成 N-甲酰甘氨酰胺核苷酸,N^{10}-甲酰基四氢叶酸失去甲酰基后转变成四氢叶酸(FH$_4$)。

⑤N-甲酰甘氨酰胺核苷酸转变为 N-甲酰甘氨咪核苷酸(FGAM)　N-甲酰甘氨酰胺核苷酸与水以及谷氨酰胺在酰胺转移酶的催化下,生成 N-甲酰甘氨咪核苷酸。谷氨酰胺失去氨基后转变为谷氨酸,此步反应需要 ATP 提供能量,ATP 水解生成 ADP 和磷酸,并释放出能量供反应需要。

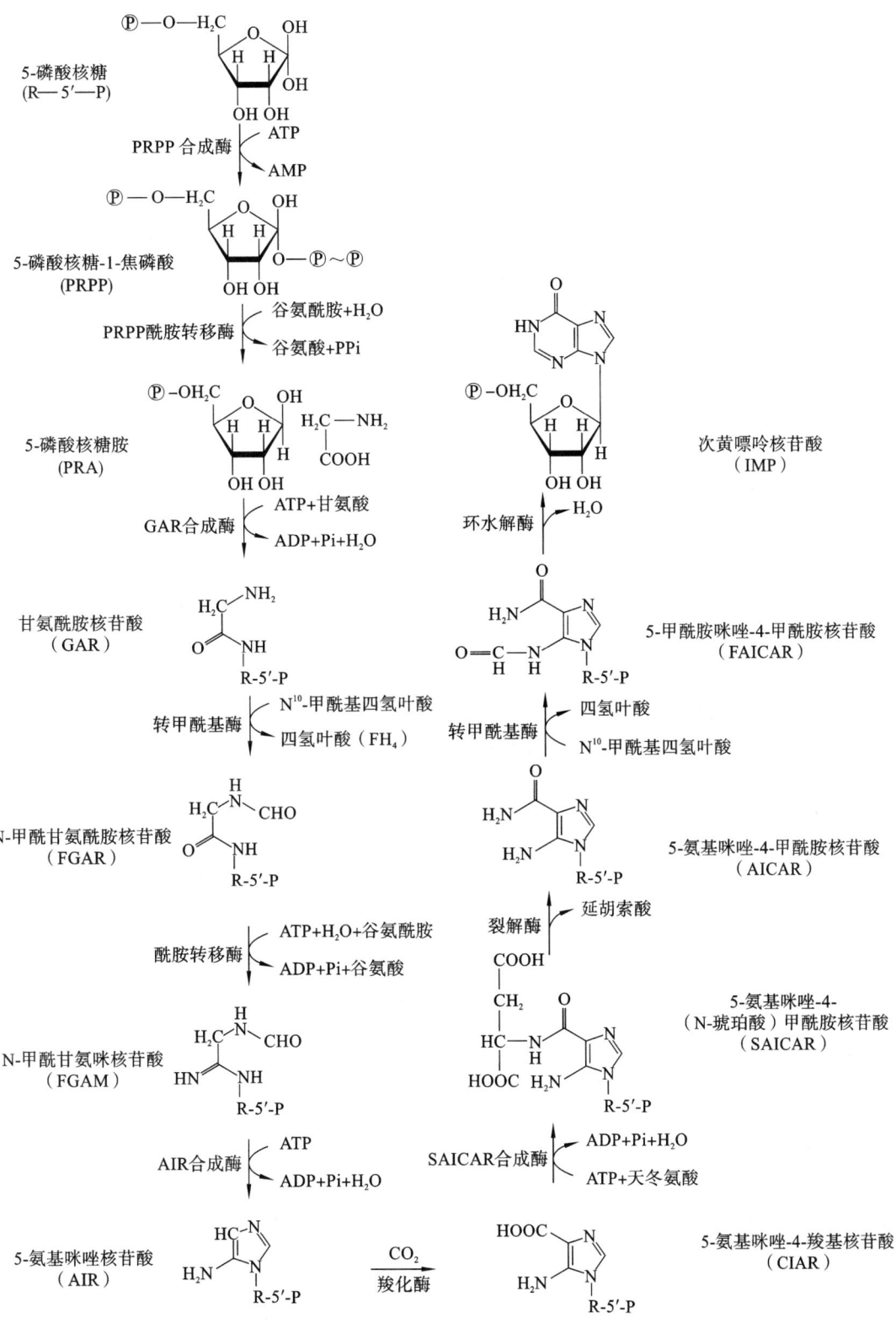

图 10-2 次黄嘌呤核苷酸(IMP)的合成

⑥N-甲酰甘氨咪核苷酸转变为 5-氨基咪唑核苷酸（AIR）　N-甲酰甘氨咪核苷酸在 AIR 合成酶的催化下发生脱水反应,生成 5-氨基咪唑核苷酸。此步反应需要 ATP 提供能量,ATP 水解生成 ADP 和磷酸,并释放出能量供反应需要。

⑦5-氨基咪唑核苷酸转变为 5-氨基咪唑-4-羧基核苷酸（CAIR）　5-氨基咪唑核苷酸与 CO_2 在羧化酶的催化下,生成 5-氨基咪唑-4-羧基核苷酸。

⑧5-氨基咪唑-4-羧基核苷酸转变为 5-氨基咪唑-4-(N-琥珀酸)甲酰胺核苷酸（SAICAR）　5-氨基咪唑-4-羧基核苷酸与天冬氨酸在 SAICAR 合成酶的催化下发生脱水反应,反应时,5-氨基咪唑-4-羧基核苷酸脱去 4 位碳羧基上的羟基,天冬氨酸脱去氨基上的 H,生成 5-氨基咪唑-4-(N-琥珀酸)甲酰胺核苷酸。此步反应需要 ATP 提供能量,ATP 水解生成 ADP 和磷酸,并释放出能量供反应需要。

⑨5-氨基咪唑-4-(N-琥珀酸)甲酰胺核苷酸转变为 5-氨基咪唑-4-甲酰胺核苷酸（AICAR）5-氨基咪唑-4-(N-琥珀酸)甲酰胺核苷酸在裂解酶的催化下,生成 5-氨基咪唑-4-甲酰胺核苷酸和延胡索酸（HOOCCH ═CHCOOH）。

⑩5-氨基咪唑-4-甲酰胺核苷酸转变为 5-甲酰胺咪唑-4-甲酰胺核苷酸（FAICAR）　5-氨基咪唑-4-甲酰胺核苷酸与 N^{10}-甲酰基四氢叶酸在转甲酰基酶的催化下,5-氨基咪唑-4-甲酰胺核苷酸分子中 5 位碳氨基上的 1 个 H 被 N^{10}-甲酰基四氢叶酸中的甲酰基取代,生成 5-甲酰胺咪唑-4-甲酰胺核苷酸。

⑪5-甲酰胺咪唑-4-甲酰胺核苷酸转变为次黄嘌呤核苷酸（IMP）　5-甲酰胺咪唑-4-甲酰胺核苷酸在环水解酶的催化下脱水环化,生成次黄嘌呤核苷酸（IMP）。

由上述反应过程可以看出,嘌呤核苷酸是在磷酸核糖分子上逐步合成的,而不是首先单独合成嘌呤碱然后再与磷酸核糖结合的,这是嘌呤核苷酸从头合成的一个重要特点。

(2) 第二阶段:次黄嘌呤核苷酸（IMP）分别经过 2 步反应转变为腺苷酸（AMP）或鸟苷酸（GMP）,反应过程见图 10-3。

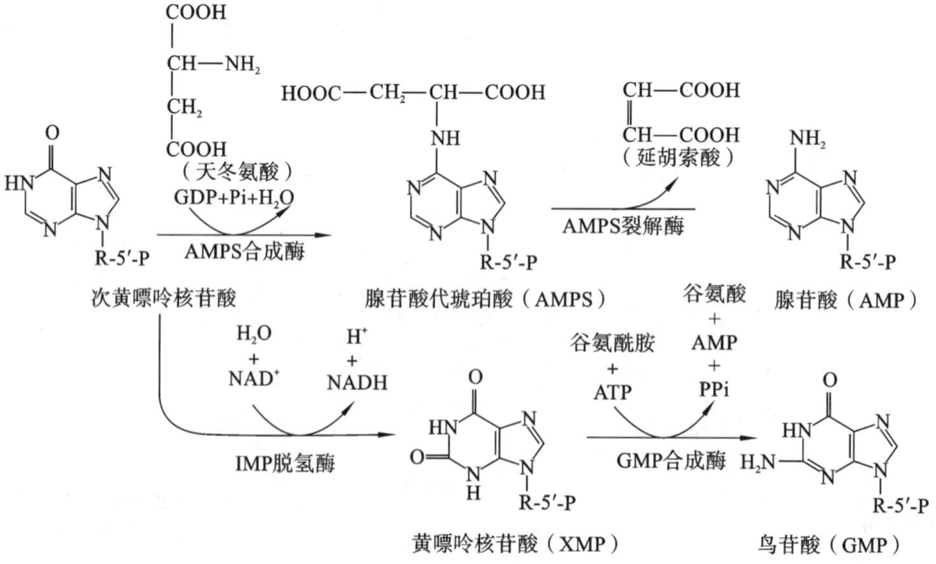

图 10-3　次黄嘌呤核苷酸（IMP）转变成为腺苷酸（AMP）或鸟苷酸（CMP）

具体反应如下。

①次黄嘌呤核苷酸(IMP)转变为腺苷酸(AMP)　次黄嘌呤核苷酸(IMP)经 2 步反应转变为腺苷酸(AMP)。

a.次黄嘌呤核苷酸(IMP)转变为腺苷酸代琥珀酸(AMPS)。

次黄嘌呤核苷酸(IMP)和天冬氨酸(Asp)在腺苷酸代琥珀酸合成酶(AMPS 合成酶)的催化下脱水生成腺苷酸代琥珀酸。此步反应需要鸟苷三磷酸(GTP)提供能量,GTP 水解生成GDP(鸟苷二磷酸)和磷酸,并释放出能量供反应需要。

b.腺苷酸代琥珀酸转变为腺苷酸(AMP)。

腺苷酸代琥珀酸在腺苷酸代琥珀酸裂解酶(AMPS 裂解酶)的催化下,发生裂解反应,生成腺苷酸(AMP)和延胡索酸(HOOCCH $=$ CHCOOH)。

②次黄嘌呤核苷酸(IMP)转变为鸟苷酸(GMP)　次黄嘌呤核苷酸(IMP)经 2 步反应转变为鸟苷酸(GMP)。

a.次黄嘌呤核苷酸(IMP)转变为黄嘌呤核苷酸(XMP)。

次黄嘌呤核苷酸(IMP)和 H_2O 在 IMP 脱氢酶的催化下,先加水再脱氢生成黄嘌呤核苷酸,脱下来的 2H 由脱氢酶的辅酶 NAD^+ 接受,生成 NADH 和 H^+。

b.黄嘌呤核苷酸转变为鸟苷酸(GMP)。

黄嘌呤核苷酸和谷氨酰胺(Gln)在鸟苷酸合成酶(GMP 合成酶)的催化下,生成鸟苷酸(GMP)和谷氨酸(Glu)。此步反应需要 ATP 提供能量,ATP 水解掉其分子中的 2 个高能磷酸键,生成 AMP 和焦磷酸,并释放出能量供反应需要。

(3) 第三阶段:腺苷酸(AMP)及鸟苷酸(GMP)还可进一步磷酸化转变为相应的核苷二磷酸(ADP、GDP)及核苷三磷酸(ATP、GTP)。

①AMP 经 2 步磷酸化反应生成 ATP。

a.AMP 磷酸化生成 ADP。

腺苷酸(AMP)和腺苷三磷酸(ATP)在腺苷酸激酶的催化下,ATP 提供能量,并将其末端的 1 个磷酸基转移至 AMP 的磷酸基上,生成腺苷二磷酸(ADP),ATP 失去 1 个磷酸基后转变成 ADP。反应式如下:

b.ADP 磷酸化生成 ATP。

腺苷二磷酸(ADP)和腺苷三磷酸(ATP)在腺苷二磷酸激酶的催化下,ATP 提供能量,并将其末端的 1 个磷酸基转移至 ADP 的磷酸基上,生成腺苷三磷酸(ATP),ATP 失去 1 个磷酸基后转变成 ADP。反应方程式如下:

②GMP 经 2 步磷酸化反应生成 GTP。

a. GMP 磷酸化生成 GDP。

鸟苷酸(GMP)和腺苷三磷酸(ATP)在鸟苷酸激酶的催化下,ATP 提供能量,并将其末端的 1 个磷酸基转移至 GMP 的磷酸基上,生成鸟苷二磷酸(GDP),ATP 失去 1 个磷酸基后转变成 ADP。反应方程式如下:

鸟苷酸(GMP) —（鸟苷酸激酶, ATP→ADP）→ 鸟苷二磷酸(GDP)

R-5′-P → R-5′-P～℗

b. GDP 磷酸化生成 GTP。

鸟苷二磷酸(GDP)和腺苷三磷酸(ATP)在鸟苷二磷酸激酶的催化下,ATP 提供能量,并将其末端的 1 个磷酸基转移至 GDP 的磷酸基上,生成鸟苷三磷酸(GTP),ATP 失去 1 个磷酸基后转变成 ADP。反应方程式如下:

鸟苷二磷酸(GDP) —（鸟苷二磷酸激酶, ATP→ADP）→ 鸟苷三磷酸(GTP)

R-5′-P～℗ → R-5′-P～℗～℗

(二) 嘌呤核苷酸的补救合成途径

嘌呤核苷酸的补救合成途径是细胞利用体内现成的嘌呤碱或嘌呤核苷作为原料,经过简单的酶促反应合成嘌呤核苷酸的过程。有以下两种合成形式。

1. 利用游离的嘌呤碱合成　此过程需要腺嘌呤磷酸核糖转移酶(APRT)和次黄嘌呤-鸟嘌呤磷酸核糖转移酶(HGPRT)的参与。

(1) 利用腺嘌呤合成:细胞利用体内现成的腺嘌呤和 5-磷酸核糖-1-焦磷酸(PRPP)在腺嘌呤磷酸核糖转移酶(APRT)的催化下,生成腺苷酸(AMP)和焦磷酸(PPi),反应方程式如下:

$$\text{腺嘌呤} + \text{PRPP} \xrightarrow{\text{腺嘌呤磷酸核糖转移酶(APRT)}} \text{AMP} + \text{PPi}$$

(2) 利用次黄嘌呤合成:细胞利用体内现成的次黄嘌呤和 5-磷酸核糖-1-焦磷酸(PRPP)在次黄嘌呤-鸟嘌呤磷酸核糖转移酶(HGPRT)的催化下,生成次黄嘌呤核苷酸(IMP)和焦磷酸(PPi),反应方程式如下:

$$\text{次黄嘌呤} + \text{PRPP} \xrightarrow{\text{次黄嘌呤-鸟嘌呤磷酸核糖转移酶(HGPRT)}} \text{IMP} + \text{PPi}$$

(3) 利用鸟嘌呤合成:细胞利用体内现成的鸟嘌呤和 5-磷酸核糖-1-焦磷酸(PRPP)在次黄嘌呤-鸟嘌呤磷酸核糖转移酶(HGPRT)的催化下,生成鸟苷酸(GMP)和焦磷酸(PPi),反应方程式如下:

$$\text{鸟嘌呤} + \text{PRPP} \xrightarrow{\text{次黄嘌呤-鸟嘌呤磷酸核糖转移酶(HGPRT)}} \text{GMP} + \text{PPi}$$

2. 利用游离的嘌呤核苷合成　此过程需要腺苷激酶的参与。细胞利用体内现成的腺嘌呤核苷和腺苷三磷酸（ATP）在腺苷激酶的催化下，ATP 提供能量，生成腺苷酸（AMP）和 ADP，反应方程式如下：

$$腺嘌呤核苷 + ATP \xrightarrow{\text{腺苷激酶}} AMP + ADP$$

嘌呤核苷酸补救合成的生理意义在于两个方面：一方面补救合成可以减少从头合成时能量和一些氨基酸的消耗；另一方面，脑、红细胞、骨髓等由于缺乏从头合成嘌呤核苷酸的酶系，只能利用机体现成的嘌呤碱或嘌呤核苷合成嘌呤核苷酸，补救合成途径对这些组织细胞具有特殊意义。例如：机体中次黄嘌呤-鸟嘌呤磷酸核糖转移酶（HGPRT）缺陷的患儿，会表现为智力发育受阻，共济失调，具有攻击性和敌对性；患儿还会有咬自己的口唇、手指和足趾等自毁容貌的表现，称为自毁容貌症或 Lesh-Nyhan 综合征。

二、嘌呤核苷酸的分解代谢

（一）嘌呤核苷酸分解代谢的部位

嘌呤核苷酸的分解代谢主要在肝、小肠和肾中进行。

（二）嘌呤核苷酸分解代谢的过程

细胞中的嘌呤核苷酸首先在核苷酸酶的作用下水解生成嘌呤核苷。嘌呤核苷再经核苷磷酸化酶的催化，生成游离的嘌呤碱基与 1-磷酸核糖。1-磷酸核糖可进一步转变成 5-磷酸核糖。5-磷酸核糖是合成 5-磷酸核糖-1-焦磷酸（PRPP）的原料，参与新的核苷酸的合成；也可经磷酸戊糖途径氧化分解。嘌呤碱可经补救合成途径再用于合成新的核苷酸，也可最终氧化生成尿酸，通过肾随尿排出体外。

嘌呤碱的分解首先是在各种脱氨酶的作用下水解脱去氨基。腺嘌呤和鸟嘌呤水解脱氨生成次黄嘌呤和黄嘌呤。黄嘌呤氧化酶首先催化次黄嘌呤氧化生成黄嘌呤，再催化黄嘌呤进一步氧化生成尿酸。

下面是次黄嘌呤核苷酸（IMP）、腺苷酸（AMP）、鸟苷酸（GMP）的分解代谢过程。反应过程见图 10-4。

具体反应如下。

1. 次黄嘌呤核苷酸（IMP）的分解代谢　主要反应是次黄嘌呤核苷酸（IMP）在核苷酸酶的催化下，水解生成次黄嘌呤核苷和磷酸；次黄嘌呤核苷在核苷磷酸化酶的催化下，生成游离的次黄嘌呤和 1-磷酸核糖；次黄嘌呤在黄嘌呤氧化酶的催化下，与 O_2 和 H_2O 发生反应，生成黄嘌呤和过氧化氢（H_2O_2）；黄嘌呤在黄嘌呤氧化酶的催化下，与 O_2 和 H_2O 发生反应，生成尿酸和过氧化氢（H_2O_2）；尿酸随尿排出体外。

2. 腺苷酸（AMP）的分解代谢　腺苷酸（AMP）可转变成次黄嘌呤核苷或次黄嘌呤核苷酸来进行代谢，主要反应如下：

（1）腺苷酸（AMP）可转变成次黄嘌呤核苷来进行代谢：腺苷酸（AMP）在核苷酸酶的催化下，水解生成腺嘌呤核苷和磷酸；腺嘌呤核苷在腺苷脱氨酶的催化下，与水（H_2O）反应，脱去氨基，生成次黄嘌呤核苷和 NH_3。

（2）腺苷酸（AMP）可转变成次黄嘌呤核苷酸来进行代谢：腺苷酸（AMP）也可在脱氨酶的催化下，与水反应，脱去氨基，生成次黄嘌呤核苷酸（IMP）；次黄嘌呤核苷酸在核苷酸酶的催化

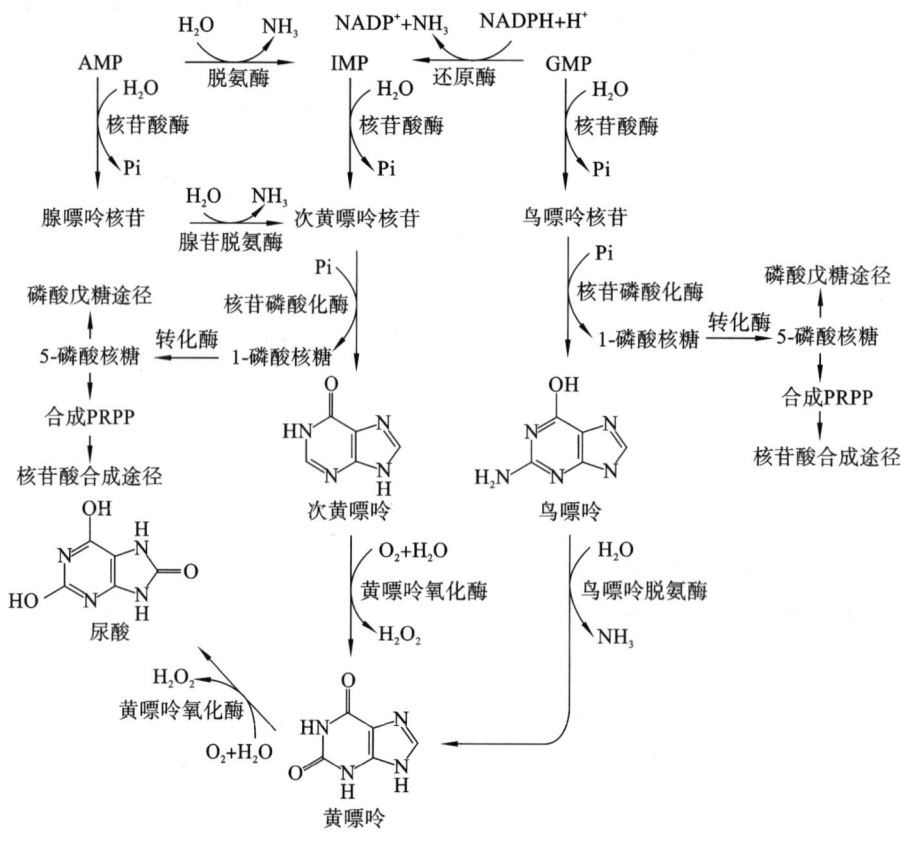

图 10-4 嘌呤核苷酸(IMP、AMP、GMP)的分解代谢

下,水解生成次黄嘌呤核苷和磷酸。

上述两种情况生成的次黄嘌呤核苷可通过次黄嘌呤核苷的代谢途径最终生成尿酸,尿酸随尿排出体外。

3. 鸟苷酸(GMP)的分解代谢 主要反应是鸟苷酸(GMP)在核苷酸酶的催化下,水解生成鸟嘌呤核苷和磷酸;鸟嘌呤核苷在核苷磷酸化酶的催化下,生成游离的鸟嘌呤;鸟嘌呤在鸟嘌呤脱氨酶的催化下与 H_2O 反应,脱去氨基,生成黄嘌呤和 NH_3;黄嘌呤在黄嘌呤氧化酶的催化下,生成尿酸并随尿排出体外。

另外,鸟苷酸也可在还原酶的催化下,加氢还原并脱去氨基,生成次黄嘌呤核苷酸(IMP)。次黄嘌呤核苷酸可沿着次黄嘌呤核苷酸分解代谢途径进行代谢,最终生成尿酸并随尿排出体外。

(三) 嘌呤碱分解代谢的终产物是尿酸

尿酸是人体嘌呤分解代谢的终产物。尿酸呈酸性,常以钠盐或钾盐的形式从肾排泄出去。正常人血浆中尿酸含量为 $0.12 \sim 0.36$ mmol/L,男性略高于女性。尿酸水溶性较差,血尿酸过多易形成尿酸盐晶体。血浆中尿酸含量高于 0.48 mmol/L 时,尿酸盐晶体会沉积于关节、软组织、软骨及肾等处,引起疼痛和功能障碍,称为痛风症。痛风症多见于男性。痛风症患者尿酸盐晶体会沉积于关节、软组织、软骨和肾等处,而导致关节炎、尿路结石及肾疾病。临床上常用别嘌呤醇来治疗痛风症。

知识链接

痛风症预防治疗措施

1. 护理 急性期关节炎按常规护理,受累关节制动,抬高患肢。

2. 饮食 低嘌呤、低脂、低盐、低蛋白饮食,并应戒酒、多吃碱性食物,以防痛风急性发作并有利于尿酸排泄。

3. 多饮水 每日饮水量应大于 2000 mL。

4. 缓解期的治疗 主要目的为降低血尿酸水平,预防再次急性发作。①抑制尿酸生成药物:别嘌呤醇。②促进尿酸排泄药物:苯溴马隆、丙磺舒。

第二节 嘧啶核苷酸的代谢

一、嘧啶核苷酸的合成代谢

与嘌呤核苷酸一样,嘧啶核苷酸也有两条合成途径,即从头合成途径和补救合成途径。

(一) 嘧啶核苷酸的从头合成途径

1. 合成部位 嘧啶核苷酸的从头合成主要是在肝脏的细胞液中进行。

2. 合成原料 嘧啶核苷酸的从头合成途径所需原料有谷氨酰胺、CO_2、天冬氨酸、5-磷酸核糖。

嘧啶核苷酸的嘧啶环中各原子的来源见图 10-5。

3. 合成过程 嘧啶核苷酸的从头合成过程可分为两个阶段:第一阶段是尿苷酸(UMP)的合成;第二阶段是尿苷酸(UMP)转变成尿苷三磷酸(UTP)和胞苷三磷酸(CTP)。

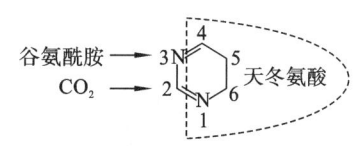

图 10-5 嘧啶环中各原子的来源

(1) 第一阶段:尿苷酸(UMP)的合成。与嘌呤核苷酸从头合成途径不同,嘧啶核苷酸的从头合成以氨基甲酰磷酸为起点,先合成嘧啶环,后加上由 PRPP 提供的 5-磷酸核糖。最先合成的核苷酸是尿苷酸(UMP)。尿苷酸的合成主要在肝进行,主要有 6 步反应,反应过程见图 10-6。

具体反应如下。

①氨基甲酰磷酸的生成 CO_2 和谷氨酰胺在氨基甲酰磷酸合成酶(CPS Ⅱ)的催化下,生成氨基甲酰磷酸和谷氨酸。氨基甲酰磷酸合成酶(CPS Ⅱ)是尿苷酸合成的限速酶。虽然尿素合成的第 1 步反应也是合成氨基甲酰磷酸,但尿素合成所需的氨基甲酰磷酸合成酶 Ⅰ 存在于肝线粒体中,所需的氨基来源于氨,而氨基甲酰磷酸合成酶(CPS Ⅱ)存在于胞液中,所需的氨基来源于谷氨酰胺。

②氨甲酰天冬氨酸的生成 氨基甲酰磷酸与天冬氨酸(Asp)在天冬氨酸氨基甲酰转移酶

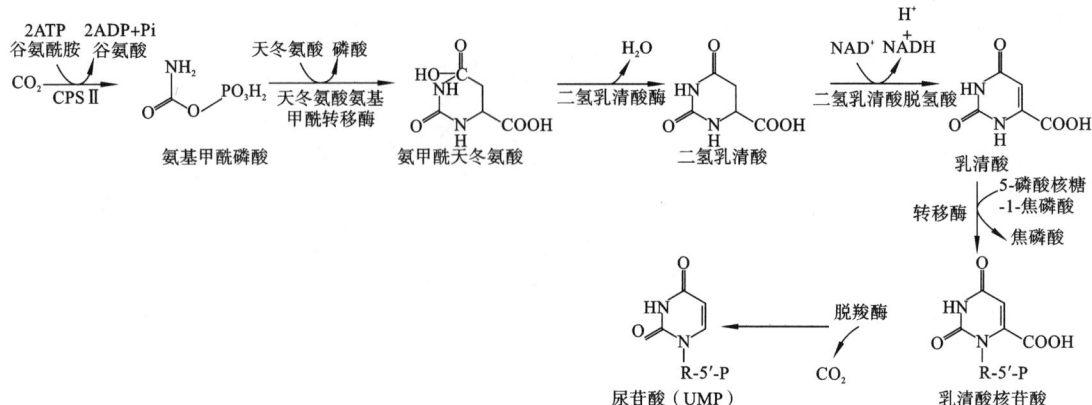

图 10-6　尿苷酸(UMP)的合成

的催化下,生成氨甲酰天冬氨酸和磷酸。

③二氢乳清酸的生成　氨甲酰天冬氨酸在二氢乳清酸酶的催化下脱水,生成二氢乳清酸。

④乳清酸的生成　二氢乳清酸在二氢乳清酸脱氢酶的催化下,发生脱氢氧化反应,生成乳清酸。脱下来的 2H 由二氢乳清酸脱氢酶的辅酶 NAD^+ 接受,生成 NADH 和 H^+。

⑤乳清酸核苷酸的生成　乳清酸与 5-磷酸核糖-1-焦磷酸(PRPP)在转移酶的催化下,生成乳清酸核苷酸,5-磷酸核糖-1-焦磷酸失去 5-磷酸核糖后转变为焦磷酸(PPi)。

⑥尿苷酸(UMP)的生成　乳清酸核苷酸在脱羧酶的催化下,脱去 6 位碳上的羧基,生成尿苷酸(UMP)和 CO_2。

(2) 第二阶段:尿苷酸(UMP)转变成尿苷三磷酸(UTP)和胞苷三磷酸(CTP)。主要有 3 步反应,具体反应如下。

①尿苷酸(UMP)磷酸化为尿苷二磷酸(UDP)　尿苷酸(UMP)和 ATP 在尿苷酸激酶的催化下,生成尿苷二磷酸(UDP),ATP 失去 1 个磷酸基后转变成 ADP,反应方程式如下:

$$\text{尿苷酸(UMP)} \xrightarrow[\text{尿苷酸激酶}]{\text{ATP} \quad \text{ADP}} \text{尿苷二磷酸(UDP)}$$

②尿苷二磷酸(UDP)磷酸化为尿苷三磷酸(UTP)　尿苷二磷酸(UDP)和 ATP 在尿苷二磷酸激酶的催化下,生成尿苷三磷酸(UTP),ATP 失去 1 个磷酸基后转变成 ADP,反应方程式如下:

$$\text{尿苷二磷酸(UDP)} \xrightarrow[\text{尿苷二磷酸激酶}]{\text{ATP} \quad \text{ADP}} \text{尿苷三磷酸(UTP)}$$

③尿苷三磷酸(UTP)转变为胞苷三磷酸(CTP) 尿苷三磷酸(UTP)与谷氨酰胺(Gln)在胞苷三磷酸合成酶的催化下,生成胞苷三磷酸(CTP)和谷氨酸。此步反应所需的能量由 ATP 水解提供,反应方程式如下:

ATP、GTP、CTP、UTP 等 4 种核苷三磷酸(NTP)是合成 RNA 的原料。

(二) 嘧啶核苷酸的补救合成途径

嘧啶核苷酸的补救合成途径是细胞利用体内现成的嘧啶碱或嘧啶核苷作为原料,经过简单的酶促反应合成嘧啶核苷酸的过程。例如:细胞利用体内现成的尿嘧啶和 5-磷酸核糖-1-焦磷酸(PRPP)在尿嘧啶磷酸核糖转移酶的催化下,生成尿苷酸(UMP),PRPP 失去 5-磷酸核糖后转变成焦磷酸(PPi);或细胞利用体内现成的尿嘧啶核苷和腺苷三磷酸(ATP)在尿苷激酶的催化下,生成尿苷酸(UMP);或细胞利用体内现成的胸腺嘧啶核苷和腺苷三磷酸(ATP)在胸苷激酶的催化下,生成胸苷酸(TMP)。反应方程式如下:

$$尿嘧啶 + PRPP \xrightarrow{\text{尿嘧啶磷酸核糖转移酶}} UMP + PPi$$

$$尿嘧啶核苷 + ATP \xrightarrow{\text{尿苷激酶}} UMP + ADP$$

$$胸腺嘧啶核苷 + ATP \xrightarrow{\text{胸苷激酶}} TMP + ADP$$

二、脱氧核糖核苷酸的合成

脱氧核糖核苷酸是 DNA 的合成前体。体内脱氧核糖核苷酸的合成有两种情况:第一种情况是 dATP、dGTP、dCTP、dUTP 的合成;第二种情况是 dTTP 的合成。

(一) dATP、dGTP、dCTP、dUTP 的合成

在体内,dATP、dGTP、dCTP、dUTP 由核糖核苷酸直接还原生成,还原反应应在核苷二磷酸(NDP)水平上进行,主要有 2 步反应,具体反应如下。

1. dNDP 的生成 核苷二磷酸(NDP)在核糖核苷酸还原酶的催化下,脱氧还原生成脱氧核苷二磷酸(dNDP),总反应方程式如下:

具体反应方程式如下:

$$
\left.\begin{array}{l} ADP \\ GDP \\ CDP \\ UDP \end{array}\right\} +NADPH+H^+ \xrightarrow{\text{核糖核苷酸还原酶}} \left\{\begin{array}{l} dADP \\ dGDP \\ dCDP \\ dUDP \end{array}\right. +NADP^+ +H_2O
$$

反应时,ADP、GDP、CDP、UDP 在核糖核苷酸还原酶的催化下,分别脱去分子中戊糖 2 位碳所连羟基的氧,发生还原反应,生成相应的 dADP、dGDP、dCDP、dUDP。

2. dNTP 的生成　脱氧核苷二磷酸(dNDP)和腺苷三磷酸(ATP)在激酶的催化下,磷酸化生成脱氧核苷三磷酸(dNTP),总反应方程式如下:

具体反应方程式如下:

$$
\left.\begin{array}{l} dADP \\ dGDP \\ dCDP \\ dUDP \end{array}\right\} +ATP \xrightarrow{\text{激酶}} \left\{\begin{array}{l} dATP \\ dGTP \\ dCTP \\ dUTP \end{array}\right. +ADP
$$

dADP、dGDP、dCDP、dUDP 分别和 ATP 在激酶的催化下,ATP 提供能量,并将其末端的 1 个磷酸基转移至 dADP、dGDP、dCDP、dUDP 的磷酸基上,生成 dATP、dGTP、dCTP、dUTP 等脱氧核苷三磷酸(dNTP),ATP 失去 1 个磷酸基后转变成 ADP。

(二) dTTP 的合成

体内脱氧胸苷三磷酸(dTTP)是由脱氧尿苷一磷酸(dUMP)经甲基化生成的。N^5,N^{10}-CH_2-FH_4 是甲基的供体,反应所需的 dUMP 可由 dUDP 水解或由 dCMP 脱氨生成,以后者为主。主要有 3 步反应,具体反应如下。

1. dTMP 的生成　脱氧尿苷一磷酸(dUMP)和 N^5,N^{10}-CH_2-FH_4 在胸苷酸合成酶(TMP 合成酶)的催化下,生成脱氧胸苷一磷酸(dTMP),N^5,N^{10}-CH_2-FH_4 失去亚甲基后转变成 FH_4,反应方程式如下:

2. dTDP 的生成　脱氧胸苷一磷酸(dTMP)和 ATP 在激酶的催化下,生成脱氧胸苷二磷酸(dTDP),ATP 失去 1 个磷酸基后转变成 ADP,反应方程式如下:

脱氧胸苷一磷酸（dTMP） +ATP 激酶 → 脱氧胸苷二磷酸（dTDP） +ADP

3. dTTP 的生成 脱氧胸苷二磷酸(dTDP)和 ATP 在激酶的催化下,生成脱氧胸苷三磷酸(dTTP),ATP 失去 1 个磷酸基后转变成 ADP,反应方程式如下:

脱氧胸苷二磷酸（dTDP） +ATP 激酶 → 脱氧胸苷二磷酸（dTTP） +ADP

dATP、dGTP、dCTP、dTTP 等 4 种脱氧核苷三磷酸(dNTP)是合成 DNA 的原料。

三、嘧啶核苷酸的分解代谢

(一) 嘧啶核苷酸分解代谢部位

嘧啶核苷酸的分解代谢主要在肝中进行。

(二) 嘧啶核苷酸分解代谢过程

细胞中的嘧啶核苷酸首先在核苷酸酶的作用下水解生成嘧啶核苷和磷酸。嘧啶核苷再经核苷磷酸化酶的催化,生成游离的嘧啶碱与 1-磷酸核糖。1-磷酸核糖可进一步转变成 5-磷酸核糖。5-磷酸核糖是合成 5-磷酸核糖-1-焦磷酸(PRPP)的原料,参与新的核苷酸的合成;也可经磷酸戊糖途径氧化分解。嘧啶碱可以在肝中进一步分解代谢,也可通过补救合成途径再用于合成新的核苷酸。

嘧啶核苷酸分解生成的嘧啶碱主要有胞嘧啶、尿嘧啶、胸腺嘧啶。下面是胞嘧啶、尿嘧啶、胸腺嘧啶的分解代谢过程,反应过程见图 10-7。

具体反应如下。

1. 尿嘧啶的分解代谢 尿嘧啶的分解代谢在肝脏中进行,主要反应如下:

(1) 在肝脏中,尿嘧啶与 $NADPH+H^+$ 在还原酶的催化下,加氢还原生成二氢尿嘧啶;

(2) 二氢尿嘧啶在酶的催化下,开环加水,生成 β-脲基丙酸;

(3) β-脲基丙酸与 H_2O 在酶的催化下发生反应,生成 β-丙氨酸、NH_3 以及 CO_2;

(4) NH_3 以及 CO_2 可在肝脏中合成尿素,尿素通过肾脏随尿液排出体外;

(5) β-丙氨酸可随尿液排出,也可经过一系列的反应生成乙酰 CoA;乙酰 CoA 可进入三羧酸循环彻底氧化分解。

2. 胞嘧啶的分解代谢 在肝脏中,胞嘧啶和水在脱氨酶的催化下,先加水再脱氨基,生成尿嘧啶和氨;尿嘧啶可通过上述尿嘧啶的代谢途径进行代谢;氨可在肝脏中合成尿素,尿素通过肾脏随尿液排出体外。

3. 胸腺嘧啶的分解代谢 胸腺嘧啶的分解代谢在肝脏中进行,主要反应如下:

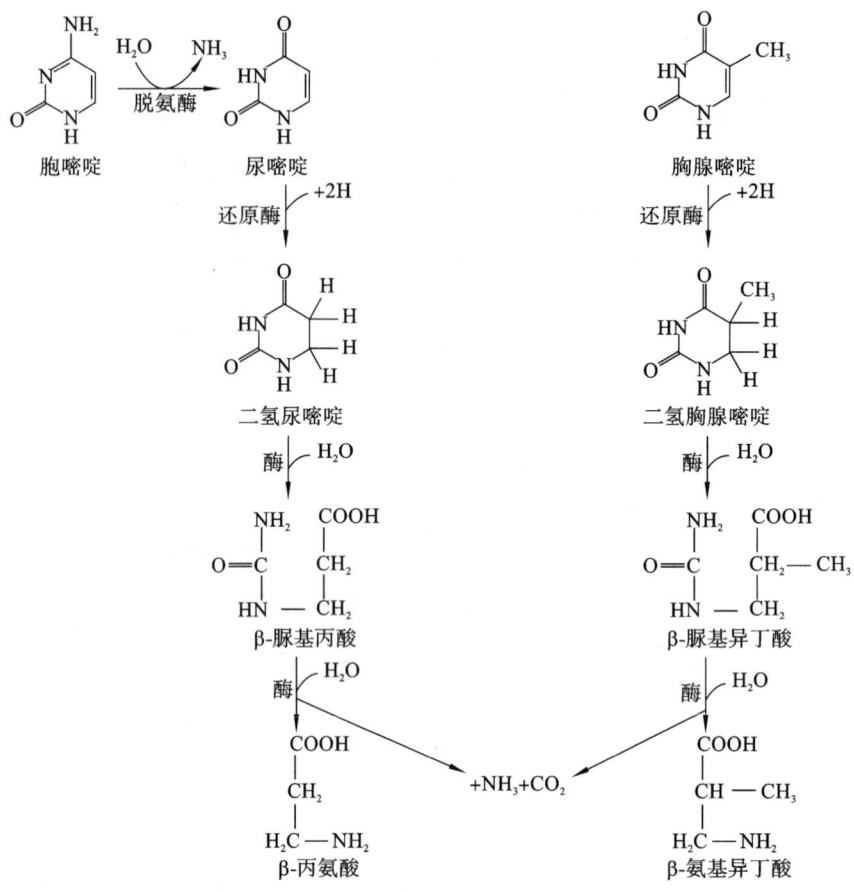

图 10-7　尿嘧啶、胞嘧啶、胸腺嘧啶的分解代谢

（1）在肝脏中，胸腺嘧啶与 NADPH＋H$^+$ 在还原酶的催化下，加氢还原生成二氢胸腺嘧啶；

（2）二氢胸腺嘧啶在酶的催化下，开环加水，生成 β-脲基异丁酸；

（3）β-脲基异丁酸与水在酶的催化下发生反应，生成 β-氨基异丁酸、NH_3 以及 CO_2；

（4）NH_3 以及 CO_2 可在肝脏中合成尿素，尿素通过肾脏随尿液排出体外；

（5）β-氨基异丁酸可随尿液排出，也可经过一系列的反应生成琥珀酰 CoA；琥珀酰 CoA 可进入三羧酸循环彻底氧化分解。

四、核苷酸抗代谢物

（一）核苷酸抗代谢物的概念

核苷酸抗代谢物是指在化学结构上与正常核苷酸代谢物结构相似，可通过竞争抑制等方式干扰或阻断核苷酸的合成代谢，从而进一步阻止核酸与蛋白质生物合成的物质。临床上常用作抗肿瘤药物或免疫抑制药物。下面分别讨论嘌呤核苷酸的抗代谢物和嘧啶核苷酸的抗代谢物。

（二）嘌呤核苷酸的抗代谢物

嘌呤核苷酸的抗代谢物是指嘌呤类似物、氨基酸类似物以及叶酸类似物。它们主要通过竞争抑制嘌呤核苷酸合成的某些步骤,从而进一步阻断核酸与蛋白质的生物合成。肿瘤细胞的核酸和蛋白质合成十分旺盛,因此,这些抗代谢物在临床上常作为抗肿瘤的药物。

1. 嘌呤类似物　嘌呤类似物主要有 6-巯基嘌呤(6-mercaptopurine,6-MP)、6-巯基鸟嘌呤、8-氮杂鸟嘌呤等。6-MP 在临床上最常用。6-MP 的结构与次黄嘌呤的结构相似,唯一不同的是次黄嘌呤分子中 6 位碳上接的是氧,而 6-MP 6 位碳上接的是巯基。在体内 6-MP 能与 PRPP 反应,生成 6-巯基嘌呤核苷酸,6-巯基嘌呤核苷酸既可抑制 IMP 转变为 AMP 及 GMP,又可以直接竞争抑制次黄嘌呤-鸟嘌呤磷酸转移酶活性,从而抑制补救合成途径,阻止 ATP 和 GTP 的生成。

2. 氨基酸类似物　氨基酸类似物主要有氮杂丝氨酸和 6-重氮-5-氧正亮氨酸等。它们的结构与谷氨酰胺相似,能够以竞争性抑制的方式干扰谷氨酰胺参与嘌呤核苷酸的合成。氨基酸类似物常用于多种肿瘤的治疗。

3. 叶酸类似物　叶酸类似物主要有氨蝶呤(aminopterin,APT)和甲氨蝶呤(methotrexate,MTX)。它们可竞争性抑制二氢叶酸还原酶的活性,阻碍四氢叶酸的生成,嘌呤核苷酸因得不到一碳单位的供应而不能合成。叶酸类似物 MTX 在临床上常用于急性白血病、淋巴癌、肝癌、乳腺癌、卵巢癌等的治疗。

（三）嘧啶核苷酸的抗代谢物

嘧啶核苷酸的抗代谢物是一些嘧啶、氨基酸及叶酸等的类似物,它们通过阻断嘧啶核苷酸的合成来达到抗肿瘤目的。

1. 嘧啶类似物　嘧啶类似物 5-氟尿嘧啶(5-fluorouracil,5-FU)的结构与胸腺嘧啶相似,它在体内可转变成有活性的脱氧核糖氟尿嘧啶核苷一磷酸(FdUMP)及氟尿嘧啶核苷三磷酸(FUTP)。FdUMP 与 dUMP 结构相似,能抑制胸苷酸合成酶的活性,从而抑制 dTMP 的合成。FUTP 以 FUMP 的形式掺入 RNA 分子中,从而破坏 RNA 的结构与功能。5-FU 是临床上常用的抗肿瘤药物。

2. 氨基酸类似物　氨基酸类似物氮杂丝氨酸的结构与谷氨酰胺相似,可以抑制嘧啶核苷酸的从头合成与 CTP 的生成。

3. 叶酸类似物　甲氨蝶呤与叶酸相似的结构相似,可阻断 dUMP 利用一碳单位甲基化生成 dTMP,影响 DNA 的生成。

思维导图

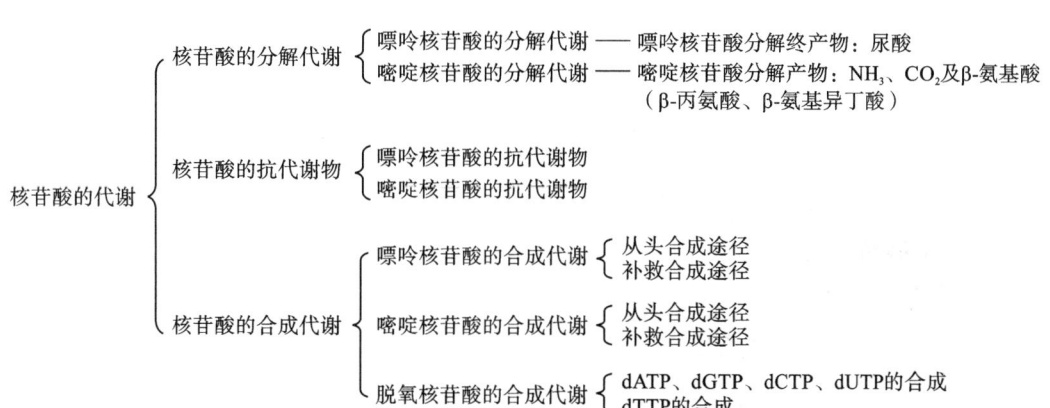

目标检测

A 型题（即最佳选择题。按照题干的要求从 A、B、C、D、E 中选出最佳答案。）

1. 下列哪一种不是体内从头合成嘌呤核苷酸的原料？（   ）

A. 5-磷酸核糖　　B. 谷氨酰胺　　　C. 甘氨酸　　　　D. 丙氨酸　　　　E. 天冬氨酸

2. 体内进行嘌呤核苷酸从头合成最主要的器官和组织是（   ）。

A. 小肠黏膜　　　B. 胸腺组织　　　C. 肝脏　　　　　D. 脑组织　　　　E. 骨髓

3. 嘌呤核苷酸从头合成途径中第一阶段生成的是（   ）。

A. AMP　　　　　B. GMP　　　　　C. IMP　　　　　D. UMP　　　　　E. TMP

4. 嘌呤核苷酸从头合成的限速酶是（   ）。

A. 酰胺转移酶　　　　　　　　　　　　　　　B. 甘氨酰胺合成酶

C. 转甲酰基酶　　　　　　　　　　　　　　　D. 5-磷酸核糖-1-焦磷酸合成酶

E. 氨基甲酰磷酸合成酶Ⅱ

5. 下列哪一种脱氧核苷酸不是 DNA 的合成原料？（   ）

A. dATP　　　　　B. dGTP　　　　　C. dCTP　　　　　D. dUTP　　　　　E. dTTP

6. 下列哪一种物质是嘌呤碱分解代谢的终产物？（   ）

A. 尿素　　　　　B. 尿酸　　　　　C. 氨　　　　　　D. CO_2　　　　　E. β-氨基酸

7. 下列哪一种物质为嘧啶环的合成贡献的原子最多？（   ）

A. 5-磷酸核糖　　B. 谷氨酰胺　　　C. 天冬氨酸　　　D. CO_2　　　　　E. 甘氨酸

8. 嘧啶核苷酸从头合成途径中第一阶段生成的是（   ）。

A. AMP　　　　　B. GMP　　　　　C. IMP　　　　　D. UMP　　　　　E. TMP

9. 嘧啶核苷酸从头合成的限速酶是（   ）。

A. 酰胺转移酶　　　　　　　　　　　　　　　B. 甘氨酰胺合成酶

C. 转甲酰基酶　　　　　　　　　　　　　　　D. 5-磷酸核糖-1-焦磷酸合成酶

E. 氨基甲酰磷酸合成酶Ⅱ

10. 嘧啶核苷酸从头合成途径生成氨基甲酰磷酸的氨基来自于（   ）。

A. 谷氨酰胺　　　B. 氨　　　　　　C. 甘氨酸　　　　D. 丙氨酸　　　　E. 天冬氨酸

11. 下列哪一种核苷酸不是 RNA 的组分？（   ）

A. AMP　　　　　B. GMP　　　　　C. CMP　　　　　D. UMP　　　　　E. TMP

12. 合成 IMP 和 UMP 的共同原料是（   ）。

A. 谷氨酰胺　　　B. 甘氨酸　　　　C. 一碳单位　　　D. 丙氨酸　　　　E. 天冬酰胺

13. 下列哪一项是嘧啶核苷酸分解产物？（   ）

A. 尿素　　　　　　　　　　B. 尿酸　　　　　　　　　　C. 氨、CO_2、β-丙氨酸

D. 氨、CO_2、β-氨基异丁酸　　　E. 氨、CO_2、β-氨基酸

14. 下来哪些脱氧核苷酸是在核苷二磷酸水平上直接还原生成的？（   ）

A. dAMP、dGMP、dCMP、dUMP　　　　　　　B. dADP、dGDP、dCDP、dUDP

C. dAMP、dGMP、dCMP、dTMP　　　　　　　D. dADP、dGDP、dCDP、dTDP

E. dADP、dGDP、dCDP、dUDP、dTDP

15. dTMP 合成的直接前体是（   ）。

A. TMP   B. UMP   C. dUMP   D. TDP   E. dCMP

思 考 题

1. 嘌呤核苷酸和嘧啶核苷酸的从头合成都是先单独合成碱基后再与磷酸核糖结合的吗？
2. 别嘌呤醇治疗痛风症的机制是什么？

【第十章　目标检测参考答案】

1. D　2. C　3. C　4. D　5. D　6. B　7. C　8. D　9. E　10. A
11. E　12. A　13. E　14. B　15. C

第十一章　水和电解质代谢

学习目标

1. 掌握体液含量、分布和组成特点；钠、钾的生理功能及排泄特点；钙、磷的生理功能及钙磷代谢；影响血钙和血磷浓度的因素。

2. 熟悉水、无机盐的生理功能；血液中钙磷的存在形式；水的来源和去路；钠、氯、钾动态平衡；影响血钾的因素。

3. 了解钙磷的吸收与排泄及钙磷代谢的紊乱；微量元素的作用。

水和电解质既是机体的重要组成成分，也是体液的组成成分，是维持健康不可缺少的物质。它们虽不提供能量，但是对维持人体正常功能和代谢具有重要作用。机体内的水及溶解在水中的无机盐、一些小分子有机物和蛋白质等构成人体的体液。水在人体内含量最多，在一般情况下水比较容易得到，人们往往会忽视其重要性，实际上一切生物的生存都离不开水。无机盐虽然不是供给机体能量的物质，大多数无机盐的需要量也很少，但也是生物维持正常生理机能不可缺少的重要物质。体液中的无机盐、蛋白质等常以离子状态存在，故又称为电解质。所以，水和无机盐代谢常被称为水和电解质代谢或水、电解质平衡。

人体内的物质代谢过程主要是在体液中进行的，体液在组成、分布和含量上保持动态平衡，是正常生命活动得以维持的基础。一旦破坏这种动态平衡，造成水和电解质代谢失常，就会对机体产生不利的影响，严重时甚至危及生命。因此掌握水与电解质代谢对疾病的预防、诊断、治疗有重要意义。

知识链接

水的重要性

水是人体内含量最多的成分。人体只要失去15%的水，生命就会有危险。在我们的饮食中，没有哪种物质比水更重要的了。没有食物，我们可以存活2至3周；而没有水，我们几天后就会死于脱水。根据人体所需，医学专家认为人平均每天摄取2500 mL水是适当的。人处在困境中，只要有水，生命就会维持较长时间；生病时若无法进食，需要补充的首先是水。当摄入充足的水后，血液循环才会显现出良好的状态。这样既可保证供给身体所需的营养物质，又能够溶解废物，并消除毒素，进而增强内脏功能,皮肤也会滋润、光滑。这对机体而言尤为重要。人体所必需的最基本的养分——水,常常是被人们忽视的,它代表了生命、健康、青春和活力。

口干是人体缺水的信号,我们往往在此时才喝水。事实上,这时我们的机体已经脱水了。这种不良习惯,导致机体经常性脱水,对健康不利。因此,我们平时要注意适时地补充水分,这样才能使新陈代谢顺利进行。

第一节　体　液

一、体液的分布与含量

(一) 体液的分布

体液以细胞膜为界,可分为细胞内液和细胞外液两大部分。细胞外液又分为血浆和组织液,构成了机体的内环境。组织液又称为细胞间液,包括淋巴液、脑脊液、消化液、体腔液等体液,它们共同构成了机体的内环境。

(二) 体液的含量

正常成人的体液约占体重的 60%,其中细胞内液占 40%,细胞外液占 20%。细胞外液中血浆占 5%,组织液占 15%。正常成人的体液含量存在着个体差异,受年龄、胖瘦程度和性别的影响。一般在同等体重情况下,年龄越小,体液含量越多;由于脂肪具有疏水性,所以身体瘦者比胖者的体液含量多;男性脂肪较少而且肌肉发达,所以男性的体液比女性的体液含量多,从而使男性对失水的耐受性更强。

$$\text{体液}(60\%)\begin{cases}\text{细胞内液}(40\%)\\\text{细胞外液}(20\%)\begin{cases}\text{血浆}(5\%)\\\text{组织液}(15\%)\end{cases}\end{cases}$$

二、体液的电解质组成

体液中的成分包括电解质和非电解质两类。电解质指的是体液中的无机盐、蛋白质等,包括 Na^+、K^+、Mg^{2+}、Ca^{2+}、Cl^-、HCO_3^-、HPO_4^{2-}、蛋白质负离子和有机酸根等。非电解质指的是体液中不能解离的物质,如尿素、葡萄糖等。

(一) 体液电解质的组成和含量

正常情况下,体液中的电解质以阳离子和阴离子形式存在,它们保持着动态平衡,但由于体液中的电解质种类和含量不尽相同(表 11-1),所以特点也各具不同。

表 11-1 各种体液中电解质含量

电解质		血浆		组织液		细胞内液	
		离子 /(mmol/L)	电荷 /(mmol/L)	离子 /(mmol/L)	电荷 /(mmol/L)	离子 /(mmol/L)	电荷 /(mmol/L)
阳离子	Na^+	145	145	139	139	10	10
	K^+	4.5	4.5	4	4	158	158
	Mg^{2+}	0.8	1.6	0.5	1	15.5	31
	Ca^{2+}	2.5	5	2	4	3	6
	合计	152.8	156.1	145.5	148	186.5	205
阴离子	Cl^-	103	103	112	112	1	1
	HCO_3^-	27	27	25	25	10	10
	HPO_4^{2-}	1	2	1	2	12	24
	SO_4^{2-}	0.5	1	0.5	1	9.5	19
	蛋白质	2.25	18	0.25	2	8.1	65
	有机酸	5	5	6	6	16	16
	有机磷酸					23.3	70
	合计	138.75	156	144.75	148	79.9	205

（二）体液电解质分布特点

从上表中可以看出体液中电解质的含量与分布有如下特点。

1. 细胞外液 血浆和组织液等细胞外液中的阳离子与阴离子的摩尔电荷总量相等,呈电中性。血浆和组织液中主要阳离子是 Na^+,主要阴离子是 Cl^- 和 HCO_3^-。但组织液中的蛋白质含量明显低于血浆中的蛋白质含量,因此,血浆胶体渗透压高于组织液的胶体渗透压。这一点对维持血容量和血浆与组织液之间水的交换有重要作用。组织液中其他电解质的种类和浓度与血浆基本相同。

2. 细胞内液 细胞内液中阳离子与阴离子的电荷总量相等,也呈电中性。主要阳离子是 K^+,主要阴离子是 HPO_4^{2-} 和蛋白质阴离子。细胞内液电解质总量高于细胞外液。但因细胞内液蛋白质含量高,其他电解质又多以二价离子(如 HPO_4^{2-}、SO_4^{2-}、Mg^{2+})形式存在,这些离子产生的渗透压较小。因此,细胞内液与细胞外液的渗透压仍基本相等。

三、体液的交换

体液的交换主要是指血浆、组织液和细胞内液等各部分体液之间的水、电解质和小分子有机物的交换。通过交换达到机体摄取营养物和排出代谢终产物的效果,进而不断维持着体液的动态平衡。

（一）血浆与组织液之间的交换

血浆和组织液之间的交换是通过毛细血管壁进行的。毛细血管壁为半透膜,水、电解质和小分子物质(如葡萄糖、氨基酸、尿素、肌酸、肌酐、CO_2、O_2、Cl^-、HCO_3^- 等)可自由通过,大分子的蛋白质则不能随意通过。血浆和组织液之间的交换取决于有效滤过压,即促进滤过的力

量和促进重吸收的力量之差,可用下式表示:

有效滤过压=(毛细血管血压+组织液胶体渗透压)-(血浆胶体渗透压+组织液静水压)

正常情况下(图 11-1),毛细血管动脉端的有效滤过压为(3.99+1.995)-(3.325+1.33)=1.33(kPa),是正值,即促进滤过的力量大于促进重吸收的力量,水和小分子物质透过毛细血管壁流向组织液;而毛细血管静脉端的有效滤过压为(1.596+1.995)-(3.325+1.33)=-1.064(kPa),是负值,即促进滤过的力量小于促进重吸收的力量,水和小分子物质从组织液流向血浆。如此往复循环,水和小分子物质在毛细血管动脉端从血浆流向组织液,在静脉端又从组织液流向血浆,不断保持着血浆和组织液之间的动态平衡。

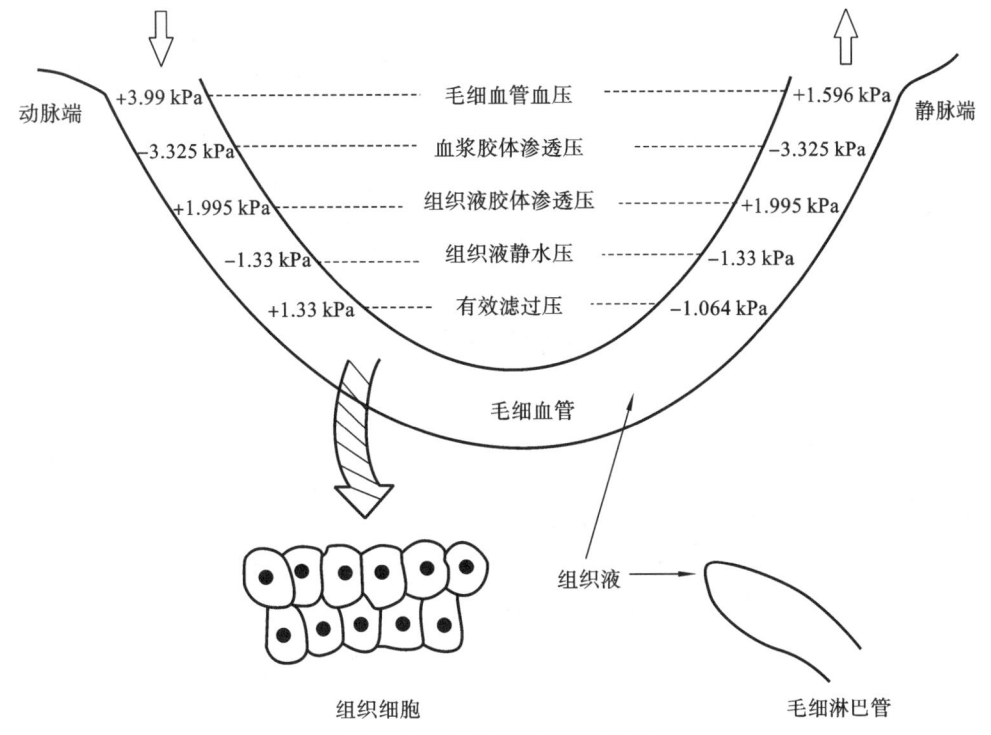

图 11-1　血浆与组织液的交换

在病理情况下,如慢性肾炎患者从尿中丢失大量血浆白蛋白,或者肝功能障碍时,白蛋白合成减少,血浆胶体渗透压降低,组织液回流减少可发生水肿;心力衰竭时,毛细血管压力增大,组织液回流障碍也会发生水肿。

（二）组织液与细胞内液之间的交换

组织液与细胞内液之间的交换是通过细胞膜进行的。细胞膜也是半透膜,但它和毛细血管壁有所不同,其对物质的透过要求严格,有高度的选择性。除不允许蛋白质自由透过外,某些离子如 K^+、Na^+、Ca^{2+}、Mg^{2+} 等也不能自由透过,而水和小分子物质可以通过。组织液与细胞内液之间的交换取决于细胞内、外液的晶体渗透压,即由无机离子产生的渗透压。正常情况下,细胞内、外液的渗透压基本相等,水分进出处于动态平衡状态。由于水可自由透过细胞膜,当细胞内、外液之间出现渗透压的压差时,就依靠水的转移来维持细胞内、外液之间的渗透平衡,水分一般向渗透压高处流动。即当细胞外液渗透压增高时,水自细胞内大量移向细胞外,使细胞发生皱缩而造成脱水;当细胞外液渗透压降低时,水自细胞外移向细胞内,使细胞发生肿胀而造成水中毒。细胞内水分丢失过多或水进入细胞过多都会造成细胞功能紊乱。

第二节　水　代　谢

一、水的生理功能

水是人体中含量最多的组成成分,也是维持人体正常生理活动重要的物质之一。体内的水有两种存在形式:大部分水与蛋白质、多糖等结合,是以结合水的形式存在;小部分可以流动的水,是以自由水的形式存在。研究表明,人若不摄取食物而只饮水可生存数十日之久,若无水摄入只能生存数日,可见水在维持生命活动中的重要性,所以"水是生命之源"。水在维持体内正常的代谢活动和生理活动方面起着重要作用。

(一) 机体的主要成分,维持组织的形态和功能

水既是体液的组成成分,也是机体组织细胞的组成成分,尤其是结合水,与自由水不同,无流动性,因而对保持组织器官的形态、硬度、弹性都具有十分重要的意义。各种组织器官中含自由水和结合水的比例不同,因而坚硬程度各异。如血液含水量约为83%,心肌含水量约为79%,两者相差无几。但血液主要含自由水,所以能循环流动;而心肌主要含结合水,可维持心脏一定的形态。

(二) 促进并参与物质代谢及运输作用

水是良好的溶剂,机体所需的多种营养物质和各种代谢产物都能溶于水中,从而加速化学反应的进行。由于水黏度小,易于流动,因而有利于运输营养物质和代谢产物。水还直接参与代谢反应,如水解、氧化等代谢反应。

(三) 调节体温

水的比热大、蒸发热大和流动性大,是调节体温的良好物质。水的比热大,能吸收较多的热而本身温度升高不多;水的蒸发热大,因而在少量出汗时,能散发大量的热,这对人在较高的气温环境中活动有重要的生理意义;水的流动性大,可通过体液交换和血液循环,使代谢产生的热在体内迅速均匀分布并通过体表散发。水的这些特点,有利于维持体温恒定,使体温不易因机体内、外环境温度的改变而有明显的变化。

(四) 润滑作用

水是良好的天然润滑剂,具有润滑作用,这种润滑作用可以减少脏器之间的摩擦。如唾液中的水分有助于食物吞咽;关节腔内的滑液能减少关节活动时的摩擦;胸膜腔液、腹膜腔液等,可大大减小相应内脏器官运动时的摩擦,起到良好的润滑作用。

二、水的来源和去路

在正常情况下,体内水分有三条来源,四条去路。健康成人每日水的摄入量和排出量只有保持相等,即每日摄入的水量和排出的水量大约分别为 2500 mL,才能维持水的动态平衡(表11-2)。

表 11-2　成人每日水的摄入量和排出量(mL)

水的摄入量		水的排出量	
饮水	1200	肾排出	1500
食物水	1000	皮肤排出	500
代谢水	300	肺排出	350
		肠道排出	150
总摄入量	2500	总排出量	2500

（一）水的来源

正常成人在一般情况下每日需水量约为 2500 mL,其来源有三条,即饮水、食物中所含的水和体内代谢产生的水。

1. 饮水（水、汤、流质食物）　成人每日大约摄入水 1200 mL。饮水的摄入量因人而异,随气温、劳动强度、运动和生活习惯不同而有所变化,变化幅度较大。

2. 食物水（米饭、馒头、蔬菜等）　成人每日从食物中摄入的水约 1000 mL,变化幅度不大。

以上两种形式的水,是人体需水量的主要来源。

3. 代谢水　糖、脂肪和蛋白质等营养物质在体内氧化时所产生的水称为代谢水或内生水。一般情况下,成人每日体内生成的代谢水比较恒定,大约为 300 mL。

（二）水的去路

体内水的去路即排出途径有四条,即通过呼吸道、皮肤、肾脏和消化道排出,其中以肾脏排出为最重要。

1. 肺排出　即呼吸时以水蒸气形式排出的水。成人每日由呼吸蒸发排出的水约 350 mL,肺的排水量随呼吸的深度和频率而变化,一般相对深而快的呼吸排出水分较多。

2. 皮肤排出　经皮肤排出的水分有两种方式:一种是非显性汗,即体表水分的蒸发,主要排出大约 500 mL 的水,因其中无机盐含量很少,故可将其视为纯水;另一种是显性汗,即通过汗腺所分泌汗液排出的水。排出量随环境温度、劳动强度而有很大的差异。出汗不但丢失水分,同时也丢失无机盐,如伴有 Na^+、Cl^- 和少量 K^+ 的排出。所以大量出汗时,补充水分的同时,还应注意补充相应的无机盐。

3. 肾排出　肾是人体排水的主要器官。成人每日尿量为 1000～2000 mL,平均 1500 mL。每日尿量其中一部分是用于排泄代谢终产物。机体每日至少有 35 g 代谢产物溶于水中经肾脏排出,1 g 代谢产物至少需 15 mL 水,因此为了排出每日大约 35 g 的代谢产物,每日的最低尿量为 500 mL,否则难以将代谢产物全部排出体外,导致代谢产物在体内堆积。每日尿量低于 100 mL 称为无尿。另一部分则是体内过多的水。人体每日排出的尿量主要是后一部分。如夏天炎热出汗量多,相应地尿量就减少。

4. 消化道排出　人体每日摄入的水和消化腺分泌进入消化道的各种消化液,平均每日有8000 mL 左右。在正常情况下,绝大部分水分被肠道重吸收,而成人每日随粪便排出的水分仅150 mL 左右。在病理情况下,如呕吐、腹泻都会使消化液大量丢失,从而造成体内水和电解质平衡的紊乱。

正常成人每日水的进出量大致相等。为了维持水的平衡状态,每日需摄入 2500 mL 的水量才能满足正常生理需要,所以 2500 mL 称为生理需水量。但当机体缺水或不能进水时,机体每日仍不断要从肺、皮肤、肾和消化道排出约 1500 mL 水,这是人体每天必然丢失的水量,称为必然失水量。排出的 1500 mL 水中,除了 300 mL 代谢水外,还有 1200 mL 水是成人每日至少要从外界摄入的,进而维持最低限度的水平衡,所以 1200 mL 称为最低需水量。

此外,特殊人群如孕妇、生长期的儿童以及恢复期患者,需要保留部分水用于组织生长、修复,故摄水量大于排水量。由于婴幼儿时期的新陈代谢旺盛,每天需水量按体重计算比成人高约 3 倍,又由于婴幼儿神经系统、内分泌系统发育不完善,调节水和电解质的能力较弱,因此比成人更易导致水和电解质平衡紊乱。

第三节　电解质代谢

一、电解质的生理功能

(一) 构成组织细胞成分

所有的组织细胞中都含有电解质的成分,其中构成骨骼和牙齿的成分是最重要的,如钙、磷、镁是骨骼和牙齿组织中的主要成分。骨组织的电解质,其中阳离子主要为 Ca^{2+},其次为 Na^+、Mg^{2+} 等;阴离子主要为 PO_4^{3-},其次为 CO_3^{2-}、OH^- 以及少量的 Cl^- 和 F^-。其他组织和体液也含有质量不等的电解质。

(二) 维持体液的渗透压和酸碱平衡

体液中的 Na^+、K^+、Cl^-、HPO_4^{2-} 等电解质,其含量的多少对维持组织与体液间的渗透压平衡和酸碱平衡起调节作用。Na^+、Cl^- 是维持细胞外液渗透压的主要离子;K^+、HPO_4^{2-} 是维持细胞内液渗透压的主要离子。这些离子的含量发生改变时,细胞内、外液的渗透压也随之发生变化。同时这些离子也是体液中各种缓冲体系的成分,如碳酸氢盐缓冲体系、磷酸氢盐缓冲体系等,在维持体液的酸碱平衡上起重要作用。

(三) 维持神经肌肉的正常应激性

神经肌肉的应激性与下列离子的浓度和比例有关,其关系可用下式表达:

$$神经肌肉应激性 \propto \frac{[Na^+]+[K^+]}{[Ca^{2+}]+[Mg^{2+}]+[H^+]}$$

从上式可以看出:Na^+、K^+ 浓度升高时,可以使神经肌组织的应激性升高;而 Ca^{2+}、Mg^{2+}、H^+ 浓度升高则可以使神经肌组织的应激性降低。同理,Na^+、K^+ 浓度降低时,可以使神经肌肉的应激性减弱,会出现四肢软弱无力等;而 Ca^{2+}、Mg^{2+} 浓度降低时,可以使神经肌肉的应激性增强,可出现手足搐搦甚至惊厥。

上述离子也会影响心肌细胞的应激性,但在影响上有所不同:

$$心肌细胞应激性 \propto \frac{[Na^+]+[Ca^{2+}]}{[K^+]+[Mg^{2+}]+[H^+]}$$

血清 K^+ 对心肌细胞的应激性有重要的影响。当血清中 K^+ 浓度过高时,可抑制心肌细胞的应激性,心率减慢,使心脏停搏在舒张期;当血清中 K^+ 浓度过低时,可增强心肌细胞的应激性,常常出现心律失常,使心脏停搏在收缩期。而 Ca^{2+} 与 K^+ 相互拮抗,有利于心肌收缩,防止 K^+ 对心肌细胞的不利影响,以维持心肌细胞的正常活动。

(四) 维持细胞的正常代谢

许多酶和激素在机体的新陈代谢中都发挥着重要作用,而这些酶和激素中都含有钾、铁、锌、铜等无机盐离子。如碳酸酐酶含有锌,甲状腺素含有碘,细胞色素氧化酶含有铁和铜等。此外,一些无机盐离子还参与物质代谢。如 K^+ 参与糖原合成和蛋白质的合成;Na^+ 参与小肠对葡萄糖的吸收等。

二、钠和氯代谢

(一) 钠和氯的含量与分布

正常成人钠的总含量为 45～50 mmol/kg 体重(相当于每千克体重含 1 g 钠),其中有 45%～50% 存在于细胞外液中,40%～45% 存在于骨骼中,其余存在于细胞内。血清中钠离子含量为 135～145 mmol/L。成人体内氯离子总量约为 33 mmol/kg 体重,其中 70% 存在于细胞外液中,是细胞外液的主要阴离子。血清中氯离子含量为 96～108 mmol/L。

(二) 钠和氯的吸收

人体内钠和氯的吸收主要来自食盐即 NaCl,是以 Na^+ 和 Cl^- 的形式被消化道吸收。通常成人每日需要 NaCl 为 4.5～9.0 g,其摄入量因个人饮食习惯的不同而有所差别,但正常情况下机体的钠和氯是不会缺乏的。临床上因某些原因(如水肿)而必须少吃盐时,每日 NaCl 摄入量也不应少于 0.5 g,以保证机体的需要。

(三) 钠和氯的排泄

Na^+ 和 Cl^- 主要经肾脏随尿排出,少量由汗腺分泌的汗液排出以及随粪便排出。肾脏对 Na^+ 的排泄具有很强的调控能力,尿中 Na^+ 的排出量与其摄入量大致相等。其特点为"多吃多排、少吃少排、不吃不排",以维持人体的钠平衡。另外,Cl^- 的排出常常是伴随着 Na^+ 而排出的。

三、钾代谢

(一) 钾的含量与分布

正常成人钾的含量约为 45 mmol/kg 体重(相当于每千克体重含 2 g 钾),其中约 98% 存在于细胞内,仅 2% 左右存在于细胞外液中。血清钾浓度为 3.5～5.5 mmol/L。细胞内、外钾的分布很不均匀,其中红细胞内 K^+ 浓度比血清 K^+ 浓度高得多,故测血钾时一定要防止溶血。

(二) 钾的吸收

成人每日需钾量 2.5 g 左右。所需的钾主要来自各种蔬菜、水果、谷类、豆类、薯类、肉类等食物,食物中的钾 90% 左右被消化道吸收。K^+ 进入细胞需要借助"钠泵"的主动运输,平衡速度非常缓慢。用同位素钾做静脉注射,约 15 h 才能达到细胞内外平衡,而心脏病患者更久,需要 45 h 左右;相比之下,水则需要 2 h。因此静脉补钾时要缓慢、均匀,遵循补钾的含量不能过多、速度不能过快等原则,以免发生高血钾。

（三）钾的排泄

正常情况下，80％以上的钾经肾脏随尿排泄，10％左右的钾由粪便排出，其余少量的钾则由汗液排出。肾脏调控钾的能力没有钠强，当机体停止钾摄入时，肾脏仍排出一定量的钾，肾排钾的特点是"多吃多排，少吃少排，不吃也排"。一般正常进食者不会缺钾，但严重呕吐、腹泻时，会丢失大量的钾，是正常时的 10～20 倍。所以，在钾摄入量极少或大量丢失时，如对于禁食、大量输液的患者等应及时补钾。

知识链接

钾代谢紊乱

（1）低血钾 血钾浓度低于 3.5 mmol/L 时，称为低血钾。其原因主要有三：一是摄入过少，如禁食、摄食障碍等；二是丢失过多，如严重呕吐、腹泻等；三是细胞内、外分布异常，如治疗糖尿病酸中毒时，应用大量葡萄糖和胰岛素，当大量的葡萄糖进入机体时，会加速细胞内糖原的合成，促进细胞外的血浆 K^+ 随葡萄糖进入细胞内，从而导致低血钾。另外，碱中毒时，由于细胞外液 H^+ 浓度下降，H^+ 可从细胞内进入细胞外，而 K^+ 则从细胞外进入细胞内，从而导致低血钾。

（2）高血钾 血钾浓度高于 5.5 mmol/L 时，称为高血钾。其主要原因有三：一是输入过多，如钾输入过多、过快；二是排泄障碍，如肾功能衰竭或肾上腺皮质功能低下；三是细胞内钾外移，如大面积烧伤或呼吸障碍导致缺氧可引起高血钾。另外，酸中毒时，由于细胞外液 H^+ 浓度升高，H^+ 可从细胞外进入细胞内，而 K^+ 则从细胞内进入细胞外，从而引起高血钾。

第四节 钙磷代谢

一、钙磷的生理功能

（一）钙的生理功能

钙主要以 Ca^{2+} 状态发挥作用。

（1）钙是构成骨骼和牙齿中骨盐的主要成分。

（2）钙作为激素的第二信使，调节细胞一系列的生理反应。

（3）钙是凝血因子之一，参与血液凝固过程。

（4）钙降低毛细血管壁及细胞膜的通透性，减少渗出。临床上常用钙制剂治疗一些过敏性疾病，进而减轻组织的渗出性病变。

（5）钙降低神经肌肉的应激性、增强心肌的收缩作用。

（6）钙还是一些酶的激活剂或抑制剂，广泛在物质代谢中起着调节作用。

（二）磷的生理功能

磷主要以 HPO_4^{2-} 形式来发挥作用。

（1）磷与钙共同构成骨盐参与成骨作用。

（2）磷是体内许多物质（如核苷酸、核酸、磷蛋白、磷脂等）的重要组成成分。

（3）磷参与体内能量的生成、储存及利用（如 ATP、ADP、磷酸肌酸等）。

（4）磷在物质代谢中起调节作用（如酶蛋白的磷酸化和脱磷酸化参与酶共价修饰的调节）。

（5）磷还参与构成血浆缓冲对及参与调节体液的酸碱平衡。

二、钙磷的含量与分布

人体内钙、磷的含量相当丰富，钙、磷是体内无机盐中含量最多的元素，正常人体内钙的总含量为 $700\sim1400$ g，占体重的 2% 左右；磷的总含量为 $400\sim800$ g，占体重的 1% 左右。它们主要存在于骨骼中，其中 99% 以上的钙和及 85% 以上的磷以羟磷灰石 $[3Ca_3(PO_4)_2 \cdot Ca(OH)_2]$ 的形式构成骨盐，存在于骨骼和牙齿中，其余的不足 1% 的钙和不足 15% 的磷存在于体液及软组织中。

三、钙磷的吸收与排泄

（一）钙的吸收与排泄

1. 钙的吸收　钙的吸收部位主要在小肠，其中十二指肠和空肠吸收能力最强。食物中的钙大部分以难溶钙盐的形式存在，需转变成 Ca^{2+} 才能被吸收。正常成人每日需钙量为 $0.5\sim1.0$ g，哺乳期和妊娠期妇女以及生长发育期的儿童需要量增加，每日需 $1.0\sim1.5$ g。人体所需的钙主要来自奶制品、豆制品、鱼类及虾类等食物中。影响钙吸收的因素有以下几种。

（1）维生素 D：是影响钙吸收的最重要因素，其活性形式是 1,25-二羟维生素 D_3，它可促进小肠对钙的吸收。

（2）食物成分及肠道 pH 值：钙在酸性条件下容易溶解，所以凡能使消化道内 pH 值降低的食物成分（如糖、乳酸、氨基酸等）都能促进钙的吸收；反之，凡能使消化道内 pH 值升高的食物成分（如碱性磷酸盐、草酸盐等）都能妨碍钙的吸收。另外，食物中的钙磷之比为 2∶1 时最有利于钙的吸收。

（3）年龄：钙的吸收率与年龄成反比例关系，即年龄越小，吸收率越高；反之，吸收率越低。对于婴儿，可吸收食物中的钙 50% 以上；对于儿童，可吸收食物中的钙 40%；对于成人，可吸收食物中的钙 20%；随着年龄的增长，到 40 岁以后，钙吸收率显著下降，平均每 10 年，钙的吸收率减少 $5\%\sim10\%$，这也是老年人容易发生骨质疏松的原因。

2. 钙的排泄　正常人体每日排出的钙约有 80% 由肠道随粪便排出，20% 由肾脏随尿液排出，还有少量由汗液排出。每日通过肾小球滤出去约 10 g，其中大部分被肾小管重吸收，只有约 1% 随尿液排出。

（二）磷的吸收与排泄

1. 磷的吸收　磷的吸收部位主要也在小肠上段，其中主要在空肠吸收，吸收率约为 70%，与钙相比，易于吸收。正常成人每日需磷量 $1.0\sim1.5$ g，磷在各种动植物组织细胞中普遍存在，人体所能利用的磷都主要是以无机磷酸盐和有机磷酸酯的形式存在。凡是影响钙吸收的因素也影响磷的吸收。此外，食物中的 Ca^{2+}、Mg^{2+}、Fe^{2+} 过多时则易于和磷酸根结合形成不溶性盐进而影响磷的吸收。

2. 磷的排泄　正常人体每日排出的磷 $60\%\sim80\%$ 是由肾脏随尿液排出,$20\%\sim40\%$ 是由肠道排出,与钙的排泄正好相反。当肾脏功能不全时,尿磷的排泄减少,会引起机体血磷升高。

四、血钙和血磷

(一) 血钙

血液中的钙几乎全部存在于血浆中,称为血钙。正常成人血钙的浓度为 $2.25\sim2.75$ mmol/L,平均为 2.45 mmol/L。血钙有两种存在形式:

$$\text{血钙}\begin{cases}\text{离子钙}(50\%)\text{——可扩散钙}\\[2pt]\text{结合钙}(50\%)\begin{cases}\text{络合钙}(5\%)\text{——可扩散钙}\\\text{蛋白结合钙}(45\%)\text{——不可扩散钙}\end{cases}\end{cases}$$

1. 离子钙　又称游离钙,即以游离的 Ca^{2+} 形式存在,容易透过半透膜,约占血钙总量的 50%。血浆中只有离子钙直接发挥生理作用。

2. 结合钙　大部分是与血浆中其他成分结合存在的,其中有 45% 的钙与血浆蛋白(主要为白蛋白)结合,称为蛋白结合钙,由于它不能透过毛细血管壁,也不能从肾小球滤过,因此又称不可扩散钙。还有 5% 的钙与柠檬酸、乳酸等结合在一起,形成的可溶性配合物,称为配合钙,也可透过半透膜。离子钙与配合钙统称为可扩散钙。

血浆中离子钙和结合钙(主要是蛋白结合钙)可以相互转变,二者之间处于动态平衡,如血浆中 Ca^{2+} 浓度降低时,结合钙可释放 Ca^{2+},保持着动态平衡。

$$\text{结合钙(蛋白结合钙)}\underset{HCO_3^-}{\overset{H^+}{\rightleftharpoons}}\text{血浆蛋白质}+Ca^{2+}$$

以上相互转变明显地受血浆 pH 值变化的影响。当血浆 pH 值降低时,结合钙可释放出 Ca^{2+},血浆 Ca^{2+} 浓度升高;反之,血浆 pH 值升高时,Ca^{2+} 与血浆蛋白质及有机酸结合增多,导致血浆 Ca^{2+} 浓度降低。因此,临床上碱中毒时,常见到患者出现手足搐搦,就是由血浆 Ca^{2+} 浓度降低所引起的。此外,血浆 HCO_3^- 浓度也可影响血浆 Ca^{2+} 浓度。

(二) 血磷

血磷是指血浆中的无机磷,它是以无机磷酸盐形式存在的,即 80% 左右以 HPO_4^{2-} 形式存在,20% 左右以 $H_2PO_4^-$ 形式存在。正常成人血磷浓度为 $1.0\sim1.6$ mmol/L,婴幼儿较高,随年龄增大,血磷浓度逐渐降低,15 岁左右接近成人水平。

正常情况下,血磷浓度和血钙浓度关系密切,其乘积相当恒定,称为钙磷乘积。当血浆钙磷浓度以 mg/dL 表示时,正常成人钙磷乘积为 $35\sim40$。临床上,钙磷乘积作为衡量体内钙磷代谢及观察成骨作用的指标。只有钙磷浓度的乘积保持在 $35\sim40$ 时,才能使骨组织合成与分解保持动态平衡,维持骨的更新。当钙磷乘积大于 40 时,钙磷以骨盐的形式沉积于骨组织中,有利于成骨作用;当钙磷乘积小于 35 时,则会使钙磷钙化障碍并难以沉积于骨组织中,甚至发生骨中钙磷溶解,影响正常的成骨作用,从而导致佝偻病及软骨病。

五、钙代谢紊乱

(一) 低钙血症

血钙浓度低于 2 mmol/L 时,称为低钙血症。引起低钙血症的原因有血浆蛋白质含量减少、甲状旁腺功能减退或维生素 D 缺乏,因不能维持正常血钙的作用而发病。低钙血症可引起神经肌肉的应激性增强,出现手足搐搦、惊厥。低钙血症大多数是由于维生素 D 缺乏,造成维生素 D 缺乏的因素很多,如食物中缺乏维生素 D、肠道吸收不良、接触阳光过少、多次妊娠、长期哺乳等。婴幼儿缺钙表现为骨骼畸形、鸡胸、"X"形腿或"O"形腿等,称为佝偻病。成年人缺钙,骨骼畸形不明显,但骨质密度较低,容易发生骨盆变形、脊柱弯曲、骨折等,临床上称为软骨病。

（二）高钙血症

血钙浓度异常升高,高于 2.75 mmol/L 即称为高钙血症。引起高钙血症的原因主要包括小肠吸收钙增加、溶骨作用增强、肾小管对钙的重吸收增加等。高钙血症主要见于甲状旁腺功能亢进,其次为肿瘤及服用过量维生素 D。症状表现有体重减轻,全身肌肉软弱无力、头痛、失眠、食欲减退、恶心、烦渴、多饮、多尿等。如果血钙浓度大于 4.5 mmol/L,可发生高钙血症危象,如严重脱水、高热、心律失常、意识不清等。

知识链接

佝偻病

佝偻病俗称缺钙,在婴儿期较为常见,是由于维生素 D 缺乏引起体内钙、磷代谢紊乱,而使骨骼钙化不良的一种疾病。佝偻病发病缓慢,不容易引起重视。佝偻病使小儿抵抗力降低,容易合并肺炎及腹泻等疾病,影响小儿生长发育。

1. 宝宝缺钙主要表现　多汗、夜惊、烦躁、枕秃和各种骨骼的改变。

2. 维生素 D 缺乏的常见原因　①日照不足。皮肤内 7-脱氢胆固醇需经紫外线照射才能转化为维生素 D_3,因紫外线不能通过玻璃窗,故婴幼儿缺乏户外活动即导致内源性维生素 D 生成不足;大城市中高大建筑可阻挡日光照射,大气污染如烟雾、尘埃亦会吸收部分紫外线;冬季日照短、紫外线较弱,容易造成维生素 D 缺乏。②维生素 D 摄入不足。天然食物中含维生素 D 较少,不能满足需要;乳类含维生素 D 量甚少,虽然人乳中钙磷比例适宜,有利于钙的吸收,但母乳喂养的孩子若缺少户外活动,或不及时补充鱼肝油、蛋黄、肝泥等富含维生素 D 的辅食,也易患佝偻病。③生长过速。早产或双胞胎婴儿体内储存的维生素 D 不足,且出生后生长速度快,需要的维生素 D 多,易发生维生素 D 缺乏性佝偻病。生长迟缓的婴儿发生佝偻病者较少。④疾病因素或药物影响。多数胃肠道或肝胆疾病会影响维生素 D 的吸收,如婴儿肝炎综合征、胰腺炎、慢性腹泻等;严重肝、肾损害亦可致维生素 D 羟化障碍、生成量不足而引起佝偻病。另外,长期服用抗惊厥药物可使体内维生素 D 不足。

3. 预防措施　①提倡母乳喂养,及时添加富含维生素 D 及钙、磷比例适当的婴儿辅助食品。②多晒太阳,平均每日户外活动时间应在 1 h 以上,并多暴露皮肤。③对体弱儿或在冬春季节户外活动受限制时,可补充维生素 D,每日 400～800 国际单位。

六、钙磷代谢的调节

体内调节钙磷代谢的重要因素是 1,25-二羟维生素 D_3、甲状旁腺素及降钙素。这三种激素协同作用,相互配合,主要作用于骨骼、肾和小肠,共同维持钙磷代谢的正常进行以及骨的正常代谢。

（一）1,25-二羟维生素 D_3

1,25-二羟维生素 D_3 [1,25-$(OH)_2$-D_3] 是调节钙磷代谢的最重要因素。1,25-$(OH)_2$-D_3 是维生素 D 在体内经肝和肾二次羟化作用转变的活性维生素 D。

1. 对小肠的作用 小肠吸收钙需要钙结合蛋白，因为钙结合蛋白与 Ca^{2+} 有较强的亲和力，而钙结合蛋白又是在 1,25-$(OH)_2$-D_3 促进下转化的，所以 1,25-$(OH)_2$-D_3 促进小肠对钙磷的吸收，维持血钙和血磷的正常水平。

2. 对骨骼的作用 1,25-$(OH)_2$-D_3 一方面可加速破骨细胞的形成并增强其活性，促进溶骨作用，使骨骼中的钙和磷释放入血；另一方面促进小肠对钙磷的吸收，使钙磷沉积，又促进成骨作用，保证了骨的生长和更新。

3. 对肾脏的作用 1,25-$(OH)_2$-D_3 能促进肾小管对钙磷的重吸收，从而升高血钙和血磷。

因此，1,25-$(OH)_2$-D_3 总的作用是使血钙和血磷都升高。

（二）甲状旁腺素

甲状旁腺素（PTH）是由甲状旁腺主细胞合成和分泌的一种多肽类激素。对钙磷代谢的调节主要是通过骨骼和肾脏的作用来实现的，对小肠只起着间接作用。

1. 对骨骼的作用 PTH 可加强破骨细胞的活动，促进溶骨作用，骨盐溶解；同时又能抑制成骨作用，使血浆中的钙浓度升高。

2. 对肾脏的作用 PTH 可促进肾小管对钙的重吸收，并促进尿磷的排泄，使血浆中的钙浓度升高和磷浓度降低。

3. 对小肠的作用 PTH 主要是激活肾中 α_1-羟化酶的活性，从而促进维生素 D_3 的转化，间接促进小肠对钙和磷的吸收。

因此，PTH 总的作用是使血钙升高和血磷降低。

（三）降钙素

降钙素（CT）是甲状腺细胞合成和分泌的一种多肽类激素。影响 CT 分泌的主要因素是血钙的浓度，CT 会随血钙浓度的增加而增加，二者成正比关系。

1. 对骨骼的作用 CT 促进成骨作用，使钙磷在骨骼中沉积；抑制破骨细胞的活性，从而阻止骨盐的溶解，使血钙和血磷浓度降低。

2. 对肾的作用 CT 抑制肾小管对钙磷的重吸收，使其从尿中排出增多，降低血钙和血磷。

3. 对小肠的作用 CT 主要是抑制肾中 α_1-羟化酶的活性，从而抑制维生素 D_3 的转化，间接抑制小肠对钙和磷的吸收。

因此，CT 总的作用是使血钙和血磷都降低。

第五节 微量元素代谢

组成人体的元素，按其含量的不同可分为大量元素和微量元素。大量元素是指其含量占人体体重的万分之一以上的元素,包括碳、氢、氧、氮、磷、硫、钾、钙、镁、钠等。微量元素是指其含量占人体体重的万分之一以下的元素,根据其作用不同,微量元素可分为必需微量元素(如铁、锌、铜、硒、碘、氟等)、无害微量元素(如钡、钛、铌等)和有害微量元素(如汞、铅、镉等)。微量元素主要从食物中获取,人体对微量元素每日需要量以毫克或微克计,虽然微量元素在人体内的含量很少,但是在体内发挥着重要和特殊生理功能,与人的健康和生存息息相关。下面只介绍几种必需的微量元素的代谢。

一、铁代谢

(一) 铁的含量与分布

1. 铁的含量 人体内含铁量为 $3\sim5$ g,铁是人体内含量最多的微量元素。正常成年男性含铁量约为 50 mg/kg 体重,女性因月经、妊娠、哺乳而略低于男性,约为 40 mg/kg 体重。人体对铁的需要量因性别、年龄和生理情况等的不同而有所不同,如成年男性和绝经期的妇女每日需铁量约为 1 mg,儿童每日需铁量约为 1 mg 或更多,青春期的女性每日需铁量约为 2 mg,妊娠期的女性每日需铁量约为 2.5 mg。

2. 铁的分布 铁在体内分布很广,几乎分布于所有的组织细胞中。铁按其在体内的功能分为两大类,即功能性铁和储存铁。功能性铁主要分布于血红蛋白(占 $60\%\sim70\%$)、肌红蛋白(约占 5%);储存铁是以铁蛋白和含铁血黄素形式储存于肝、脾及骨髓组织中(约占 20%)。

(二) 铁的吸收与排泄

1. 铁的吸收 人体内铁的来源主要为外源性铁和内源性铁,其中食物铁(乌鱼、木耳、瘦肉和猪肝等食物中含量丰富)是外源性铁;而体内血红蛋白分解释放的铁是内源性铁。铁的吸收主要在小肠的上段即十二指肠及空肠等,并受多种因素的影响。只有溶解状态的铁即游离的 Fe^{2+} 才能被吸收。影响铁的吸收的因素有:①一般 Fe^{2+} 比 Fe^{3+} 溶解度大,易被吸收。凡是能使 Fe^{3+} 转变为 Fe^{2+} 的物质,均可促进铁的吸收,如胃酸、维生素 C、谷胱甘肽、半胱氨酸等还原性物质。②柠檬酸、氨基酸、苹果酸、胆汁酸等可与铁结合形成可溶性复合物,有利于铁的吸收。③食物中的植酸、鞣酸、草酸等可与铁形成不溶的铁盐,从而阻碍铁的吸收。

2. 铁的排泄 正常情况下,铁的吸收和排泄保持着动态平衡。铁主要随粪便排出,小部分从尿中排出。正常成年人排铁量每日为 $0.5\sim1.0$ mg,生理期的女性排铁量较多,每日约为 1.5 mg。

(三) 铁的生理功能及缺乏症

铁是血红蛋白、肌红蛋白、细胞色素等的组成成分,参与体内 O_2 和 CO_2 的运输,参与组成呼吸链并在生物氧化中起重要作用。此外,铁还是过氧化物酶和过氧化氢酶等的辅助因子。成年人缺铁可导致贫血;女性由于体内铁的存储量较少而更易贫血。未成年人缺铁还可导致生长发育迟缓,严重时免疫功能下降,患者易受感染。所以,对生长发育快的青少年,应注意多摄入含铁丰富的食物。铁摄入过多可引起中毒,如急性铁摄入过多,可出现呕吐、急性胃肠刺激症状、黑色粪便等;慢性铁摄入过多,可出现皮肤颜色变深,甚至肝硬化等。

二、锌代谢

(一) 锌的含量与分布

正常成人体内锌的总量为 $2\sim3$ g,广泛分布于全身组织,尤以视网膜、胰岛及前列腺组织中含量较高。头发中含锌量稳定,为 $125\sim250\ \mu g/g$,可作为人体内含锌量的指标,反映体内含锌的状况。正常成人每日需锌量为 $10\sim15\ mg$,人体对锌的需要量也因性别、年龄和生理情况等的不同而不同,如哺乳期妇女或孕妇每日需锌量为 $30\sim40\ mg$,儿童每日需锌量为 $5\sim10\ mg$。血锌的含量为 $0.1\sim0.15\ mmol/L$。

(二) 锌的吸收与排泄

锌主要在小肠吸收,食物锌的吸收率为 $20\%\sim30\%$。锌主要来源于食物,在海产品、动物内脏、蛋、瘦肉等食物中含量较多。锌主要随胰液和胆汁分泌入肠,由粪便排出;部分由尿及汗液排出。

(三) 锌的生理功能及缺乏症

锌是体内多种酶的组成成分或激活剂,目前已知的含锌酶有 200 多种,如 DNA 聚合酶、碳酸酐酶、脱氢酶、磷酸酶、肽酶等,广泛参与体内的糖类、脂类和蛋白质代谢;锌很容易与胰岛素结合,协助胰岛素的作用,从而使其作用时间延长并增强胰岛素活性;锌与味觉和嗅觉有关,维持人体正常的食欲。另外,锌与记忆、智力、增强人体抵抗力、促进伤口和创伤的愈合、促进人的生长发育等都有关。缺锌会导致多方面功能障碍,如缺锌可引起儿童生长不良及生殖器官发育受损,伤口难愈合,记忆力下降,对味觉的敏感性减退,免疫功能下降等。

三、铜代谢

(一) 铜的含量与分布

正常成人含铜量为 $100\sim150\ mg$,分布于各组织细胞中,主要分布在肝脏、脑、心脏、肾脏、骨骼和肌肉等器官。正常成人每日需铜量为 $1.5\sim2.0\ mg$,孕妇和青少年需铜量可略有增加。血清铜含量约为 $0.02\ mmol/L$。

(二) 铜的吸收与排泄

铜主要在十二指肠吸收,在猪肉、茄子、蘑菇、绿豆、黄豆、小麦、芝麻等食物中含量丰富。铜主要随胆汁分泌到肠道排出体外,仅少量经尿液排出。

(三) 铜的生理功能及缺乏症

铜是超氧化物歧化酶(SOD)活性中心的必需成分,参与抗氧化作用;铜是酪氨酸酶的组成成分,此酶可催化酪氨酸转化为黑色素,故缺铜时可导致毛发脱色;铜是多种氧化酶(如细胞色素氧化酶、单胺氧化酶、抗坏血酸氧化酶等)的必需组分,参与能量代谢、生物氧化;铜还参与铁代谢,如铜可使无机铁转变成有机铁,使 Fe^{3+} 变成 Fe^{2+},以利于小肠吸收铁。此外,血浆铜蓝蛋白可动员储存铁将 Fe^{2+} 氧化为 Fe^{3+},促进铁与运铁蛋白结合而运输,故缺铜时可出现贫血。另外,当先天性铜代谢异常时,会导致 Wilson 病(又称肝豆状核变性),这是由于转运铜的铜蓝蛋白生成减少,使过多的铜沉积在肝脏和脑的基底节的豆状核中,从而发生肝硬化及出现神经症状。

四、碘代谢

(一) 碘的含量与分布

正常人体含碘量为 $25\sim50\ mg$。碘在机体各组织广泛分布,其中大部分集中在甲状腺内,其次是骨骼肌组织。中国营养学会提出,每人每日膳食中碘摄入量:成人 $150\ \mu g$,儿童 $90\sim$

150 μg,孕妇和乳母 200 μg。

（二）碘的吸收与排泄

碘在消化道被迅速吸收，主要吸收部位是小肠，在海带、紫菜、海蜇、海盐等膳食中含量高。碘大部分（约占 85%）主要由肾脏随尿液排出，少部分由粪便和汗液排出。

（三）碘的生理功能及缺乏症

碘主要参与甲状腺激素的合成，加速糖类、脂类代谢和蛋白质合成，促进人体生长发育和调节新陈代谢，特别是对脑细胞的发育起决定作用，有"智力元素"之称。当婴儿缺碘时，会导致生长发育迟缓，智力低下，甚至痴呆、聋哑形成呆小症；当成人缺碘时，可导致地方性甲状腺肿。但当摄入过多的碘时，会造成甲状腺肿大及甲状腺激素分泌过量，可能导致甲状腺功能亢进症。

五、硒代谢

（一）硒的含量与分布

正常成人体内硒含量为 14～21 mg。硒广泛分布于各组织中（脂肪组织除外），主要分布在肝脏、肾脏、胰脏、心脏。一般推荐成人每日硒的需要量不少于 40 μg。

（二）硒的吸收与排泄

硒主要在十二指肠吸收，在大蒜、银杏、海产品、食用菌等食物中含量多。其中硒的吸收率还受一些因素的影响，如维生素 E 促进硒的吸收；食物中含汞、镉、砷化合物及硫化物等过多时，可影响硒的吸收；低分子有机硒（如硒代胱氨酸、硒代甲硫氨酸等）比较容易吸收。大部分硒主要经肠道随粪便排出，小部分由肾、肺及汗排出。

（三）硒的生理功能及缺乏症

硒是谷胱甘肽过氧化物酶的组成成分，可保护细胞膜免受氧化损伤；硒参与辅酶 A、辅酶 Q 的生物合成，在多种代谢中起作用；硒在视觉和感觉中也发挥着作用；硒还加强维生素 E 的抗氧化作用，提高机体免疫力，有抗癌作用，所以硒有"抗癌之王"的美誉。另外硒还降低某些重金属的毒性作用，保护心血管和心肌的健康以及促进人体生长。体内缺乏硒，可发生克山病、大骨节病等，还会导致未老先衰，严重时还会引发心肌病及心肌衰竭。但摄入过多会引起中毒，导致四肢麻木、周围性神经炎、头晕眼花、头发脱落、食欲不振、胃肠功能紊乱等。

病例分析

患儿，男，2 岁，腹泻 3 日，每日 6～8 次，水样便，呕吐 4 次，不能进食，伴有尿量减少和腹胀。

体格检查：精神萎靡，体温 37 ℃，皮肤弹性减退，两眼凹陷，心跳加快，腹胀，肠鸣音减弱，膝反射迟钝，腹壁反射消失，四肢发凉。

生化检查显示：血钾含量为 2.5 mmol/L（正常值参考值为 3.5～5.5 mmol/L），血钠含量为 139 mmol/L（正常值参考值为 135～145 mmol/L）。

分析思考：

1. 该患儿发生了何种水、电解质代谢紊乱？

2. 判断依据是什么？

思维导图

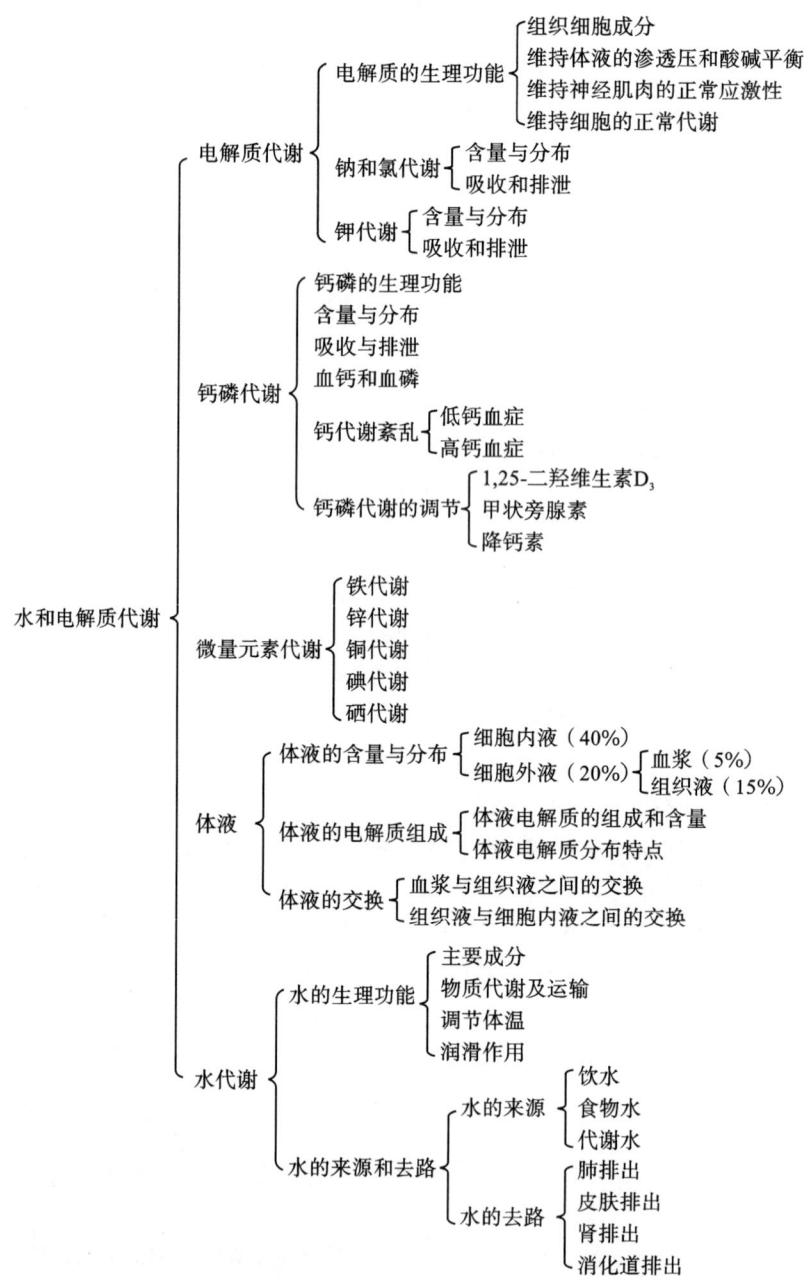

目标检测

A 型题(即单句型最佳选择题)。每一道试题下面有 A、B、C、D、E 五个备选答案,请从中选择一个最佳答案。

1. 体液分为(　　)。

A. 血浆和淋巴液　　　　　　　　　　　　　B. 细胞内液和细胞外液

C. 细胞外液和消化液　　　　　　　　　　　D. 细胞内液和消化液

E. 尿液与细胞内液

2. 细胞内液中主要的阳离子是(　　)。

A. K^+　　　　　　B. Na^+　　　　　　C. Ca^{2+}　　　　　　D. Mg^{2+}　　　　　　E. H^+

3. 结合水的作用是(　　)。

A. 润滑作用　　　　　　　　　B. 调节体温　　　　　　　　　C. 运输作用

D. 促进化学反应　　　　　　　E. 维持组织的形态和功能

4. 调节钙磷代谢最重要的因素是(　　)。

A. 降钙素　　　　　　　　　　B. 甲状旁腺素　　　　　　　　　C. 1,25-$(OH)_2$-D_3

D. 生长素　　　　　　　　　　E. 维生素 D

5. 正常血钙和血磷浓度乘积以 mg/dL 表示为(　　)。

A. 20～35　　　　B. 25～40　　　　C. 15～40　　　　D. 40～50　　　　E. 35～40

6. 活性维生素 D 是(　　)。

A. 维生素 D_3　　　　　　　　B. 1,25-$(OH)_2$-D_3　　　　　　　　C. 25-$(OH)_2$-D_3

D. 25-(OH)-D_3　　　　　　　E. 维生素 D_2

7. 能与钙结合形成非扩散性钙的物质是(　　)。

A. 柠檬酸　　　　B. 草酸　　　　C. 磷酸　　　　D. 血浆白蛋白　　　　E. 血浆球蛋白

8. 一位禁食的患者,为了维持生理的需要,应静脉补液(　　)。

A. 1000 mL　　　　B. 1500 mL　　　　C. 2500 mL　　　　D. 3000 mL　　　　E. 500 mL

B 型题(即标准配伍题)。以下每组试题共用在试题前列出的 A、B、C、D、E 五个备选答案,请从中选择一个与问题关系最密切的答案,某个备选答案可能被选择一次、多次或不被选择。

A. 1,25-$(OH)_2$-D_3　　　　　　　　B. 甲状旁腺素　　　　　　　　　C. 降钙素

D. 生长素　　　　　　　　　　E. 维生素 D_3

9. 升高血钙和血磷的是(　　)。

10. 降低血钙和血磷的是(　　)。

11. 升高血钙和降低血磷的是(　　)。

思考题

1. 简述体液的含量与分布。

2. 简述水的来源和去路。

3. 肾脏排 Na^+ 和排 K^+ 的特点是什么?

4. 影响钙吸收的因素有哪些?

【第十一章　目标检测参考答案】

1. B　2. A　3. E　4. C　5. E　6. B　7. D　8. C　9. A　10. C　11. B

第十二章　基因信息的传递、表达与调控

学习目标

1. 掌握遗传信息传递的中心法则、复制、转录、翻译的概念及特点；参与蛋白质生物合成的各类物质及其主要作用。

2. 熟悉 DNA、RNA 生物合成的主要过程，参与的酶及其作用；蛋白质合成的基本过程。

3. 了解基因表达的调控；蛋白质生物合成与医学的关系。

基因是具有遗传效应的 DNA 片段。各物种通过遗传将遗传信息传递给子代，使物种得以稳定地延续，这种遗传现象依赖于亲代基因准确、完整的复制。基因在复制过程中，也会受环境的影响发生基因突变，从而导致遗传性状发生变异，引起生物的进化。生物体的遗传特性主要由 DNA 分子中核苷酸的排列顺序决定。亲代将遗传信息通过 DNA 复制的方式传递给子代，再经过转录和翻译过程合成蛋白质，遗传信息的特征通过蛋白质得以体现。生物体这种遗传信息传递的基本规律称为中心法则。研究发现，部分病毒以 RNA 作为遗传信息的载体，也可进行复制，并将遗传信息传递给 DNA，此遗传信息的传递方向与转录相反，故称为逆转录。这使传统的中心法则得以补充和修正（图 12-1）。

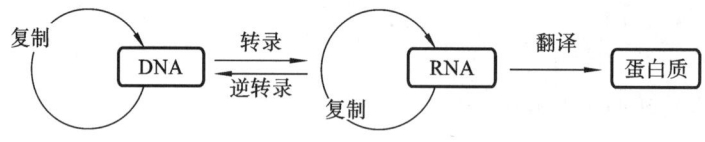

图 12-1　遗传信息传递的中心法则

第一节　复制——DNA 的生物合成

一、DNA 的复制

DNA 是生物体内遗传信息的载体，遗传信息通过 DNA 的半保留复制方式传递给子代。

DNA 在生物体内的合成方式主要包括 DNA 的复制、逆转录合成 DNA 等。DNA 复制的主要特征为半保留复制、双向性复制、半不连续复制和复制具有高保真性。

（一）DNA 复制的特征

1. DNA 的半保留复制 DNA 在生物体内以半保留复制的方式将遗传信息传递给子代，是人类研究遗传机制的重大发现之一。在复制过程中，先是亲代双链 DNA 在解链酶的作用下解开成两股单链，然后以每条单链作为模板，按照碱基互补配对原则，合成两条新的子链 DNA。通过半保留方式合成的子链 DNA 中一股单链来自亲代，另一股为新合成的单链。

知识链接

DNA 以半保留方式进行复制

NH_4Cl 能够为细菌合成 DNA 提供氮源。1958 年 Messelson 和 Stahl 将细菌在含 $^{15}NH_4Cl$ 的培养液中培养若干代，分离出含 $^{15}N\text{-}DNA$ 的细菌；再将细菌放回普通的 $^{14}NH_4Cl$ 培养液中培养，新合成的 DNA 中发现有 ^{14}N 的掺入。提取不同培养代数的细菌 DNA 做密度梯度离心，因 $^{15}N\text{-}DNA$ 和 $^{14}N\text{-}DNA$ 的密度不同，DNA 离心后分布于不同的致密带。结果显示，细菌在 $^{15}NH_4Cl$ 培养基中生长繁殖时合成的 $^{15}N\text{-}DNA$ 是 1 条高密度带；转入普通的 $^{14}NH_4Cl$ 培养基培养 1 代后得到 1 条中密度带，说明新合成的 DNA 是杂合的双链，一股是含 $^{15}N\text{-}DNA$ 的单链，另一股是含 $^{14}N\text{-}DNA$ 的单链；在第二代时可见中密度和低密度 2 条带，中密度为一股链含 ^{15}N，另一股含 ^{14}N 的 DNA 双链，低密度为两股单链均为 $^{14}N\text{-}DNA$ 单链（图 12-2）。随着普通培养基中培养代数的增加，低密度带增强，而中密度带保持不变。这一实验结果证实，亲代 DNA 以半保留复制方式合成，在子代 DNA 分子中以半保留形式存在。

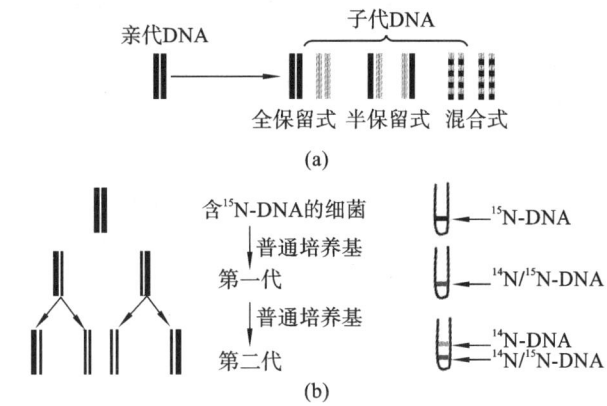

图 12-2 DNA 复制存在的三种可能性以及其半保留复制的实验示意图

自然界的物种存在着普遍的变异现象，导致遗传信息并非绝对的保守性。遗传信息的相对稳定是物种稳定的分子基础，但并不意味着同一物种个体与个体之间没有区别。例如病毒是简单的生物，流感病毒就有很多不同的毒株，不同毒株的感染方式、毒性差别可能很大，在预防上有相当大的难度。又如，地球上曾有过的人口和现有的几十亿人，除了单卵双胞胎之外，两个人之间不可能有完全一样的 DNA 分子组成（基因型）。因此，在强调遗传保守性的同时，不应忽视其变异性。

2．DNA 复制的双向性　细胞的增殖有赖于基因组复制而使子代得到完整的遗传信息。原核生物基因组是环状 DNA，只有一个复制起点（origin）。复制从起点开始，向两个方向进行解链，进行的是单点起始双向复制。复制中的模板 DNA 形成 2 个延伸方向相反的开链区，称为复制叉（replication fork）。复制叉指的是正在进行复制的双链 DNA 分子所形成的 Y 形区域，其中，已解旋的两条模板单链以及正在进行合成的新链构成了 Y 形的头部，尚未解旋的 DNA 模板双链构成了 Y 形的尾部。

真核生物基因组庞大而复杂，由多个染色体组成，全部染色体均需复制，每个染色体又有多个起点，呈多起点双向复制特征（图 12-3）。每个起点产生两个移动方向相反的复制叉，复制完成时，复制叉相遇并汇合连接。从一个 DNA 复制起点起始的 DNA 复制区域称为复制子（replicon）。复制子是含有一个复制起点的独立完成复制的功能单位。高等生物有数以万计的复制子，复制子之间长度差别很大，约为 13900 kb。

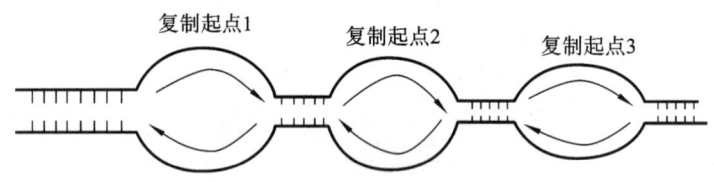

图 12-3　DNA 的复制起点

3．DNA 复制的半不连续性　DNA 双螺旋结构的特征之一是两条链的反向平行，一条链为 5′ 至 3′ 方向，其互补链是 3′ 至 5′ 方向。DNA 聚合酶只能催化 DNA 链从 5′ 至 3′ 方向的合成，故子链沿着模板复制时，只能从 5′ 至 3′ 方向延伸。在同一个复制叉上，解链方向只有一个，此时一条子链的合成方向与解链方向相同，可以边解链边延长，称为领头链。然而，另一条子链的复制方向则与解链方向相反，称为后随链。后随链因复制方向与解链方向相反，所以不能连续延长，只能随着模板链的解开，逐段地从 5′ 至 3′ 生成引物并复制子链，模板被打开一段，起始合成一段子链，再打开一段，再起始合成另一段子链（图 12-4）。后随链的复制是不连续的，这些不连续的片段称为冈崎片段（Okazaki fragment）。真核冈崎片段含 100～200 个核苷酸残基，原核冈崎片段含 1000～2000 个核苷酸残基。

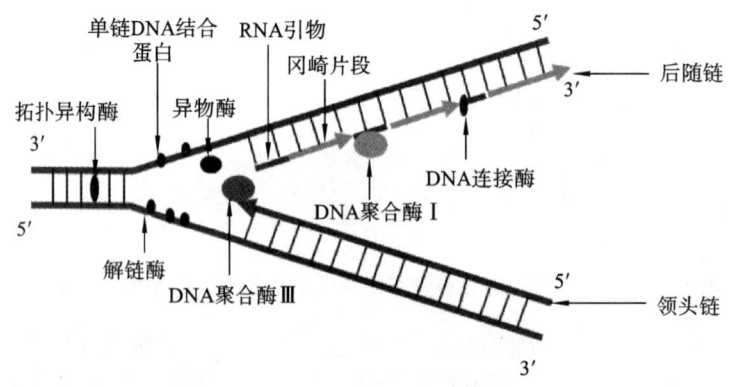

图 12-4　DNA 的复制过程

4．DNA 复制的高保真性　高度保真性是 DNA 复制的重要特征之一，亲代 DNA 以"半保留复制"传递给子代，确保了遗传信息传递的高度保真性。DNA 聚合酶利用严格的碱基配对原则是保证复制保真性的机制之一。另外，体内复制叉的复杂结构提高了复制的准确性；

DNA 聚合酶的核酸外切酶活性和校读功能以及复制后修复系统对错配加以纠正,各种机制协同作用,进一步提高了复制的保真性。

(二) DNA 复制的体系

DNA 半保留复制是在多种酶和蛋白质的作用下进行的一系列酶促反应,参与酶促反应的体系包括模板(亲代 DNA 分子中的两条单链)、底物(四种游离的 dNTP,即 dATP、dCTP、dTTP 和 dGTP)、DNA 聚合酶、DNA 解链酶、拓扑异构酶、DNA 结合蛋白、引物酶和 DNA 连接酶。

(三) DNA 复制的过程

DNA 复制的过程包括起始、延长和终止三个阶段。

1. 起始阶段 DNA 复制以亲代 DNA 中一条单链为模板,从亲代 DNA 分子中固定的复制起点开始。复制起点是在拓扑异构酶和解链酶的催化作用下,使 DNA 双链解开形成的一种 Y 形的结构区域。该结构区域解开的单链与单链 DNA 结合蛋白结合,在一定时间内维持适当的长度,有利于模板的参与。引物酶以复制起点的一段单链 DNA 为模板,以四种游离的 dNTP 为底物,沿 5' 至 3' 合成一段含 5~100 个核苷酸的 RNA 引物,以该引物的 3'-OH 末端为起点合成新的 DNA。

2. 延长阶段 在 DNA 聚合酶Ⅲ的作用下,以 RNA 引物的 3'-OH 末端为起点,分别以复制起点的两条单链为模板,催化四种 dNTP 沿 5' 至 3' 方向合成两条新的 DNA 链。

3. 终止阶段 DNA 在复制过程中,在 DNA 聚合酶Ⅰ作用下合成的领头链是一条连续的长链;而后随链则是由合成的许多相邻的片段(冈崎片段),在连接酶的催化作用下,通过 3',5' 磷酸二酯键连接成为一条长链。

二、逆转录

逆转录是指以 RNA 为模板,按照 RNA 中的核苷酸顺序合成 DNA 的过程,该过程与遗传信息从 DNA 到 RNA 的常规转录方向相反,故称为逆转录(图 12-5)。

现在人们已发现各种高等真核生物的 RNA 肿瘤病毒都有逆转录酶。逆转录酶需要以 RNA 为模板,以四种 dNTP 为原料,以短链 RNA 作为引物,此外还需要适当浓度的 Mg^{2+} 和 Mn^{2+} 参与,合成 DNA 方向仍是沿 5'→3',形成 RNA-DNA 杂交分子以后,再以杂交分子中的 DNA 链为模板,在寄主细胞的 DNA 聚合酶作用下,可合成另一条 DNA 互补链,这样便形成新的双链 DNA 分子。逆转录酶是一种多功能酶,它除了具有以 RNA 或 DNA 为模板的 DNA 聚合酶活性外,还兼有核糖核酸内切酶、DNA 拓扑异构酶、DNA 内切酶、DNA 解链酶和 tRNA 结合酶的活性。逆转录酶的发现,表明遗传信息可以从 RNA 传递到 DNA,从而丰富了分子遗传中心法则的内容。

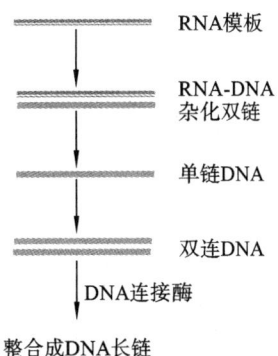

图 12-5 RNA 逆转录合成 DNA 的过程

三、DNA 的损伤与修复

DNA 的遗传保守性是维持生物物种相对稳定的最主要因素。然而,在长期的生物进化过程中,DNA 常常受各种环境因素的影响,而发生不可避免的突变。无论低等生物还是高等生物均形成了自己的 DNA 损伤修复系统,使损伤的 DNA 得到及时修复,恢复其正常结构,使细胞的正常功能得以维持。由体内外各种因素所导致的 DNA 组成与结构变化称为 DNA 损伤(DNA damage)。DNA 损伤可产生两种后果:一是导致 DNA 突变,即发生永久性的结构改变;二是导致 DNA 复制和(或)转录功能丧失。

事实上,DNA 在发生损伤的同时会启动 DNA 损伤修复系统。细胞受损后的变化情况,在很大程度上由 DNA 损伤的修复效果决定,如损伤被正确修复,细胞既可恢复正常的 DNA 的结构,维持细胞的正常状态;当 DNA 严重损伤而无法被有效修复时,则 DNA 损伤的细胞可能通过凋亡的方式被机体清除,降低因 DNA 损伤而影响生物体遗传信息稳定性的概率。另外,如 DNA 损伤后,不能被修复系统完全修复时,即发生 DNA 突变,引起染色体畸变,可诱导细胞的功能发生改变,甚至出现细胞恶性转化以及细胞衰老等病理生理变化。物种在进化演变过程中,遗传物质的稳定性是相对的,而不是绝对的稳定。DNA 损伤与修复之间的良好平衡是自然界生物的多样性基础。

(一) DNA 损伤

1. DNA 损伤的因素　导致 DNA 损伤的因素众多,一般可分为内环境因素与外环境因素。通常,内环境因素与外环境因素的作用是分不开的,外环境因素最终也是通过影响内环境因素而引发 DNA 损伤的。不同诱发因素导致 DNA 损伤的机制往往也不同。

1) 内环境因素

(1) DNA 复制错误:在 DNA 复制过程中,碱基的异构互变,以及合成 DNA 所需的 4 种游离 dNTP 分子浓度的不平衡均可引起碱基在配对过程中发生错配。因细胞内存在 DNA 损伤修复系统,使绝大部分发生错配的 DNA 能够恢复正常,只有极少数未能及时修复。DNA 复制发生错配的概率约为 10^{-10}。此外,DNA 片段的插入或缺失,也属于复制错误的表现。

(2) DNA 自身的不稳定性:此因素是导致 DNA 自发性损伤最频繁的因素。当 DNA 所处的内环境发生改变,如 pH 值发生改变或受热,导致碱基的丢失或脱落。另外,含有氨基的碱基可在脱氨基酶和氨基转移酶的作用下通过脱氨基反应,转变为另一种碱基,如 A 转变为 I(次黄嘌呤),C 转变为 U 等。

(3) 机体代谢过程中产生的活性氧:机体代谢过程中产生的活性氧(ROS)可以直接参与修饰碱基,尤其是 DNA 双螺旋外侧的嘧啶和嘌呤对活性氧自由基很敏感,很容易被其损伤导致碱基被修饰,如修饰鸟嘌呤产生 8-羟基脱氧鸟嘌呤等。

2) 外环境因素

(1) 物理因素:常见的有电离辐射和紫外线。①电离辐射,可直接作用于 DNA 等生物大分子,发挥损伤作用。如通过电离辐射使 DNA 分子的化学键断裂,使 DNA 链断裂或发生交联,破坏 DNA 分子结构。②紫外线,如使 DNA 分子中同一链上相邻的两个胸腺嘧啶碱基以共价键连接形成二聚体结构(TT)。另外,紫外线也可导致其他嘧啶间形成类似的二聚体,如 CT 和 CC 二聚体等。二聚体的形成可使 DNA 发生弯曲打结,影响 DNA 的双螺旋结构,阻碍其复制与转录。

(2) 化学因素:①自由基,是一种能够以游离的形式独立存在于机体中的,带有不成对电子的原子或原子团,如羟自由基(·OH)和氢自由基(H·)等,具有很强的氧化性和还原性,可通过损伤 DNA 分子的碱基等,使 DNA 的结构和功能异常。②碱基修饰物以及烷化剂,一些修饰剂可修饰 DNA 链中的某些化学基团,使碱基配对发生改变,从而影响 DNA 的正常结构。

如亚硝酸可与碱基发生脱氨基作用而发生碱基配对错误。此外,很多烷化剂,如硫芥、氮芥、二乙基亚硝胺等可与 DNA 的碱基发生反应,而发生碱基配对错误,导致 DNA 的结构发生异常,使 DNA 的整个修复过程受到阻止。③碱基类似物,是人工合成的一类与 DNA 正常碱基结构类似的化合物,通常被用作抗癌药物或促突变剂。在 DNA 复制时,因结构类似,碱基类似物可取代正常碱基掺入到 DNA 链中,并与互补链上的碱基配对,引发碱基对的置换。④嵌入性染料,如溴化乙锭、吖啶橙等燃料可直接插入到 DNA 碱基对中,导致碱基对之间的距离增大一倍,极易造成 DNA 两条链的错位,在 DNA 复制过程中往往引发核苷酸的缺失、移码或插入。

（3）生物因素:主要包括霉菌和病毒,如乙型肝炎病毒、风疹病毒、流感病毒、黄曲霉、寄生曲霉等,其蛋白质表达产物或产生的毒素和代谢产物具有诱变作用,如黄曲霉素等。

2. DNA 损伤的类型 DNA 分子中的碱基、核糖与磷酸二酯键均是 DNA 损伤因素作用的靶点。根据 DNA 分子结构改变的不同,DNA 损伤有碱基脱落、碱基结构破坏、嘧啶二聚体形成、DNA 单链或双链断裂、DNA 交联等多种类型。实际上 DNA 损伤是相当复杂的,当 DNA 受到严重损伤时,在其局部范围所发生的损伤常常不止一种,而是多种类型的损伤复合存在。

(二) DNA 损伤后的修复

在生命的各种活动过程中,生物体发生 DNA 损伤不可避免。这种损伤所导致的结果取决于 DNA 损伤的程度,以及机体自身的修复系统对 DNA 损伤的修复能力。DNA 损伤修复包括 DNA 两条单链间碱基错配的纠正、DNA 链上受损碱基及其他受损分子的清除、以及 DNA 正常结构的恢复过程。机体能够维持 DNA 结构的稳定性与完整性,使生命能够延续和物种保持稳定,关键在于机体具有一套 DNA 损伤的修复系统。

细胞内 DNA 损伤的修复途径或系统有很多,常见的包括直接修复、切除修复、重组修复。DNA 的同一种损伤可由多种途径进行修复,而一种修复途径也可同时参与多种 DNA 损伤的修复过程。

1. DNA 损伤的直接修复 直接修复是最简单的一种 DNA 损伤的修复方式。修复酶直接作用于受损的 DNA,将之恢复为原来的结构。

（1）嘧啶二聚体的直接修复:又称为光复活修复或光复活作用。该修复过程是在生物体 DNA 光裂合酶作用下进行的,DNA 光裂合酶可直接识别 DNA 链上的嘧啶二聚体并与该二聚体结合,在可见光激发下,将嘧啶二聚体解聚为原来的单体核苷酸形式,完成修复。

（2）烷基化碱基的直接修复:发生烷基化的碱基去烷基化需要一类特异性烷基转移酶的参与,该酶可以将烷基从核苷酸直接转移到自身的肽链上,使核苷酸发生去烷基化,最终达到修复 DNA 的作用,该酶在修复 DNA 的同时使自身被烷基化而失活。

（3）单链断裂的直接修复:断裂的 DNA 单链可被 DNA 连接酶直接修复,DNA 连接酶通过催化 DNA 单链上缺口处的 $5'$-磷酸基团与相邻片段的 $3'$-羟基之间形成磷酸二酯键,对 DNA 单链断裂进行修复。

2. DNA 损伤的切除修复 切除修复是生物界最普遍的一种 DNA 损伤修复方式。通过切除修复,可将结构或功能发生异常的核苷酸或碱基切除。

（1）碱基切除修复:此修复是在特异性 DNA 糖苷酶的作用下进行的,首先是糖苷酶特异性识别并水解 DNA 中受损的碱基,产生一个无碱基位点;然后在此位点的 $5'$-端,无碱基位点核酸内切酶将 DNA 链的磷酸二酯键断开,同时去除剩余的磷酸核糖部分;DNA 聚合酶在缺口处以另一条链为模板修补合成互补序列;由 DNA 连接酶将切口重新连接,使 DNA 恢复正常结构。

(2)核苷酸切除修复:与碱基切除修复不同,核苷酸切除修复系统并不识别具体的损伤,而是识别损伤对 DNA 双螺旋结构所造成的扭曲,但修复过程与碱基切除修复相似。首先,由一个酶系统识别 DNA 损伤部位;其次,在损伤部位两侧切开 DNA 链,去除两个切口之间的一段受损的寡核苷酸;再次,在 DNA 聚合酶作用下,以另一条链为模板,合成一段新的 DNA,填补缺损区;最后,由连接酶连接完成损伤修复。

(3)碱基错配修复:碱基错配修复也可被看作是碱基切除修复的一种特殊形式,是维持细胞中 DNA 结构完整稳定的重要方式,主要负责纠正以下错误:①复制与重组中出现的碱基配对错误;②因碱基损伤所致的碱基配对错误;③碱基插入;④碱基缺失。从低等生物到高等生物,均拥有保守的碱基错配修复系统或途径。

3. DNA 严重损伤的重组修复 当 DNA 双链分子的一条链断裂时,通过 DNA 修复系统以另一条链为模板直接进行修复,使 DNA 恢复正常结构和功能,维持遗传稳定性。然而,双链断裂对 DNA 分子却是一种严重的损伤。相对其他修复方式不一样的是,DNA 分子双链断裂修复过程中不能通过互补链进行修复,难以直接提供修复断裂所必需的互补序列信息。为此,需要通过另外一种更为复杂修复方式(重组修复)来修复断裂的 DNA 双链。重组修复是指依靠一系列重组酶,将另一段未受损伤的 DNA 移到损伤部位,提供正确的模板,进行修复的过程。

DNA 分子受损后,除了启动以上的修复途径来修复损伤之外,细胞内还存在很多途径可将 DNA 损伤的程度降至最低。例如,细胞内 DNA 损伤产生的应激反应可活化细胞周期检查点,从而阻断或延迟细胞周期的进程,为 DNA 损伤的修复提供充足的时间,也可诱导修复后基因的转录翻译,使细胞能够安全进入新一轮的细胞周期。与此同时,细胞还可以激活凋亡机制,诱导严重受损的细胞凋亡,在整体上维持生物体基因组的稳定。

第二节 转录——RNA 的生物合成

生物体内合成 RNA 的方式包括转录和复制。转录,即生物体以 DNA 为模板合成 RNA 的过程,生物体内的 RNA 大多数都是以这种方式合成。通过转录,DNA 将遗传信息传递给 RNA(mRNA)。DNA 分子上的碱基序列是决定蛋白质氨基酸序列的原始模板,mRNA 上的碱基序列是决定蛋白质氨基酸序列的直接模板,即蛋白质合成的直接模板。RNA 的复制合成是某些病毒合成 RNA 的方式,合成过程需要 RNA 依赖的 RNA 聚合酶的催化,如乙型肝炎病毒、禽流感病毒等。

一、转录的体系

转录体系中包括 DNA 模板、四种 NTP(包括 ATP、UTP、CTP 和 GTP)、RNA 聚合酶、某些蛋白质因子及 Mg^{2+} 等。

（一）模板

遗传信息在传递的过程中，DNA 通过半保留复制将遗传信息全部保留，但 DNA 在转录成 RNA 时却只有少部分基因按细胞的不同需要进行转录。DNA 上作为模板转录出 RNA 的区段称为结构基因。在结构基因的 DNA 双链中，只有一条链可以作为模板指导转录，将这条作为模板的 DNA 单链称为模板链或有意链，与其互补的另一条链，因其核苷酸序列与转录出的 RNA 序列基本一致（除 T 代替 U 外），故称为编码链。通常将转录的这种方式称为不对称转录。

（二）原料

RNA 生物合成的基本原料为 4 种核糖核苷酸底物（ATP、GTP、UTP 和 CTP）。此外，还需要 Mg^{2+}、Mn^{2+} 的参与。

（三）RNA 聚合酶

参与转录的 RNA 聚合酶被称为 DNA 依赖的 RNA 聚合酶（DNA dependent RNA polymerase，DDRP），RNA 聚合酶催化 RNA 的合成反应如下。

1. 原核生物的 RNA 聚合酶 原核生物（细菌）中的 RNA 聚合酶在组成、分子质量及功能上极其相似。大肠埃希菌（$E. coli$）中的 RNA 聚合酶是由 4 种亚基（α、β、β′、σ）组成的五聚体蛋白质。$α_2ββ′$ 亚基合称核心酶，σ 亚基（又称 σ 因子）加上核心酶称为 RNA 聚合酶全酶。核心酶参与整个转录过程，其催化活性中心由 β 亚基和 β′ 亚基组成；α 亚基则是核心酶组装所必需的，并与 RNA 聚合酶及某些转录激活因子之间的相互作用有关。σ 因子能辨认 DNA 模板上的转录起始部位（启动子），但其与核心酶结合不紧密，容易脱落。

原核生物的 RNA 聚合酶均受利福霉素类抗生素（如利福平）的特异性抑制，它们可通过与细菌 RNA 聚合酶的 β 亚基以非共价键结合，阻止第一个 NTP 的进入，抑制 RNA 合成的起始。

2. 真核生物 RNA 聚合酶 真核生物中已发现 RNA 聚合酶有三种，分别称为 RNA 聚合酶 Ⅰ、Ⅱ、Ⅲ，它们选择性地转录不同的基因，产生不同的产物。其中 RNA 聚合酶 Ⅱ 催化 hnRNA 的合成，hnRNA 经加工后生成 mRNA，并输送到胞质，指导蛋白质生物合成。mRNA 在各种 RNA 中寿命最短，最不稳定，需经常合成，故 RNA 聚合酶 Ⅱ 是真核生物最活跃的 RNA 聚合酶。

（四）蛋白因子

RNA 转录还需要一些蛋白因子的参与。如原核生物中有一些 RNA 的转录终止需要 ρ 因子的参与，真核生物启动转录时，需要一些称为转录因子的蛋白质才能启动转录。

二、转录的过程

原核生物和真核生物基因的转录过程均包括转录起始、延长和终止三个阶段。真核生物转录的延长过程与原核生物相似，但起始、终止过程与原核生物有很多不同，还需要多种蛋白因子参与。转录是分区段进行的。每一转录区段可视为一个转录单位，称为操纵子。操纵子由若干个结构基因及其上游的调控序列组成。调控序列包括启动子、调节基因、操纵基因等结构。下面主要以原核生物 RNA 的转录过程为例进行介绍转录进程。

（一）起始阶段

转录是从 DNA 模板链的启动子部位开始，先由聚合酶的 σ 因子辨认 DNA 模板链启动子上的识别位点,并与之结合,然后 RNA 聚合酶的核心酶迅速结合到模板上的结合位点,RNA 聚合酶与模板之间形成疏松复合物,并将 DNA 双螺旋解开一段碱基序列(约 10 个碱基对),形成局部单链区,依照 DNA 模板链的碱基序列,按碱基配对规律(C-G、T-A、G-C、A-U),从转录起始点进入互补的第一、第二个核苷三磷酸,在 RNA 聚合酶的催化下形成 $3',5'$-磷酸二酯键,同时释放出焦磷酸(PPi)。至此,RNA 聚合酶(全酶)、DNA 模板以及新聚合生成的 RNA 二核苷酸形成转录起始复合物,最后 σ 因子从复合物上脱落下来,复合物向前移动,进入转录的延长阶段。

(二)延长阶段

RNA 链的延长过程只需要核心酶催化。核心酶沿 DNA 模板链的 $3'\to5'$ 方向移动,按碱基配对原则合成 RNA 链,RNA 链的延伸是按 $5'\to3'$ 方向进行的。起始复合物形成后,σ 因子脱落,核心酶构象发生改变,与模板的结合变得较为疏松,有利于核心酶在模板上的移动。转录的 DNA 双螺旋循序松解,形成包括 RNA 聚合酶、DNA 链和新生 RNA 的区域称为"转录泡"。新合成的 RNA 与 DNA 模板链形成杂交双螺旋,其稳定性比 DNA 双螺旋差,在 DNA 模板链上正在延长的 RNA 链从 $5'$-末端开始逐步地从 DNA 模板链上游离出来,DNA 恢复原来的双螺旋结构。

(三)终止阶段

DNA 模板链上存在终止信号,当核心酶沿模板链 $3'\to5'$ 方向滑行遇到终止信号,转录过程即被终止。原核生物转录终止有两种类型:一种是不依赖 ρ 因子的终止,由于终止区域富含 GC 碱基重复序列,使新合成的 RNA 链形成发夹样结构,阻止 RNA 聚合酶的滑动,RNA 链的延伸即终止;另一类是依赖 ρ 因子的转录终止,ρ 因子具有 ATP 酶和解螺旋酶的活性,进入终止区域,可与新生 RNA 转录产物结合,使核心酶构象改变,不再向前滑动,RNA 链不再延长,随后利用 ATP 水解释放的能量使转录合成的 RNA 链与 DNA 模板分离。转录终止后,核心酶从 DNA 模板上脱落下来,与 σ 因子结合重新形成全酶,启动合成新的 RNA。

三、转录的特点

1. 转录是不对称性的　即只能以结构基因 DNA 双链中的一条链为模板进行转录。

2. 转录有特定起始和终止位点　无论原核细胞或真核细胞,发生转录的结构基因都存在特定的起始点和特定的终止点。

3. 转录不需要引物　RNA 聚合酶和模板链上启动子结合后,不需要引物就能直接启动 RNA 转录,这一点与 DNA 复制不同。

4. 转录的连续性　转录时,新生的 RNA 链从起始位点开始直到终止位点是连续合成的。

5. 转录的单向性　转录时,在 RNA 聚合酶的催化下,结构基因只能向模板 DNA 链的 $3'\to5'$ 方向解链,使得新生 RNA 链的延长方向始终沿着 $5'\to3'$ 方向。

四、转录后的加工修饰

原核生物的转录和翻译几乎是同时进行的,因为原核生物细胞无核膜,所以原核生物中转录生产的 mRNA 无转录后的特殊加工和修饰过程。真核生物转录和翻译在时间和空间上都是不连续的,生成的 RNA 分子是前体 RNA,也称为初级 RNA 转录物,几乎所有的初级 RNA 转录物都要经过加工,才能成为具有功能的成熟的 RNA。主要加工场所在细胞核中,主要的加工修饰包括首(5′-端)、尾(3′-端)修饰和剪接加工。

1. mRNA 转录后的加工　真核生物细胞核内转录生成的初级 mRNA 转录物称为非均一核 RNA(hnRNA),其转录后加工包括对其 5′-端和 3′-端的首尾修饰以及对 hnRNA 的剪接等。

(1) 首、尾的修饰:即加帽和加尾修饰。加帽修饰时,先由磷酸酶水解 hnRNA 分子的第一个核苷酸即 5′-PPPG,释放出焦磷酸,然后在鸟苷酸转移酶催化下,与另一个三磷酸鸟苷反应,生成三磷酸双鸟苷,再通过甲基化修饰,使其成为 7-甲基鸟苷三磷酸,该结构称为"帽子"。帽子结构可以保护 mRNA 免受核酸外切酶的水解,并与翻译过程的起始有关。加尾修饰,即 3′-端加上多聚腺苷酸(polyA)尾,PolyA 的加入是和转录终止同时进行的,先由核酸外切酶切去 3′-末端的一些附加的核苷酸,然后在核内多聚腺苷酸聚合酶的催化下,以 ATP 为底物,在 hnRNA 的 3′-末端形成 100～200 个 PolyA,该结构称为"尾"。尾的长度与 mRNA 的稳定性和翻译效率有关。

(2) hnRNA 的剪接:真核细胞内的 hnRNA 分子中的结构基因由编码区和非编码区相互间隔排列形成,将其中具有表达活性的编码序列称为外显子,没有表达活性的非编码序列称为内含子。在剪接过程中,内含子先弯曲成套索状,称为套索 RNA,从而使外显子相互靠近,然后由特异的 RNA 酶切断内含子与外显子之间的磷酸二酯键,使外显子相互连接,形成成熟的 mRNA,并从核内转移至胞液,成为具有翻译功能的成熟的 mRNA。

2. tRNA 转录后的加工　转录后的初级 tRNA 需经过剪切、碱基的化学修饰和添加氨基酸臂等加工过程才能成熟,成为具有特定生物活性的 tRNA。原核生物和真核生物 tRNA 转录后的加工过程基本相同,加工过程如下。

(1) 剪切:前体 tRNA 在多种核糖核酸酶的催化下,分别在 5′-端和 3′-端将多余的核苷酸序列以及 tRNA 反密码环的部分插入序列切除。

(2) 碱基的化学修饰:修饰方式包括碱基的甲基化反应、还原反应、脱氨基反应和碱基转位反应。

(3) 添加氨基酸臂:即以 CTP 和 ATP 为供体,3′-端多余碱基切去后加上 CCA-OH,形成 tRNA 的氨基酸臂结构,氨基酸臂是 tRNA 携带氨基酸参与蛋白质合成的部位。

3. rRNA 转录后的加工　真核细胞中 rRNA 前体为 45S rRNA,在细胞核酸内切酶的催化下经过一系列剪切,加工成为成熟的 28S、18S 与 5.8S rRNA。加工过程中,在 28S、18S 与 5.8S rRNA 分子中进行广泛的甲基化修饰,由各种修饰酶催化完成。甲基化修饰多发生在核糖上,较少发生在碱基上,它们在原始转录中的相对位置是 28S rRNA,位于 3′-末端,18S rRNA 靠近 5′-末端,5.8S rRNA 位于两者之间。18S rRNA 与蛋白质装配成核糖体的小亚基,28S rRNA、5.8S rRNA 再与转录生成的 5S rRNA 及有关蛋白质一起构成核糖体的大亚基。然后,通过核孔转移到细胞液中,作为蛋白质合成的场所,参与蛋白质的合成。

第三节　翻译——蛋白质的生物合成

蛋白质参与生命的整个过程,生物体的多种生物学功能都是通过蛋白质来执行的,蛋白质是生命活动的物质基础。自然界中作为蛋白质合成原料的氨基酸一共有 20 种,一个细胞的生存及其活动都需要结构蛋白质和功能蛋白质的参与完成。

通常情况,蛋白质是由具有遗传效应的 DNA 片段(基因)编码,遗传信息的表达最终都是通过蛋白质呈现出来。蛋白质在机体内的合成过程,实际上就是 DNA 将遗传信息通过 mRNA 传递到蛋白质的过程。通常将 mRNA 分子中的遗传信息转化成蛋白质的氨基酸顺序的过程称为翻译。

一、蛋白质生物合成的体系

生物体细胞内的蛋白质合成是一个由多种物质参与的复杂过程,参与合成的各种物质及影响合成的各种因素共同构成蛋白质生物合成体系。除了需要 20 种氨基酸作为合成原料外,还需要成熟的 mRNA 作为模板,tRNA 作为氨基酸的"搬运工具",核糖体作为蛋白质合成的装配场所,以及多种氨基酸活化酶与蛋白质因子参与反应,同时需要 ATP 或 GTP 提供能量。

(一) mRNA 模板

用于蛋白质合成的模板 mRNA 是通过 DNA 转录、加工后得到的成熟的 mRNA,携带了蛋白质合成所需的遗传信息。代表模板 mRNA 上遗传信息的是四种碱基(A、G、C、U)中相连的三个碱基组成的三联体,一个三联体特异性对应一种氨基酸。我们将模板 mRNA 上三个相连碱基组成的,代表遗传信息的这种三联体称为密码子,也称三联体密码子。由此可知,模板 mRNA 中碱基的排列顺序决定了合成蛋白质的各种氨基酸的顺序。合成蛋白质的 20 种氨基酸的密码子已经明确,一共有 64 个密码子(表 12-1)。

表 12-1　遗传密码子表

第一位(5'端)	第二位(中间位)				第三位(3'端)
	U	C	A	G	
U	苯丙氨酸	丝氨酸	酪氨酸	半胱氨酸	U
	苯丙氨酸	丝氨酸	酪氨酸	半胱氨酸	C
	亮氨酸	丝氨酸	终止密码子	终止密码子	A
	亮氨酸	丝氨酸	终止密码子	色氨酸	G
C	亮氨酸	脯氨酸	组氨酸	精氨酸	U
	亮氨酸	脯氨酸	组氨酸	精氨酸	C
	亮氨酸	脯氨酸	谷氨酰胺	精氨酸	A
	亮氨酸	脯氨酸	谷氨酰胺	精氨酸	G
A	异亮氨酸	苏氨酸	天冬氨酸	丝氨酸	U
	异亮氨酸	苏氨酸	天冬氨酸	丝氨酸	C
	异亮氨酸	苏氨酸	赖氨酸	精氨酸	A
	甲硫氨酸	苏氨酸	赖氨酸	精氨酸	G

续表

第一位(5′端)	第二位(中间位)				第三位(3′端)
	U	C	A	G	
G	缬氨酸	丙氨酸	天冬氨酸	甘氨酸	U
	缬氨酸	丙氨酸	天冬氨酸	甘氨酸	C
	缬氨酸	丙氨酸	谷氨酸	甘氨酸	A
	缬氨酸	丙氨酸	谷氨酸	甘氨酸	G

其中参与调节肽链合成的起始和终止,保证蛋白质合成的规律性密码子,称为起始密码子(AUG)和终止密码子(UGA、UAA、UAG)。密码子的特点主要有:①方向性,即组成密码子的核苷酸在 mRNA 中的排列具有方向性,翻译时的阅读方向只能从 5′→3′;②连续性,即从 mRNA 中的起始密码子开始,密码子被连续阅读,直至终止密码子出现;③简并性,即多个密码子编码一种氨基酸的现象;④摆动性,即密码子与 tRNA 的反密码子配对有时并不严格遵循碱基互补配对原则而出现摆动的现象;⑤通用性,即从细菌、微生物等低等生物到高等生物人类共同使用一套遗传密码。

（二）tRNA

模板 mRNA 在翻译合成蛋白质过程中所需的氨基酸,是通过特定的 tRNA 来转运的。tRNA 在氨酰-tRNA 合成酶的作用下与特定的氨基酸结合,将氨基酸转运至核糖体。tRNA 通过其特异的反密码子与 mRNA 上的密码子相互配对,将其携带的氨基酸在核糖体上准确对号入位。一种氨基酸通常可与多种 tRNA 特异结合(与密码子的简并性相适应),但是一种 tRNA 只转运一种特定的氨基酸。为了体现出 tRNA 特异性转运的氨基酸种类,通常将氨基酸的三字母符号标注在其右上角,如 tRNA^{Pro} 表示 tRNA 特异性转运的氨基酸为脯氨酸。

（三）核糖体

核糖体是蛋白质合成过程中多肽链的"装配厂",反密码子和密码子的结合、氨基酸之间肽键的形成、肽链的延伸等过程都在核糖体上进行。原核生物中的核糖体大小为 70S,可分为大亚基(50S)和小亚基(30S)。真核生物中的核糖体大小为 80S,可分为大亚基(60S)和小亚基(40S)。大小亚基分别有不同的功能:①大亚基,具有 3 个重要结合点,分别为 A 位、P 位和 E 位,A 位可与氨酰-tRNA 结合,P 位可与肽酰-tRNA 结合,E 位的作用是释放运输完氨基酸的tRNA;②小亚基的功能主要是结合 mRNA 和 ATP。

（四）多种酶和蛋白质因子

蛋白质的生物合成需要 ATP 或 GTP 提供能量,还需要各种酶参与,如氨酰-tRNA 合成酶、肽酰转移酶以及 Mg^{2+} 等多种分子。除此之外,蛋白质生物合成的各个阶段还需要多种细胞因子的参与,如起始因子(IF)、延长因子(EF)和释放因子(RF)等。

二、蛋白质生物合成的过程

蛋白质生物合成过程是从 mRNA 的起始密码子 AUG 开始,按 5′→3′方向逐一读码,直至终止密码子出现。合成中肽链从起始甲硫氨酸开始,从 N 端向 C 端延长,直至终止密码前一个密码子所编码的氨基酸(图 12-6)。

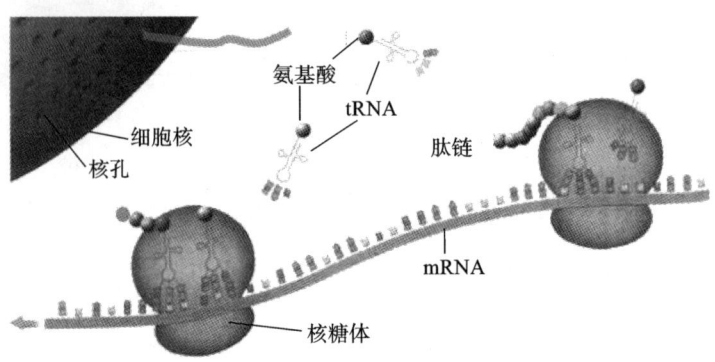

图 12-6 蛋白质生物合成过程示意图

(一) 肽链合成的准备

氨基酸的活化,即氨基酸与特异 tRNA 结合形成氨基酰-tRNA 复合物的过程,该过程由氨基酰-tRNA 合成酶催化。总反应为

$$氨基酸 + tRNA + ATP \xrightarrow{\text{氨基酰-tRNA 合成酶}} 氨基酰\text{-}tRNA + AMP + PPi$$

氨基酰-tRNA 合成酶具有很高的专一性,只作用于 L-氨基酸,每种氨基酸都有一个专一的酶。此酶有校对机制,一方面对 tRNA 有专一性,另一方面还有水解位点,可水解错误酰化的氨基酸。

(二) 肽链合成的起始

肽链合成的起始阶段是指模板 mRNA 和起始氨基酰-tRNA 分别与核糖体结合而形成翻译起始复合物的过程,该过程还需要 GTP、三种起始因子(IF-1、IF-2、IF-3)和 Mg^{2+} 的参与。

1. 核糖体大、小亚基的分离 肽链的合成是一个连续的过程,上一轮合成的终止紧接着下一轮合成的起始。这时完整的核糖体大、小亚基分离,准备 mRNA 和起始氨基酰-tRNA 与小亚基结合。IF-1、IF-3 与核糖体的小亚基结合,促进大、小亚基分离,同时还能防止大、小亚基重新聚合。

2. mRNA 在小亚基定位结合 一条 mRNA 链上可能有多个起始密码子 AUG,形成多个开放阅读框,编码出多条多肽链。核糖体小亚基与 mRNA 结合时必须识别一个合适的起始密码子 AUG,AUG 便在核糖体小亚基上准确定位而形成复合体,才能准确地翻译出目的蛋白。

3. 甲酰甲硫氨酰-tRNA 的结合 翻译起始时 A 位被 IF-1 占据,不被任何氨基酰-tRNA 结合。甲酰甲硫氨酰-tRNA、IF-2 和 GTP 结合形成复合体,通过 tRNA 的反密码子以碱基互补配对关系结合起始密码子 AUG。

4. 核糖体大亚基结合 30S 小亚基、mRNA 和甲酰甲硫氨酰-tRNA 结合完成后,再与核糖体大亚基结合,同时 IF-2 结合的 GTP 水解释放能量,促使 3 种 IF 释放,形成由完整核糖体、mRNA、甲酰甲硫氨酰-tRNA 组成的翻译起始复合物。此时,结合起始密码子 AUG 的甲酰甲硫氨酰-tRNA 占据 P 位,而 A 位空缺,对应 mRNA 上 AUG 后的下一组密码子,准备相应氨基酰-tRNA 的进入。

(三) 延长阶段

肽链合成的延长阶段是指在翻译起始复合物的基础上,各种氨基酰-tRNA 按 mRNA 上密码子的顺序在核糖体上依次对号入座的过程,氨基酰-tRNA 携带的氨基酸通过肽键缩合逐个连接形成新生多肽链。此阶段是在核糖体上连续循环进行的,故又称狭义的核糖体循环。每次循环使新生肽链延长一个氨基酸。每个循环又分为三步,即进位、成肽和移位。延长过程需要延长因子、GTP 等共同参与。

1. 进位　又称注册,是指在 mRNA 上的遗传密码子的指导下,相应的氨基酰-tRNA 进入核糖体并与 A 位结合的过程。这一过程需要延长因子 EF-T、GTP 和 Mg^{2+} 参与。

2. 成肽　是在核糖体大亚基的转肽酶的催化下,P 位上起始氨基酰-tRNA 所携带的甲酰甲硫氨酰基或肽酰-tRNA 的肽酰基脱落后转移到 A 位上并与新进入的氨基酰-tRNA 的氨基缩合形成肽键的过程。该反应需要 Mg^{2+}、K^+ 的存在。

3. 移位　在移位酶的催化下,核糖体沿模板 mRNA 的 $5' \rightarrow 3'$ 方向移动一个密码子的距离,于是 A 位上的肽酰-tRNA 从 A 位移到给 P 位,于是 A 位空出,可接受下一个氨基酰-tRNA,并通过碱基互补配对与密码子相对应的。

（四）终止阶段

核糖体沿 mRNA 链滑动,不断使多肽链延长,当多肽链合成至 A 位上出现终止密码子(UAA、UAG、UGA)时,氨基酰-tRNA 不能再移位,只有释放因子(RF)能辨认终止密码子,进入 A 位,RF1 识别 UAA、UAG,RF2 识别 UAA、UGA,RF3 协助多肽链释放。释放因子使肽酰转移酶水解并释放 tRNA,然后核糖体离开 mRNA,解离成大、小亚基,一次核糖体循环结束。

（五）多肽链合成后的加工修饰

新合成的多肽链没有生物学活性,必须经过复杂的加工和修饰过程才能转变成具有天然构象的功能蛋白质,这种肽链合成后的加工过程称为翻译后加工,主要包括一级结构的加工修饰和高级结构的形成。

1. 一级结构的加工修饰

（1）N-端甲酰蛋氨酸或蛋氨酸的切除:N-端甲酰蛋氨酸或蛋氨酸是多肽链合成的起始氨基酸,而绝大多数天然蛋白质的 N-端第一位不是甲酰蛋氨酸或蛋氨酸,所以必须在多肽链折叠成一定的空间结构之前被切除。

（2）氨基酸的修饰:由专一性的酶催化进行修饰,包括磷酸化、羟基化、糖基化、乙酰化等,也包括二硫键的形成。

（3）肽段的切除:一些肽链合成后只是活性蛋白质的前体,需要经过专一蛋白酶水解去除部分肽段,使其分子构象发生改变,才能转变成为活性蛋白质,如酶原的激活、大分子多肽前体水解成多种小分子活性肽的过程等。

2. 高级结构的修饰

由多个亚基组成的蛋白质,需要在分子内伴侣、辅助酶及分子伴侣的协助下,形成特定的空间构象,各亚基之间通过非共价键聚合,最终形成具有完整活性的高级结构的蛋白质。

三、蛋白质生物合成与医学

蛋白质是构成生物体结构的物质基础,是生物体内多种功能活动的执行者。若蛋白质的生物合成发生障碍,生命活动必然受到不同程度的影响。许多药物和毒素常常通过影响蛋白质的生物合成过程发挥作用。如抗生素能杀灭细菌但对真核细胞无明显影响,因此原核生物蛋白质合成所必需的关键组分可作为研发抗菌药物的靶点。此外,蛋白质合成的每一步反应几乎都可被特定的抗生素所抑制,这些抗生素可被用于蛋白质合成机制的研究。某些毒素作用于基因信息传递过程,对毒素作用机制的研究,不仅有助于理解其致病机制,还可从中探索研发新药的途径。由此可见,蛋白质的生物合成与医学有着密切的联系。

(一) 分子病

由 DNA 分子上碱基的改变,即基因突变引起 mRNA 和蛋白质一级结构的改变,导致生物体的某些功能和结构发生异常而引起的疾病称为分子病。最典型的分子病为镰刀型细胞贫血病,该病是由患者体内血红蛋白的 β-链基因中第 6 位密码子由原来的 GAA 突变成 GUA,导致合成的 β-链 N 端第 6 位氨基酸残基由亲水的谷氨酸被疏水的缬氨酸取代,使原为水溶性的血红蛋白分子中形成黏性小区,聚集成丝,相互黏着,黏附于红细胞膜上,使红细胞呈镰刀状而极易破裂,产生溶血性贫血。

(二) 干扰蛋白质生物合成的药物和毒物

1. 干扰素 干扰素(interferon,IFN)是真核细胞被病毒感染后分泌的一类具有抗病毒作用的蛋白质。当宿主细胞被病毒感染后,病毒在细胞内繁殖过程中复制产生的双链 RNA(dsRNA)能诱导宿主细胞产生干扰素,干扰素能作用于其他邻近细胞,使这些细胞具有抗病毒的能力,从而抑制病毒的繁殖。根据产生的宿主细胞不同,干扰素可分为 α、β、γ 三种类型,α-IFN 由白细胞产生,β-IFN 由成纤维细胞产生,γ-IFN 由淋巴细胞产生。

干扰素的作用机制主要包括:①活化特异性蛋白激酶,使合成病毒蛋白质所需的起始因子磷酸化而失活,使病毒蛋白质合成的起始阶段受到抑制;②与 dsRNA 共同诱导细胞中 $2',5'$ 寡聚腺苷酸合成酶的合成,$2',5'$ 寡聚腺苷酸合成酶能使无活性的核酸内切酶激活,从而促进病毒 mRNA 降解,抑制病毒蛋白质的合成。

2. 抗生素 抗生素是一类由某些真菌、细菌等微生物产生的药物,可阻断细菌蛋白质的合成,抑制细菌的生长和繁殖,对宿主无毒性的抗生素可用于预防和治疗感染性疾病。抗生素对蛋白质生物合成的影响主要包括:①抑制 DNA 的模板活性,如放线菌素、丝裂霉素等;②抑制 RNA 聚合酶活性,影响蛋白质生物合成的转录;③引起 mRNA 核糖体错位,使翻译起始复合物的形成受阻,如螺旋菌素和伊短菌素;④干扰进位,如四环素、黄色霉素和土霉素等;⑤引起读码错误,使多肽链在延长过程中出现错误的氨基酸残基,如链霉素和新霉素等;⑥影响肽键的形成,如氯霉素、红霉素和嘌呤霉素等。

由此可见,抗生素可从 DNA 的复制到蛋白质生物合成的转录、翻译等各个环节,抑制细菌和肿瘤细胞的蛋白质合成,从而发挥其抑菌和抗癌的作用。

第四节　基因表达调控

基因在不同组织、不同时间的表达是如何被调控的,是生物学领域研究的重点。对生物医学的发展具有非常重要的理论和应用价值。现代基因工程技术能够对基因进行定位和定性分析,通过对基因表达调控的研究来阐明其对生命活动会产生哪些影响,由此揭示生命的奥秘。

一、基因表达调控的概念

基因表达调控是指基因在生物体内表达的调节控制,是细胞通过多种机制增加或减少基因表达产物,并对机体内、外环境的变化做出反应的复杂过程。基因表达调控可发生在转录前、转录后、翻译前、翻译后和基因激活等多个水平。基因表达调控是生物体内细胞增殖、分化、形态发生和个体发育的分子基础。

二、原核生物基因表达调控

原核生物的基因表达调控较真核生物简单,但也存在复杂的调控系统。在复杂的基因组内如何确定正确的转录起始点、如何将 DNA 中的遗传信息转录到新生的 RNA 链中、一条完整的 RNA 链如何合成、转录过程如何被正确的终止等,这些问题取决于 DNA 的结构、RNA聚合酶的功能、蛋白因子及其他小分子配基的互相作用,在转录调控中,现已搞清楚了细菌的几个操纵子模型,现以乳糖操纵子和色氨酸操纵子为例加以说明。

(一) 乳糖操纵子

法国著名的科学家雅各布(F. Jacob)和莫诺(J. Monod)在实验的基础上于 1961 年建立了乳糖操纵子学说。

大肠杆菌乳糖操纵子包括 4 类基因:①结构基因,能通过转录、翻译使细胞产生一定的酶系统和结构蛋白,这是与生物性状的发育和表型直接相关的基因。乳糖操纵子包含 3 个结构基因:lacZ、lacY、lacA,分别编码 β-半乳糖苷酶、半乳糖通透酶和半乳糖苷乙酰转移酶。②操纵基因,控制结构基因的转录速度,位于结构基因的附近,本身不能转录成 mRNA。③启动基因,位于操纵基因的附近,它的作用是发出信号,mRNA 合成开始,该基因也不能转录成mRNA。④调节基因,可调节操纵基因的活动,调节基因能转录出 mRNA,并合成一种蛋白,称阻遏蛋白。操纵基因、启动基因和结构基因共同组成一个单位,即操纵子。其调控机制概括如下。

1. 抑制作用 调节基因转录出 mRNA,合成阻遏蛋白,因缺少乳糖,阻遏蛋白因其构象能够识别操纵基因并结合到操纵基因上,因此 RNA 聚合酶就不能与启动基因结合,结构基因也被抑制,结果结构基因不能转录出 mRNA,不能翻译酶蛋白。

2. 诱导作用 在有乳糖存在时,乳糖代谢产生的别乳糖能和调节基因产生的阻遏蛋白结合,导致阻遏蛋白的构象发生改变,不能和操纵基因结合,丧失阻遏作用,结果 RNA 聚合酶结合到启动基因上,使结构基因被活化,转录出 mRNA,翻译出酶蛋白。

3. 负反馈 细胞质中存在 β-半乳糖苷酶时,乳糖被催化分解成为半乳糖和葡萄糖。乳糖被分解后,又使阻遏蛋白与操纵基因结合,导致结构基因关闭。

(二) 色氨酸操纵子

色氨酸操纵子负责调控色氨酸的生物合成,培养基中色氨酸的有无决定了该操纵子是否需要被激活。当培养基中色氨酸的量足够时,该操纵子会自动关闭;色氨酸缺乏时,该操纵子被打开。由此可知,在色氨酸操纵子的打开和关闭过程中,色氨酸起阻遏作用,被称作辅阻遏

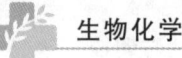

分子,即能帮助阻遏蛋白发生阻遏作用。

三、真核生物基因表达调控

真核生物基因表达调控与原核生物有很大的差异。大多数真核生物基因表达调控最明显的特征是能在特定时间和特定的细胞中激活特定的基因,从而实现"预定"的、有序的、不可逆的分化和发育过程,并使生物的组织和器官在一定的环境条件范围内保持正常的生理功能。真核生物基因表达调控根据基因表达调控在同一时间中发生的先后次序,可将其分为转录水平调控、转录后水平的调控和翻译水平调控等。对绝大多数基因来说,最重要的调控是在转录水平上的调控。

(一) 转录水平上的调控

真核生物在转录水平上的调控是通过顺式作用元件和反式作用因子的相互作用来进行的。

1. 顺式作用元件　是指存在于 DNA 中的(对基因转录具有调节功能的)特定序列。顺式作用元件一般没有转录功能。简单地说,基因顺式作用元件通常是指 DNA 上的没有转录功能但对其周围具有调节作用的特定序列。按功能特性,真核生物基因的顺式作用元件可分为启动子、增强子及沉默子。

(1)启动子:启动子位于转录起始点上游,是 RNA 聚合酶结合位点周围的一组转录控制组件,每一组件含 7~20 bp 的 DNA 序列。启动子包括至少一个转录起始点以及一个以上的功能组件。RNA 聚合酶进行精确而有效的转录所必需的就是启动子。在这些功能组件中最具典型意义的就是 TATA 盒,它的共有序列是 TATAAAA。除了 TATA 盒外,很多基因转录起始点上游还有较为保守的 GC 盒(GGGCGG)和 CAAT 盒(GCCAAT)。其中,由 TATA 盒和转录起始点构成的是最简单的启动子。而典型的启动子则由 TATA 盒及上游的 CAAT 盒和(或)GC 盒组成。

(2)增强子:增强子就是远离转录起始点,通过启动子来增强转录速度和效率的 DNA 序列。增强子能够决定基因表达的时间特异性和空间特异性。增强子由若干功能组件组成,这些功能组件是特异转录因子结合 DNA 的核心序列。但有些功能组件既可在增强子也可在启动子中出现。可以说,启动子和增强子两者之间是紧密联系的,如果在没有增强子存在时,启动子通常不能表现出活性;而没有启动子时,增强子也无法发挥作用。

(3)沉默子:沉默子是负性调节的顺式作用元件,当其结合特异蛋白因子时,对基因转录起着阻遏作用。

2. 反式作用因子　是指能与顺式作用元件直接或间接相结合的调节基因转录的蛋白因子。可以说,顺式作用元件提供了位置信息,而反式作用因子才是真正的转录调节因子。除了少数顺式作用蛋白,大多数转录调节因子都以反式作用因子来调节基因转录。

(二) 转录后水平的调控

在真核生物中基因的转录发生在细胞核内,翻译过程则在细胞质中进行。在转录过程中真核基因有插入序列,结构基因被分割成不同的片段,因此转录后的基因调控是真核生物基因表达调控的一个重要方面,首要的是 RNA 的加工、成熟。各种基因转录得到 RNA,无论 rRNA、tRNA 还是 mRNA 均为前体 RNA,必须经过转录后的加工修饰才能成为有活性的分子。

（三）翻译水平上的调控

基因表达调控在蛋白质合成的翻译阶段主要包括:①蛋白质合成起始速率的调控;②mRNA 的识别;③激素等外界因素的影响。蛋白质合成起始反应中涉及核糖体、mRNA、蛋白质合成起始因子、可溶性蛋白及 tRNA,这些结构和谐统一才能完成蛋白质的生物合成。mRNA 则起着重要的调控功能。

四、癌基因与抑癌基因

正常细胞转化为恶性肿瘤细胞是一个复杂而漫长的过程。从生物学角度来看,这是细胞分子调控机制从量变到质变长期积累的后果。通常,正常细胞增殖分化受到严格的调节和控制,正常细胞内的原癌基因和抑癌基因以正负信号调节细胞的增殖分化。然而,当人体正常癌细胞中的原癌基因和抑癌基因发生异常表达,或表达产物异常时,机体便失去了对细胞的调控能力,从而导致细胞恶化,不受控制地增殖、侵袭和转移,从而引发癌症。

1. 癌基因　癌基因（oncogene,onc）是细胞内控制细胞生长的基因,在正常情况下,其表达对于机体的生长发育至关重要,但在异常表达时,这些基因不受体内各种调节因素的影响,可持续过高表达,其产物可以使细胞持续增殖,引发恶性肿瘤。

癌基因可以分成两大类:一类是病毒癌基因,指反转录病毒的基因组里带有可使宿主细胞发生癌变的基因,简写成 v-onc;另一类是细胞癌基因,简写成 c-onc,又称原癌基因（proto-oncogene,pro-onc）,这是指正常细胞基因组中,一旦发生突变或被异常激活后可使细胞发生恶性转化的基因。换言之,在每一个正常细胞基因组里都带有原癌基因,但它不出现致癌活性,只是在发生突变或被异常激活后才会变成具有致癌能力的癌基因。目前已识别的原癌基因有 100 多个。

在正常细胞中,原癌基因并不是完全没有活性的,原癌基因的蛋白质产物参与正常细胞的生长、分化和增殖。因此,确切地说,细胞癌基因是具有正常的生理功能,只是在一定条件下才会引起细胞癌变的一类基因。

2. 抑癌基因　抑癌基因又称抗癌基因（anti-oncogene）,是指能够抑制细胞癌基因活性的一类基因,其功能是抑制细胞周期,阻止细胞数目增多以及促使细胞死亡。通常是一对等位基因同时发生缺失或基因突变而失去活性时,细胞发生癌变,此时缺失或突变的基因一般就是抑癌基因。因此,抑癌基因反映了基因的功能丢失。抑癌基因原先有对细胞分裂周期或细胞生长设置限制的功能,当抑癌基因的一对等位基因都缺失或都失去活性时,这种限制功能也就随之丢失,于是出现了细胞癌变。抑癌基因与癌基因之间的区别在于癌基因只要有一个等位基因发生突变时就可引起癌变,而抑癌基因只要有一个等位基因是野生型时,就可抑制癌变。目前已发现的抑癌基因有 10 多种。例如,1979 年发现的第一个肿瘤抑制基因 p53,开始时被认为是一种癌基因,因为它能使细胞的分裂周期加快,后来研究发现只有在 p53 失活或突变时才会导致细胞癌变,这样才认识到它是一个肿瘤抑制基因。

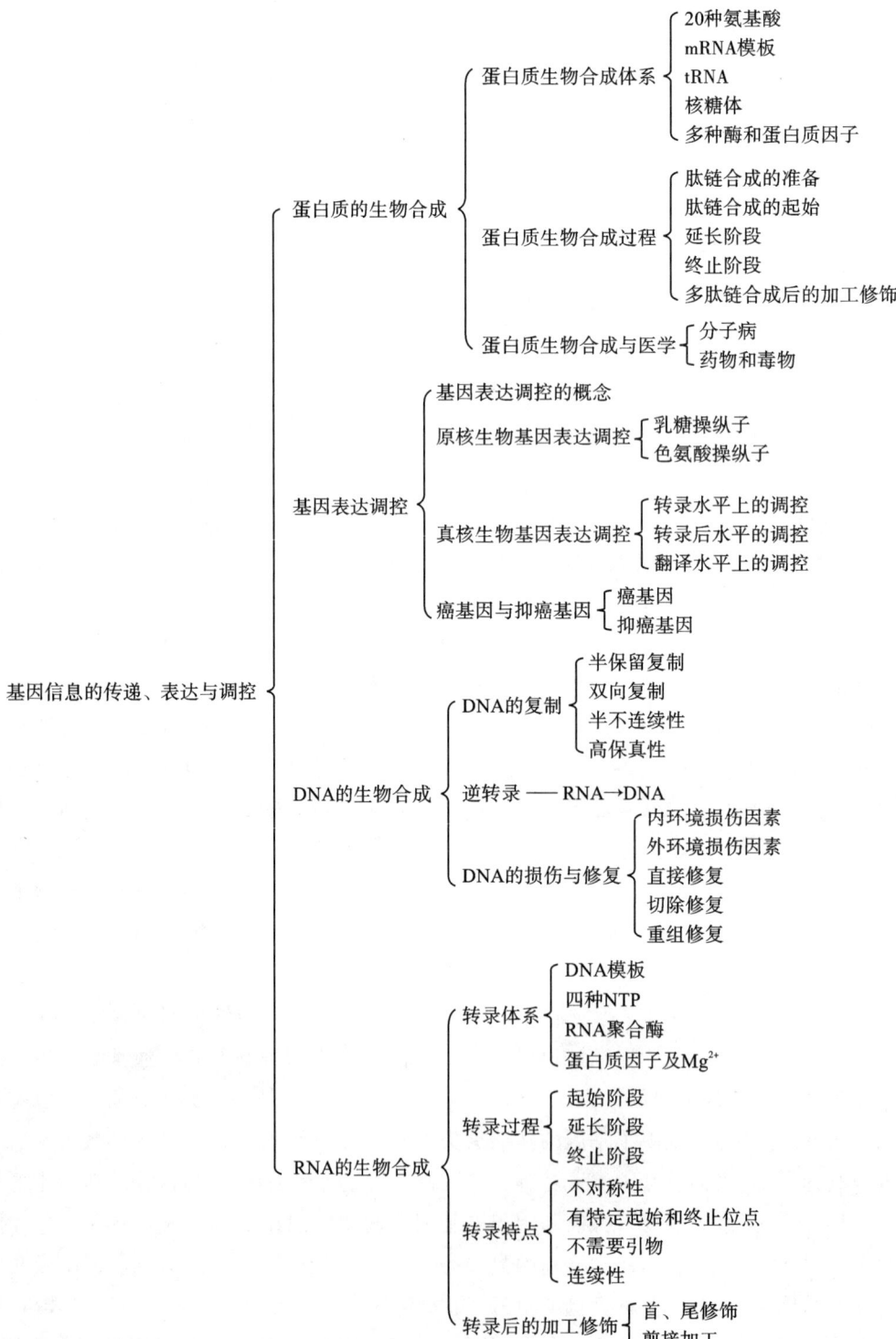

思维导图

基因信息的传递、表达与调控

- 蛋白质的生物合成
  - 蛋白质生物合成体系
    - 20种氨基酸
    - mRNA模板
    - tRNA
    - 核糖体
    - 多种酶和蛋白质因子
  - 蛋白质生物合成过程
    - 肽链合成的准备
    - 肽链合成的起始
    - 延长阶段
    - 终止阶段
    - 多肽链合成后的加工修饰
  - 蛋白质生物合成与医学
    - 分子病
    - 药物和毒物

- 基因表达调控
  - 基因表达调控的概念
  - 原核生物基因表达调控
    - 乳糖操纵子
    - 色氨酸操纵子
  - 真核生物基因表达调控
    - 转录水平上的调控
    - 转录后水平上的调控
    - 翻译水平上的调控
  - 癌基因与抑癌基因
    - 癌基因
    - 抑癌基因

- DNA的生物合成
  - DNA的复制
    - 半保留复制
    - 双向复制
    - 半不连续性
    - 高保真性
  - 逆转录 —— RNA→DNA
  - DNA的损伤与修复
    - 内环境损伤因素
    - 外环境损伤因素
    - 直接修复
    - 切除修复
    - 重组修复

- RNA的生物合成
  - 转录体系
    - DNA模板
    - 四种NTP
    - RNA聚合酶
    - 蛋白质因子及Mg^{2+}
  - 转录过程
    - 起始阶段
    - 延长阶段
    - 终止阶段
  - 转录特点
    - 不对称性
    - 有特定起始和终止位点
    - 不需要引物
    - 连续性
  - 转录后的加工修饰
    - 首、尾修饰
    - 剪接加工

目标检测

A 型题(即最佳选择题。按照题干的要求从 A、B、C、D、E 中选出一个最佳答案。)

1. DNA 合成的原料是(　　)。

A. dNMP　　　　B. dNTP　　　　C. NMP　　　　D. NTP　　　　E. dNDP

2. 冈崎片段是指(　　)。

A. DNA 模板上的 DNA 片段　　　　　　　B. 引物酶催化合成的 RNA 片段

C. 随从链上合成的 DNA 片段　　　　　　D. 前导链上合成的 DNA 片段

E. 合成的杂交 DNA 片段

3. DNA 复制的特点不包括(　　)。

A. 复制的半保留性　　　　　B. 复制的双向性　　　　　　C. 复制的半不连续性

D. 复制的起始点的不固定性　　E. 复制的高保真性

4. 转录的含义是(　　)。

A. 以 DNA 为模板合成 DNA 的过程　　　　B. 以 DNA 为模板合成 RNA 的过程

C. 以 RNA 为模板合成 RNA 的过程　　　　D. 以 RNA 为模板合成 DNA 的过程

E. 以 DNA 为模板合成蛋白质的过程

5. mRNA 转录后的加工不包括(　　)。

A. 5′端加帽子结构　　　　B. 3′加 polyA　　　　　　C. 切除内含子

D. 连接外显子　　　　E. 3′加 CCA 尾

6. 蛋白质生物合成中,多肽链的氨基酸排列取决于(　　)。

A. 相应 tRNA 的专一性　　　　　　B. 相应氨基酰-tRNA 合成酶的专一性

C. 相应 tRNA 中核苷酸排列顺序　　　D. 相应 mRNA 中核苷酸排列顺序

E. 相应 rRNA 的专一性

7. 能识别 mRNA 中的密码子 5′-GCA-3′的反密码子为(　　)。

A. 3′-UCC-5′　　　　　　B. 5′-CCU-3′　　　　　　C. 3′-CGT-5′

D. 5′-UGC-3′　　　　　　E. 5′-TCC-3′

8. 分子病是指(　　)。

A. 细胞内低分子化合物浓度异常所导致的疾病　　B. 蛋白质分子的靶向输送障碍

C. 基因突变导致蛋白质一级结构和功能的改变　　D. 朊病毒感染引起的疾病

E. 由于染色体数目改变所致的疾病

思考题

1. DNA 复制有何特点? 这些特点与生物遗传的稳定有何关系?

2. 简述原核生物 RNA 转录体系及它们在 RNA 合成中的作用。

3. 何为密码子? 遗传密码的重要特点有哪些?

【第十二章　目标检测参考答案】

1. B　2. C　3. D　4. B　5. E　6. D　7. D　8. C

第十三章　血液生物化学

学习目标

1. 掌握血液的基本化学组成、基本功能；血浆蛋白的分类及基本功能。
2. 熟悉血浆蛋白的组成、结构及功能特点；红细胞的代谢特点。
3. 了解血红素的生物合成。

第一节　血液的化学成分及生理功能

血液是机体内环境最重要的组成成分，它是机体与外环境联系的媒介，使体内各组织之间相互沟通与联系，以实现体内营养物质的吸收、运输以及代谢产物的转运、排泄等重要的生理功能，从而使机体与外界环境不断地进行物质交换，以保证新陈代谢的正常进行。

一、血液的化学组成

血液的化学成分种类很多，其中水的含量占全血的 $77\%\sim81\%$，其余为可溶性固体物质及少量 O_2、CO_2 等气体。血液的固体成分包括蛋白质（主要是血浆蛋白质和血红蛋白）、酶及酶原、非蛋白含氮化合物（尿素、胆红素等）、不含氮有机物（如糖类、脂类等）和无机物（如 K^+、Na^+、Ca^{2+}、Mg^{2+}、Cl^-、HCO_3^-、HPO_4^{2-}）等。

> **知识链接**
>
> 当把抽出的血液放在含抗凝剂的试管中，摇匀静置或经离心沉淀后，血液即被分为三层：上层是浅黄色透明的液体，称为血浆；中层是一层很薄的白细胞和血小板；下层呈深红色，为红细胞。如果抽出的血液不经抗凝剂处理，血液即自行凝固成块，称为血液凝固现象。血液凝固后，血块收缩，并析出淡黄色的液体，称为血清。血浆和血清的主要区别是血浆中含有纤维蛋白原，而血清中不含纤维蛋白原。

正常生理情况下,机体从食物中摄取的营养物质及代谢过程中产生的各种物质不断进入血液,又不断地离开血液,因而血液中的化学成分异常复杂,但其含量则相对恒定,仅在有限范围内波动。在病理状态下,尤其是肝、心、肾、胰等器官发生病变时,可引起血液中一些化学成分的含量超出正常范围,所以分析血液的化学成分可以了解机体内物质代谢的状况,并协助诊断疾病及估计预后。

二、血液的功能

(一)运输功能

血液能将机体所需的氧气和各种营养物质,由肺及消化道运送到全身各组织细胞,再将组织的代谢产物运送至肺、肾等器官排出体外,以保持新陈代谢正常进行。

(二)缓冲作用

血液内所含水量和各种矿物质的量都是相对恒定的。血浆作为一个缓冲系统,不但可以维持血浆本身及细胞外液的酸碱平衡,而且当酸性物质或碱性物质进入血液时,其 pH 值不至波动很大,保持相对恒定,还可通过胶体渗透压调节体液平衡,血浆内的水分可以调节体温。

(三)调节机体的功能

机体功能的调节,依赖于中枢神经系统的活动,但内分泌激素和一般组织代谢产物,也不断通过血液的传递而对机体的活动发生重要作用。中枢神经系统的兴奋向外传出时,有一部分也是通过体液来发挥作用的。

(四)防御和保护作用

血浆中含有的多种免疫物质以及血中的淋巴细胞,均具有免疫作用。嗜中性粒细胞对微生物与机体坏死组织具有吞噬分解作用,具有防御功能。血小板与血浆中的凝血因子,在血管破碎时,有止血和凝血作用,具有保护功能。

三、非蛋白含氮化合物

血液中除蛋白质以外的含氮物质,主要是尿素、尿酸、肌酸、肌酐、氨、胆红素等,这些物质总称为非蛋白含氮化合物。而这些化合物中所含的氮量则称为非蛋白氮(NPN),正常成人血中 NPN 含量为 $14.3\sim25$ mmol/L,这些化合物中绝大多数为蛋白质和核酸分解代谢的终产物,可经血液运输到肾随尿排出体外。当肾功能障碍影响排泄时会导致其在血中浓度升高,这也是血中 NPN 升高最常见的原因。此外,肾血流量下降,体内蛋白质摄入过多,消化道出血或蛋白质分解加强等也会使血中 NPN 升高,临床上将血中 NPN 升高称为氮质血症。

(一)尿素与尿酸

尿素是非蛋白含氮化合物中含量最多的一种物质,正常人尿素氮(BUN)含量占血中NPN总量的 $1/2\sim1/3$,故临床上测定血中 BUN 与测定 NPN 的意义基本相同。

尿酸是体内嘌呤化合物分解代谢的终产物,当机体肾排泄功能障碍或嘌呤化合物分解代谢过多时,如痛风、白血病、中毒性肝炎等疾病均可使血中尿酸升高。

(二)肌酸与肌酐

肌酸是肝细胞以精氨酸、甘氨酸和 S-腺苷甲硫氨酸(SAM)为原料而合成的,主要存在于肌肉和脑组织中。肌酸和 ATP 反应生成的磷酸肌酸是体内 ATP 的储存形式。

肌酐是由肌酸脱水或由磷酸肌酸脱磷酸脱水而生成的,且反应不可逆。因此它是肌酸代谢的终产物,正常男性血中肌酐的含量为 $53\sim106\ \mu mol/L$,女性为 $44\sim97\ \mu mol/L$,肌酐全部由肾排泄,且食物蛋白质的摄入量不影响血中肌酐的含量,故临床检测血肌酐含量较尿素更能准确地了解肾功能。

(三)血氨和胆红素

血氨主要来源于氨基酸的脱氨基作用和肠道吸收,正常人的血氨浓度一般 $<60\ \mu mol/L$ $(0.1\ mg/dL)$。氨在肝中合成尿素,当肝功能障碍时,血氨升高,血中尿素含量则下降。血氨浓度升高可导致神经组织,尤其是脑组织功能障碍,称为氨中毒,严重时发生肝性脑病。

胆红素是胆色素的一种,是人胆汁中的主要色素,呈橙黄色。胆红素是体内铁卟啉化合物的主要代谢产物,有毒性,可对大脑和神经系统引起不可逆的损害,但也有抗氧化功能,可以抑制亚油酸和磷脂的氧化。胆红素是临床上判定黄疸的重要依据,也是肝功能的重要指标。

红细胞受到破坏有溶血现象时,会变成间接型高胆红素血症。此外,肝细胞异常会引起直接型、间接型高胆红素血症,胆管、胆道系统阻塞会引起直接型高胆红素血症。异常时的处理方法配合其他检查结果确实掌握病情。除了新生儿之外,一般人大致固定,并无年龄上的差异。此外,饮食与运动也几乎不会引起变动,但长时间绝食后会有上升的趋势。

第二节 血浆蛋白质

一、血浆蛋白质的组成

血浆含水 $90\%\sim93\%$,固体成分占 $7\%\sim10\%$。在固体成分中最多的是血浆蛋白质,它具有重要的生理功能。

血浆蛋白质是血浆中所有蛋白质的总称,含量为 $60\sim80\ g/L$。据研究,目前已发现的血浆蛋白质有 200 多种。血浆中的蛋白质,用不同的分离方法可将其分为不同的组分。用盐析法可将其分为白蛋白(albumin)、球蛋白(globulin)和纤维蛋白原(fibrinogen)三类;用醋酸纤维素薄膜电泳法可将其分为白蛋白、α_1-球蛋白、α_2-球蛋白、β-球蛋白和、γ-球蛋白等 5 条区带;用聚丙烯酰胺凝胶电泳法可将其分为 30 多个组分。近些年来,利用电泳技术分离血浆蛋白质已广泛用于临床医学。

二、血浆蛋白质的生理功能

血浆蛋白质种类众多,功能不一,但已知的血浆蛋白质的一些重要功能可概括如下。

1. 维持血浆正常的胶体渗透压　血浆蛋白质浓度比细胞间液高,胶体渗透压较大,能使水从细胞间液进入血浆,如果血浆蛋白质含量减少到一定程度,血浆胶体渗透压的下降会引起组织水肿。白蛋白的相对分子质量较球蛋白为小,血浆中胶体渗透压主要来自白蛋白。如果在总蛋白近乎正常而白蛋白降低、球蛋白升高的情况下,也可能发生水肿。

2. 运输作用 白蛋白和球蛋白能与一些物质结合而对其进行运输。例如,白蛋白能运输脂肪酸、胆红素及一些药物如磺胺类药等;γ-球蛋白和 β-球蛋白中的脂蛋白能运输脂肪、固醇、磷脂及胡萝卜素;β-球蛋白中的金属结合蛋白能运输铁、铜、锌等。

3. 免疫作用 人及动物血液中的抗体大部分是 γ-球蛋白,也有小部分是 β-球蛋白。抗体又称免疫球蛋白,它具有保护机体的重要作用。

4. 营养作用 血浆蛋白质可以被组织摄取,用于进行组织蛋白质的更新、修补或转化成其他重要的含氮化合物,并在相当程度上与组织蛋白质保持动态平衡。临床上利用血清白蛋白进行静脉注射,有利于疾病的恢复或手术后创伤的修复。可见血浆蛋白质具有修补组织的作用。

5. 维持体液的酸碱平衡 血浆蛋白质与其盐组成了缓冲对,具有维持血浆 pH 值恒定的作用。

6. 凝血作用 血浆中的纤维蛋白原和其他凝血因子在凝血过程中起着重要作用,当其含量降低时,引起凝血功能障碍。

知识链接

有些疾病能使血浆蛋白质含量及白蛋白/球蛋白的值发生变化,所以在临床医学上用血清蛋白电泳法测定动物血清蛋白的变化,对疾病的辅助诊断、判断治疗效果和疾病预后的观察都有一定的参考价值。如脱水可引起血浆浓缩,使血浆白蛋白浓度增加;肝脏的某些疾病或磷、氯仿中毒,都可使肝合成白蛋白的能力下降;某些肾脏疾病能使肾小球通透性增加,则蛋白质分子可从尿中排出,造成白蛋白浓度降低;在发烧、感染、创伤等情况下,α-球蛋白会升高;β-球蛋白的改变往往与脂蛋白代谢不正常有关;γ-球蛋白在感染细菌、肠道寄生虫时会升高,这是体内合成抗体增多的结果。但在大多数病毒感染的疾病中,血清蛋白质变化不大或没有变化。

---

7. 催化作用 血浆中有多种酶,称为血浆酶。根据来源可将其分为两类。

(1)血浆功能性酶:这类酶在血浆中发挥重要的催化功能。例如,凝血酶原等多种凝血因子(经激活后有凝血功能)、纤溶酶原(经激活后有溶解纤维蛋白的功能)、铜蓝蛋白(一种氧化酶)、脂蛋白脂肪酶等。这类酶大多数由肝脏合成输送入血液。当肝功能下降时,这些酶在血浆中的活性可下降。

(2)外分泌酶:此类酶来自外分泌腺。如淀粉酶(来自唾液腺及胰腺)、脂肪酶(来自胰腺)、蛋白酶原(来自胃和胰腺)等。这些外分泌酶在血浆中很少发挥催化作用。当有关腺体功能异常时,它们在血浆中的量可发生明显变化。如胰腺炎时,血浆中淀粉酶活性可明显升高。

(3)细胞酶:此类酶是各组织细胞中固有的酶。当细胞更新或破坏时,常有少量进入血液,如碱性磷酸酶、转氨酶、乳酸脱氢酶等。它们在血浆中也很少发挥催化作用。

正常情况下,各种来源的酶进入血浆后,逐渐被肝或肾清除,或在血管内失活和分解,所以血浆中这些酶在一定范围内变动。当有关脏器发生病变,或酶被清除的能力发生改变时,则血浆中某些酶的活性会超出正常范围,故可作为临床诊断的参考。

第三节　红细胞的代谢

　　红细胞在发育成熟过程中,发生一系列形态和代谢的变化。早幼红细胞、中幼红细胞具有细胞核和细胞器,能合成核酸、蛋白质,可通过有氧氧化获得能量,具有分裂繁殖能力等;晚幼红细胞则失去合成 DNA 的能力,不再分裂;网织红细胞已无细胞核及 DNA,但因残留少量 RNA 和线粒体,故仍能进行蛋白质合成和糖的有氧氧化。哺乳动物成熟红细胞除细胞膜外,无其他细胞器,既不能合成蛋白质,也不能进行糖的有氧氧化。成熟红细胞内主要成分是血红蛋白(hemoglobin,Hb)。血红蛋白能可逆地与氧结合,故红细胞能携带氧以便在肺和组织间进行 O_2 和 CO_2 的交换。

一、成熟红细胞的代谢特点

　　哺乳动物成熟的红细胞没有核、线粒体、内质网及高尔基体,不能进行核酸、蛋白质及脂类的合成。因缺乏完整的三羧酸循环酶系及电子传递链的酶复合物,正常情况下耗氧量很低,它所需的能量几乎完全依靠葡萄糖的糖酵解。哺乳动物成熟的红细胞没有糖原的储存。红细胞膜上含有运载葡萄糖的载体,使葡萄糖很容易通过细胞膜,故葡萄糖的浓度在红细胞内与血浆中几乎相等。葡萄糖的代谢主要是通过糖酵解,此外还有小部分通过磷酸戊糖途径、2,3-二磷酸甘油酸支路和糖醛酸循环进行代谢。

(一) 糖酵解

　　葡萄糖是红细胞的主要能源物质,红细胞每日约从血浆中摄入 30 g 葡萄糖,其中 90%～95% 经过糖酵解途径代谢,糖酵解是其获取能量的唯一途径。1 mol 葡萄糖经酵解生成 2 mol 乳酸的反应中,产生 2 mol ATP 和 2 mol NADH＋H^+。

(二) 2,3-二磷酸甘油酸旁路

　　红细胞糖酵解与其他细胞的不同之处是存在 2,3-二磷酸甘油酸(2,3-BPG)旁路。该旁路是指红细胞糖酵解过程中,由 1,3-二磷酸甘油酸(1,3-BPG)经 2,3-二磷酸甘油酸转变为 3-磷酸甘油酸的侧支循环(图 13-1)。2,3-BPG 旁路与一般糖酵解的分支点是 1,3-二磷酸甘油酸。

　　催化上述反应的酶为二磷酸甘油酸变位酶和 2,3-BPG 磷酸酶。由于红细胞中 2,3-BPG 磷酸酶活性低,致使 2,3-BPG 的生成大于分解,造成红细胞内 2,3-二磷酸甘油酸浓度升高,为 4～5 mmol/L,较另外一些中间产物的有机磷酸酯浓度高数百倍。2,3-BPG 的作用如下:①降低血红蛋白对氧的亲和力,调节血红蛋白的运氧功能,即当 2,3-BPG 浓度升高时,血红蛋白对氧的亲和力下降,从

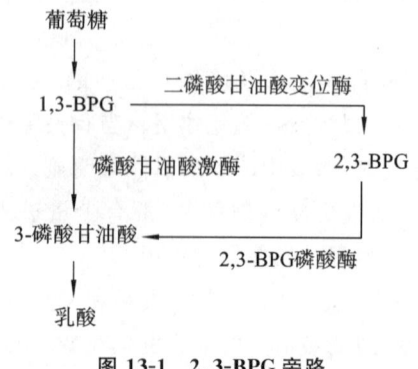

图 13-1　2,3-BPG 旁路

而使组织获取更多的氧气。②储能供能,红细胞不能储存葡萄糖,其高含量的 2,3-BPG 氧化即可生成 ATP,故可作为红细胞内能量储存的形式。

（三）磷酸戊糖途径

红细胞 5%～10% 的葡萄糖沿磷酸戊糖途径分解,主要生理意义在于提供 NADPH,维持谷胱甘肽还原系统和高铁血红蛋白的还原。

1. 谷胱甘肽的代谢 红细胞合成谷胱甘肽的能力较强,其含量高,并且几乎全是还原型谷胱甘肽(GSH)。GSH 的巯基具有还原性,是体内重要的抗氧化剂,可保护红细胞膜蛋白、巯基酶和血红蛋白免遭氧化,维持细胞的正常功能。当红细胞中产生少量 H_2O_2 时,GSH 在谷胱甘肽过氧化物酶的作用下,将 H_2O_2 还原为 H_2O,自身则氧化成氧化型谷胱甘肽(GSSG),从而避免其他细胞成分被氧化。GSSG 经谷胱甘肽还原酶催化,由 NADPH 作为供氢体,又重新还原成 GSH(图 13-2)。

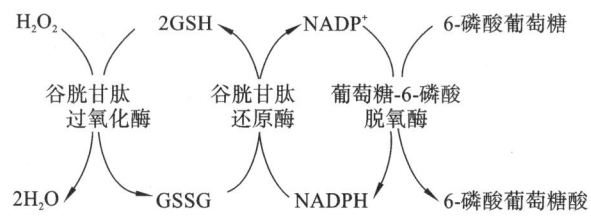

图 13-2　磷酸戊糖途径与谷胱甘肽的氧化还原

2. 高铁血红蛋白的还原 正常血红蛋白的铁是 Fe^{2+},因氧化作用,红细胞常产生少量高铁血红蛋白(MHb)。MHb 中的铁为 Fe^{3+},不能携带氧。红细胞内的 NADH-高铁血红蛋白还原酶和 NADPH-高铁血红蛋白还原酶可催化 MHb 还原成 Hb。此外,GSH 与维生素 C 也能直接还原 MHb,但以 NADH-高铁血红蛋白还原酶最重要。所以,红细胞中 MHb 一般只占血红蛋白的 1%～2%,若 MHb 过多,不能及时还原,即可出现发绀等症状。

知识链接

　　在临床上常遇到人误食亚硝酸盐或家畜摄入含亚硝酸盐过多的饲料而中毒,主要是由于亚硝酸盐的氧化使血红蛋白产生高铁血红蛋白的速度超过了正常红细胞还原高铁血红蛋白的能力。临床治疗时,可静脉注射葡萄糖及小剂量的亚甲蓝,此外也可再注射抗坏血酸。

二、血红素生物合成

成熟红细胞中最主要的成分是血红蛋白(hemoglobin,Hb),是一种结合蛋白质。其蛋白质部分为珠蛋白,辅基部分是血红素(heme),因珠蛋白合成过程与一般蛋白质相同。以下重点介绍血红素的合成过程。

血红素是一种铁卟啉化合物,它是血红蛋白、肌红蛋白及细胞色素酶类、过氧化氢酶和过氧化物酶等的辅基,因而它是体内一种重要的含氮化合物。高等动物大多数组织具有合成血红素的能力,其合成过程如图 13-3 所示。

（一）血红素合成的部位和原料

血红素可在机体多种细胞内合成,构成血红蛋白辅基的血红素主要在骨髓幼红细胞和网

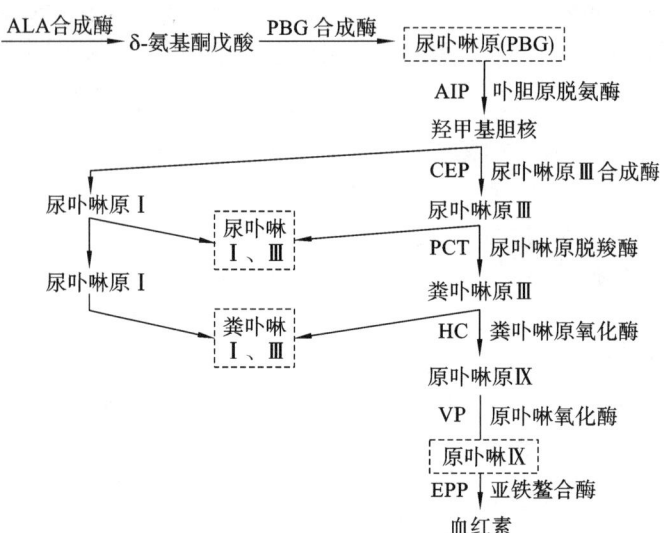

图 13-3　血红素的生物合成

织红细胞中合成。合成血红素的原料是琥珀酰辅酶 A、甘氨酸和 Fe^{2+}。

（二）血红素合成的过程

血红素合成反应可分为四个阶段：

1. δ-氨基-γ-酮戊酸（ALA）的生成　在线粒体中，首先由甘氨酸和琥珀酰辅酶 A 在 ALA 合成酶的催化下缩合生成 ALA。其辅酶为磷酸吡哆醛。此酶为血红素合成的限速酶，受血红素的反馈抑制调节。

2. 卟胆原的生成　线粒体生成的 ALA 进入胞液中，在 ALA 脱水酶的催化下，两分子 ALA 脱水缩合成一分子卟胆（porphobilinogen，PBG）。ALA 脱水酶为巯基酶，因含巯基，对铅等重金属抑制非常敏感。

3. 尿卟啉原和粪卟啉原的生成　在胞液中，四分子 PBG 脱氨缩合生成一分子尿卟啉原 Ⅲ（uroporphyrinogen Ⅲ，UPG Ⅲ）。此反应过程需两种酶即尿叶啉原 Ⅰ 同合酶（又称卟胆原脱氨酶）和尿卟啉原 Ⅲ 同合酶。首先，PBG 在尿卟啉原 Ⅰ 同合酶作用下，脱氨缩合生成线状四吡咯。再由尿卟啉原 Ⅲ 同合酶催化，环化生成尿卟啉原 Ⅲ。尿卟啉原 Ⅲ 进一步经尿卟啉原 Ⅲ 脱羧酶催化，使其四个乙酸基（A）脱羧变为甲基（M），从而生成粪卟啉原 Ⅲ（coproporphyrinogen Ⅲ，CPG Ⅲ）。

4. 血红素的生成　胞液中生成的粪卟啉原 Ⅲ 再进入线粒体中，在粪卟啉原氧化脱羧酶作用下，使 2、4 位的丙酸基（P）脱羧脱氢生成乙烯基（V），生成原卟啉原 Ⅸ；再经原卟啉原 Ⅸ 氧化酶催化脱氢，使连接四个吡咯环的甲烯基氧化成甲炔基，生成原卟啉 Ⅸ；最后在亚铁螯合酶（又称血红素合成酶）催化下和 Fe^{2+} 结合生成血红素。

血红素生成后从线粒体转入胞液，与珠蛋白结合而成为血红蛋白。正常成人每天合成 6 g Hb，相当于合成 210 mg 血红素。

（三）血红素合成的调节

血红素的合成受多种因素的调节，其中主要是调节 ALA 的生成。

1. ALA 合成酶　血红素合成酶系中，ALA 合成酶是限速酶，其量最少。血红素对此酶有反馈抑制作用。目前认为,血红素在体内可与阻遏蛋白结合,形成有活性的阻遏蛋白,从而抑制 ALA 合成酶的合成。此外,血红素还具有直接的负反馈调节 ALA 合成酶活性的作用。正常情况下血红素生成后很快与珠蛋白结合,但当血红素合成过多时,则过多的血红素被氧化为高铁血红素,后者是 ALA 合成酶的强烈抑制剂,而且还能阻遏 ALA 合成酶的合成。

雄性激素睾酮在肝脏 5β-还原酶作用下可生成 5β-氢睾酮,后者可诱导 ALA 合成酶的产生,从而促进血红素的生成。某些化合物也可诱导 ALA 合成酶,如巴比妥、灰黄霉素等药物,能诱导 ALA 合成酶的合成。

2. ALA 脱水酶与亚铁螯合酶 ALA 脱水酶和亚铁螯合酶对重金属敏感,如铅中毒可抑制这些酶而使血红素合成减少。

3. 造血生长因子 目前已发现多种造血生长因子,如多系-集落刺激因子,中性粒细胞-巨噬细胞集落刺激因子(GM-CSF)、白细胞介素 3(IL-3)及促红细胞生成素等。其中促红细胞生成素(erythropoietin,EPO)在红细胞生长、分化中发挥关键作用。EPO 为一种糖蛋白,由多肽和糖基两部分组成,总相对分子质量为 34000。糖基在 EPO 合成后分泌及生物活性方面均有重要作用。成人血清 EPO 主要由肾脏合成,胎儿和新生儿主要由肝脏合成。当循环血液中红细胞容积减低或机体缺氧时,肾分泌 EPO 增加。EPO 可促进原始红细胞的增殖和分化、加速有核红细胞的成熟,并促进 ALA 合成酶生成,从而促进血红素的生成。

此外铁对血红素的合成有促进作用。血红素合成代谢异常而引起卟啉化合物或其前体的堆积,称为卟啉症(porphyria)。先天性红细胞生成性卟啉症(congenital erythropoietic porphyria)是由于先天性缺乏尿卟啉原Ⅲ同合酶,而使线状四吡咯向尿卟啉原Ⅲ的转变受阻,致使尿卟啉原Ⅰ生成增多,导致患者尿中有大量尿卟啉Ⅰ和粪卟啉Ⅰ出现。

思维导图

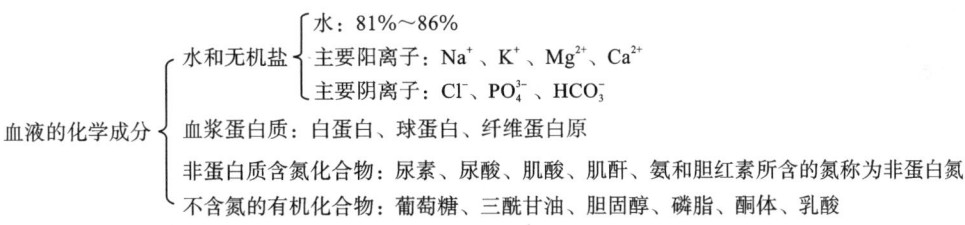

血液的化学成分
- 水和无机盐
  - 水:81%~86%
  - 主要阳离子:Na^+、K^+、Mg^{2+}、Ca^{2+}
  - 主要阴离子:Cl^-、PO_4^{3-}、HCO_3^-
- 血浆蛋白质:白蛋白、球蛋白、纤维蛋白原
- 非蛋白质含氮化合物:尿素、尿酸、肌酸、肌酐、氨和胆红素所含的氮称为非蛋白氮
- 不含氮的有机化合物:葡萄糖、三酰甘油、胆固醇、磷脂、酮体、乳酸

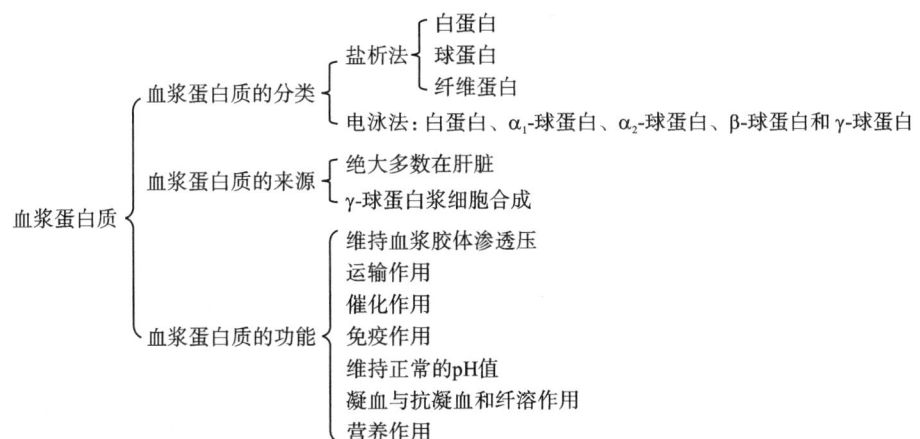

血浆蛋白质
- 血浆蛋白质的分类
  - 盐析法
    - 白蛋白
    - 球蛋白
    - 纤维蛋白
  - 电泳法:白蛋白、$α_1$-球蛋白、$α_2$-球蛋白、β-球蛋白和 γ-球蛋白
- 血浆蛋白质的来源
  - 绝大多数在肝脏
  - γ-球蛋白浆细胞合成
- 血浆蛋白质的功能
  - 维持血浆胶体渗透压
  - 运输作用
  - 催化作用
  - 免疫作用
  - 维持正常的pH值
  - 凝血与抗凝血和纤溶作用
  - 营养作用

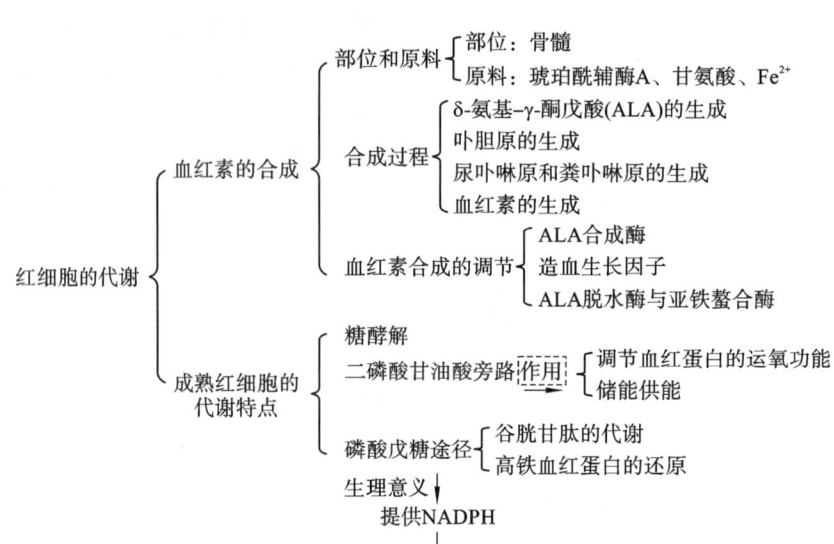

目标检测

A 型题(即单句型最佳选择题)。每一道试题下面有 A、B、C、D、E 五个备选答案,请从中选择一个最佳答案。

1. NPN 中含量最多,常用来测定其量作为反映肾功能的化合物是( )。

A. 尿酸　　　　B. 胆红素　　　　C. 肌酐　　　　D. 尿素　　　　E. 氨基酸

2. 血红素的合成部位是在造血细胞的( )。

A. 线粒体　　　　　　　　B. 胞液　　　　　　　　C. 内质网

D. 微粒体　　　　　　　　E. 线粒体与胞液

3. 成熟红细胞的主要生命活动能量来源是( )。

A. 糖醛酸途径　　　　　　B. 脂肪酸 β 氧化　　　　　　C. 糖的有氧氧化

D. 糖酵解　　　　　　　　E. 磷酸戊糖途径

4. 将血浆蛋白质置于 pH 值为 8.6 缓冲液中,在醋酸纤维薄膜上电泳时,可出现几条区带( )。

A. 四条区带　　B. 五条区带　　C. 六条区带　　D. 三条区带　　E. 二条区带

5. 成熟红细胞中的供能物质主要是( )。

A. 葡萄糖　　B. 脂肪酸　　C. 蛋白质　　D. 酮体　　E. 乳酸

6. 血浆胶体渗透压的大小决定于( )。

A. 血浆清蛋白的浓度　　　　　　　　　　B. 血浆球蛋白的浓度

C. 血浆葡萄糖的浓度　　　　　　　　　　D. 血浆脂类的含量

E. 血浆中 Na^+、Cl^- 等无机离子的含量

7. 6-磷酸葡萄糖脱氢酶缺乏患者,体内哪条代谢途径不能正常进行?( )

A. 糖的有氧氧化　　　　　　B. 磷酸戊糖途径　　　　　　C. 糖酵解

D. 糖原合成　　　　　　　　E. 糖异生

思 考 题

1. 血液、血浆蛋白质的主要生理功能有哪些？
2. 简述成熟红细胞的代谢特点及血红素的合成部位、原料及过程。

【第十三章　目标检测参考答案】
1. D　2. E　3. D　4. B　5. A　6. A　7. B

第十四章 肝脏生物化学

1. 掌握生物转化的概念、反应类型及生理意义;胆红素的代谢及黄疸的类型。
2. 理解肝脏在物质代谢中的作用;血清胆红素与黄疸的关系。
3. 熟悉胆汁酸的分类及功能;胆汁酸的肠肝循环及生理意义。
4. 了解影响生物转化的因素。

肝脏是人体重要的器官之一,也是人体最大的腺体。肝脏具有多种多样的代谢功能,在糖类、脂类、蛋白质、维生素、激素等代谢中起着重要作用;同时,肝脏还具有分泌、生物转化、排泄等功能,因此有人把肝脏称为"人体内的化工厂"。肝脏之所以有复杂多样的功能,这与它的解剖结构特点是密不可分的。

第一节 肝脏的解剖结构特点及生物学功能

一、肝脏的解剖结构特点

(一)肝脏具有肝动脉和门静脉组成的两条输入通道

肝脏具有肝动脉和门静脉的双重血液供应,肝动脉向肝细胞输入由肺和其他组织分别运来的充足的氧和代谢产物;门静脉向肝细胞输入由消化道吸收的各种营养物质及腐败产物,并且在肝脏中加以改造。这就为肝脏内多种代谢途径的进行奠定了物质基础。

(二)肝脏具有肝静脉和胆道系统组成的两条输出通道

肝脏通过肝静脉和胆道系统与体循环和肠道相通,肝静脉将肝脏与体循环沟通,把肝脏与身体各组织器官之间的物质代谢通过血液循环相互联系起来,同时又可将肝脏处理后的部分代谢终产物经过肾脏随尿排出体外;胆道系统与肠道相通,有利于肝脏内的非营养物质的代谢转化和代谢产物排泄。这是肝脏具有排泄功能的基础。

（三）肝脏具有丰富的血窦

血窦是一种特殊的毛细血管，含有丰富的血液。肝血窦的通透性较大，而且肝细胞表面有大量的微绒毛，增大了与血液的接触面积，有利于肝细胞与血流之间的物质交换。在血窦中，血流速度缓慢，使得肝细胞与血液的接触面积大而且时间长，为肝细胞与血液充分进行物质交换提供了良好的条件。

（四）肝脏具有丰富的亚细胞结构

肝细胞有丰富的线粒体、粗面内质网、滑面内质网、高尔基复合体和溶酶体等细胞器。线粒体为肝细胞代谢提供了能量保证；粗面内质网、滑面内质网和高尔基复合体等为各种蛋白质和酶的合成、药物和毒物等非营养物质的生物转化以及物质的分泌排泄提供了场所。所以肝脏有人体内"物质代谢中枢"之称。

（五）肝细胞含有丰富酶

肝细胞内酶种类繁多，其中有些酶的活性比其他组织中高，有些酶仅仅存在于肝脏细胞中，为肝细胞进行众多物质代谢与加工奠定了基础。

二、肝脏的生物化学功能

肝脏的解剖结构特点决定了肝脏功能的多样性和复杂性，主要表现在代谢功能、生物转化功能、分泌胆汁和排泄功能。

（一）代谢功能

肝脏之所以有人体内"物质代谢中枢"之称，是因为肝脏在糖类、脂类、蛋白质、维生素、激素等代谢中都起着重要作用。肝脏的代谢功能主要包括合成代谢、分解代谢和能量代谢。机体每天摄入的食物中含有糖类、蛋白质、脂肪、维生素等各种营养物质，这些营养物质在胃肠内消化吸收后首先被送到肝脏，肝脏在神经、体液的调节下根据机体的需要对各种物质进行合成、分解、转化、储存、释放、排泄等处理，维持血液中各种物质浓度的相对恒定，以最适的状况保证各组织器官代谢的物质需求。

（二）生物转化功能

肝脏是生物转化的重要器官。肝脏对来自体内和体外的众多非营养性物质如各种药物、毒物以及体内某些代谢产物，具有生物转化作用。非营养性物质通过肝脏的生物转化作用后，变成无毒或毒性小、易于排泄的物质，以维持内环境的稳定。当然，也有一些物质恰巧相反，经肝脏的生物转化后反而毒性增强，溶解度降低，例如，化学物质苯并芘的致癌作用就是如此。

（三）分泌胆汁和排泄功能

肝细胞生成、分泌的胆汁，经胆管输送到胆囊，进食时胆囊会自动收缩，通过胆囊管和胆总管把胆汁排泄到小肠，以帮助脂肪的消化和吸收。同时，代谢废物和经肝脏生物转化后的非营养性物质等也随胆汁排入肠道，然后随粪便排出体外。

第二节　肝脏在物质代谢中的作用

一、肝脏在糖代谢中的作用

肝脏是调节血糖浓度的主要器官。肝细胞通过调节肝糖原的合成、分解及糖异生作用来维持血糖浓度在正常范围,从而保障全身各组织尤其是脑组织和红细胞的能量供应。

当血糖浓度升高时(如饱食后),血液中的葡萄糖除了氧化供能外,肝细胞还迅速从血液中摄取血糖合成肝糖原而储存。合成的肝糖原总量可达 $75 \sim 100$ g,占肝重的 $5\% \sim 6\%$,这是饱食后血糖的主要去路。肝内的肝糖原储存量有限,过多的糖还可在肝脏内转变成脂肪,使血糖保持正常水平。

当血糖浓度降低时(如空腹),肝脏主要通过肝糖原的分解来补充血糖,从而防止血糖降低。在空腹或饥饿时,肝细胞利用自身特有的葡萄糖-6-磷酸酶将肝糖原分解生成葡萄糖进入血液循环,维持血糖浓度的相对恒定。当机体长时间空腹(如餐后 12 h 左右肝糖原几乎耗尽),此时肝脏可以通过糖异生作用来维持血糖浓度的恒定。糖异生作用在空腹 $24 \sim 48$ h 后达到最大速度,所以在长期饥饿时糖异生作用显得尤为显著。同时,肝脏还能将脂肪动员产生的脂肪酸转化为酮体,供脑组织利用从而节省葡萄糖。因此,肝功能严重损伤时,可导致糖代谢紊乱,即:肝糖原的合成与分解、糖异生作用降低,空腹时容易发生低血糖,进食后又容易出现暂时性高血糖。

二、肝脏在脂类代谢中的作用

肝脏在脂类的消化、吸收、合成、分解以及转运等过程中均起着重要的作用。

肝脏是合成脂蛋白和磷脂的重要器官。肝脏可将合成的甘油三酯、磷脂、胆固醇、胆固醇酯与载脂蛋白一起合成脂蛋白,并以 VLDL、HDL 的形式分泌入血,LDL 是由 VLDL 在血浆中转变而来的,因此,肝脏是合成血浆脂蛋白的主要场所。另外,肝脏也是体内合成磷脂量最多、合成速度最快的场所。

肝脏内脂肪的合成和分解很活跃。在饥饿时,脂肪动员加强,产生的游离脂肪酸通过血液循环运送到肝内代谢,经过 β-氧化产生乙酰 CoA,一方面乙酰 CoA 氧化分解供能,另一方面生成酮体,肝是机体产生酮体的唯一器官,酮体的生成为肝外组织,尤其是为脑和肌肉组织提供重要的能源。而饱食后,肝内脂肪酸的合成加强,进一步合成甘油三酯,并以甘油三酯的形式储存于脂库中。

肝脏是胆固醇合成、转化和排泄的主要器官。肝合成胆固醇的量占全身合成总量的 3/4以上。此外,肝脏也是转化和排泄胆固醇的主要场所,肝脏能将胆固醇转变为类固醇激素、维生素 D_3、胆汁酸,其中胆汁酸是强乳化剂,促进肠道内脂类和脂溶性维生素的消化、吸收,是胆固醇转化降解的主要途径,并且胆汁酸随胆汁进入肠道也是胆固醇的主要排泄方式。

当肝脏功能障碍或合成磷脂的原料不足时,肝细胞合成磷脂减少,从而导致 VLDL 的生成障碍,使肝细胞内脂肪运出困难,在肝细胞内堆积,形成"脂肪肝"。某些慢性肝损伤,由于糖代谢障碍而引起脂肪动员增加,导致酮血症。当肝功能损伤或胆管阻塞时,肝合成胆汁酸的功能下降,导致脂类消化吸收障碍,可出现食欲差、厌油腻及脂肪泻等症状。

三、肝脏在蛋白质代谢中的作用

肝脏在蛋白质合成、分解代谢中有非常重要的作用。

肝脏能合成与分泌血浆蛋白质。肝脏除了合成自身所需的各种蛋白质外,还能合成(除γ-球蛋白外)几乎所有的血浆蛋白质。正常人血浆蛋白质总量为 $60 \sim 80$ g/L,其中占血浆蛋白质总量一半以上的白蛋白,是维持血浆胶体渗透压的主要因素。肝功能严重受损时,白蛋白合成减少,血浆胶体渗透压降低,患者可出现水肿或腹水等症状。由于白蛋白合成的减少,可导致血浆中白蛋白与球蛋白比值(A/G)下降,甚至出现倒置现象(A/G 正常比值为 $1.5 \sim 2.5$),临床生化检验把血清白蛋白与球蛋白比值(A/G)作为辅助诊断严重慢性肝功能损伤的指标。

肝脏能转化和分解氨基酸。肝脏对体内的氨基酸(除支链氨基酸以外)有很强的代谢能力。肝细胞内含有丰富的氨基酸代谢酶,氨基酸的转氨基、脱氨基、转甲基及脱羧基等作用均在肝细胞内进行。肝中转氨酶活性强,当肝细胞受损或肝细胞通透性增大时,大量转氨酶从细胞内进入血液,使血液中酶活性增强,因此临床生化检验中用转氨酶的活性高低来作为诊断肝病的重要依据。

肝脏合成尿素以解氨毒。无论是氨基酸代谢产生的还是肠道吸收的各种来源的氨,均在肝中经过鸟氨酸循环合成尿素,这是体内解除氨毒的主要方式。当肝功能严重受损时,体内的尿素合成障碍,使血氨浓度升高,产生高氨血症,严重时引起肝性脑病(肝昏迷)。

四、肝脏在维生素代谢中的作用

肝脏是体内含维生素较多的器官,肝脏在维生素的储存、吸收、转化和运输等方面具有重要作用。体内维生素 A、维生素 E、维生素 K、维生素 B_1 及维生素 B_{12} 等都以肝脏为主要储存场所,体内维生素如维生素 A、维生素 E、维生素 K、维生素 B_1、维生素 B_2 及维生素 B_6 等在肝脏中的含量也最多,其中95%的维生素 A 储存在肝中。肝合成的胆汁酸可协助脂溶性维生素 A、维生素 D、维生素 E、维生素 K 的吸收,因此肝胆系统出现疾病时,可导致脂溶性维生素的吸收障碍。肝脏直接参与多种维生素的代谢转化和合成辅酶。如将肝细胞内的胡萝卜素转化为维生素 A,将泛酸转化为辅酶 A(CoA)和酰基载体蛋白(ACP)的组成成分,将维生素 D_3 转化为 $25-OH-D_3$。另外多种维生素还在肝脏内合成辅酶,如维生素 B_2 转化为 FAD 及 FMN,维生素 PP 转化为 NAD^+ 和 $NADP^+$ 等,这些辅酶在机体的物质代谢中都起着重要的运输作用。因此肝胆系统出现疾病时,可导致维生素的吸收障碍。

五、肝脏在激素代谢中的作用

肝脏是激素灭活的主要场所。许多激素在发挥其调节作用后在肝脏进行分解,转化为无活性或活性较弱的物质,这种作用称为激素灭活。灭活过程对于激素具有调节作用,例如,一些类固醇激素(肾上腺皮质激素、雌激素等)可在肝脏内发生还原反应或结合反应而失去活性;激素灭活后的产物大部分以游离或结合的形式通过肾脏随尿排出,小部分由胆汁排出体外。正常情况下,激素的生成与灭活处于相对平衡状态,这样才能在体内保持一定浓度,发挥正常的生理功能。如果激素生成过多或灭活发生障碍,从而造成激素在体内的蓄积,会不同程度地导致激素调节功能的紊乱。例如，严重肝脏疾病时，引起肝脏对激素灭活能力障碍，体内相应的激素水平升高，会出现一些临床上的体征。如体内雌激素等过多，可使男性出现乳房女性化、肝掌和蜘蛛痣等现象。

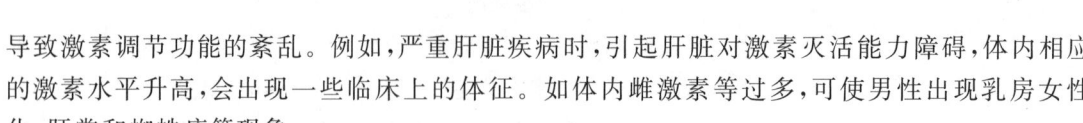

第三节　肝脏的生物转化作用

一、生物转化的概念与意义

（一）生物转化的定义

生物转化（biotransformation）是指机体将一些内源性或外源性非营养物质经过一系列的化学反应，使其极性增加或活性改变，易于随胆汁或尿液排出体外的过程。肝是生物转化作用的主要器官，这是因为肝细胞的胞液、线粒体等部位存在着有关生物转化作用的酶类。另外，小肠、肾和肺也有一定的生物转化功能。

（二）非营养物质

非营养物质是指人体在代谢过程中产生的或从外界进入的，既不能作为组织细胞的结构成分，又不能氧化供能的物质。而且其中许多物质对机体有毒害作用。因此，必须通过代谢及时排出，才能保持机体内各种生理活动的正常进行。

体内非营养物质按照其来源分为内源性和外源性两大类。内源性非营养物质是体内代谢中产生的各种生物活性物质，如激素、神经递质等；还有一些代谢产物，如氨、胆红素等。外源性非营养物质则是由外界进入体内的各种物质，如药物、毒物、色素、食品添加剂以及从肠道吸收的腐败产物（如胺类、硫化氢等）。

（三）生物转化的生理意义

1. 改变药物的活性或毒性　大多数药物经不同途径进入人体后，发挥药理作用后或者其中一部分在肝脏被代谢转化发生分子结构的改变，最终经肾脏从尿液或经胆道从粪便中排出。经过生物转化后，有的失去活性，有的药理活性发生改变，有的则变成了毒性较强的物质。如苯巴比妥经羟化后催眠作用消失；可待因经脱甲基后而具有镇痛的作用；扑热息痛经 N-羟化、还原后可与核酸蛋白质等生物高分子结合，引起肝细胞坏死。

2. 灭活体内活性物质　人体合成的活性物质如激素、神经递质等，在体内发挥作用后需经肝脏的生物转化作用而灭活，从而维持机体代谢功能与调节的正常。

3. 消除外来异物　随着工业化进程的发展，人们与各种化学物质接触的机会越来越多，在人的整个生命过程中经常有某些外来异物（如毒物、致癌物）进入体内。这些外来异物大部分在肝脏内进行代谢转化。

4. 指导临床合理用药　新生儿肝中蛋白质合成功能还不够完善，微粒体酶系活性比成人低，对非营养物质代谢的能力较差，对某些药物敏感，容易发生药物中毒。而老年人器官逐年老化，肝的生物转化能力也在逐渐下降，从而导致药效增强，副作用增大，所以要慎重用药。另外,肝损伤患者,肝微粒体中单加氧酶系和 UDP-葡萄糖醛酸转移酶活性明显降低,加上肝血流量的减少,许多药物及毒物的摄取、转化在肝中发生障碍,易积蓄中毒,所以肝病患者也要特别慎重用药。

二、生物转化的反应类型与特点

肝内的生物转化作用包括氧化、还原、水解和结合等多种化学反应类型,可归纳为第一相反应和第二相反应。其中氧化、还原、水解反应称为第一相反应,结合反应称为第二相反应。有些物质经过第一相反应后,分子中的某些非极性基团就转化为极性基团,或者其分解而使理化性质改变,容易排出体外。另外,还有些物质即使经过了第一相反应后,极性的改变也不大,不能排出体外,需要经过第二相反应,即与某些极性更强的物质(如葡萄糖醛酸、硫酸等)进行结合反应,使其溶解度增加,极性增强,这样才能随尿液或胆汁排出体外,进而达到生物转化的目的。

(一)生物转化的类型

1. 第一相反应 第一相反应包括氧化、还原、水解反应。通常是改变物质的极性,使非极性基团转化为极性基团。

(1) 氧化反应:是最常见的生物转化反应,由肝细胞中参与生物转化的多种氧化酶系催化完成。主要包括单加氧酶系、单胺氧化酶系和脱氢酶系三类,其中单加氧酶系最重要。

①单加氧酶系:单加氧酶能直接激活氧分子,使其中的一个氧原子加到作用物分子上,而另一个氧原子被 NADPH 还原成水分子,所以称为单加氧酶系。在此过程中,由于一个氧分子发挥了两种功能,故又把单加氧酶系称为混合功能氧化酶。又因反应的氧化产物是羟化物,所以又称羟化酶。微粒体中的单加氧酶系在生物转化的氧化反应中占有重要的地位。由于单加氧酶系的特异性较差,所以可催化多种物质进行不同类型的氧化反应。单加氧酶系的生理意义是参与药物和毒物的转化。单加氧酶系催化多种物质进行不同类型的氧化反应中,最常见的是羟化反应。经羟化作用后,药物或毒物的水溶性增加易于排泄。如维生素 D_3 羟化后,转化为 $25\text{-}OH\text{-}D_3$;苯巴比妥的苯环经羟化后,极性增加,催眠作用减弱或消失。其反应通式如下:

$$RH + O_2 + NADPH + H^+ \xrightarrow{\text{单加氧酶}} ROH + NADP^+ + H_2O$$
底物   产物

②单胺氧化酶系:单胺氧化酶(monoamine oxidase,MAO)属于黄素蛋白,存在于肝细胞的线粒体中。单胺氧化酶可催化由肠吸收入肝脏的腐败产物如组胺、尸胺、腐胺、酪胺等进行氧化脱氨生成相应的醛类,再由醛脱氢酶催化生成相应的羧酸,最终产生 H_2O 和 CO_2。其反应通式如下:

$$RCH_2NH_2 + H_2O + O_2 \xrightarrow{\text{单胺氧化酶}} RCHO + H_2O_2 + NH_3$$
胺   醛

③脱氢酶系:主要包括醇脱氢酶(alcohol dehydrogenase,ADH)和醛脱氢酶(aldehyde dehydrogenase,ALDH),都是以 NAD^+ 为辅酶,存在于肝细胞微粒体及胞液中,可催化醇氧化生成相应的醛或催化醛氧化生成酸,反应通式如下:

$$RCH_2OH \xrightarrow[\text{醇脱氢酶}]{} RCHO \xrightarrow[\text{醛脱氢酶}]{} RCOOH$$
醇　　　　　　　　　　　醛　　　　　　　　　　　酸

NAD⁺　　　NADH+H⁺　H₂O+NAD⁺　　NADH+H⁺

机体从外界摄入的乙醇大部分进入肝脏进行代谢,进入肝脏的乙醇大部分被肝细胞中的醇脱氢酶催化脱氢并生成乙醛,然后乙醛在醛脱氢酶催化下最后氧化生成乙酸,乙酸最终生成 CO_2 和 H_2O,并释放出能量;只有一小部分随尿及呼气排出体外。长期大量饮酒可对肝脏微粒体乙醇氧化体系产生影响,造成酒精性肝损伤。

（2）还原反应:参与还原反应的还原酶主要包括硝基还原酶(nitroreductase)和偶氮还原酶(azo reductase)两类,都存在于肝细胞微粒体内,反应时需要 NADPH 供氢,还原产物是胺类。如硝基苯在硝基还原酶催化下加氢还原生成苯胺,偶氮苯在偶氮还原酶催化下还原生成苯胺,苯胺最终生成相应的酸。

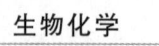

硝基化合物常见于防腐剂、工业染料等中;偶氮化合物常见于化妆品、食品色素等中。这些化合物在相应的还原酶的催化下生成相应的胺类,从而失去致癌作用。

（3）水解反应:肝细胞的胞液和微粒体中含有多种水解酶,如酯酶、酰胺酶及糖苷酶等,可催化酯类、酰胺类和糖苷类化合物水解,进而改变它们的生物活性。这些水解产物通常还需经第二相反应,才能排出体外。如麻醉药普鲁卡因在肝脏内经过水解反应很快就失去了药理作用;乙酰水杨酸在肝脏内经水解后生成水杨酸而发挥药理作用。水杨酸进一步羟化生成羟基水杨酸,后者再与葡萄糖醛酸结合排出体外。

乙酰水杨酸　　　　　　　水杨酸　　　　　乙酸

2. 第二相反应　第二相反应是结合反应,一些非营养性物质要与肝脏内极性更强的物质相结合,才能使其溶解度增加,极性增强,便于排出体外。结合反应是体内最重要的生物转化方式。凡含有羟基(—OH)、羧基(—COOH)、氨基(—NH₂)的药物、毒物、激素等非营养物质,在肝内与某种极性较强的物质结合后,增加了其水溶性,同时也掩盖了原有的功能基团,失去了原有的作用,便于排出体外,一般认为是体内的解毒过程。有些非营养物质可直接进行结合反应,有些则先经第一相反应后再进行第二相反应。结合反应可在肝细胞的胞液、微粒体和线粒体内进行。参与结合反应的物质主要有葡萄糖醛酸、硫酸、谷胱甘肽、乙酰 CoA、甘氨酸等,其中结合反应最常见的结合物有葡萄糖醛酸、硫酸和乙酰基等。

（1）葡萄糖醛酸结合反应:非营养物质与葡萄糖醛酸结合是最重要和常见的一种结合反

应。凡是含有极性基团羟基(醇、酚)、氨基(胺)以及羧基等的化合物,都能在肝细胞微粒体中与葡萄糖醛酸结合,尿苷二磷酸葡萄糖醛酸(UDPGA)为葡萄糖醛酸的活性供体。肝细胞微粒体中有 UDP-葡萄糖醛酸转移酶,能将葡萄糖醛酸基转移到含有羟基、氨基及羧基的毒物或其他物质上,形成葡萄糖醛酸苷。结合后其水溶性增加,容易从尿液或胆汁排出体外。吗啡、胆红素、可卡因、类固醇激素、苯巴比妥类药物等均可在肝脏与葡萄糖醛酸结合而进行生物转化。

（2）硫酸结合反应:这也是常见的一种结合反应。该反应中的硫酸是由 3'-磷酸腺苷-5'-磷酸硫酸(PAPS)提供的,所以 PAPS 为活性硫酸供体。在肝细胞的胞液中有硫酸转移酶,能催化 PAPS 中的硫酸根转移到多种醇、酚、芳香胺类物质的羟基上,生成硫酸酯化合物。如雌激素的灭活主要就是雌激素中的雌酮与硫酸结合形成硫酸酯进行的,使其水溶性增加,易于排出体外。

（3）乙酰基结合反应:在肝细胞的胞液中含有乙酰基转移酶,可催化芳香族胺类化合物与乙酰基结合,形成乙酰基化合物,乙酰基供体为乙酰 CoA,如磺胺类药物等在肝脏中经乙酰基结合后便失去了作用。

（4）甲基结合反应：凡是含有羟基、巯基或氨基的非营养物质，可在肝脏内与甲基发生结合反应。肝细胞的胞液及微粒体中具有多种转甲基酶，可催化甲基与含有羟基、巯基或氨基的化合物结合，并生成相应的甲基化合物。该反应的甲基是由 S-腺苷蛋氨酸（SAM）提供的，所以把 SAM 又称为活性甲基供体。该反应是体内某些药物和胺类生物活性物质（多巴胺等）的灭活形式。

除上述的结合反应外，还有谷胱甘肽、甘氨酸等结合反应。谷胱甘肽（GSH）在肝细胞胞液谷胱甘肽 S-转移酶催化作用下，可与许多卤代化合物和环氧化合物结合，生成 GSH 结合物，并随胆汁排出体外，此反应是很多致癌物、环境污染物和抗肿瘤药物的生物转化反应；含羧基的药物、毒物或内源性代谢产物的生物转化是与甘氨酸的结合而灭活的。

（二）生物转化的特点

1. 多样性和连续性 多样性是指同一类物质或同一种物质可在体内进行多种类型的生物转化反应，如阿司匹林可以先进行水解反应，然后进行结合反应；也可先进行结合反应再进行水解反应。连续性是大多数物质在体内经过生物转化反应时，常常需要连续反应而产生多种产物，即大多数物质经过第一相反应后，再继续进行第二相反应，才能使物质的水溶性增大而排出体外，这体现了生物转化的连续性，如黄曲霉素在肝中先经过氧化再与 GSH、葡萄糖醛酸、硫酸等结合而代谢。

2. 解毒和致毒双重性 通常情况下，大多数非营养物质经生物转化作用后，其毒性可以减弱甚至消失（解毒），但是有少数非营养物质经生物转化作用后其毒性反而出现或增强（致毒），这体现了生物转化作用的双重性。如香烟中的苯并芘，是一种常见的高活性间接致癌物，在人体中经过肝细胞的生物转化作用后，才生成具有强致癌活性的物质。

三、影响生物转化作用的因素

生物转化作用常受年龄、性别、营养、药物及疾病等体内外各种因素的影响。

1. 年龄 新生儿发育尚不完善，尤其是肝脏内生物转化的酶发育不完善，所以对药物及毒物的转化能力不足，容易导致中毒。老年人因器官功能退化，对药物的生物转化能力降低，也容易发生中毒现象。因此临床用药时，对不同年龄阶段的人，尤其是对婴幼儿及老年人的剂量必须严加控制。

2. 性别 某些生物转化有明显的性别差异，正常情况下，女性的生物转化能力比男性强。通过动物实验，不同性别动物的肝微粒体内物质转化酶的活性不同。如女性体内醇脱氢酶活性高于男性，从而女性对乙醇的转化能力强。

3. 营养 人体内蛋白质的摄入可增加肝脏生物转化酶的活性。当机体内缺乏蛋白质时，生物转化的酶活性降低，从而影响了生物转化的效率，进而抑制了生物转化作用。

4. 疾病 当肝脏严重病变时，生物转化作用酶系（如单加氧酶系）的活性显著降低，加上肝血流量的下降，患者对许多药物或毒物的摄取及转化发生障碍，导致药物或毒物灭活能力减弱，容易积蓄中毒，所以要特别慎重对肝病患者的用药。

5. 药物 一方面，某些药物或毒物可诱导相关酶的合成，从而导致肝脏的生物转化能力增强。另一方面由于多种物质在体内转化代谢常由同一酶系催化,当同时服用多种药物时,可导致药物间对酶产生竞争性抑制作用而影响其生物转化作用,所以在临床用药过程中应慎重考虑到这些因素。

第四节　胆汁酸代谢

　　胆汁酸是胆汁的主要成分,而胆汁又是由肝细胞分泌的,在胆囊中储存,具有重要的生理功能。肝细胞分泌的胆汁既是消化液又是排泄液:作为消化液,能促进脂类的消化和吸收;作为排泄液,能将体内某些代谢产物如胆红素、胆固醇通过胆汁排入肠腔,并随粪便排出体外。

一、胆汁

　　胆汁是肝细胞分泌的一种液体,味苦,有黏性,正常成人每天平均分泌量为 300～700 mL。胆汁通常分为两类:肝胆汁和胆囊胆汁。肝胆汁是由肝细胞直接分泌的,透明澄清,颜色呈黄褐色或金黄色;胆囊胆汁是由肝胆汁流入胆囊后浓缩而成的,颜色呈暗褐色或棕绿色。

　　胆汁中有多种成分,包括水和固体成分。胆汁的固体成分主要是胆汁酸盐、胆固醇、无机盐、胆色素、黏蛋白、磷酸等,其中含量最多的成分是胆汁酸盐,约占 50%。此外,胆汁中含有多种排泄物和进入体内的异物(如药物、毒物等),它们均可随胆汁排入肠腔,并随粪便排出体外。

二、胆汁酸的生理功能

(一) 促进脂类的消化与吸收

　　胆汁酸分子是表面活性物质,在构型上具有亲水和疏水的两个侧面,即胆汁酸分子内既含有亲水性的羟基、羧基、磺酸基等,又含有疏水性的烃基和甲基。这两类不同性质的基团能降低油和水两相间的表面张力,胆汁酸分子的这种结构使其成为较强的乳化剂,从而促进了脂类的乳化作用,同时也扩大了脂肪和脂肪酶的接触面,加速脂类的消化和吸收。

(二) 促进胆汁中胆固醇的溶解,防止胆结石的形成

　　胆汁中的胆固醇难溶于水,胆汁浓缩后胆固醇容易沉淀析出。胆汁酸通过与卵磷脂的协同作用,可与脂溶性的胆固醇形成可溶性微团,促进体内 99% 的胆固醇溶解在胆汁中经肠道排泄,使之不易结晶析出和沉淀。如果肝脏合成胆汁酸的能力下降,消化道丢失胆汁酸过多或肠肝循环中肝脏摄取胆汁酸过少,以及排入胆汁中的胆固醇过多(如高胆固醇血症患者),均可造成胆汁酸、卵磷脂及胆固醇比值(正常是 10:1)降低,则可使胆固醇过饱和而以结晶形式沉淀析出,形成胆结石。不同胆汁酸对结石形成的作用不同,如鹅脱氧胆酸可使胆固醇结石溶解,而胆酸及脱氧胆酸则无此作用。临床上常用鹅脱氧胆酸等治疗胆固醇结石。

三、胆汁酸代谢

胆汁酸主要以钾盐或钠盐形式存在,所以称胆汁酸为胆汁酸盐。正常人胆汁中的胆汁酸从结构上可分为两类:一类为游离型胆汁酸,包括胆酸、脱氧胆酸、鹅脱氧胆酸和石胆酸;另一类为结合型胆汁酸,即上述游离胆汁酸与甘氨酸或牛磺酸结合的产物,是胆汁中的主要成分,人胆汁中的胆汁酸以结合型为主,包括甘氨胆酸、甘氨鹅脱氧胆酸、牛磺胆酸及牛磺鹅脱氧胆酸等。胆汁酸从来源上分,可将胆汁酸分为两类:一类为初级胆汁酸,是肝细胞以胆固醇为原料合成的;另一类为次级胆汁酸,是初级胆汁酸在肠道里受细菌的作用生成的。总体来说,初级胆汁酸和次级胆汁酸都包含有游离型胆汁酸和结合型胆汁酸两种形式。

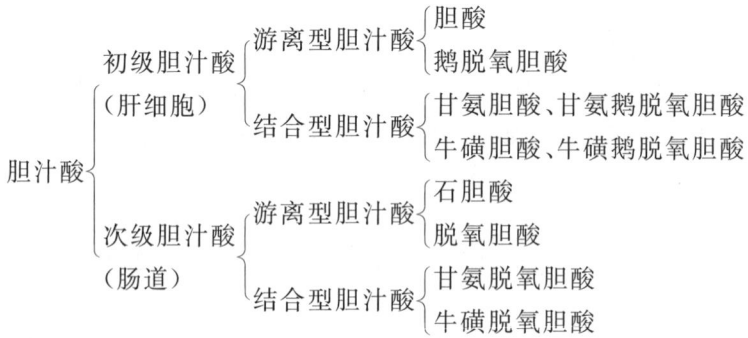

（一）胆汁酸的生成

胆汁酸是脂类物质消化吸收所必需的一类物质。肝对胆汁酸的合成和排泄是胆固醇降解的主要途径,也是清除胆固醇的主要方式。正常人每天合成胆固醇 $1.0\sim1.5$ g,其中有 $0.4\sim0.6$ g(约占 40%)是在肝内转变为胆汁酸,胆汁酸是机体中胆固醇的主要代谢终产物,并随胆汁排入肠腔。

1. 初级胆汁酸的生成 初级胆汁酸是在肝细胞中由胆固醇转变生成。初级胆汁酸的生成过程较为复杂,是经过多步反应才完成的。首先,在肝细胞的微粒体和胞质中,胆固醇在胆固醇 7α-羟化酶的催化下,生成 7α-羟胆固醇,然后经过氧化、还原、羟化、侧链氧化及断裂等复杂的反应,生成初级游离胆汁酸,主要有胆酸和鹅脱氧胆酸。然后与甘氨酸或牛磺酸结合,生成初级结合型胆汁酸,主要有甘氨胆酸、甘氨鹅脱氧胆酸、牛磺胆酸、牛磺鹅脱氧胆酸。这种结合,不仅有利于胆汁酸更好地发挥促进脂类的消化和吸收的作用,而且可防止胆汁酸过早地在胆管及小肠内被吸收。在肝脏中,胆汁酸合成的主要限速步骤是由 7α-羟化酶催化完成的,所以该酶是胆汁酸合成的限速酶,它受多种因素的调节。胆汁酸可反馈抑制该酶的活性;糖皮质激素、生长激素、高胆固醇饮食可提高此酶的活性;甲状腺激素可使 7α-羟化酶的 mRNA 合成增加,促进胆固醇转变成胆汁酸,这是甲状腺功能亢进症患者血浆胆固醇含量降低的重要原因。

2. 次级胆汁酸的生成 肝细胞合成的初级结合型胆汁酸随胆汁进入肠道,在完成脂类物质消化吸收的过程中,受小肠下端及大肠细菌的作用下,结合型胆汁酸水解脱去甘氨酸或牛磺酸释放出初级游离型胆汁酸即胆酸和鹅脱氧胆酸,后者再经 7α-脱羟反应,使胆酸转变为脱氧胆酸,鹅脱氧胆酸转变为石胆酸。这种由初级胆汁酸在肠道细菌作用下形成的胆汁酸称为次级胆汁酸。

石胆酸溶解度小,一般不与甘氨酸或牛磺酸结合;脱氧胆酸与甘氨酸或牛磺酸结合,生成次级结合胆汁酸,即甘氨脱氧胆酸和牛磺脱氧胆酸(图 14-1)。

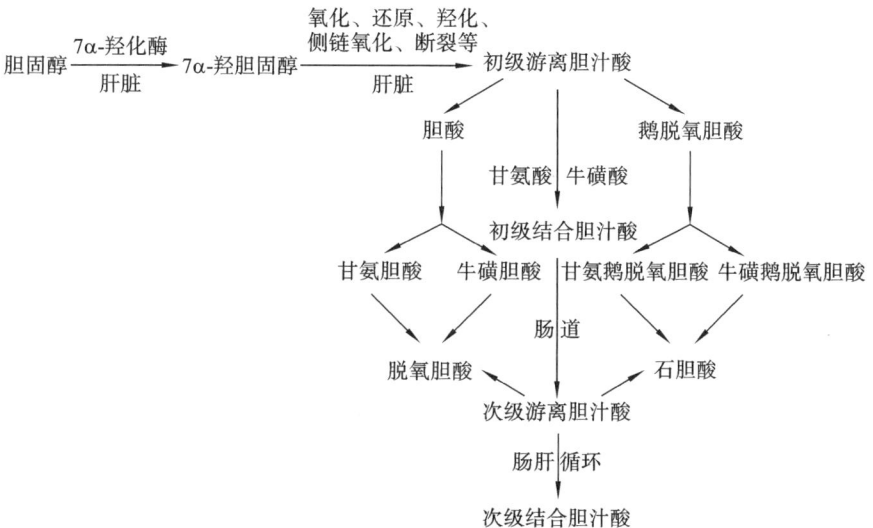

图 14-1 初级胆汁酸、次级胆汁酸代谢示意图

(二) 胆汁酸的肠肝循环

进入肠道的各种胆汁酸(包括初级、次级、游离型与结合型)95%以上被肠重吸收进入血液,经门静脉重新回到肝脏,被肝细胞摄取。肝细胞将游离型胆汁酸重新合成结合型胆汁酸,并同新合成的结合型胆汁酸一起排入肠腔。这一过程称为"胆汁酸的肠肝循环"(图 14-2)。

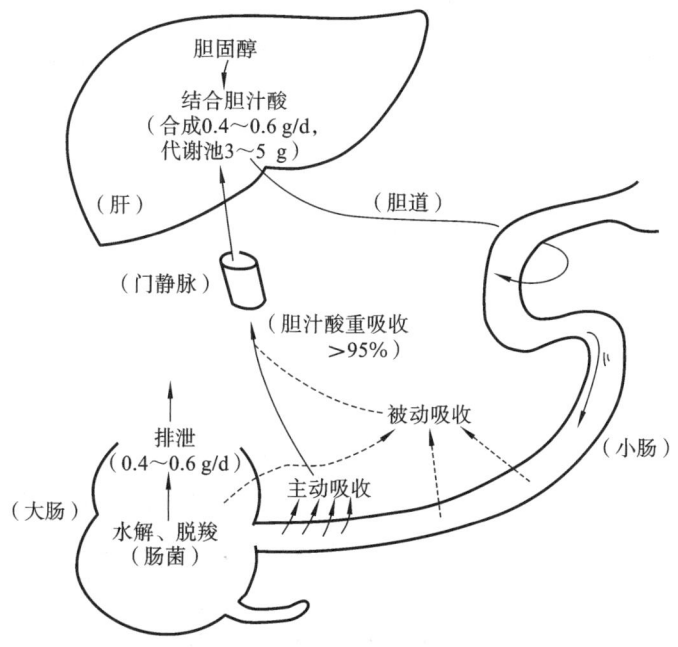

图 14-2 胆汁酸的肠肝循环

胆汁酸在肠腔中的重吸收有两种方式：一种是结合型胆汁酸在小肠下端被主动重吸收；另一种是游离型胆汁酸在肠腔各部通过扩散作用的被动重吸收。大部分胆汁酸的吸收是主动重吸收。肠道中的石胆酸(约为 5%)由于溶解度较小，通常不能被重吸收，大部分直接随粪便排出体外。正常人每日有 0.4～0.6 g 的胆汁酸随粪便排出，也就是相当于每日胆汁酸的生成量。虽然，肝脏每日胆汁酸的生产量仅有 0.4～0.6 g，但是由于正常人每次进餐后都要进行 2～4 次的肠肝循环，从而使有限的胆汁酸最大限度地发挥乳化作用，保证了脂类消化吸收的正常进行。由于正常人体肝脏内胆汁酸代谢池总量不过 3～5 g，因此，胆汁酸的肠肝循环的生理意义在于使有限的胆汁酸重复作用，既弥补了肝脏合成胆汁酸能力的不足，又满足了机体对胆汁酸的生理需求，促进脂类的消化与吸收。若胆汁酸的肠肝循环被破坏，如腹泻或回肠大部切除，则胆汁酸不能重复利用，不仅影响到脂类的消化吸收，另一方面胆汁中胆固醇含量相对增高，处于饱和状态，极易形成胆固醇结石。

知识链接

胆结石

　　胆结石又称胆石症，包括胆囊结石和胆管结石，是指胆道系统包括胆囊或胆管内发生结石的疾病。胆结石在我国是一种常见的多发病，据统计正常人群的发病率在 7% 以上，并且胆囊结石多于胆管结石。胆结石的主要成分是胆固醇和胆红素。胆结石的成因有两类：一类是外因，即胆汁成分的变异，表现为胆汁酸盐含量减少，而胆固醇和胆红素等过多，过多的胆固醇和胆红素不能被胆汁酸盐溶解，时间长了就会逐渐析出并凝结成石；另一类是内因，即肝、胆功能异常而导致代谢紊乱，致使分泌胆汁的过程中引起胆汁的成分比例失调，影响了胆汁酸的肠肝循环，导致胆汁中的胆固醇析出沉淀形成结晶而产生结石。胆结石发作时常见症状有发热并伴有寒战、腹痛、食欲不振、黄疸等症状，一般都是在饱餐、过度劳累之后，发作可持续 10 min 至数小时，数日才能缓解。预防胆结石的有效方法是生活要有规律，适度运动，避免肥胖，合理膳食，少食高脂肪、高糖类、高胆固醇的饮品或食物。

第五节　胆色素代谢

　　胆色素是铁卟啉类物质在体内分解代谢的主要产物。体内含铁卟啉类物质的主要是血红蛋白、肌红蛋白、细胞色素、过氧化氢酶和过氧化物酶等。胆色素包括胆红素、胆绿素、胆素原和胆素等化合物，正常时主要随胆汁排泄，除胆素原无色外，其余均有一定的颜色，因此统称为胆色素。胆色素代谢是以胆红素代谢为核心，胆红素是胆汁中的主要颜色，呈橙黄色，具有毒性，可引起大脑的不可逆损害。胆红素代谢的主要器官是肝脏，因此知道胆红素的知识对于更好地认识肝病具有重要的意义。

一、胆红素的生成

大部分胆色素是由衰老红细胞破坏、降解而来的,正常成人每日可以生成胆红素 $250\sim$ 350 mg,其中 80% 左右来源于衰老的红细胞破坏释放出来的血红蛋白,其他主要来自含铁卟啉类物质如细胞色素、过氧化氢酶和过氧化物酶等的分解。肌红蛋白由于更新率低,所占比例极小。人体正常红细胞在不断更新,平均寿命为 120 天,衰老的红细胞在肝、脾、骨髓的单核吞噬细胞作用下被破坏,释放出的血红蛋白分解为珠蛋白与血红素。珠蛋白按一般的蛋白质代谢途径,经酶催化水解成氨基酸,氨基酸被重新利用或进一步分解代谢。血红素在微粒体的血红素加氧酶的催化下,血红素铁卟啉环上的 α-次甲基桥(—CH =)氧化断裂,释放出 CO 和 Fe^{3+},CO 可排出体外,Fe^{3+} 可被机体重新利用,并生成胆绿素。这一过程需要 O_2 和 NADPH 参与。胆绿素进一步在胞液中胆绿素还原酶的催化下,以 NADPH 为辅酶,迅速被还原为胆红素。由于胆绿素还原酶的活性很高,因此一般血液中没有胆绿素堆积。生成的胆绿素呈蓝色,是水溶性物质,不易穿过生物膜;而胆红素为橙黄色,是亲脂、疏水性的物质,极易透过生物膜,具有毒性。如果胆红素透过血脑屏障,它能抑制大脑 RNA 和蛋白质的合成并且干扰糖类代谢,在脑内积蓄过多,可形成核黄疸,它不仅影响脑的正常代谢及功能,而且有致命的危险,所以胆红素是人体的一种内源性毒物。

$$\text{衰老的红细胞} \xrightarrow{\text{释放}} \text{血红蛋白} \xrightarrow{\text{分解}} \begin{array}{c}\text{血红素} \\ \text{珠蛋白}\end{array} \xrightarrow[\text{CO} \quad Fe^{3+}]{\text{血红素加氧酶}} \text{胆绿素} \xrightarrow{\text{胆绿素还原酶}} \text{胆红素}$$

二、胆红素的转运

胆红素是难溶于水的脂溶性物质,而在单核吞噬细胞系统中生成的胆红素可自由透过细胞膜进入血液。在血液中主要与血浆的白蛋白结合成胆红素-白蛋白复合物进行运输的。这种结合增加了胆红素在血浆中的水溶性,有利于在血液中运输;同时又限制了胆红素自由透过各种生物膜,防止其对组织细胞产生毒性作用。正常人血清胆红素含量仅为 $1.71\sim17.1$ $\mu mol/L(0.1\sim1.0 \ mg/dL)$,所以正常情况下,血浆中的白蛋白足以结合全部胆红素。但某些化合物如磺胺类药、抗生素等可同胆红素竞争白蛋白,从而导致胆红素从白蛋白的复合物中游离出来。过多的胆红素可与脑部基底核的脂类结合,并干扰脑的正常功能,称胆红素脑病或核黄疸。所以,当新生儿黄疸时,要慎用此类药物。

血浆中的胆红素-白蛋白复合物仅起到对胆红素的暂时性的解毒作用,这种胆红素尚未经过肝细胞的转化,所以称为未结合胆红素或游离胆红素。胆红素与白蛋白结合后相对分子质量变大,而且结合得很稳定,并且难溶于水,因此不能由肾脏滤过随尿液排出,故尿液中无未结合胆红素。

三、胆红素在肝脏中的代谢

(一)肝细胞对胆红素的摄取

血液中未结合的胆红素以"胆红素-白蛋白"的形式运到肝脏后,很快被肝细胞摄取。肝细胞摄取血液中胆红素的能力很强,这是因为肝细胞内有两种胆红素的载体蛋白(Y 蛋白和 Z 蛋白），这两种载体蛋白以 Y 蛋白为主。当血浆白蛋白运来的胆红素进入肝细胞后，便与白蛋白分离，立即与 Y 蛋白和 Z 蛋白结合成为胆红素-Y 蛋白和胆红素-Z 蛋白复合体，但只有在与 Y 蛋白结合达到饱和后，才与 Z 蛋白结合。这种结合使胆红素不能返流入血，从而使胆红素不断进入肝细胞内。结合后的复合体从胞液被运到内质网中进行转化。如果生成胆红素过多，或者肝细胞处理胆红素的能力下降，都可使已经进入肝细胞的胆红素返流入血，使血中胆红素水平增高。

（二）肝细胞对胆红素的转化

肝细胞内质网中含有胆红素-尿苷二磷酸葡萄糖醛酸转移酶，它可催化胆红素与葡萄糖醛酸结合，葡萄糖醛酸是由尿苷二磷酸葡萄糖醛酸（UDPGA）提供，生成胆红素葡萄糖醛酸酯。因为胆红素分子中含有 2 个羧基均可与葡萄糖醛酸分子上的羟基结合，因此每分子胆红素可结合 1～2 分子葡萄糖醛酸，生成胆红素葡萄糖醛酸一酯和胆红素葡萄糖醛酸二酯。其中，在人体胆汁中胆红素葡萄糖醛酸二酯占总量的 70%～80%，胆红素葡萄糖醛酸一酯占 20%～30%，也有小部分的胆红素与硫酸根、甲基、乙酰基、甘氨酸等结合。我们通常把上述转化后的胆红素称为结合胆红素。结合胆红素在溶解度、毒性上发生了根本的变化。这种转化后的胆红素特点是水溶性大大增加，与血浆白蛋白亲和力减小，容易随胆汁从胆道排出；也可以通过肾小球滤过，出现在尿液中，容易从肾脏排出。胆红素与葡萄糖醛酸结合是肝转化胆红素和解除胆红素毒性的根本途径。

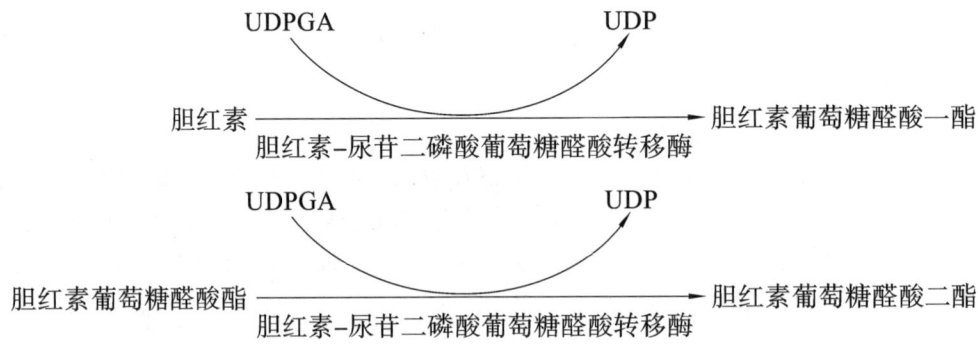

（三）肝细胞对胆红素的排泄

结合胆红素被肝细胞分泌进入毛细胆管，随胆汁排入肠道。由于毛细胆管内结合胆红素的浓度远远高于细胞内浓度，因此胆红素由肝细胞排泄进入毛细胆管是一个逆浓度梯度的主动耗能过程，也是肝内胆红素代谢的限速步骤和薄弱环节，容易受损并出现障碍。胆道阻塞或重症肝炎时，均可导致结合胆红素排泄障碍而返流入血，血中结合胆红素升高，尿中也会出现结合胆红素。

由此可见，肝脏具有很强的摄取、转化和排泄胆红素的能力。血浆中的未结合胆红素通过肝细胞膜上的受体蛋白、转运蛋白和细胞内的载体蛋白及内质网中胆红素-尿苷二磷酸葡萄糖醛酸转移酶的联合作用，不断地被肝细胞摄取、结合、转化和排泄，从而不断被清除（图 14-3）。

四、胆红素在肠中的代谢

在肝脏中生成的结合胆红素由肝细胞分泌随胆汁排入肠道，在肠道细菌的作用下，经酶催

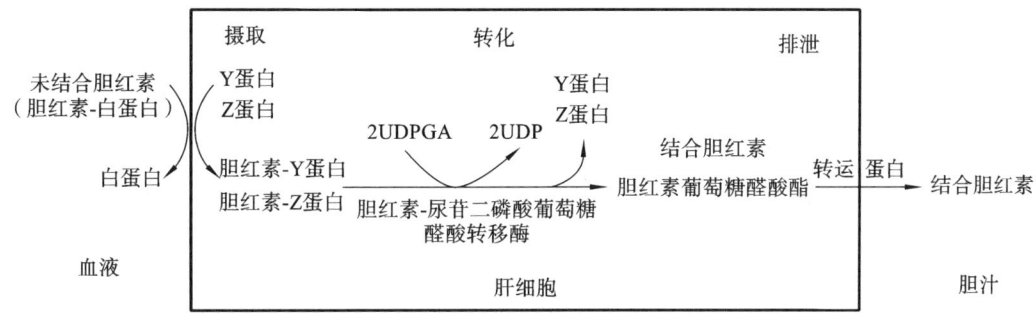

图 14-3　胆红素在肝脏中的代谢

化水解先脱去葡萄糖醛酸,再逐步进行加氢还原反应,生成无色的胆素原。胆素原包括中胆素原、粪胆素原和尿胆素原三种。胆素原均为无色,绝大部分通过肠道排出体外。大部分胆素原在肠道下端或排出时与空气接触后被氧化成黄褐色的胆素,成为正常粪便的主要颜色。正常成人每日从粪便排出 40～280 mg 的胆素原。当胆道完全阻塞时,因结合胆红素排入肠道受阻,不能形成粪胆素原及粪胆素,粪便呈灰白色,临床上称为陶土样大便。

　　生理情况下,在肠道中形成的胆素原有 10%～20% 可被重新吸收进入血液,经门静脉进入肝脏,其中大部分胆素原可以随胆汁排入肠道,此过程称为胆素原的肠肝循环(bilinogen enterohepatic circulation)。小部分胆素原经过血液循环进入肾脏,被肾小球滤过,随尿液排出体外,即为尿胆素原。尿胆素原接触空气被氧化成尿胆素,它是尿液中的主要色素。正常成人每日从尿液排出 0.5～4.0 mg 的胆素原。尿胆素原、尿胆素及尿胆红素临床上称为尿三胆。胆色素的代谢见图 14-4。

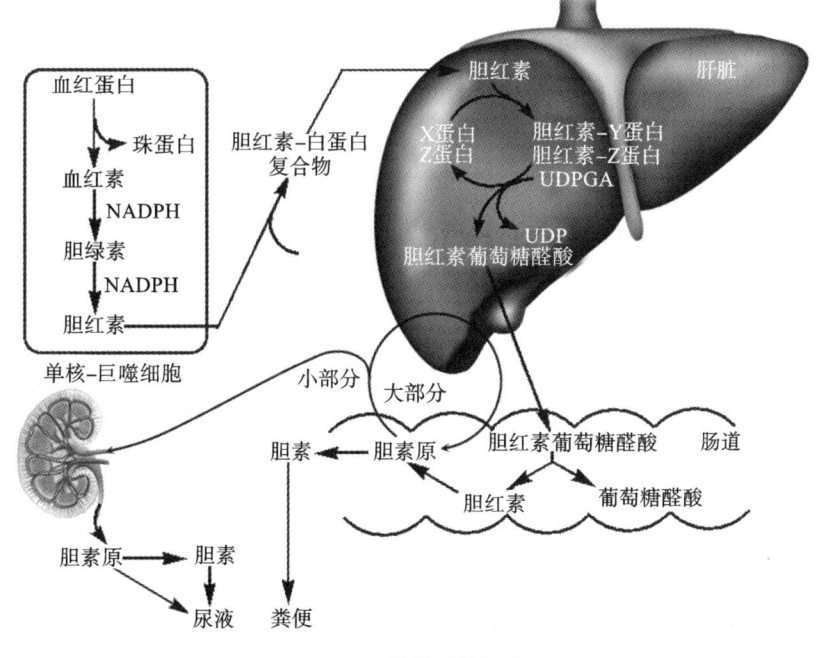

图 14-4　胆色素的代谢

五、血清胆红素与黄疸

由上可知,正常血清中存在的胆红素按其性质和结构不同可分为两大类型:凡未经肝细胞结合转化的胆红素,称为未结合胆红素;凡经过肝细胞结合转化,与葡萄糖醛酸或其他物质结合的胆红素,均称为结合胆红素。正常人血清中胆红素含量极其微小,总量不超过 17.1 μmol/L(1 mg/dL),其中含量多的主要是未结合胆红素,约占 4/5,其余为结合胆红素。

血清中的未结合胆红素与结合胆红素由于其结构和性质不同,它们对重氮试剂的反应也不同。未结合胆红素不能直接与重氮试剂反应,必须先加入加速剂(如乙醇或尿素)后才能与重氮试剂反应生成紫红色的偶氮化合物,故未结合胆红素又称为间接胆红素;而结合胆红素能迅速直接与重氮试剂产生颜色反应,故结合胆红素又称为直接胆红素。这两种胆红素的比较见表 14-1。

表 14-1　两种胆红素的区别

区别	未结合胆红素	结合胆红素
别名	间接胆红素 血胆红素	直接胆红素 肝胆红素
形成部位	血液	肝脏
存在形式	胆红素-白蛋白	葡萄糖酸胆红素
与葡萄糖醛酸结合	未结合	结合
与重氮试剂反应	缓慢、间接反应	迅速、直接反应
水溶性	小	大
经肾随尿液排出	不能	能
对脑细胞膜的通透性和毒性	大	小

凡是引起胆红素的生成过多,或使肝细胞对胆红素处理能力下降的因素(如对胆红素摄取、转化、排泄过程发生障碍),均可导致血液中胆红素浓度升高,称之为高胆红素血症。胆红素呈金黄色,当血清中胆红素浓度升高时,便可扩散入组织,尤其是引起皮肤、巩膜、黏膜等组织和内脏器官及某些体液的黄染,称之为黄疸。黄疸的程度取决于血清胆红素的浓度。当血清胆红素浓度大于 17.1 μmol/L 而小于 34.2 μmol/L,肉眼不易观察到巩膜和皮肤的黄染,称之为隐性黄疸;当血清胆红素浓度大于 34.2 μmol/L 时,组织黄染十分明显,肉眼可辨,称之为显性黄疸。

黄疸是某些疾病的一种现象,一种症状,不是一个独立的疾病。临床上根据黄疸发生的原因,可将其分为 3 种类型。

1. 溶血性黄疸　临床上各种原因引起的红细胞大量破坏,未结合胆红素产生过多,超过肝细胞的处理能力,导致血中未结合胆红素增高,过多的胆红素扩散入组织,而引起的皮肤、巩膜、黏膜等组织的黄疸,称为溶血性黄疸,此类黄疸根据病变部位又称为肝前性黄疸。如输血不当、某些药物、某些疾病（如过敏、蚕豆病）等引起的黄疸。

2. 肝细胞性黄疸 由于肝细胞功能损害，肝细胞对胆红素摄取、转化、排泄过程发生代谢障碍，使血中胆红素升高所引起的黄疸称为肝细胞性黄疸，此类黄疸根据病变部位又称为肝原性黄疸。由于肝细胞受到损害，一方面肝细胞摄取未结合胆红素的能力降低，不能将未结合胆红素全部转化成结合胆红素，使血中未结合胆红素增多；另一方面已生成的结合胆红素不能顺利排入肠道，经病变肝细胞区返流入血，使血中结合胆红素也增加。这种黄疸常见于肝实质性病变，如肝炎、肝硬化等。

3. 阻塞性黄疸 由于胆红素的排泄通道受阻，肝内转化生成的结合胆红素从胆道系统排出困难，胆汁中胆红素返流入血，出现的黄疸称为阻塞性黄疸，此类黄疸根据病变部位又称为肝后性黄疸，如胆管炎症、胆道结石等。

三种类型的黄疸血、尿、粪的变化见表 14-2。

表 14-2 三种类型的黄疸血、尿、粪的变化

指标	正常	溶血性黄疸	肝细胞性黄疸	阻塞性黄疸
血液				
血清胆红素浓度	正常	增高	增高	增高
未结合胆红素	有	增高	增高	不变或微增
结合胆红素	无或极微	不变或微增	增高	增高
尿液				
尿胆红素	阴性	阴性	强阳性	强阳性
尿胆素原	少量	增高	不定	减少
尿胆素	少量	增高	不定	减少
粪便				
颜色	正常黄色	加深	变浅	变浅或陶土色

病例分析

患者，男，70岁，曾有肝病史，现感冒发烧服药 7 天，突然出现全身皮肤、巩膜明显黄染。

实验室检查显示：血清总胆红素 426.6 $\mu mol/L$，结合胆红素 166.2 $\mu mol/L$，未结合胆红素 260.4 $\mu mol/L$，ALT 253 U/L，AST 208 U/L，CT 检查可见肝细胞弥漫性损伤。

分析思考：

1. 根据患者的情况，用所学生化知识分析患者发生黄疸的原因。

2. 针对患者的情况，今后用药需要注意哪些呢？

思维导图

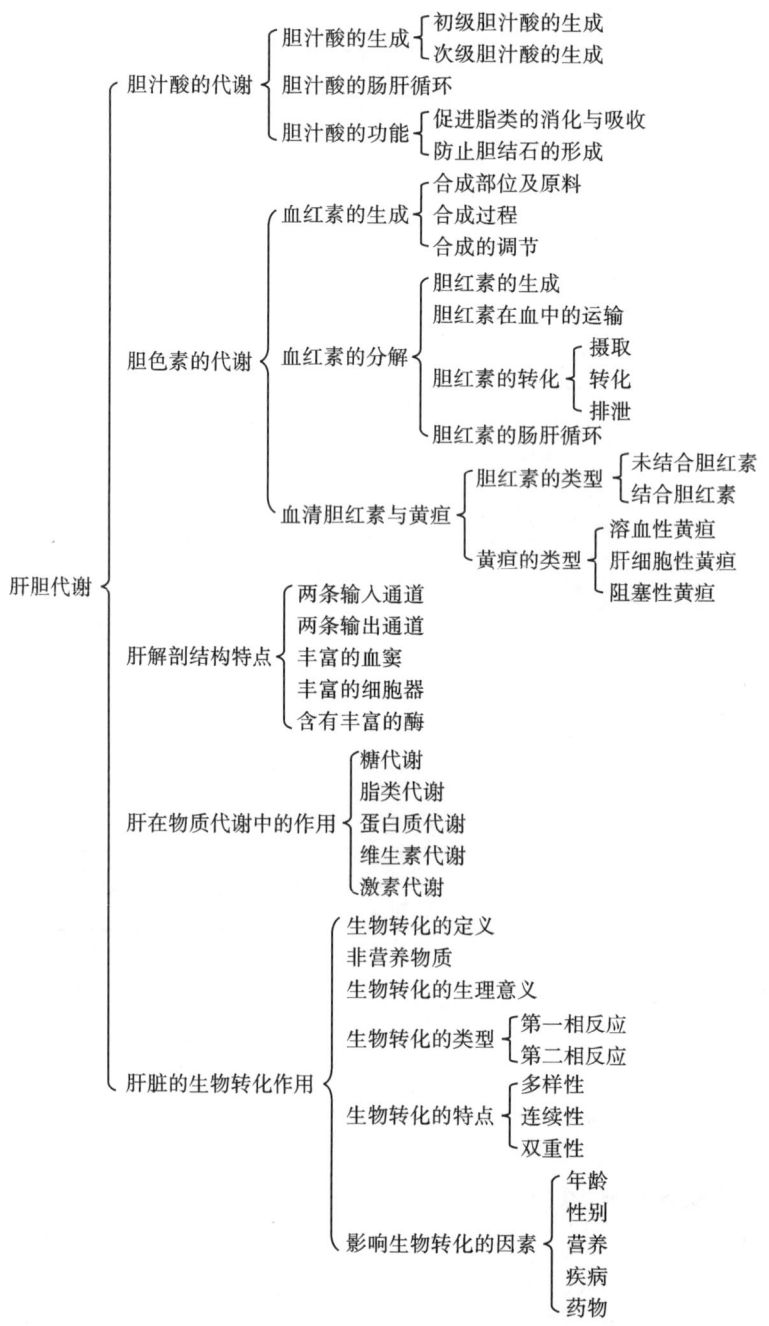

目标检测

A 型题(即单句型最佳选择题)。每一道试题下面有 A、B、C、D、E 五个备选答案,请从中选择一个最佳答案。

1. 有"物质代谢中枢"或"人体内的化工厂"之称的器官是（　　　）。

A. 心　　　　　　B. 肝　　　　　　C. 脑　　　　　　D. 脾　　　　　　E. 肾

2. 下列物质只能在肝中合成的是（　　　）。

A. 血浆蛋白　　　B. 胆固醇　　　　C. 激素　　　　　D. 尿酸　　　　　E. 酮体

3. 糖异生、酮体和尿素合成都发生于（　　　）。

A. 心　　　　　　B. 脑　　　　　　C. 肌肉　　　　　D. 肝　　　　　　E. 肾

4. 在糖代谢中肝脏的突出作用是（　　　）。

A. 使血糖浓度升高　　　　　　　B. 使血糖浓度降低　　　　　　　C. 使血糖浓度维持恒定

D. 使血糖来源增多　　　　　　　E. 使血糖来源减少

5. 体内生物转化作用主要在哪个器官进行？（　　　）

A. 肾脏　　　　　B. 肝脏　　　　　C. 肠　　　　　　D. 肺　　　　　　E. 脑

6. 不属于生物转化反应的是（　　　）。

A. 氧化　　　　　B. 还原　　　　　C. 水解　　　　　D. 结合　　　　　E. 磷酸化

7. 属于生物转化第一相反应的是（　　　）。

A. 与氧结合　　　　　　　　　　B. 与硫酸结合　　　　　　　　　C. 与甲基结合

D. 与乙酰基结合　　　　　　　　E. 与葡萄糖醛酸结合

8. 肝脏内胆固醇的主要去路是（　　　）。

A. 转化为胆固醇酯　　　　　　　　　　　　B. 转化为肾上腺皮质激素

C. 转化为7-脱氢胆固醇　　　　　　　　　　D. 转化为胆汁酸

E. 转化为性激素

9. 胆汁酸合成的主要限速酶是（　　　）。

A. 1α-羟化酶　　　　　　　B. 7α-羟化酶　　　　　　　C. 3α-羟化酶

D. 25-羧化酶　　　　　　　　　E. 25-羟化酶

10. 下列物质属于初级游离型胆汁酸的是（　　　）。

A. 鹅脱氧胆酸　　B. 甘氨胆酸　　　C. 牛磺胆酸　　　D. 脱氧胆酸　　　E. 石胆酸

11. 下列物质不能从尿液排出的是（　　　）。

A. 胆素原　　　　　　　　　　　B. 胆素　　　　　　　　　　　　C. 未结合胆红素

D. 结合胆红素　　　　　　　　　E. 尿素

12. 胆红素主要来源于（　　　）。

A. 血红蛋白　　　B. 细胞色素　　　C. 肌红蛋白　　　D. 过氧化物酶　　E. 过氧化氢酶

13. 结合胆红素是指（　　　）。

A. 胆红素与球蛋白结合　　　　　　　　　　B. 胆红素与白蛋白结合

C. 胆红素与 Y 蛋白结合　　　　　　　　　　D. 胆红素与 Z 蛋白结合

E. 胆红素与葡萄糖醛酸结合

X 型题（多选题）。

14. 下列哪些物质是胆红素的来源？（　　　）

A. 血红蛋白　　　B. 铁蛋白　　　　C. 肌红蛋白　　　D. 细胞色素　　　E. 过氧化物酶

15. 属于胆色素的是（　　　）。

A. 胆红素　　　　B. 胆素原　　　　C. 胆绿素　　　　D. 血红蛋白　　　E. 胆汁酸

思考题

1. 简述生物转化的概念、反应类型、特点及生理意义。
2. 简述胆汁酸的生理功能及分类。
3. 胆色素的来源及种类有哪些？
4. 试比较未结合胆红素与结合胆红素的区别。
5. 何为黄疸？根据病因的不同，临床上将黄疸分为哪些类型？

【第十四章　目标检测参考答案】

1. B　2. E　3. D　4. C　5. B　6. E　7. A　8. D　9. B　10. A
11. C　12. A　13. E　14. ACDE　15. ABC

实验六 血清丙氨酸氨基转移酶测定
——2,4-二硝基苯肼法

【实验目的】

1. 理解血清丙氨酸氨基转移酶测定的原理。
2. 熟悉血清丙氨酸氨基转移酶测定的基本操作步骤。
3. 掌握血清丙氨酸氨基转移酶测定的临床意义。

【实验原理】

L-丙氨酸和 α-酮戊二酸在血清中的丙氨酸氨基转移酶（ALT）催化下,生成 α-丙酮酸和 L-谷氨酸。在酶促反应达到规定时间后,加入 2,4-二硝基苯肼溶液终止反应,并与反应液中的 α-丙酮酸反应生成 2,4-二硝基苯腙。2,4-二硝基苯腙在碱性条件下呈红棕色,根据颜色的深浅测定吸光度,并求得 ALT 的活性。反应式如下:

$$L\text{-丙氨酸}+\alpha\text{-酮戊二酸}\xrightarrow{ALT}\alpha\text{-丙酮酸}+L\text{-谷氨酸}$$

$$\alpha\text{-丙酮酸}+2,4\text{-二硝基苯肼}\xrightarrow{\text{碱性条件}}2,4\text{-二硝基苯腙}$$

【实验器材】

半自动生化分析仪（或分光光度计）、恒温水浴箱、微量加样器、试管、试管架、5 mL 刻度吸管、洗耳球。

【实验试剂】

基质液（L-丙氨酸和 α-酮戊二酸）、显色剂（2,4-二硝基苯肼溶液）、NaOH 溶液、丙酮酸标准液（丙酮酸钠 100 U/L＝3.0 mmol/L）。

【实验操作】

（1）取清洁试管 3 支,编号后按下表操作（可参照试剂盒说明书来进行）。

加入物	测定管	标准管	空白管
血清/mL	0.05		
标准液/mL		0.05	
蒸馏水/mL			0.05
基质液/mL	0.25	0.25	0.25

（2）各管混匀,置于 37 ℃水浴中保温 30 min。

（3）从水浴中取出试管,每管加显色剂 2,4-二硝基苯肼溶液 0.25 mL,振摇均匀,再置于 37 ℃水浴中 20 min。

（4）取出 3 支试管,每管加 NaOH 溶液 2.5 mL,混匀,室温放置 3 min。

（5）半自动生化分析仪设置波长 505 nm 或 510 nm,分光光度计调波长 505 nm 或 510 nm;以空白管调零进行比色测定。

【正常参考值】

0～50 U/L(具体可参照试剂盒说明书)。

【实验结果】

1. 结果记录

2. 结果计算

$$血清\ ALT\ 活力(U/L)=\frac{测定管吸光度}{标准管吸光度}\times 标准液浓度$$

【注意事项】

(1) 血清、标准液由于加液量较少,尽量不要沾在试管壁上,以免使测定结果偏差较大。

(2) 若用分光光度计,加液量可成倍增加,如血清、标准液、蒸馏水各加 0.1 mL,基质液各加 0.5 mL,每管加 2,4-二硝基苯肼溶液 0.5 mL,每管加 NaOH 溶液 5 mL。

(3) 试剂盒应放在冰箱中保存,试剂最好现用现配。反应中的呈色深浅与 NaOH 的浓度有关,NaOH 浓度越大呈色越深;当 NaOH 浓度小于 0.25 mol/L,吸光度急剧下降,故 NaOH 浓度必须准确;加入 2,4-二硝基苯肼溶液后,必须充分混匀使反应完全,加入 NaOH 溶液的速度要一致,否则将导致吸光度读数差异。

【临床意义】

正常时,ALT 在肝细胞中含量最多,只有极少量释放入血,所以血液中此酶的活性很低。当肝脏受损时,此酶即可大量释放入血,使血清中该酶的活性显著增强。所以,在各种肝炎急性期等疾病时,血清 ALT 的活性明显增强;慢性肝炎、肝硬化、肝癌、心肌梗死等疾病时,血清 ALT 的活性中度增强;胆管炎、阻塞性黄疸等疾病时,血清 ALT 的活性轻度增强。

【思考题】

1. 血清 ALT 活性升高有何临床意义?

2. 简述 2,4-二硝基苯肼法测定血清 ALT 的原理。

第十五章 酸碱平衡

学习目标

1. 掌握酸碱平衡的概念及判断酸碱平衡紊乱的常用生化指标及其临床意义;血液缓冲系统;肺、肾对酸碱平衡的调节。

2. 熟悉体内酸、碱性物质的来源;酸碱平衡调节的过程。

3. 了解酸碱平衡失调的基本类型。

第一节 体内酸碱性物质的来源

一、酸性物质的来源

体内酸性物质的来源较广,其中主要来源是糖、脂肪、蛋白质等的分解代谢产物,因此,这些食物被称为酸性食物,其次少量来自某些食物和药物。体内的酸性物质可分为两类。

(一) 挥发性酸——碳酸

糖、脂类、蛋白质在体内完全氧化生成 CO_2 与 H_2O,在碳酸酐酶作用下结合成 H_2CO_3。H_2CO_3 随血液循环运至肺部后又可以分解成 CO_2 并呼出体外,故 H_2CO_3 称为挥发性酸。成人每日经代谢产生的 CO_2 为 300~400 L,相当于 13~18 mol 的 H_2CO_3。因此,H_2CO_3 是体内产生的主要酸性物质。

(二) 非挥发性酸——固定酸

糖、脂类、蛋白质在体内分解代谢过程中除生成 CO_2 外,还产生一些无机酸和有机酸,如磷酸、硫酸、乳酸、丙酮酸、酮体、尿酸等,这些酸性物质不能像 H_2CO_3 一样由肺呼出,必须由肾排出体外,故称为固定性酸或非挥发性酸。正常成人每日产生的固定酸仅 50~90 mmol,比每天产生的挥发性酸要少得多。固定酸还可来自食物和某些酸性药物,如醋酸、水杨酸、阿司匹林等。

二、碱性物质的来源

机体通过物质代谢产生的碱性物质较少,如氨基酸分解产生的 NH_3。碱性物质主要来自蔬菜和水果,蔬菜和水果中含有较多的有机酸盐(如柠檬酸盐、苹果酸盐等),这些有机酸盐在体内氧化生成 CO_2 和 H_2O,剩下的 Na^+、K^+ 则与 HCO_3^- 结合生成碳酸氢盐,使体液中碳酸氢盐的含量增多。此外,服用碱性药物(如抑制胃酸的药物 $NaHCO_3$)也可增加体内的碱量。

在正常饮食情况下,机体代谢产生的酸性物质远多于碱性物质。因此机体对酸碱平衡的调节主要是调节酸。

知识链接

酸性食物和碱性食物

很多人对于酸性食物和碱性食物的认识是很模糊的。并非吃起来酸的食物就是酸性食物,吃起来不酸的就是碱性食物,也不是直接测试食物的 pH 值。

食物的酸碱性不是用简单的味觉来判定的。所谓食物的酸碱性,是指食物中经过代谢以后生成的最终物质属于酸性还是属于碱性。好吃的东西几乎都是酸性的,如鱼、肉、米饭、酒、砂糖等,全都是酸性食物;相反,碱性食物如水果、酸角、海带、蔬菜、白萝卜、豆腐等多半是不易引起食欲却对身体有益的食物。实际上,将食物强分酸碱性是不科学的,因为机体是非常复杂的,不一定就碱性物质好或酸性物质好,膳食只要平衡合理就好。从营养的角度看,酸性食物和碱性食物的合理搭配是身体健康的保障。

第二节　酸碱平衡的调节

人体在生命活动过程中不断地产生酸性和碱性物质,同时也不断从食物中获取酸性和碱性物质,但是血浆的 pH 值却能维持在 $7.35\sim7.45$ 相对恒定的范围之内,这主要是体内血液的缓冲作用、肺的呼吸作用以及肾的分泌和排泄作用共同作用的结果。血液、肺、肾脏三者在中枢神经系统的参与下,构成一个统一的调节系统来实现体液 pH 值的恒定。

一、血液的缓冲作用

(一) 组成

血液中一种弱酸与该弱酸和强碱所组成的盐,构成一对缓冲系统,又称缓冲对,其溶液具有缓冲酸或碱的能力,称为缓冲溶液。

血液中主要有四个缓冲系:碳酸氢盐缓冲系、磷酸盐缓冲系、血浆蛋白缓冲系、血红蛋白和氧合血红蛋白缓冲系。它们分布在血浆和红细胞中。

血浆缓冲体系:$NaHCO_3/H_2CO_3$,Na_2HPO_4/Na_2HPO_4,$NaPr/HPr$(Pr:血浆蛋白)。

红细胞缓冲体系：$KHCO_3/H_2CO_3$，K_2HPO_4/KH_2PO_4，KHb/HHb，$KHbO_2/HHbO_2$（Hb：血红蛋白）。

在这些缓冲对中，血浆中以 $NaHCO_3/H_2CO_3$ 缓冲体系最为重要，红细胞中以 KHb/HHb 和 $KHbO_2/HHbO_2$ 缓冲体系最为重要。血浆中 $NaHCO_3/H_2CO_3$ 缓冲对之所以重要，不仅因为其含量多，缓冲能力强，还在于该体系易于调节，H_2CO_3 的浓度可通过肺的呼吸调节；而 $NaHCO_3$ 浓度则可通过肾的调节作用维持相对恒定。

血浆的 pH 值主要取决于血浆中 $NaHCO_3$ 和 H_2CO_3 浓度的比值。在正常情况下，血浆 $NaHCO_3$ 的浓度约为 24 mmol/L，H_2CO_3 的浓度约为 1.2 mmol/L，由于测定溶液中 H_2CO_3 的浓度较困难，一般利用二氧化碳分压（P_{CO_2}）来代替，即 $[H_2CO_3]=\alpha \cdot P_{CO_2}$。$\alpha$ 为气体溶解系数，计算公式可写成：

$$pH = pK_a + lg\frac{[NaHCO_3]}{\alpha \cdot P_{CO_2}}$$

已知 37 ℃时，H_2CO_3 的 pK_a 值为 6.10，CO_2 溶解系数为每 1 kPa 0.23 mmol/L，P_{CO_2} 为 5.32 kPa，所以血浆 pH 值为

$$pH = 6.10 + lg24/0.23 \times 5.32 = 6.10 + lg24/1.2 = 6.10 + lg20 = 6.10 + 1.30 = 7.40$$

从上式可见，只要 $NaHCO_3$ 与 H_2CO_3 浓度比值为 20，血浆的 pH 值即可维持在 7.40。当 $NaHCO_3$ 的浓度发生改变时，只要 H_2CO_3 的浓度也相应地增减，维持它们的比值为 20，则血浆 pH 值仍然为 7.40。当比值不能维持在 20，血浆的 pH 值亦随之发生改变。缓冲体系中 H_2CO_3 是中和碱的酸性成分，能通过肺迅速调节，故 H_2CO_3 的浓度可以反映肺的通气情况，称为呼吸因素。$NaHCO_3$ 是缓冲体系内中和酸的碱性成分，习惯上称为碱储。$NaHCO_3$ 浓度可反映体内的代谢情况，受肾的调节，称为代谢因素。

（二）缓冲作用

进入血液的固定酸或碱性物质，主要被碳酸氢盐缓冲体系所缓冲；而挥发性酸则主要被血红蛋白缓冲体系所缓冲。

1. 对固定酸的缓冲作用　代谢过程中产生的固定酸进入血浆时，主要由 $NaHCO_3$ 中和，使酸性较强的固定酸转变为酸性较弱的 H_2CO_3，H_2CO_3 则进一步分解成 CO_2 和 H_2O，CO_2 可经肺排出体外。

$$HA + NaHCO_3 \longrightarrow NaA + H_2CO_3$$
$$\longrightarrow H_2O + CO_2$$

另外，血浆中其他缓冲体系也有一定的缓冲作用。

$$HA + NaPr \longrightarrow NaA + HPr$$
$$HA + Na_2HPO_4 \longrightarrow NaA + NaH_2PO_4$$

2. 对碱性物质的缓冲作用　碱性物质进入血液后，可被血浆中的 H_2CO_3、NaH_2PO_4 及 HPr 所缓冲，使碱性减弱。

$$OH^- + H_2CO_3 \longrightarrow HCO_3^- + H_2O$$
$$OH^- + H_2PO_4^- \longrightarrow HPO_4^{2-} + H_2O$$

反应的结果是使碱性较强的 OH^- 转变成碱性较弱的 HCO_3^- 或 HPO_4^{2-}，其中所消耗的 H_2CO_3 可由体内不断产生的 CO_2 补充。因此 H_2CO_3 是对碱性物质进行缓冲的主要成分，缓冲后生成的过多 HCO_3^- 可由肾排出体外，从而维持了血液 pH 值的恒定。

3. 对挥发性酸的缓冲作用 H_2CO_3 主要与血红蛋白的运氧过程相偶联而被缓冲,在正常情况下,血红蛋白以 KHb/HHb 形式存在,氧合血红蛋白以 $KHbO_2/HHbO_2$ 形式存在。

当血液流经组织时,在组织毛细血管内的 $KHbO_2$ 释放出氧后生成 KHb。与此同时。组织产生的 CO_2 大量扩散进入红细胞内,在碳酸酐酶的催化下与 H_2O 迅速结合生成 H_2CO_3,反应过程如下:

$$KHbO_2 \longrightarrow KHb + O_2$$
$$CO_2 + H_2O \longrightarrow H_2CO_3$$
$$H_2CO_3 + KHb \longrightarrow KHCO_3 + HHb$$

通过上述反应,防止红细胞内 H^+ 浓度的升高,但产生了大量的 $KHCO_3$。为了保持红细胞与血浆之间 HCO_3^- 浓度的平衡,红细胞内 HCO_3^- 向血浆扩散,与此同时,血浆中 Cl^- 向红细胞内移动以保持细胞内外正负电荷的平衡。

当血液流经肺部时,CO_2 不断向肺泡扩散并排出体外,血中 H_2CO_3 浓度不断减少。与此同时,O_2 不断地由肺泡扩散入血,并在红细胞中与 HHb 结合成 $HHbO_2$。$HHbO_2$ 与 $KHCO_3$ 反应生成 $KHbO_2$ 和 H_2CO_3,H_2CO_3 在碳酸酐酶催化下分解为 CO_2 和 H_2O,CO_2 由肺部呼出体外。反应过程如下:

$$HHb + O_2 \longrightarrow HHbO_2$$
$$HHbO_2 + KHCO_3 \longrightarrow KHbO_2 + H_2CO_3$$
$$H_2CO_3 \longrightarrow CO_2 + H_2O$$

在此过程中,由于红细胞内 HCO_3^- 浓度不断下降,血浆中 HCO_3^- 便向红细胞内扩散,同时红细胞内 Cl^- 则向血浆中转移(图 15-1)。

二、肺的调节作用

肺主要通过增加或减少 CO_2 的排出量,调节体内 H_2CO_3 的浓度,肺呼出 CO_2 的作用受延髓呼吸中枢的调节。而呼吸中枢的兴奋性又受血液中 P_{CO_2} 和 H^+ 浓度的影响。延髓呼吸中枢对动脉血液 P_{CO_2} 的变化很敏感。动脉血液 H^+ 浓度增高时,可刺激中枢化学感受器,其神经冲动传入延髓呼吸中枢,使呼吸运动加深加快,CO_2 呼出增多。反之,当血液 P_{CO_2} 降低和 H^+ 浓度下降时,呼吸中枢兴奋降低,则呼吸运动变慢变浅,CO_2 呼出量减少。通过 CO_2 的呼出量的多少来调节血液中 H_2CO_3 的浓度,维持 $[NaHCO_3]/[H_2CO_3]$ 的正常比值。

依靠肺调节虽然能维持 $[NaHCO_3]/[H_2CO_3]$ 的正常比值,固定酸增多时,$NaHCO_3$ 减少,H_2CO_3 随呼吸运动的加深加快也相应减少;当碱性物质增多时,H_2CO_3 也随着呼吸运动的变慢变浅而相应增多,但 $NaHCO_3$ 和 H_2CO_3 的绝对量仍发生了改变,因此还需要肾脏的调节。

三、肾的调节作用

肾主要是通过排出过多的酸或碱来调节血浆中 $NaHCO_3$ 的浓度。当血浆 $NaHCO_3$ 浓度降低时,肾加强排出酸性物质和对 $NaHCO_3$ 的重吸收,从而恢复 $NaHCO_3$ 的正常含量。相反,当血浆 $NaHCO_3$ 含量过高时,则增加对碱性物质的排出量,使 $NaHCO_3$ 浓度接近正常。肾的调节速度较肺慢,但调节能力强大。肾的调节作用主要通过 H^+-Na^+ 交换、NH_4^+-Na^+ 交换和 K^+-Na^+ 交换来实现。

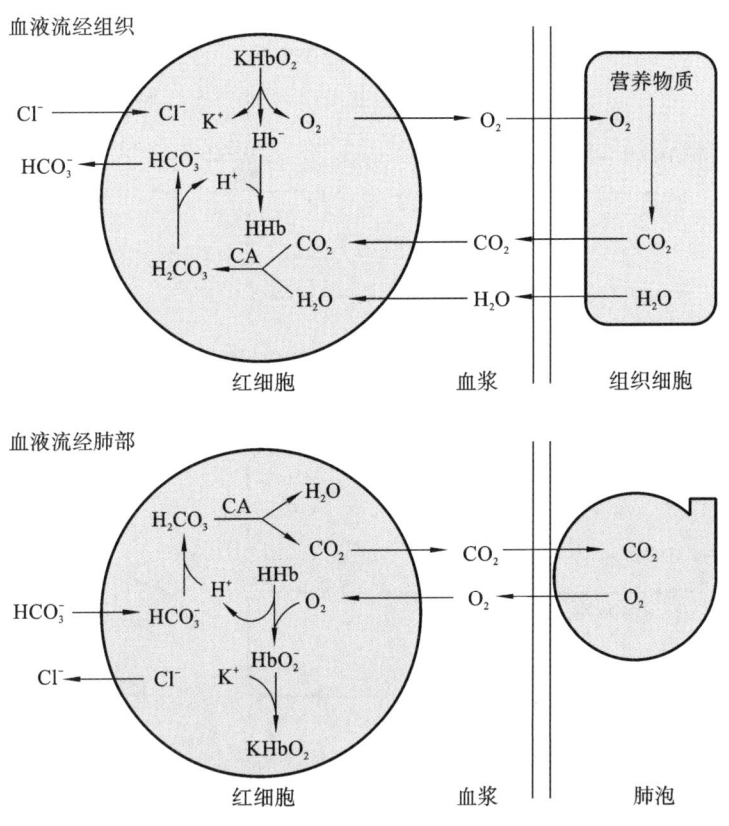

图 15-1　血红蛋白对挥发性酸的缓冲作用

（一）H^+-Na^+ 交换

在肾小管上皮细胞内含有碳酸酐酶，在该酶催化下 CO_2 与 H_2O 结合生成 H_2CO_3，H_2CO_3 又解离为 H^+ 和 HCO_3^-。

机体每天通过肾小球滤过的碳酸氢盐约 5000 mmol（相当于 420 g $NaHCO_3$），但排出量仅为 4～6 mmol，只占滤过量的 0.1%，这表明肾对 $NaHCO_3$ 有很强的重吸收能力。肾小管重吸收的 $NaHCO_3$ 并非是原尿中的 $NaHCO_3$，而是原尿中的 Na^+ 与肾小管上皮细胞分泌的 H^+ 进行交换的结果。肾小管上皮细胞将 H^+ 分泌至管腔内，与滤液中的 $NaHCO_3$ 中的 Na^+ 交换，生成 H_2CO_3。从滤液中换回的 Na^+ 与细胞内产生的 HCO_3^- 结合生成 $NaHCO_3$ 扩散入血，以补充血浆中 $NaHCO_3$ 的浓度。同时，滤液中生成的 H_2CO_3 在肾小管上皮细胞刷状缘上的碳酸酐酶作用下，又分解成 CO_2 和 H_2O，CO_2 可扩散进入肾小管上皮细胞内再被利用（图 15-2）。

在正常血液 pH 值条件下，Na_2HPO_4/NaH_2PO_4 缓冲对的比值为 4∶1。在近曲小管管腔中，这一缓冲系仍保持原来的比值，但终尿中这一比值逐渐变小，尿中 NaH_2PO_4 增加，Na_2HPO_4/NaH_2PO_4 的比值降至 1/99，此时尿液 pH 值降至 4.8，尿液变成酸性，说明 Na_2HPO_4 已基本上转化为 NaH_2PO_4（图 15-3）。

（二）NH_4^+-Na^+ 交换

肾远曲小管上皮细胞有泌氨作用，肾远曲小管分泌的氨主要来自血液中的谷氨酰胺，经肾小管上皮细胞内的谷氨酰胺酶水解释放出 NH_3，这种方式产生的 NH_3 约占远曲小管产生 NH_3 总量的 60%，另一部分 NH_3 则来自肾小管上皮细胞内氨基酸的脱氨基作用。由于肾小

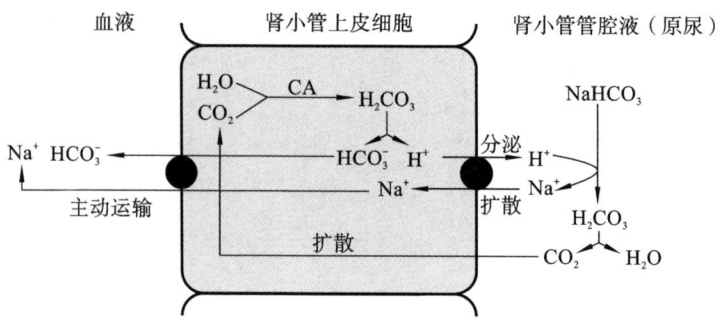

图 15-2　H^+-Na^+ 交换与 $NaHCO_3$ 的重吸收

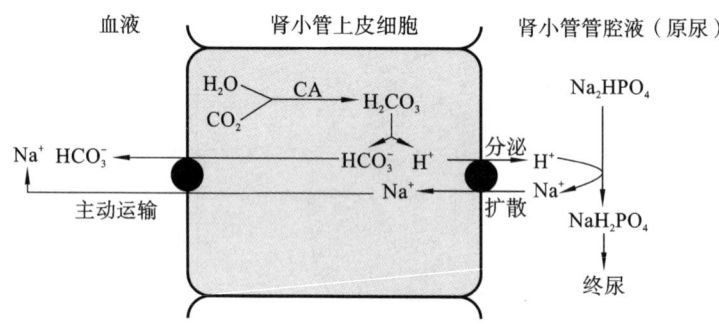

图 15-3　尿液的酸化

管液酸度比细胞内液高,因此,NH_3 极易透过细胞膜弥散到管腔中。NH_3 接受管腔中的 H^+ 生成 NH_4^+,使管腔液中的 H^+ 浓度减少,有利于肾小管上皮细胞继续分泌 H^+,NH_4^+ 与酸根结合生成铵盐随尿排出。故肾小管上皮细胞泌氨和泌氢有相互促进的作用(图 15-4)。

　　正常成人 24 h 有 $30 \sim 50$ mmol NH_3 与 H^+ 结合成 NH_4^+ 随尿排出。但在酸中毒时每天排出量可增加 10 倍,多达 400 mmol。因为酸中毒时,糖皮质激素分泌增多,使线粒体内膜对谷氨酰胺的通透性增加几十倍,线粒体内 NH_3 的生成量也随之增加 $15 \sim 20$ 倍。酸中毒还可诱导肾近曲小管细胞内谷氨酰胺酶的合成。

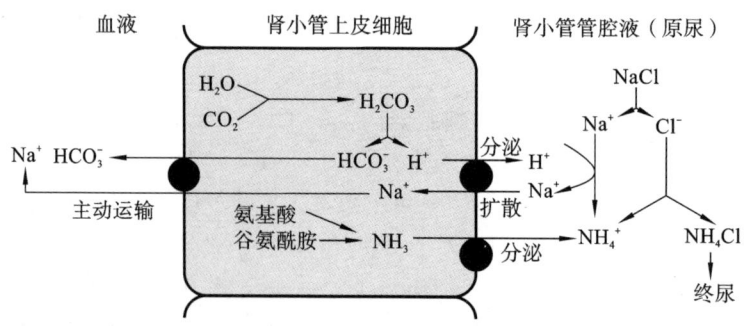

图 15-4　NH_4^+-Na^+ 交换和铵盐的排泄

(三) K^+-Na^+ 交换

　　肾远曲小管上皮细胞可分泌 K^+ 与管腔中的 Na^+ 进行交换。K^+-Na^+ 交换对 H^+-Na^+ 交换有竞争性抑制作用,故间接影响了体内的酸碱平衡。当血钾升高时,肾小管细胞 K^+-Na^+ 交换增强,H^+-Na^+ 交换减弱,尿 K^+ 排出增加,H^+ 保留在体内,故高血钾时伴有酸中毒;当血钾降低时,K^+-Na^+ 交换减弱,H^+-Na^+ 交换增强,尿 K^+ 排出减少,细胞外液 H^+ 浓度降低,故低血钾时常伴有碱中毒。

综上所述,体内酸碱平衡主要是通过血液缓冲体系、肺和肾的调节作用维持的。进入血液的酸性或碱性物质,首先由血液缓冲体系进行缓冲,缓冲后引起 $NaHCO_3$ 和 H_2CO_3 的含量和比值发生变化,但可通过肺的呼吸作用调节血中 H_2CO_3 含量,通过肾的 H^+-Na^+ 交换、NH_4^+-Na^+ 交换和 K^+-Na^+ 交换调节血浆 $NaHCO_3$ 含量,协调 $[NaHCO_3]/[H_2CO_3]$ 的比值在 20/1,维持血液 pH 在 7.35～7.45 的范围内。因此,血液的调节作用最快,肺的调节作用也较迅速,而肾的调节作用较慢但持久。

第三节 酸碱平衡失调

酸碱平衡失调是指在病理条件下,由于酸碱平衡调节机制发生障碍,酸、碱超负荷或严重不足,导致体液酸碱度的稳定性被破坏,又称为酸碱平衡紊乱或酸碱平衡失常。常见的原因有体内产生的酸性、碱性物质过多或不足,超过机体代谢能力,肺、肾调节酸碱平衡的功能发生障碍。

一、酸碱平衡失调的生化指标

1. 血浆 pH 值和 H^+ 浓度 血浆 pH 值是表示血浆 H^+ 浓度的指标,pH$=-$lg$[H^+]$。正常人动脉血 pH 值为 7.35～7.45,平均值是 7.40,pH 值低于 7.35 为酸血症或酸中毒;高于 7.45 为碱血症或碱中毒。而仅靠血浆 pH 值的变化并不能区分出是代谢性中毒还是呼吸性中毒,还需要其他指标,如 P_{CO_2}、SB、AB 等指标。

2. 血浆二氧化碳分压(P_{CO_2}) 血浆 P_{CO_2} 属呼吸指标,是呼吸性酸碱平衡失常的重要诊断指标,是指血浆中呈物理溶解状态 CO_2 分子产生的张力。P_{CO_2} 与肺泡通气量成正比,通过 P_{CO_2} 可了解肺泡通气量的情况,正常值为 4.5～6.0 kPa,平均值为 5.3 kPa。超过上限表示有 CO_2 潴留,低于下限表示 CO_2 呼出过多。

原发性 P_{CO_2} 升高(呼吸限制)引起的 pH 值降低,称为呼吸性酸中毒,如肺气肿、肺癌等患者。而原发性 P_{CO_2} 降低(呼吸过度)引起的 pH 值升高,称为呼吸性碱中毒,如癔症、发热等患者。

3. 血浆二氧化碳结合力(CO_2-CP) 血浆 CO_2-CP 也是临床了解酸碱平衡失常的重要指标,是指在 25 ℃,P_{CO_2} 为 5.3 kPa 时,每 1 L 血浆中以 $NaHCO_3$ 形式存在的 CO_2 的物质的量。其正常参数范围 23～31 mmol/L,平均为 27 mmol/L。代谢性碱中毒时 CO_2-CP 升高,代谢性酸中毒则 CO_2-CP 降低。但呼吸性碱中毒时,经肾代谢作用继发引起血浆 $NaHCO_3$ 含量的升高,CO_2-CP 降低;呼吸性酸中毒时,则 CO_2-CP 升高。

4. 标准碳酸氢盐和实际碳酸氢盐 标准碳酸氢盐(standard bicarbonate,SB)是全血在 37 ℃,P_{CO_2} 为 5.3 kPa 时,Hb 在 100%氧饱和条件下测得的血浆碳酸氢钠浓度。该测定值是代谢性成分的指标,不受呼吸性成分的影响,是判断代谢改变的指标。正常范围为 22～

27 mmol/L,平均值为 24 mmol/L。代谢性酸中毒患者 SB 降低,代谢性碱中毒则 SB 升高。实际碳酸氢盐(actual bicarbonate,AB)是指隔绝空气的条件下取血分离血浆标本,在保持其实际 P_{CO_2}、体温和氧饱和度不变的条件下测得的血浆碳酸氢盐浓度。因此 AB 受代谢和呼吸两方面因素影响。

在标准条件下,正常人 AB=SB;在代谢性酸中毒时,AB=SB 但 AB、SB 均下降;在代谢碱中毒时,AB=SB 但 AB、SB 均升高;当 AB>SB 时,为呼吸性酸中毒;当 AB<SB 时,为呼吸性碱中毒。

5. 缓冲碱(buffer base,BB) 体内每升血液中所有缓冲作用的碱量总和,主要包括 HCO_3^-、蛋白质、血红蛋白及磷酸盐。正常值为 45~52 mmol/L。BB 是反映代谢性酸碱紊乱的指标,代谢性酸中毒时 BB 减少,而代谢性碱中毒时 BB 升高。

6. 碱剩余(base excess,BE) BE 为标准状态(温度 37 ℃、P_{CO_2} 5.3 kPa、Hb 的氧饱和度为 100%)下将 1 L 血液滴定至 pH 值为 7.4 时,所需酸或碱的物质的量。

全血 BE 正常值范围为-3.0~+3.0 mmol/L,它是代谢成分指标。代谢性酸中毒时用碱滴定,BE(负值)增加;代谢性碱中毒时用酸滴定,BE(正值)增加。

7. 阴离子间隙(anion gap,AG) 血浆中可测定的阳离子有 Na^+ 和 K^+,主要指 Na^+,可测定的阴离子有 Cl^- 和 HCO_3^-,其余的皆为未测定离子。

阴离子间隙指血浆中未测定的阴离子(UA)与未测定的阳离子(UC)浓度间的差值,AG=UA−UC。该值可根据血浆中常规可测定的阳离子(Na^+)与常规测定的阴离子(Cl^- 和 HCO_3^-)的差算出,即 AG=$[Na^+]$−{$[Cl^-]$+$[HCO_3^-]$},波动范围是(12±4) mmol/L。AG 增高的意义较大,临床上将 AG>16 mmol/L 作为判断 AG 增高进而导致代谢性酸中毒的界限,多见于肾功能衰竭所致酸中毒;AG 值降低则多见于低蛋白血症等。

二、酸碱平衡失调的基本类型

(一) 呼吸性酸中毒

呼吸性酸中毒时原发性 P_{CO_2} 或血浆 H_2CO_3 升高导致 pH 值下降。临床上多以肺通气功能障碍所引起的 CO_2 排出受阻为主,主要包括:呼吸中枢抑制、呼吸肌麻痹、呼吸道阻塞严重、肺部疾患、胸廓、胸腔疾患、呼吸机使用不当、CO_2 吸入过多等。

反映呼吸性因素的酸碱指标增高,P_{CO_2}>6.0 kPa,AB 增高,AB>SB;反映代谢性因素的指标因肾脏是否参与代偿而不同。急性呼吸性酸中毒时,pH 值常低于 7.35,由于肾脏来不及代偿,反映代谢性因素的指标(如 SB、BE、BB)可在正常范围或轻度升高;慢性呼吸性酸中毒时,由于肾脏参与了代偿,则 SB、BB 增高,BE 正值增大,pH<7.35(机体失代偿)或在正常范围。

呼吸性酸中毒对机体的影响主要表现为中枢神经系统的功能障碍。典型的中枢神经系统功能障碍是"肺性脑病"。呼吸性酸中毒也可以引起心律失常、心肌收缩力减弱及心血管系统对儿茶酚胺的反应性降低等。

(二) 呼吸性碱中毒

呼吸性碱中毒是原发性 P_{CO_2} 或血浆 H_2CO_3 下降导致 pH 值上升。临床呼吸性碱中毒多发生过度通气。常见于低氧疾病、肺疾病、呼吸中枢受到直接刺激、癔症、发热以及精神紧张等。呼吸性碱中毒比较少见。

呼吸性碱中毒时机体多失代偿,pH＞7.45。酸碱指标变化:慢性呼吸性碱中毒,SB、BB降低,BE 负值增大。

呼吸性碱中毒对机体的影响主要表现为中枢神经系统功能障碍、神经肌肉应激性增高、低钾血症。

(三) 代谢性酸中毒

代谢性酸中毒是指原发性 HCO_3^- 减少而导致 pH 值降低。可分为 AG 增高型(血氯正常)和 AG 正常型(血氯升高)两类。

代谢性酸中毒是因为 H^+ 产生过多或肾泌 H^+ 障碍。任何固定酸的血浆浓度增加,AG 就增加,此时 HCO_3^- 浓度降低,Cl^- 浓度无明显变化,即发生 AG 增高型正常血氯性酸中毒。乳酸酸中毒、酮症酸中毒、尿毒症酸中毒、水杨酸中毒也可导致代谢性酸中毒。

机体代偿调节是通过血液缓冲、细胞内外液离子交换和细胞内液缓冲、肺代偿调节、肾脏代偿调节发挥一定作用。

酸碱指标变化如下:SB、AB、BB 均降低,BE 负值增大;反映呼吸性因素的指标 P_{CO_2} 可因机体代偿活动而减小;pH＜7.35(为机体失代偿)或正常范围(酸中毒得到机体的完全代偿)。

代谢性酸中毒主要引起心血管系统和中枢神经系统的功能障碍。严重酸中毒时,对骨骼系统也有一定影响。

(四) 代谢性碱中毒

代谢性碱中毒是由于各种原因导致血浆 HCO_3^- 原发性升高,而导致 pH 值上升(pH＞7.45)。

临床常见于严重呕吐时胃肠道 H^+ 丢失过多、盐类皮质激素分泌过多、缺钾和碱性物质输入过量等。

血液对碱性物质增多的缓冲能力有限。肺的代偿调节也是有一定限度的,且呼吸还受其他因素的影响。原发性代谢性指标增加,表现为 AB、SB 及 BB 均升高,AB＞SB,BE 正值加大,pH 值升高。

代谢性碱中毒的临床表现往往被原发性疾病所掩盖,缺乏典型的症状或体征,仅在严重的代谢性碱中毒时出现。

 **病例分析**

患者,女,50 岁,某公司职员,糖尿病 10 余年,体态肥胖,以昏迷、意识障碍入院。

体查:呼吸深大,呼气有烂苹果味,余无特殊。

辅助检查:pH 7.13,尿酮(＋＋＋),尿糖(＋＋＋＋),血糖 29.6 mmol/L。

分析思考:

根据生化检查显示,对该患者的临床诊断是什么?

思维导图

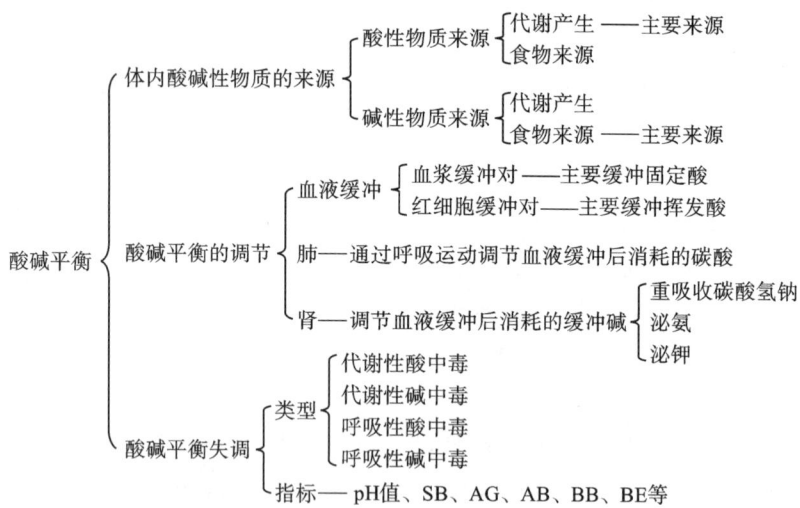

目标检测

A 型题(即单句型最佳选择题)。每一道试题下面有 A、B、C、D、E 五个备选答案,请从中选择一个最佳答案。

1. 关于代谢性酸中毒的叙述,哪一项是错误的?(　　　)

A. HCO_3^- 减少引起　　　　　B. 呼吸变慢、变浅　　　　　C. 呼气有酮味

D. 一般不需补碱　　　　　E. 血清 pH 值降低

2. 正常人血浆中$[NaHCO_3]/[H_2CO_3]$的比值为(　　　)。

A. 20:1　　　B. 30:1　　　C. 40:1　　　D. 10:1　　　E. 15:1

3. 挥发酸是指(　　　)。

A. 乳酸　　　B. 磷酸　　　C. 碳酸　　　D. 尿酸　　　E. 硫酸

4. 判断呼吸性酸碱平衡紊乱的最好指标是(　　　)。

A. CO_2-CP　　　B. pH 值　　　C. P_{CO_2}　　　D. AB 和 SB　　　E. BE

5. 下面属于碱性食物的是(　　　)。

A. 糖类　　　B. 水果　　　C. 脂肪　　　D. 核苷酸　　　E. 蛋白质

思考题

1. 体内酸碱物质的来源是什么?

2. 简述体内调节碳酸氢钠的机制。

3. 简述血浆中的缓冲对有哪些。

【第十五章　目标检测参考答案】

1. B　2. A　3. C　4. C　5. B

《生物化学》教学大纲

一、课程的性质和任务

生物化学是生命的化学,它是在分子水平上探讨生命的本质,即研究生物体的分子结构与功能、物质代谢与调节及其在生命活动中的作用。生物化学是高等医学院校各专业的重要基础课程,在医学教育中起着承前启后的作用。本课程的任务主要是使学生掌握人体的化学组成、分子结构、结构与功能的关系、代谢过程与其调控规律和生化基本技能,为学习其他基础医学课程和临床医学课程,在分子水平上探讨病因、研究发病机理、诊断疾病、制定预防措施和治疗措施等奠定基础。当今生物化学已成为生命科学领域的前沿学科。

为了完成和达到生物化学的教学任务和要求,在整个教学环节中,要特别注意培养学生的独立思考能力。教学内容应以物质代谢为主线,加强生物化学基本理论知识的教学与训练,使学生能牢固和熟练地掌握和应用。

二、课程教学目标

(一)知识目标

1. 掌握人体化学物质组成、结构及功能。

2. 理解物质代谢主要过程与人体功能活动的关系。

3. 熟悉基因信息传递的基本过程。

4. 初步认识生物化学在疾病预防、诊断、治疗等方面的作用。

(二)能力目标

1. 通过实验教学,使学生具备规范、熟练的基本操作技能。

2. 培养学生用生化的基本知识解释日常生活和临床问题的能力。

3. 培养学生举一反三,融会贯通的能力;发现问题、分析问题和解决问题的能力;以及终生学习、自学的能力。

(三)素质目标

1. 通过对生命现象的认识,树立热爱生命、实事求是的科学态度。

2. 注重职业素质教育,形成刻苦勤奋的学习态度和严谨求实的工作作风。

3. 培养学生良好的职业道德、敬业创新精神及团结协作的良好作风。

4. 牢固专业素养,树立为人类健康服务的奉献精神,锻炼健康的体魄和良好心理素质。

三、教学要求和内容

第一章　绪论

【目的要求】

1. 掌握生物化学研究的内容。

2. 熟悉生物化学与医学的关系。

3. 了解生物化学的发展简史。

【教学内容】

1. 生物化学概述

(1) 生物化学的概念及研究对象；

(2) 生物化学的主要研究内容。

2. 生物化学的发展简史

3. 生物化学与医学的关系

第二章　蛋白质的结构与功能

【目的要求】

1. 掌握蛋白质的元素组成和基本组成单位、蛋白质的结构及主要的化学键、蛋白质的理化性质。

2. 熟悉氨基酸的分类、蛋白质的功能及蛋白质结构与功能的关系。

3. 了解蛋白质的分类及蛋白质与医学的关系。

【教学内容】

1. 蛋白质的分子组成

(1) 蛋白质的组成元素；

(2) 氨基酸——蛋白质的基本组成单位；

(3) 氨基酸在蛋白质分子中的连接方式。

2. 蛋白质的分子结构

(1) 蛋白质的一级结构；

(2) 蛋白质的空间结构；

(3) 蛋白质的结构与功能的关系。

3. 蛋白质的理化性质

(1) 蛋白质的两性解离性质；

(2) 蛋白质的胶体性质；

(3) 蛋白质的变性、复性；

(4) 蛋白质的沉淀、凝固；

(5) 蛋白质的紫外吸收性质；

(6) 蛋白质的呈色反应。

4. 蛋白质的分类

(1) 按组成分类：单纯蛋白质、结合蛋白质；

(2) 按分子形状分类：球状蛋白质、纤维状蛋白质；

（3）按功能分类：活性蛋白质、非活性蛋白质。

第三章　酶

【目的要求】

1. 掌握酶的概念、酶促反应的特点、酶的活性中心和必需基团及影响酶促反应速度的因素。

2. 熟悉酶的组成、结构、同工酶、酶调节的方式、酶原激活及其生理意义。

3. 了解酶催化作用机制的诱导契合学说；酶的命名、分类及酶与临床医学的关系。

【教学内容】

1. 酶的概述

（1）酶的概念；

（2）酶促反应的特点；

（3）酶的命名与分类；

（4）酶的催化作用机制；

（5）酶的调节。

2. 酶的结构与功能

（1）酶的分子组成；

（2）酶的活性中心；

（3）酶原与酶原激活；

（4）同工酶。

3. 影响酶促反应速度的因素

（1）底物浓度对酶促反应速度的影响；

（2）酶浓度对酶促反应速度的影响；

（3）温度对酶促反应速度的影响；

（4）pH 值对酶促反应速度的影响；

（5）激活剂对酶促反应速度的影响；

（6）抑制剂对酶促反应速度的影响。

4. 酶与医学的关系

（1）酶与疾病的发生；

（2）酶与疾病的诊断；

（3）酶与疾病的治疗。

第四章　维生素

【目的要求】

1. 掌握维生素的定义；维生素 A、维生素 D、维生素 E 和维生素 K 的生理功能和缺乏症；B 族维生素和维生素 C 的生理功能和缺乏症。

2. 熟悉维生素的缺乏与中毒。

3. 了解维生素的分类与命名，维生素的需求量。

【教学内容】

1. 维生素概述

（1）维生素的概念；

（2）维生素的命名与分类；

（3）维生素的需求量；

（4）维生素的缺乏与中毒。

2．脂溶性维生素

（1）维生素 A；

（2）维生素 D；

（3）维生素 E；

（4）维生素 K。

3．水溶性维生素

（1）维生素 B_1；

（2）维生素 B_2；

（3）维生素 PP；

（4）泛酸；

（5）维生素 B_6；

（6）生物素；

（7）叶酸；

（8）维生素 B_{12}；

（9）维生素 C。

第五章　核酸的结构与功能

【目的要求】

1．掌握 RNA 和 DNA 的分子组成特点；DNA 一级结构的概念和 DNA 二级结构的特点；核酸的变性、复性、杂交、增色效应和 T_m 的概念。

2．理解 RNA 的分子结构特点和功能。

3．了解 DNA 高级结构的特点、引起核酸变性的理化因素、熔化曲线、T_m 的影响因素、复性的影响因素。

【教学内容】

1．核酸的分子组成

（1）核酸的组成元素；

（2）核苷酸——核酸的基本组成单位；

（3）核苷酸在核酸分子中的连接方式。

2．DNA 的结构与功能

（1）DNA 的一级结构；

（2）DNA 的二级结构；

（3）DNA 的高级结构；

（4）DNA 的功能。

3．RNA 的结构与功能

（1）信使 RNA 的结构与功能；

（2）转运 RNA 的结构与功能；

（3）核糖体 RNA 的结构与功能。

4. 核酸的理化性质

（1）核酸的一般性质；

（2）核酸的紫外吸收性质；

（3）核酸的变性与复性；

（4）核酸的分子杂交。

第六章　生物氧化

【目的要求】

1. 掌握生物氧化的概念及生物氧化与体外燃烧的异同点、呼吸链的概念、呼吸链的组成及在呼吸链上的排列顺序、ATP 的生成方式、氧化磷酸化的概念及氧化磷酸化的偶联部位。

2. 理解影响氧化磷酸化的因素。

3. 了解线粒体外 NADH 的氧化及其他氧化体系。

【教学内容】

1. 生物氧化概述

（1）生物氧化的概念；

（2）生物氧化的方式；

（3）生物氧化的特点；

（4）参与生物氧化的酶类；

（5）生物氧化中二氧化碳的生成。

2. 线粒体氧化体系——生成 ATP

（1）呼吸链的组成；

（2）呼吸链的类型；

（3）ATP 的生成；

（4）ATP 的储存和利用；

（5）线粒体外的 NADH 的氧化。

3. 非线粒体氧化体系

（1）微粒体中的氧化酶系；

（2）过氧化物酶系中的酶类；

（3）超氧化物歧化酶。

第七章　糖代谢

【目的要求】

1. 掌握糖在体内的主要生理功能；糖的无氧氧化、有氧氧化、磷酸戊糖途径主要反应过程、关键酶及生理意义。

2. 理解糖异生的作用及生理意义、血糖的概念、血糖的来源与去路及调节。

3. 熟悉高血糖与低血糖的原因。

4. 了解糖的种类、糖原的合成与分解的过程及生理意义。

【教学内容】

1. 糖代谢概述

（1）糖的分类；

（2）糖的生理功能；

（3）糖代谢概况。

2．糖的分解代谢

（1）糖的无氧氧化——糖酵解；

（2）糖的有氧氧化；

（3）磷酸戊糖途径。

3．糖原的代谢——糖原的合成与分解

（1）糖原的合成——糖的储存；

（2）糖原的分解——糖的动员；

（3）糖原代谢的生理意义；

（4）糖原代谢的调节。

4．糖异生作用

（1）糖异生概念和部位；

（2）糖异生途径；

（3）糖异生的生理意义；

（4）糖异生的调节。

5．血糖

（1）血糖的来源和去路；

（2）血糖的调节；

（3）血糖异常。

第八章　脂类代谢

【目的要求】

1．掌握脂肪动员的概念及脂酸的 β-氧化过程及能量变化；掌握酮体的概念、酮体的生成和利用及生理及病理意义；脂肪酸及胆固醇合成的原料、关键酶及胆固醇在体内的转变；血脂及载脂蛋白的概念，血浆脂蛋白的分类、组成特点和生理功能。

2．熟悉甘油的代谢、胆固醇的酯化、血浆脂蛋白的代谢过程。

3．了解脂类的消化和吸收、甘油磷脂的代谢、甘油三酯的合成代谢、血浆脂蛋白的代谢异常。

【教学内容】

1．概述

（1）脂类的分布；

（2）脂类的生理功能；

（3）脂类的消化吸收。

2．甘油三酯的代谢

（1）甘油三酯的分解代谢；

（2）甘油三酯的合成代谢。

3．类脂代谢

（1）磷脂代谢；

（2）胆固醇代谢。

4．血脂与血浆脂蛋白

（1）血脂的组成与含量；

（2）血浆脂蛋白；

（3）血浆脂蛋白代谢异常。

第九章　氨基酸分解代谢

【目的要求】

1. 掌握必需氨基酸的定义及种类、蛋白质生理价值和互补作用；氨基酸的脱氨基方式、反应过程和生理意义；体内氨的来源与去路、鸟氨酸循环的概念、过程、关键酶、生理意义。

2. 理解氮平衡的定义及意义；一碳单位的定义、载体、生理功能。

3. 熟悉几种重要氨基酸脱羧基的产物（γ-氨基丁酸、5-羟色胺、牛磺酸、组胺等）；体内重要的含硫氨基酸及芳香族氨基酸的代谢。

4. 了解氨基酸的消化吸收；蛋白质的营养作用。

【教学内容】

1. 蛋白质的营养作用

（1）蛋白质的生理功能；

（2）蛋白质的需求量；

（3）蛋白质的营养价值；

（4）蛋白质在肠中的消化、吸收与腐败作用。

2. 氨基酸的一般代谢

（1）氨基酸的代谢概况；

（2）氨基酸的脱氨基作用；

（3）氨的代谢；

（4）α-酮酸的代谢。

3. 个别氨基酸的代谢

（1）氨基酸的脱羧基作用；

（2）一碳单位的代谢；

（3）含硫氨基酸的代谢；

（4）芳香氨基酸的代谢。

第十章　核苷酸代谢

【目的要求】

1. 掌握嘌呤核苷酸、嘧啶核苷酸从头合成途径的原料及特点。

2. 熟悉嘌呤核苷酸分解与尿酸的生成，高尿酸血症。

3. 了解核苷酸代谢的基本途径。

【教学内容】

1. 嘌呤核苷酸的代谢

（1）嘌呤核苷酸的合成代谢；

（2）嘌呤核苷酸的分解代谢。

2. 嘧啶核苷酸的代谢

（1）嘧啶核苷酸的合成代谢；

（2）脱氧核糖核苷酸的合成；

（3）嘧啶核苷酸的分解代谢；

（4）核苷酸抗代谢物。

第十一章　水和电解质代谢

【目的要求】

1. 掌握体液含量、分布和组成特点；钠、钾的生理功能及排泄特点；钙、磷的生理功能及钙磷代谢；影响血钙和血磷浓度的因素。

2. 熟悉水、无机盐的生理功能；血液中钙磷的存在形式；水的来源和去路；钠、氯、钾动态平衡；影响血钾的因素。

3. 了解钙磷的吸收与排泄及钙磷代谢的紊乱；微量元素的作用。

【教学内容】

1. 体液

（1）体液的分布与含量；

（2）体液的电解质组成；

（3）体液的交换。

2. 水代谢

（1）水的生理功能；

（2）水的来源与去路。

3. 电解质代谢

（1）电解质的生理功能；

（2）钠与氯代谢；

（3）钾代谢。

4. 钙磷代谢

（1）钙磷的生理功能；

（2）钙磷的含量与分布；

（3）钙磷的吸收与排泄；

（4）血钙和血磷；

（5）钙代谢紊乱；

（6）钙磷代谢的调节。

5. 微量元素代谢

（1）铁代谢；

（2）锌代谢；

（3）铜代谢；

（4）碘代谢；

（5）硒代谢。

第十二章　基因信息的传递、表达与调控

【目的要求】

1. 掌握遗传信息传递的中心法则、复制、转录、翻译的概念及特点；参与蛋白质生物合成的各类物质及其主要作用。

2. 熟悉 DNA、RNA 生物合成的主要过程，参与的酶及其作用；蛋白质合成的基本过程。

3. 了解基因表达的调控；蛋白质生物合成与医学的关系。

【教学内容】

1. 复制——DNA 的生物合成

（1）DNA 的复制；

（2）逆转录；

（3）DNA 的损伤与修复。

2. 转录——RNA 的生物合成

（1）转录的体系；

（2）转录的过程；

（3）转录的特点；

（4）转录后的加工修饰。

3. 翻译——蛋白质的生物合成

（1）蛋白质生物合成的体系；

（2）蛋白质生物合成的过程；

（3）蛋白质生物合成与医学。

4. 基因表达调控

（1）基因表达调控的概念；

（2）原核生物基因表达调控；

（3）真核生物基因表达调控；

（4）癌基因与抑癌基因。

第十三章　血液生物化学

【目的要求】

1. 掌握血液的化学组成及生理功能；血浆蛋白质的组成、分类、A/G 的值及主要功能；血液非蛋白含氮化合物的种类及临床意义。

2. 理解盐析法、电泳法对血浆蛋白质进行分类。

3. 熟悉成熟红细胞的代谢特点。

4. 了解血红素生物合成的基本过程及调节。

【教学内容】

1. 血液的化学成分及生理功能

（1）血液的化学组成；

（2）血液的功能；

（3）非蛋白含氮化合物。

2. 血浆蛋白质

（1）血浆蛋白质的组成；

（2）血浆蛋白质的生理功能。

3. 红细胞的代谢

（1）成熟红细胞的代谢特点；

（2）血红素生物合成。

第十四章　肝脏生物化学

【目的要求】

1. 掌握生物转化的概念、反应类型及生理意义；胆红素的代谢及黄疸的类型。

2. 理解肝脏在物质代谢中的作用；血清胆红素与黄疸的关系。

3. 熟悉胆汁酸的分类及功能；胆汁酸的肠肝循环及生理意义。

4. 了解影响生物转化的因素。

【教学内容】

1. 肝脏的解剖结构特点及生物学功能

（1）肝脏的解剖结构特点；

（2）肝脏的生物化学功能。

2. 肝脏在物质代谢中的作用

（1）肝脏在糖代谢中的作用；

（2）肝脏在脂类代谢中的作用；

（3）肝脏在蛋白质代谢中的作用；

（4）肝脏在维生素代谢中的作用；

（5）肝脏在激素代谢中的作用。

3. 肝脏的生物转化作用

（1）生物转化的概念与意义；

（2）生物转化的反应类型与特点；

（3）影响生物转化作用的因素。

4. 胆汁酸代谢

（1）胆汁；

（2）胆汁酸的生理功能；

（3）胆汁酸代谢。

5. 胆色素代谢

（1）胆红素的生成；

（2）胆红素的转运；

（3）胆红素在肝脏中的代谢；

（4）胆红素在肠中的代谢；

（5）血清胆红素与黄疸。

第十五章　酸碱平衡

【目的要求】

1. 掌握酸碱平衡的概念及判断酸碱平衡紊乱的常用生化指标及其临床意义；血液缓冲系统；肺、肾对酸碱平衡的调节。

2. 熟悉体内酸、碱性物质的来源；酸碱平衡调节的过程。

3. 了解酸碱平衡失调的基本类型。

【教学内容】

1. 体内酸碱性物质的来源

（1）酸性物质的来源；

（2）碱性物质的来源。

2．酸碱平衡的调节

（1）血液的缓冲作用；

（2）肺的调节作用；

（3）肾的调节作用。

3．酸碱平衡失调

（1）酸碱平衡失调的生化指标；

（2）酸碱平衡失调的基本类型。

【实验内容和要求】

1．掌握常用的定量分析法——分光光度法，并能运用此方法进行血清葡萄糖、血清胆固醇的定量测定、血清尿素和酶活性测定。

2．熟悉下列常用生化分离法——离心法，学会正确使用离心机。

3．正确观察实验现象、记录实验数据、分析实验结果及分析临床意义。

四、教学大纲说明

（一）适用对象、参考学时及教学要求

本书可供护理、助产、医学检验、药学、临床医学等专业使用，总学时为 72 学时，由理论课和实验课两部分组成，理论课 60 学时，实验课 12 学时。大纲所列教学内容的要求分为"掌握""熟悉""了解"三级。属于"掌握"和"熟悉"的内容是生物化学课程的基本理论和基本知识，要求在理解的基础上记忆，并能联系实际融会贯通。"了解"的内容只作概括的讲解，并扼要介绍有关知识和进展或通过学生自学来认识和理解。

（二）教学实施建议

1．教材选用

（1）基本原则

①适用原则：选用的生物化学教材要符合高职高专医学检验技术专业的人才培养目标。

②择优原则：为鼓励教师积极参与教材编写，提高教师学术水平，凡由我校教师主编、参编的教材，经审定后，同等条件下可以优先选用。

③稳定原则：教材选定后，原则上应稳定使用 2～3 届。

（2）基本要求

①正确性：生化概念的叙述、机理的阐释、过程的描述必须正确、准确。

②科学性：系统反映生物化学基本理论、基本知识和基本技能，内容详略得当，主次分明，各部分之间紧密配合，同时还要反映最新成就及其发展趋势。

③启发性：符合教学规律和认知规律，富有启发性，有利于激发学生学习兴趣，便于自学。

2．教学建议

（1）理论教学

①将生化基本理论与临床实际紧密结合，实施以临床问题教学法和案例教学法为主，任务驱动教学、模块教学等多种教学法综合利用，实施互动教学；

②充分利用现有教学资源，采用多种教学手段以丰富课堂教学；

③要注重在传授知识的同时，将有关医学的社会热点问题与生化基本理论结合起来，提高

学生运用已学知识解决实际问题的能力。

（2）实验教学

实验项目要力求代表性和应用性；力求贴近临床，以利于后续课程的学习。

（3）任课教师

要精心备课，讲授内容要紧密联系临床实际；课堂教学组织合理，时刻把握学生的思维动态，营造和谐的课堂气氛；授课语言要精练、清晰、流畅，速度适中；关爱学生，能与学生做到心灵上的沟通；把教书育人思想贯穿于教学的各个环节之中。在教学过程中，充分挖掘教学内容的人文内涵，在传授基本知识的同时，提高学生的人文素质。

（4）考核方式

生物化学是医学专业的重要课程，要根据课程的教学大纲对知识、能力、素质要求，以及各校实际及专业的不同，制订适合该课程的考核方式。

建议考核方式分为过程考核和期末考核，过程考核主要是学生综合能力的考核，考核学生的学习态度、出勤情况、作业完成、书写实验报告情况等方面，占考核总成绩的20%；期末考核包括理论考核和实验考核，其中理论考核主要反映学生生化知识掌握程度，占考核总成绩的60%，实验考核主要反映学生实际动手操作、沟通协调、团队合作能力，占总成绩的20%。

五、学时分配建议（72 学时）

理论教学	名称	理论学时
第一章	绪论	2
第二章	蛋白质的结构与功能	6
第三章	酶	4
第四章	维生素	2
第五章	核酸的结构与功能	4
第六章	生物氧化	4
第七章	糖代谢	6
第八章	脂类代谢	6
第九章	氨基酸分解代谢	5
第十章	核苷酸代谢	2
第十一章	水和电解质代谢	4
第十二章	基因信息的传递、表达与调控	6
第十三章	血液生物化学	2
第十四章	肝脏生物化学	4
第十五章	酸碱平衡	3
小计		60

理论教学	名称	理论学时
实验教学	名称	实验学时
实验一	生物化学实验常用仪器的使用	2
实验二	酶的专一性	2
实验三	血糖的测定	2
实验四	血清总胆固醇的测定	2
实验五	血清尿素的测定	2
实验六	血清 ALT 的测定	2
小计		12
总计		72

References | 参考文献

[1]　蔡太生,张申.生物化学[M].北京:人民卫生出版社,2015.

[2]　何旭辉,吕士杰.生物化学[M].7 版.北京:人民卫生出版社,2014.

[3]　王易振,何旭辉.生物化学[M].2 版.北京:人民卫生出版社,2013.

[4]　田华.生物化学[M].3 版.北京:科学出版社,2012.

[5]　赵瑞巧.生物化学[M].北京:科学出版社,2017.

[6]　查锡良,药立波.生物化学与分子生物学[M].北京:人民卫生出版社,2013.

[7]　王易振,仲其军,沈建林.生物化学[M].武汉:华中科技大学出版社,2015.

[8]　赵瑞巧.生物化学[M].北京:科学出版社,2014.

[9]　阎瑞君.生物化学[M].上海:上海科学技术出版社,2006.

[10]　韩昌洪.生物化学[M].2 版.北京:高等教育出版社,2009.

[11]　方国强.生物化学基础[M].北京:中国协和医科大学出版社,2014.